五一数学建模竞赛推荐教材

数学建模与实践

主　编　祁永强

副主编　刘记川

科学出版社

北　京

内 容 简 介

《数学建模与实践》是基于作者多年来从事数学建模教学、组织数学建模竞赛、开设数学实验课程以及编写相关书籍的丰富经验编写而成的。本书是作者对《数学建模》一书的修订，除保留了前三版的大部分内容外，根据读者的反馈进行了补充与修订，尤其在第 5 章增加了求解实际问题的 MATLAB 程序设计。

全书分为入门篇和进阶篇。入门篇内容包括数学模型基本概念、古典模型、微分方程模型和随机性模型，主要面向数学建模的初学者；进阶篇内容包括运筹与优化模型、数学建模范例和数学建模经典算法及 MATLAB 实例仿真，主要面向希望进一步提高数学建模能力并用于解决实际问题的读者。全书案例丰富，可读性强，可以有效地提高读者对实际问题的理解与分析能力，以及解决实际问题的算法设计与编程能力。读者可浏览五一数学建模竞赛官网（http://51mcm.cumt.edu.cn/）查阅更多内容。请访问科学在线 www.sciencereading.cn，选择“科学商城”检索图书名称，在图书详情页“资源下载”栏目中获取本书代码。

本书可作为高等学校各专业学生数学建模课程的教材和数学建模竞赛培训的辅导材料，也可供科技工作者参考。

图书在版编目（CIP）数据

数学建模与实践/祁永强主编. —北京：科学出版社，2024.8

ISBN 978-7-03-078614-2

Ⅰ. ①数… Ⅱ. ①祁… Ⅲ. ①数学模型-高等学校-教材 Ⅳ. ①O141.4

中国国家版本馆 CIP 数据核字（2024）第 109221 号

责任编辑：许 蕾 曾佳佳/责任校对：郝璐璐
责任印制：赵 博/封面设计：许 瑞

科学出版社 出版
北京东黄城根北街 16 号
邮政编码：100717
http://www.sciencep.com

北京天宇星印刷厂印刷

科学出版社发行 各地新华书店经销
*
2024 年 8 月第 一 版 开本：787×1092 1/16
2025 年 1 月第二次印刷 印张：20 1/4
字数：480 000

定价：99.00 元
（如有印装质量问题，我社负责调换）

前　言

随着数学建模教育的普及和发展，全国各高等院校都在积极开设“数学建模”课程。这门课程通过解决不同的实际问题来介绍数学方法在数学建模中的应用，培养学生对实际问题的理解能力、分析能力、算法设计与编程能力等。

目前，数学建模教育正在全国各高等院校蓬勃发展，数学建模的课程建设及教学研究也在不断的探索之中，虽然国内已出版了一些数学建模的教材及参考书，但仍需要数学建模教育及数学应用的普及读物。

作者一直从事本科生和研究生的数学建模教育工作，在长期的教学过程中，积累了丰富的教学经验，收集了大量的教学资料，并于 2001 年出版了《数学建模简明教程》。为了扩大数学建模教育的受益面以及满足各院校数学建模课程的教学需要，结合二十多年的教学实践，作者在对原教程进行修改和完善的基础上，于 2006 年出版了《数学建模》，这部教材在 2009 年被评为江苏省精品教材。又经过十多年的积累和沉淀，在参阅了国内外大量的数学建模教学资料的基础上进一步修改和完善，于 2020 年出版了修订的《数学建模》，这部教材在 2021 年被评为煤炭行业优秀教材全国一等奖。又经过四年的继续打磨，收集整理了工程、经济、生活和医学等多个领域的实际问题。通过求解实际问题，介绍了数学建模中数学知识的应用，同时设计了相应的 MATLAB 程序，将 MATLAB 软件与数学建模深度融合，培养学生运用数学软件解决实际问题的实践创新能力。自此，《数学建模与实践》一书完成。通过本书的学习，读者可体会到数学应用无处不在。我们身边存在大量看起来好像与数学无关的实际问题，但经过分析、简化和假设，都可以用数学完美地解决，体现了数学应用的广泛性和无穷魅力。本书注重解决实际问题的数学建模过程，由浅入深，通俗易懂，便于教学，特别适用于专科生、本科生的入门教学，使数学建模教育得以普及、推广。读者只需具有高等数学、线性代数、概率论的基本知识，即可接受和理解。

本书共分 7 章，分别介绍了数学模型基本概念、古典模型、微分方程模型、随机性模型、运筹与优化模型、数学建模范例以及数学建模经典算法及 MATLAB 实例仿真，其中前 4 章为入门篇，后 3 章为进阶篇。书中每章配备了大量的思考题和习题，供读者练习。本书可以用于 32~60 学时的教学。本书每章为一个相对独立的模型，精选来自工程、经济、生活和医学等多个领域的实际问题。本书旨在引导学生掌握基本的数学方法，培养学生运用数学知识解决实际问题的实践创新能力，同时也旨在将 MATLAB 软件与数学建模深度融合。

由于作者水平有限，编写过程中难免有疏漏之处，恳请读者批评指正。

作　者

2024 年 7 月

目　　录

入 门 篇

进 阶 篇

入门篇

第 1 章　数学模型基本概念

数学模型是对照某种事物系统的特征或数量依存关系，采用数学语言概括或近似表述出的一种数学结构,这种数学结构是借助于数学符号刻画出的某种系统的纯关系结构，是一个系统中各变量间关系的数学表达。人们通过不断地建立各种数学模型来解决各种各样的实际问题，因此，数学模型是连接实际问题与数学工具必不可少的桥梁。

1.1　引　　言

随着科学技术的迅速发展，人们在各个领域的研究已进入了定量化和精确化阶段，数学模型越来越广泛地被应用到自然科学、社会科学、工业技术和经济管理等各个领域之中。现代社会不仅需要一些数学家和专门从事数学研究的人才，更需要一些善于运用数学知识及数学思维方法来解决实际问题的专业人才。他们不是为了应用数学知识去寻找实际问题，而是灵活应用数学知识去解决实际问题。这些实际问题几乎都不能直接套用现成的数学公式，其中的数学奥妙不是明摆在那里的，而是暗藏在深处等着你去发现。也就是说，你要对复杂的实际问题进行分析，发现其中可以用数学语言来描述的关系或规律，把这个实际问题转化成一个数学问题，这就是数学模型，建立数学模型的这个过程就称为数学建模。因此，为了定量研究各个领域中的实际问题，首先需要建立其数学模型。特别是随着信息技术的迅速发展及其在实际生产中的不断应用，数学模型起着极为重要的作用，如飞机的设计如何在计算机里进行模拟、发射卫星为什么用三级火箭等问题都可以用数学模型来解决；再如，荣获诺贝尔生理学或医学奖的 CT 技术，其核心就是由 X 射线成像反推三维结构的数学模型——Radon 变换。可以说高新技术实际上是一种“数学技术”，因此数学建模在当今高科技飞速发展的时代越来越显示出其重要性。

目前，数学建模教育及数学建模课程已在全国许多高等院校蓬勃发展。这门课程为什么有这么大的吸引力？因为它和其他的数学课程不同，“高等数学”等其他的数学课程长期以来由于受传统教学思想的影响，着重于知识的传授，当学生遇到实际问题时，如何应用数学知识及方法去解决这些问题变得非常困难。要把数学应用到实际的科学技术问题中去，不但需要应有的数学知识，而且要把数学的基本思想、基本理论融会贯通，更重要的是要了解实际问题的背景，这需要一种把数学与实际问题相结合的能力，即数学建模能力。数学建模课程打开了用数学方法去解决实际问题的思路，它着重于解决实际问题的过程，通过各种不同的实际问题，介绍数学的各种应用方法、途径，从而培养学生应用数学方法分析、解决实际问题的能力。

下面先解决几个简单的实际问题。

➢ **问题 1.1**　已知甲桶中放有 10 000 个蓝色的玻璃球，乙桶中放有 10 000 个红色的玻璃球。任取甲桶中 100 个球放入乙桶中，混合后再任取乙桶中 100 个球放入甲桶中，如此重复 3 次，问甲桶中的红球多还是乙桶中的蓝球多？

解　设甲桶中有 x 个红球，乙桶中有 y 个蓝球。

因为对蓝球来说，甲桶中的蓝球数加上乙桶中的蓝球数等于 10 000，所以

$$10\,000 - x + y = 10\,000$$

即

$$x = y$$

故甲桶中的红球与乙桶中的蓝球一样多。

➢ **问题 1.2**　某人早 8 时从山下旅店出发沿一条路径上山，下午 5 时到达山顶并留宿，次日早 8 时沿同一路径下山，下午 5 时回到旅店，则必存在某时刻 t_0，使这人在两天中的同一时刻经过途中的同一地点，为什么？

解　**方法一**　将两天看作一天，一人两天的运动看作一天两人同时分别从山下和山顶沿同一路径相反运动，因为两人同时出发，同时到达目的地，又沿同一路径反向运动，所以必在中间某一时刻 t_0 两人相遇，这说明某人在两天中的同一时刻 t_0 经过路途中的同一地点。

方法二　以时间 t 为横坐标，以沿上山路线从山下旅店到山顶的路程 x 为纵坐标，从山下到山顶的总路程为 d。在 t 时刻：第一天的行程函数设为 $x = F(t)$，则 $F(t)$ 是单调递增的连续函数，$F(8) = 0, F(17) = d$。第二天的行程函数设为 $x = G(t)$，$G(t)$ 是单调递减的连续函数，且 $G(8) = d, G(17) = 0$，在坐标系中分别作曲线 $x = F(t)$ 及 $x = G(t)$，如图 1.1 所示，则两曲线必相交于 $P(t_0, x_0)$ 点，即这个人两天在同一时刻经过同一地点。

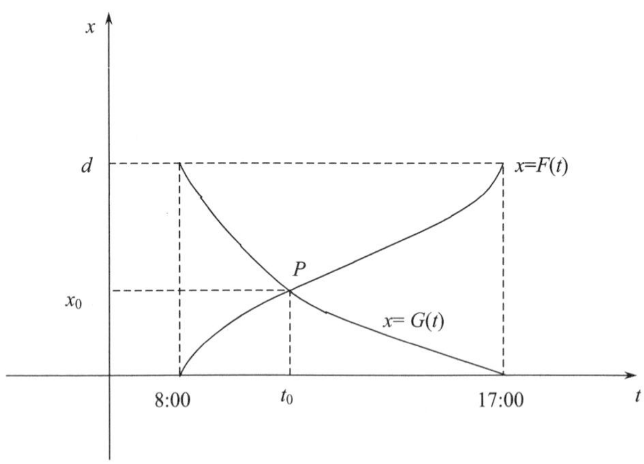

图 1.1　行程函数示意图

严格的数学论证：

令

$$H(t) = F(t) - G(t)$$

由 $F(t), G(t)$ 在区间[8,17]上连续，所以 $H(t)$ 在区间[8,17]上连续，又

$$H(8) = F(8) - G(8) = 0 - d = -d < 0$$

$$H(17) = F(17) - G(17) = d - 0 = d > 0$$

由零点定理知，在区间[8,17]内至少存在一点 t_0 使 $H(t_0)=0$ ，即

$$F(t_0)=G(t_0)\text{（}t_0\text{ 是唯一的，为什么？）}$$

这说明在早 8 时至下午 5 时之间存在某一时刻 $t=t_0$，使得路程相等，即这人两天在同一时刻 t_0 经过路途中的同一地点 $x_0=F(t_0)=G(t_0)$ 。

思考题：

若下山时，这人下午 3 时就到达山下旅店，结论是否成立？

➢ **问题 1.3**　在一摩天大楼里有三根电线从底层控制室通向顶楼，但由于三根电线各处的转弯不同而长短不一，因此，三根电线的长度均未知。现工人师傅为了在顶楼安装电气设备，需要知道这三根电线的电阻。如何测量出这三根电线的电阻？

万用表不可能一头放在十几层高的房间里，另一头放在底楼控制室，这该怎么办？

解　不妨用 a,b,c 及 a',b',c' 分别表示三根电线的底端和顶端，并用 aa',bb',cc' 分别表示三根电线，假设 x,y,z 分别是 aa',bb',cc' 的电阻，这是三个未知数。电表不能直接测量出这三个未知数。然而我们可以把 a' 和 b' 连接起来，在 a 和 b 处测量得电阻 $x+y$ 为 l；然后将 b' 和 c' 连接起来，在 b 和 c 处测量得 $y+z$ 为 m，连接 a' 和 c' 可测得 $x+z$ 为 n，这样得三元一次方程组

$$\begin{cases} x+y=l \\ y+z=m \\ x+z=n \end{cases}$$

由此，解出 x,y,z 即得三根电线的电阻。

说明　此问题的难点也是可贵之处是用方程“观点”“立场”去分析，用灵活的数学思想使实际问题转到新创设的情景中去。

➢ **问题 1.4　崖高的估算**

假如你站在崖顶且身上带着一只具有跑表功能的计算器，你也许会出于好奇心想用扔下一块石头听回声的方法来估计山崖的高度。假定能准确地测定时间，怎样推算山崖的高度呢，请你分析一下这一问题。

解　假定空气阻力不计，可以直接利用自由落体运动的公式

$$h=\frac{1}{2}gt^2$$

来计算。例如，设 $t=4\text{s}$， $g=9.81\text{m/s}^2$，则可求得 $h\approx 78.5\text{m}$ 。

思考题：

结果准确吗？能否用微积分进一步处理？

除地球吸引力外，空气阻力对石块下落影响最大。根据流体力学相关知识，可设空气阻力与石块下落速度成正比，阻力系数 K 为常数，由牛顿第二定律可得

$$F=m\frac{\mathrm{d}v}{\mathrm{d}t}=mg-Kv$$

令 $k=\dfrac{K}{m}$，解得

$$v=C_1\mathrm{e}^{-kt}+\frac{g}{k}$$

代入初始条件 $v(0)=0$，得 $C_1=-\dfrac{g}{k}$，故有

$$v=\frac{g}{k}-\frac{g}{k}\mathrm{e}^{-kt}$$

再次积分，得

$$h=\frac{g}{k}t+\frac{g}{k^2}\mathrm{e}^{-kt}+C_2$$

代入初始条件 $h(0)=0$，得到计算山崖高度的公式：

$$h=\frac{g}{k}t+\frac{g}{k^2}\mathrm{e}^{-kt}-\frac{g}{k^2}=\frac{g}{k}\left(t+\frac{1}{k}\mathrm{e}^{-kt}\right)-\frac{g}{k^2} \tag{1.1.1}$$

若设 $k=0.05$ 并仍设 $t=4\mathrm{s}$，则可求得 $h\approx73.6\mathrm{m}$。将 e^{-kt} 用泰勒公式展开并令 $k\to0^+$，即可得出前面不考虑空气阻力时的结果。

进一步考虑：听到回声再按跑表，计算得到的时间中包含了反应时间，不妨设平均反应时间为 0.1s，假如仍设 $t=4\mathrm{s}$，扣除反应时间后应为 3.9s，代入式(1.1.1)，求得 $h\approx69.9\mathrm{m}$。

再进一步考虑：还应考虑回声传回来所需要的时间。为此，令石块下落的真正时间为 t_1，声音传回来的时间记为 t_2，得如下方程组：

$$\begin{cases}h=\dfrac{g}{k}\left(t_1+\dfrac{1}{k}\mathrm{e}^{-kt_1}\right)-\dfrac{g}{k^2}\\ h=340\,t_2\\ t_1+t_2=3.9\end{cases}$$

这一方程组是非线性的，求解不太容易，为了估算崖高竟要去解一个非线性方程组似乎不合情理。相对于石块速度，声音速度要快得多，我们可以先求一次 h，令 $t_2=h/340$，校正 t，求石块下落时间 $t_1\approx t-t_2$，将 t_1 代入式(1.1.1)，得出崖高的近似值。例如，若 $h=69.9\mathrm{m}$，则 $t_2\approx0.21\mathrm{s}$，故 $t_1\approx3.69\mathrm{s}$，求得 $h\approx62.3\mathrm{m}$。

通过以上几个简单问题的解决可以看出，在我们的生活和工作中，有些实际问题看起来好像与数学无关，但通过细致地观察、分析及假设，都可以应用数学方法简捷和完美地解决。可见，数学的应用非常灵活，范围也十分广泛。

1.2　数学建模简介

1.2.1　模型

什么叫模型？模型就是对现实原型的一种抽象或模仿。这种抽象或模仿要抓住原型的本质，并抛弃原型中的次要因素。从这个意义上讲，模型既反映原型，又不等于原型，

或者说它是原型的一种近似。如地球仪这个模型，就是对地球这一原型的本质和特征的一种近似和集中反映；一个人的塑像就是这个人的模型。按照这种说法，模型的含义非常广泛，如自然科学和工程技术中的一切概念、公式、定律、理论，社会科学中的学说、原理、政策，甚至小说、美术、表格、语言等都是某种现实原型的模型。

例如，牛顿第二定律 $F = ma$ 就是“物体在力的作用下，其运动规律”这个原型的一种模型(数学模型)。“吃饭”这句话就是人往嘴里送东西达到充饥的动作的抽象，这些都可看作是模型。

在自然界里，许多实际问题的解决是通过模型实现的，如飞机的设计首先要制造模型；为了提高射击的准确性，通常是对着靶子练习而不是对着人练习。一项优化设计的模型，既可使该项设计科学可靠，又可取得相当大的经济效益，如三峡工程模型、核电站设计模型等。因此，模型在现实生活中具有重要意义。

1.2.2　数学模型的几个简单例子

1. 万有引力定律

$$F = K\frac{m_1 m_2}{r^2}$$

万有引力定律是描述物体之间的力学规律，它的发现是牛顿在力学上的重大贡献之一。牛顿在研究力学的过程中发明了微积分，又成功地在开普勒三大定律的基础上运用微积分推导了万有引力定律，这一创造性的成就可以看作历史上最著名的数学模型之一。

牛顿认为一切运动都有其力学原因，开普勒三大定律的背后必定有某个力学规律在起作用，他要构造一个模型加以解释。他以微积分作为工具，在开普勒三大定律和牛顿第二定律的基础上演绎出万有引力定律。这一定律之所以被视为牛顿在力学上的最伟大的贡献之一和历史上最著名的数学模型之一，是因为这一定律成功地定量解释了许多自然现象，包括天体运动，并且也被其后一系列的观测和实验数据所证实，成为物理学中一个基本定律。

2. 冷却问题

将温度为 150℃的物体放在温度为 24℃的空气中冷却，经 10min 后，物体温度降至 100℃，问 20min 时，物体的温度是多少？

分析　该问题仅涉及必然现象，且是一个冷却现象的物理问题，自然要用到牛顿冷却定律：物体在空气中的冷却速度与该物体的温度及空气温度之差成正比。因为冷却定律涉及冷却速度，必然要用到微分方程。经过上述分析，物体的物理规律和数学描述都搞清楚了，模型便可直接建立。

解　设物体的温度 T(单位：℃)随时间 t(单位：min)的变化规律为 $T = T(t)$，由冷却定律及已知条件，可得

$$\begin{cases} \dfrac{\mathrm{d}T}{\mathrm{d}t} = -k(T-24) \\ T(0) = 150 \end{cases}$$

其中，$k>0$，为比例常数；负号表示温度是下降的。这就是所要建立的数学模型。由于这个模型是一阶线性微分方程，很容易求出其特解为

$$T = 126\mathrm{e}^{-kt} + 24$$

由 $T(10)=100$，可定出 $k \approx 0.05$。所以，

$$T = 126\mathrm{e}^{-0.05t} + 24$$

当 $t=20$ 时

$$T(20) = 126\mathrm{e}^{-0.05\times 20} + 24 \approx 70$$

此数学模型是通过物理定律和数学手段直接建立的，由此可知：对于实际问题要建立数学模型，不但要用到数学知识，而且更重要的是要知道相关的专业知识，如本例若不知道冷却定律就很难建立数学模型。

3. 七桥问题

在 18 世纪哥尼斯堡城(现俄罗斯的加里宁格勒)有七座桥连接着岛 A、B 及陆地 C、D，如图 1.2(a)所示。每当晚霞时，哥尼斯堡的大学生们都喜欢到桥上散步，久而久之，他们提出这样的问题：

(1)能否不重复地一次走完七座桥？

(2)能否不重复地一次走完七座桥又回到原地？

当时很多人对这个有趣的问题做了大量的试验均未成功，这就是著名的哥尼斯堡七桥问题。那么这个问题是否有解？

后来有人写信向当时著名的数学家欧拉请教，据说欧拉用了两天两夜的时间解决了这个问题。

欧拉方法　岛 A、B 和陆地 C、D 无非都是桥的连接点，因此不妨把 A、B、C、D 看成 4 个点，把七桥看成连接这些点的七条线，如图 1.2(b)所示。

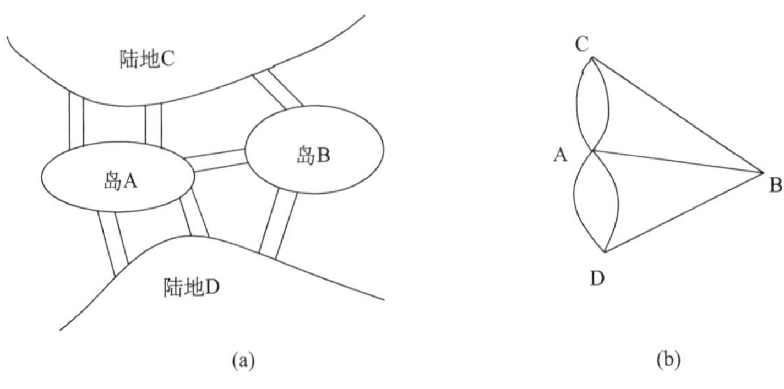

图 1.2　七桥问题示意图

这样当然不改变问题的实质，于是一人能否不重复地一次通过七座桥的问题等价于其网络图能否一笔画成的问题(这是思维的飞跃)，图 1.2(b)所示的网络图就是七桥问题的数学模型。

欧拉证明了七桥问题是无解的，并给出了一般结论：

(1)连接奇数座桥的陆地仅有一块或超过两块，不能实现一笔画。

(2)连接奇数座桥的陆地仅有两块时，则从两者任一陆地出发，可以实现一笔画而停在另一块陆地。

(3)每块陆地都连接有偶数座桥时，则从任一陆地出发都能实现一笔画，而回到出发点。

说明　(1)数学模型不一定都是数学表达式，如七桥问题的数学模型是一个网络图。

(2)欧拉解决七桥问题时，超出了过去解决问题所用数学方法的范畴，充分发挥自己的想象力，用了完全崭新的思想方法(称为几何模拟方法)，从而使问题解决得十分完美，结论明确而简捷。由于他的开创性的工作，产生了“图论”这门学科，欧拉是人们公认的图论的创始人。

(3)图论是一门非常有用的学科，很多实际问题都可转化为图论问题解决。

➢ **问题 1.5**　某仓库要存放 7 种化学药品，用$V_1,V_2,\cdots,V_7$分别表示，已知不能存放在一起的药品为$(V_1,V_2),(V_1,V_4),(V_2,V_3),(V_2,V_5),(V_2,V_7),(V_3,V_4),(V_3,V_6),(V_4,V_5),(V_4,V_7),(V_5,V_6),(V_5,V_7),(V_6,V_7)$，问至少应把仓库分成多少隔离区才能确保安全？

解　先把各种药品作为节点，节点集为 $V=\{V_1,V_2,V_3,V_4,V_5,V_6,V_7\}$，然后把不能存放在一起的药品用边相连，这样就构成一个图，如图 1.3 所示。

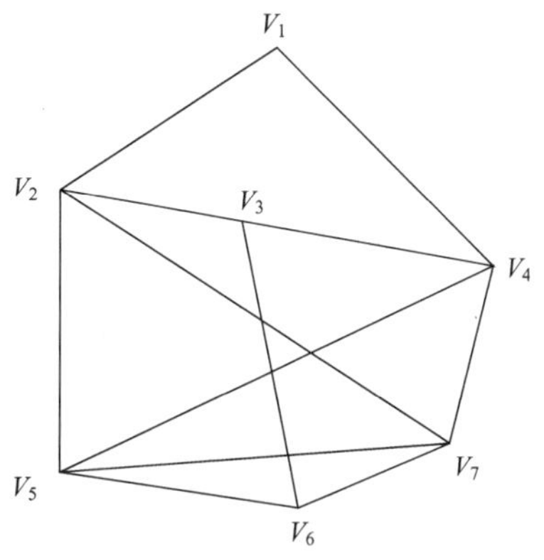

图 1.3　仓库分区图

为了决定分区，要对药品进行分区编号，规则如下：

(1)各边的两个节点不能编在同一区号；

(2)为节省分区，以 A 区、B 区、C 区…顺序编号，且尽量使用小的区号。

根据规则将各节点逐个编号，先将V_1编在 A 区，因为V_2与V_1有边相连，所以把V_2编在 B 区；又V_3与V_2有边相连，但与V_1无边相连，故将V_3编在 A 区；依次类推，最后一点V_7既与V_5相连，也与V_2、V_4、V_6相连，所以V_7既不能编在 A 区，也不能编在 B 区，

只好编在 C 区，从而这 7 种药品可用 3 个隔离区存放，每个区存放的药品分别为

A 区：V_1, V_3, V_5；

B 区：V_2, V_4, V_6；

C 区：V_7。

对于 n 种药品，同样可根据上述规则，通过计算机依次编区。

4. 走路问题

➢ **问题 1.6**　人在恒速行走时，步长多大才最省劲？

解　假设人的体重为 M，腿重为 m，腿长为 l，速度为 v，单位时间步数为 n，步长为 x，其中 $v=nx$。

人行走时所做的功可以认为由两部分组成，即抬高人体重心所需的势能与两腿运动所需动能之和。下面分别计算两部分的做功。

(1) 重心升高所需的势能：

将人的行走简化成如图 1.4 所示，若记重心升高为 δ，则

$$\delta = l - l\cos\theta = l - l\left[1-(\sin\theta)^2\right]^{\frac{1}{2}} = l - l\left(1-\frac{x^2}{4l^2}\right)^{\frac{1}{2}}$$

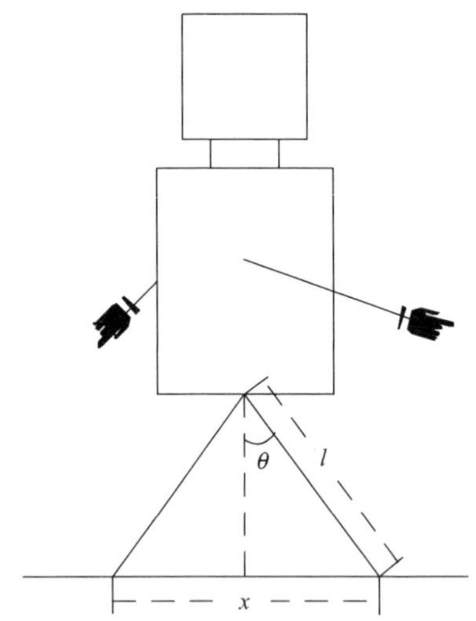

图 1.4　人的行走简化图

假定 $\dfrac{x}{l}$ 较小，取 $\left(1-\dfrac{x^2}{4l^2}\right)^{\frac{1}{2}}$ 的二项展开式的前两项，得

$$\delta \approx l - l\left(1-\frac{x^2}{8l^2}\right) = \frac{x^2}{8l}$$

于是，单位时间重心升高所需势能 W 为

$$W = nMg\delta = \frac{Mgv}{8l}x$$

其中，$v = nx$。

(2)腿运动所需的动能：

我们将人行走视为均匀直杆(腿)绕腰部的转动，则在单位时间内所需动能 E 为

$$E = \frac{1}{2}I\omega^2 \cdot n$$

其中，转动惯量 $I = \int_0^l \frac{m}{l}r^2 \mathrm{d}r = \frac{1}{3}ml^2$；$\omega = \frac{v}{l}$，为角速度。所以

$$E = \frac{n}{2}\frac{ml^2}{3}\left(\frac{v}{l}\right)^2 = \frac{n}{6}mv^2 = \frac{mv^3}{6x}$$

于是，单位时间所做的功 P 为

$$P = W + E = \frac{Mgv}{8l}x + \frac{mv^3}{6x} \tag{1.2.1}$$

因为做功少就省劲，所以问题就变成寻求步长 x 使单位时间内做功 P 最小。这是一个简单的极值问题。令

$$\frac{\mathrm{d}P}{\mathrm{d}x} = 0$$

所以

$$x = \sqrt{\frac{4mlv^2}{3Mg}}, \qquad n = \sqrt{\frac{3Mg}{4ml}}$$

若以 $M:m = 4:1$，$l = 1$ 代入上式，可得 $n \approx 5$，即每秒 5 步，这显然太快了。

今对模型(1.2.1)作如下修改：假设腿重集中在脚上，这样腿的运动所需动能即为脚做直线运动所需动能，于是

$$E' = n \cdot \frac{1}{2}mv^2 = \frac{mv^3}{2x}$$

从而

$$P' = \frac{Mgv}{8l}x + \frac{mv^3}{2x}$$

求极值可得

$$n = \sqrt{\frac{Mg}{4ml}} \approx 3$$

这是比较符合实际情况的。

1.2.3　数学建模的概念、方法和意义

前面已介绍了几个数学模型实例，由此对数学模型的概貌有所了解，本节将介绍数学模型的定义及建立数学模型的方法和步骤。

1. 数学模型的定义

目前，数学模型还没有一个统一的定义，因为站在不同的角度可以给出不同的定义。下面给出数学模型的一种定义。

数学模型就是指对于现实世界的某一特定对象，为了某个特定的目的，做出一些必要的简化和假设，运用适当的数学工具得到的一个数学结构；它或者能解释特定现象的现实状态，或者能预测对象的未来状况，或者能提供处理对象的最优决策或控制等。

具体地说，数学模型就是为了达到某种目的，用字母、数字及其他数学符号建立起来的等式或不等式及图表、图像、框图等来描述客观事物的特征及内在联系的数学结构。

2. 建立数学模型的方法和步骤

1) 观察

建模前，应掌握实际问题的背景，然后进行全面、深入、细致的观察。明确所要解决的问题，并按要求收集必要的数据，且数据必须符合所要求的精确度。

2) 实际问题的理想化

实际问题一般错综复杂且涉及面广，所以需要先将问题理想化、简单化，即抓住主要因素，暂不考虑次要因素。厘清变量之间的关系，进行必要的假设，要注意的是不同的假设会得到不同的模型，这是建立模型的关键。

如果假设合理，则模型与实际问题比较吻合；如果假设不合理或过于简单(即过多地忽略了一些因素)，则模型与实际情况不吻合或部分吻合，就要修改假设和模型。

3) 建立数学模型

根据已有假设，可以着手建立数学模型。

建立数学模型应注意以下几点：

(1) 分清变量类型，选用恰当的数学工具。如果实际问题中的变量是确定性变量，建模时多用微积分、微分方程、线性规划、非线性规划、网络、投入产出、确定性存储论等数学工具。如果变量是随机变量，多用概率统计及随机性存储论、排队论、对策论、决策论等数学工具。由于数学分支很多，加之相互交叉渗透，又派生许多分支，具体用哪些数学知识，应看自己对哪方面比较熟悉精通，尽量发挥自己的特长。总之，对变量进行分析是建立数学模型的基础。

(2) 抓住问题的本质，简化变量之间的关系。如果模型过于复杂，会导致求解困难或无法求解，因此，应尽可能用简单的模型(如线性化、均匀化等)来描述客观实际。

(3) 建立数学模型时要有严密的数学推理。模型本身(如微分方程或图形)要正确，否则会造成模型失败，前功尽弃。

(4) 建模要有足够的精度。既要把实际问题(原型)本质的东西和关系反映进去，把非本质的东西去掉，同时注意不要影响反映现实的真实程度。

4) 模型求解

不同的模型要用不同的数学知识求解，特别是有时要借助于计算机。

5) 模型的分析、验证

一个模型是否反映了客观实际，可用已有的数据去验证，如果由模型计算出来的理论数值与实际数值比较吻合，则模型是成功的；如果理论数值与实际数值差别太大，则模型是失败的；如果理论数值与实际数值部分吻合，则可找原因，发现问题，修改模型（当然并非所有模型都要验证）。

6) 模型的修改

实际问题往往比较复杂，但由于理想化地抛弃了一些次要因素，因此模型与实际问题就不完全吻合。此时，要分析假设的合理性，保留合理部分、修改不合理部分，对实际问题中的次要因素再进行分析，如果某一因素被忽略而使前面的模型失败或部分失败，则再建立模型时把它考虑进去。有时可能要去掉一些变量，改变一些变量的性质（如把变量看成常量，连续变量看成离散变量，离散变量看成连续变量）或改变变量之间的函数关系（如线性改为非线性等）。

以上步骤也可用图 1.5 表示。

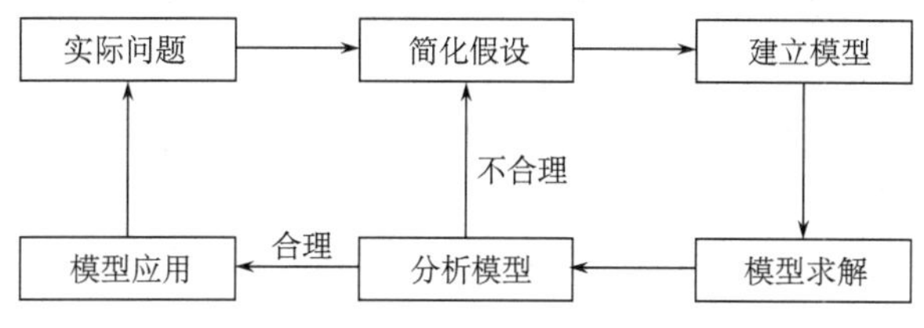

图 1.5　建立数学模型步骤

由上可知，要掌握好数学建模的方法并不容易，数字建模是数学应用的艺术。由于数学建模的广泛性、重要性以及实际问题的复杂性，要掌握这门艺术，必须见多识广，善于揣摩别人的思想方法，多实践、多体会。当然，并不是说所有建模过程都要经过这些步骤，有时各个步骤之间的界限也并不那么分明。建模过程中不要局限于形式上的按部就班，重要的是根据对象特点和建模目的，去粗取精、抓住关键、从简到繁、不断完善。

3. 数学模型的分类

数学模型的分类在这门课程中并没有什么重要意义，因为问题本身以及解决问题的方法不同，按照不同分类方法，它既可属于这个类型又可属于那个类型。下面简单介绍几种分类方法。

1) 按变量性质分

2) 按时间关系分

$$\begin{cases}\text{静态模型}\\ \text{动态模型}\end{cases} \text{或} \begin{cases}\text{参数定常模型}\\ \text{参数时变模型}\end{cases}$$

3) 按研究方法分

初等模型、微分方程模型、概率统计模型、运筹学模型等。

4) 按研究对象所在领域分

经济模型、生态模型、人口模型、交通模型等。

本书中，我们并不是完全按照某个模型分类编排，而是适当结合研究问题所用的方法及研究对象所属的领域来编排，希望读者在学习中把注意力集中在各个数学模型本身的内容上，通过学习各个模型建立的不同数学思考方法，达到举一反三的目的，不要过多地考虑各章节的划分和标题的取名。

4. 数学建模课程对学生能力的培养

(1)“翻译”能力。即把一定具体、复杂的实际问题抽象简化后，用数学语言表达出来，构建数学模型。再用数学方法进行推演或计算，得到结果后把这些数学结果用“常人”能懂的语言翻译出来。

(2) 综合数学应用及分析能力。即运用已掌握的数学知识对实际问题进行合理简化及数学分析，在数学建模过程中发挥应用数学的能力。

(3) 发展联想能力。一些完全不同的实际问题在经过一定的简化后，它们的数学模型是相同的或相似的，这正表现了数学应用的广泛性。发展联想能力即通过不断练习使得熟能生巧，从而真正发展建模能力，并能逐步达到触类旁通的境界。

(4) 洞察力。即抓住实际问题要点的能力。

由此可见，培养建模能力，首先要广泛地学习自然科学、工程技术和社会科学等有关的知识，掌握这些领域的定律、法则、规律和公式；其次在学习过程中要自己动手解决一些实际问题，这是提高数学建模能力不可缺少的基本训练。

习题 1

1. 兄妹两人分别在离家 3km 和 2km 且方向相反的 A、B 两所学校上学，每天他们同时放学后，分别以 3km/h 和 2km/h 的速度步行回家。一条小狗以 5km/h 的速度由男孩的出发地 A 校与男孩同时出发，奔向女孩，遇到女孩马上调头跑向男孩，遇到男孩后，又马上调头跑向女孩，如此往返，直到兄妹俩回到家。问小狗共奔跑了多少千米?

2. 某人平时下班总是按预定时间到达某处，然后他妻子开车接他回家。有一天，他比平时提早了 30min 到达该处，于是此人就沿着妻子来接他的方向步行回去并在途中遇到了妻子，这一天，他比平时提前了 10min 到家，问此人共步行了多长时间?

3. 有一边界形状任意的蛋糕，兄妹俩都想吃，妹妹指着蛋糕上的一点 p，让哥哥过 p 点切开一人一半，能办到吗?

4. 某天晚上 11:00，在一住宅内发现一具受害者的尸体，法医于晚上 11:35 赶到现场，立刻测量死者的体温为 30.8℃，1h 后再次测量死者体温为 29.1℃，法医还注意到当时室内温度为 28℃，试估计受害者的死亡时间。(要解决上面的问题还需要加什么条件？)

5. 某人住在某公交线路附近。该公交线路在 A、B 两地间运行，每隔 10min，A、B 两地各发出一班车。此人常在离家最近的 C 点等车，他发现了一个有意思的现象：在绝大多数情况下，先到站的总是由 B 去 A 的车，难道由 B 去 A 的车次多些吗？请你帮助他找一下原因。

6. 居民的用水来自一个由远处水库供水的水塔，水库的水来自降雨和流入的河流。水库的水可以通过河床的渗透和水面的蒸发流失。如果要你建立一个数学模型来预测任何时刻水塔的水位，你需要哪些信息？

7. 餐馆每天都要洗大量的盘子，为了方便，某餐馆是这样清洗盘子的：先用冷水粗洗一下，再放进热水池洗涤，水温不能太高，否则会烫手，但也不能太低，否则洗不干净。由于想节省开支，餐馆老板想了解一池热水到底可以洗多少盘子，请用数学建模方法解决这一问题，并尽可能合理地给出假设。

第2章　古 典 模 型

在解决实际问题时，应尽可能用简单且初等的方法建模，方法越简单、初等，模型就越容易被更多人理解、接受和采用，因而就更有价值。本章所说的古典模型是指解决除工程技术之外的自然科学方面问题的模型，其中大多数都是很早就提出来的，这些问题极有趣，表面上看无从下手，但却被人们用巧妙的数学方法解决了。我们相信只要很好地体会这些方法，就必然能达到举一反三的目的，从而提高解决实际问题的能力。

2.1　几种简单的数学方法

这一节我们通过解决一些实际问题，介绍几种数学建模的重要方法。

2.1.1　观测实验和抽象分析法

观测实验和抽象分析法是指在观察实验的基础上，通过分析、概括、抽象、推理、判断等步骤，进而建立数学模型的一种方法。

➢ **问题 2.1　欧拉多面体问题**

一般凸的多面体，其面数 F、顶点数 V 和边数 E 之间有何关系？

对此，欧拉具体观察了四面体、五面体等多面体的面数、顶点数和边数，结果见表 2.1。

表 2.1　凸多面体面数、顶点数和边数关系

多面体	面数 F	顶点数 V	边数 E
四面体	4	4	6
五面体	5	5	8
	5	6	9
六面体	6	8	12
	6	6	10
七面体	7	7	12
	7	10	15

于是，欧拉猜想

$$F+V-E=2$$

然后，欧拉通过分析、推理，证明了这一猜想，这便是著名的欧拉定理。

欧拉定理就是凸多面体面数、顶点数和边数之间关系的一个数学模型，这个模型是由观察(实验)、归纳得到的。

说明 (1)用观察、归纳发现数学定理(建立模型)是一种重要方法。

18～19 世纪一些有突出贡献的数学家，如欧拉和高斯等都发表过一些经验之谈。欧拉说过，数学这门学科需要观察，还需要实验；高斯也曾提过，他的许多定理都是靠归纳法发现的，证明只是补个手续而已。

(2)观察应该是大量的，仅凭少量的观察就去猜想，有时会造成错误判断。

例如，17 世纪大数学家费马对公式

$$F_n = 2^{2^n} + 1$$

进行试算，得

$$F_0 = 3, F_1 = 5, F_2 = 17, F_3 = 257, F_4 = 65\,537$$

都是素数。于是费马断言："对任意自然数 n，F_n 都是素数。"这就是著名的费马猜想。

相隔近 100 年后，欧拉算出：

$$F_5 = 4\,294\,967\,297 = 6\,700\,417 \times 641$$

不是素数，从而否定了费马猜想，后来又有很多人算出 $n = 6,7,8,9,11,12,15,18,23$ 等都不是素数。

(3)不要被前人的条框所束缚。

对一种参照系的盲目信仰，会限制问题的解决。在开普勒时代，人们就知道太阳系中有金、木、水、火、土、地球六大行星绕太阳运行，长期以来在人们的心中就留下了只有 6 颗行星在太阳系中的印象，以致 1781 年，天文学家赫歇尔观察到了天王星，而只把它作为一颗彗星而已；后来经过很长时间的研究，人们才把它作为太阳系中的第七颗行星。当天王星被发现以后，许多天文学家、数学家和物理学家都对天王星进行多方面的研究，有些人在根据牛顿万有引力定律计算天王星的轨道位置时，发现计算结果总与实际不符，这是为什么呢？是牛顿万有引力定律有问题，还是有别的天体引力作用在天王星上？如果是后者，那就要找出这个天体。后来经过计算推理，天文学家标出了这个天体的轨道及位置，即被后来的观测所证实的海王星。

2.1.2 鸽笼原理

鸽笼原理一般指抽屉原理。例如桌上有 10 个苹果，要把这 10 个苹果放到 9 个抽屉里，无论怎样放，我们会发现至少会有 1 个抽屉里面至少放 2 个苹果。这一现象就是我们所说的"抽屉原理"。抽屉原理的一般含义为："如果每个抽屉代表一个集合，每一个苹果就可以代表一个元素，假如有 $n+1$ 个元素放到 n 个集合中去，其中必定有一个集合里至少有两个元素。"抽屉原理有时也被称为鸽笼原理，是组合数学中一个重要的原理。

➢ **问题 2.2** 在一个边长为 1 的正三角形内最多能找到几个点，使这些点彼此间的距离大于 $\frac{1}{2}$？

解 边长为 1 的正三角形△ABC 如图 2.1 所示，分别以 A、B、C 为中心，$\frac{1}{2}$ 为半径作圆弧，将三角形分为四个部分，则四部分中任一部分内两点距离都小于 $\frac{1}{2}$。由鸽笼原理知，在三角形内最多能找四个点，使彼此间距离大于$\frac{1}{2}$，且确实可找到如 A、B、C 及三角形中心四个点。

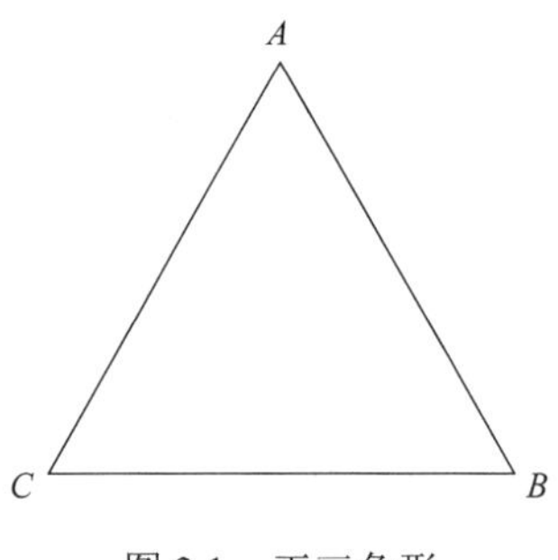

图 2.1　正三角形

思考题：

在一个边长为 1 的正三角形内，若要彼此间距离大于$\frac{1}{n}$，最多不超过多少个点？

➢ **问题 2.3**　能否在 8×8 的方格表 $ABCD$ 各个空格中分别填写 1, 2, 3 这三个数中的任一个，使得每行、每列及对角线 AC, BD 上各个数的和都不相同？为什么？

解　一下子写出互不相同的种数，情况太多太复杂，难以下手。我们可以先着眼于极端情况的分析：在所有可能的和中，最大的和是几？最小的和是几？然后求出一共有多少个不同的和。

如图 2.2 所示，因为每行、每列及对角线上的数都是 8 个，所以 8 个数的和最小值是 1×8＝8，最大值是 3×8=24，共有 17 个不同的和。而由题意知，每行、每列及对角线 AC, BD 上各个数的和应有 8+8+2=18 个，所以要想使每行、每列及两对角线上 18 个和都不相同是办不到的。

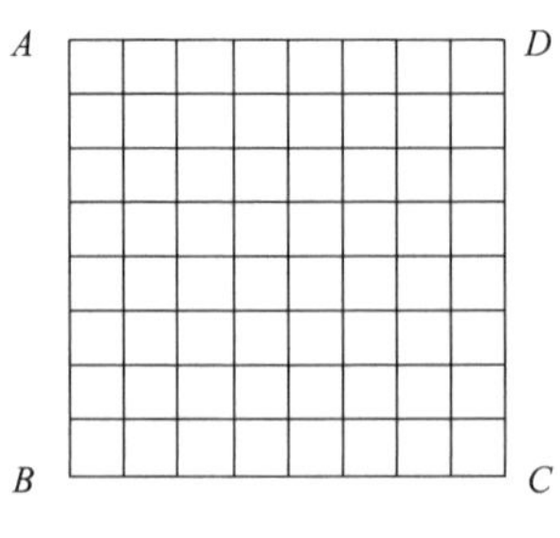

图 2.2　8×8 方格

2.1.3　估算法

估算法在日常生活和数学建模中有着十分广泛的应用。培养学生的估算意识和估算能力，让学生具有良好的数感，具有重要的意义。

➢ **问题 2.4**　能否将一张纸对折 100 次？

解 你可能认为这个问题很简单，很容易做到，其实问题并不简单。我们不妨做这样的一个假设，一张非常大的纸已经被对折 100 次了，现在来估计它的厚度。

我们知道，对折 1 次这张纸就变成 2 层，对折 2 次变成 4 层，对折 3 次变成 8 层……，对折 100 次以后叠起来的纸应有 2^{100} 层，普通纸每张厚度约为 0.05mm，而

$$2^{10}=1024>1000=10^3$$

所以

$$2^{100}>10^{30}$$

若每层纸厚度为 0.05mm，10^{30} 层就有 5×10^{22} km，而从地球到太阳的距离也不过 1.5 亿 km。

学会估算法，可以提高我们的判断能力，避免不必要的复杂计算。日常生活中，大到一项工程的开支预算、商务谈判，小到买菜的价钱，如果先估算一下，胸中有数，就不会算错账，也不会吃亏上当了。

思考题：

一块 1m^3 的正方体木块，分成 1mm^3 的小木块，再把小木块排起来，问能排多长？

2.1.4 “奇偶校验”法

“奇偶校验”(parity check)法是一种校验代码传输正确性的方法，根据传输的一组二进制代码中“1”的个数是奇数或偶数来进行校验。采用奇数的称为奇校验，反之，称为偶校验。采用何种校验是事先规定好的。通常专门设置一个奇偶校验位，用它使这组代码中“1”的个数为奇数或偶数。若用奇校验，则当接收端收到这组代码时，校验“1”的个数是否为奇数，从而判断传输代码的正确性。

➢ **问题 2.5 铺瓷砖问题**

要用 40 块方形瓷砖铺设如图 2.3 所示的地面，但当时商店只有长方形瓷砖，每块大小等于方形的两块。一人买了 20 块长方形瓷砖，试着铺地面，结果弄来弄去始终无法完整铺好，你能解决吗？

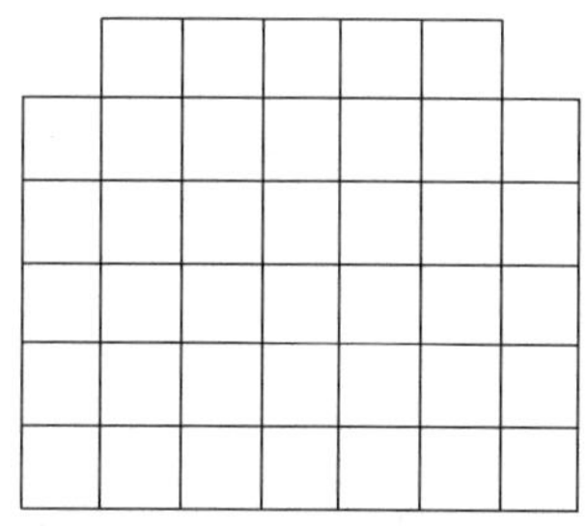

图 2.3 方形瓷砖铺设图

问题的关键在于用 20 块长方形瓷砖正好铺成如图 2.3 所示的地面的可能性是否存在？只有可能性存在，才能谈得上用什么方法铺。

解 在 40 个方格上黑白相间地染色(思考：发现了什么？)，然后仔细观察，发现共

有 19 个白格和 21 个黑格。一块长方形瓷砖可盖住一白一黑两格，所以铺上 19 块长方形瓷砖后(无论用什么方式)，总要剩下 2 个黑格没有铺，而一块长方形瓷砖是无法盖住 2 个黑格的，唯一的办法是把最后一块长方形瓷砖一分为二。

说明 解决铺瓷砖问题中所用方法在数学上称为“奇偶校验”。即如果两个都是奇数或偶数，则称具有相同的奇偶性。如果一个数是奇数，另一个是偶数，则称具有相反的奇偶性。在组合几何中会经常遇到类似的问题。

在铺瓷砖问题中，同色的两个格子具有相同的奇偶性，异色的两个格子具有相反的奇偶性。长方形瓷砖显然只能覆盖具有相反奇偶性的一对方格。因此，把 19 块长方形瓷砖在地面上铺好后，只有在剩下的两个方格具有相反的奇偶性时，才有可能把最后一块长方形瓷砖铺上。由于剩下的两个方格具有相同的奇偶性，因此无法铺上最后一块长方形瓷砖，这就从理论上证明了用 20 块长方形瓷砖铺好如图 2.3 所示地面是不可能的。任何改变铺设方式的努力都是徒劳的。

奇偶校验在粒子物理学中也有很重要的作用，1957 年杨振宁和李政道推翻著名的“宇称守恒定律”，以其卓越的成就而获得诺贝尔物理学奖，其中就用到了奇偶校验方法。

由上可以看出，奇偶校验方法巧妙而简单，极富创造力。在估计事情不可能成立时，可考虑使用奇偶性这一方法来论证。

2.1.5 转化处理法

学会运用转化策略分析问题，灵活确定解决问题的思路，并能根据问题的特点确定具体的转化方法，从而有效地解决问题。

➢ **问题 2.6** 已知正数 a,b,c,A,B,C 满足条件

$$a+A=b+B=c+C=k$$

求证:

$$aB+bC+cA<k^2$$

证明 本题局限在代数不等式的范畴不易求证，但将其转化到几何上，构造反映题目要求的几何模型即容易解决。

根据题意作正三角形$\triangle PQR$及$\triangle NML$，如图 2.4 所示。

由

$$S_{\triangle LRM}+S_{\triangle MPN}+S_{\triangle NQL}<S_{\triangle PQR}$$

所以

$$\frac{1}{2}Ba\sin\frac{\pi}{3}+\frac{1}{2}Cb\sin\frac{\pi}{3}+\frac{1}{2}Ac\sin\frac{\pi}{3}<\frac{1}{2}k^2\sin\frac{\pi}{3}$$

即

$$aB+bC+cA<k^2$$

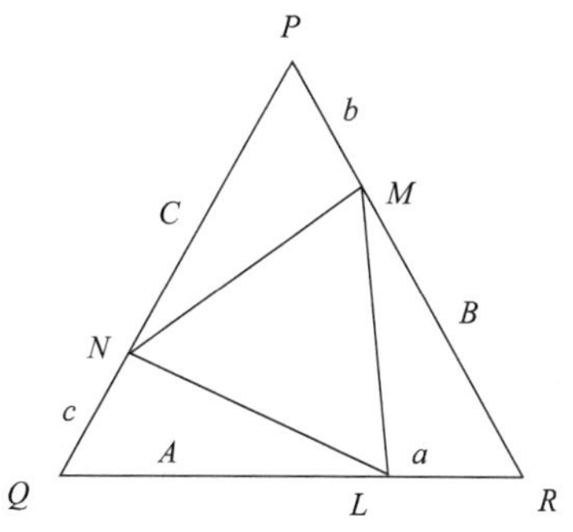

图 2.4　几何模型示意图

➢ **问题 2.7**　在圆周上均匀地放上 4 枚围棋棋子，规则如下：原来相邻棋子若是同色的，就在其间放一枚黑子；若异色就在其间放一枚白子，然后把原来 4 枚棋子取走，完成这一程序就算是一次操作。证明：无论开始时圆周上的黑白棋子的排列顺序如何，最多只需操作 4 次，圆周上就全是黑子。

证明　因不知开始的 4 枚棋子的颜色及其排列顺序，按题意操作情况比较复杂，下面构造一个反映题设要求的赋值模型，可使问题简化。

设开始的 4 枚棋子为 $x_i\left(i=1,2,3,4\right)$，并给棋子赋值：

令

$$x_i=\begin{cases}1 & 若x_i为黑子\\ -1 & 若x_i为白子\end{cases},\quad i=1,2,3,4$$

并规定

$$x_ix_{i+1}=\begin{cases}1 & 若x_i与x_{i+1}同色\\ -1 & 若x_i与x_{i+1}异色\end{cases}$$

及

$$x_i^2=1$$

第一次操作后得到的 4 枚棋子可表示为

$$\left(x_1x_2\right),\qquad \left(x_2x_3\right),\qquad \left(x_3x_4\right),\qquad \left(x_4x_1\right)$$

第二次操作后得到的 4 枚棋子可表示为

$$\left(x_1x_2\right)\left(x_2x_3\right),\quad \left(x_2x_3\right)\left(x_3x_4\right),\quad \left(x_3x_4\right)\left(x_4x_1\right),\quad \left(x_4x_1\right)\left(x_1x_2\right)$$

分别化简为

$$\left(x_1x_3\right),\ \left(x_2x_4\right),\ \left(x_3x_1\right),\ \left(x_4x_2\right)$$

第三次操作后得到的 4 枚棋子可表示为

$$\left(x_1x_3\right)\left(x_2x_4\right),\quad \left(x_2x_4\right)\left(x_3x_1\right),\quad \left(x_3x_1\right)\left(x_4x_2\right),\quad \left(x_4x_2\right)\left(x_1x_3\right)$$

最后都是$\left(x_1x_2x_3x_4\right)$。

第四次操作后得到的 4 枚棋子都是$\left(x_1x_2x_3x_4\right)^2$，故这 4 枚棋子的赋值都是 1，这表明只需操作 4 次，圆周上的棋子全是黑子。

思考题：

如果问题 2.7 中是放 8 枚棋子，结果如何？进一步研究每一圈棋子个数为任意自然数 n 时，棋子颜色的变化规律。

2.2　几何模拟问题

把一个复杂的问题抽象成各种意义下的几何问题加以解决的方法叫做几何模拟法。几何模拟法常常在提供问题解答的同时，就论证了解答的正确性，这种方法当然是数学中的一种重要的思维方法。

2.2.1　相识问题

➢ **问题 2.8**　在 6 人的集会上，总会有 3 人互相认识或者互相不认识。

这个表面上看来似乎无法下手的问题，可以通过几何模拟轻易解决。

解　把 6 个人看作平面上的 6 个点，并分别记作 $A_i\left(i=1,2,\cdots,6\right)$。若两人相识，则用实线连接此两点，反之用虚线。于是原问题转化为：在这个 6 点图中，必然出现实三角形或虚三角形。

为了简化起见，不妨假设 A_1 至少和 3 个人相识，否则 A_1 必至少和 3 个人不相识，而不相识与相识在问题中是对等的，至于其他点的情况和 A_1 是一样的。于是问题又转化为：在从 A_1 出发并有 3 条实线的 6 点图中，必然出现实三角形或虚三角形。

现假设 A_1 与 A_2, A_4, A_5 的连线为实线，如图 2.5 所示，若 A_2A_4, A_4A_5, A_2A_5 之一为实线，则必出现实三角形，若都不是实线，则三角形 $A_2A_4A_5$ 为虚三角形，即在这种情况下结论是正确的。其他 10 种情况类似可证，至此问题得以解决。

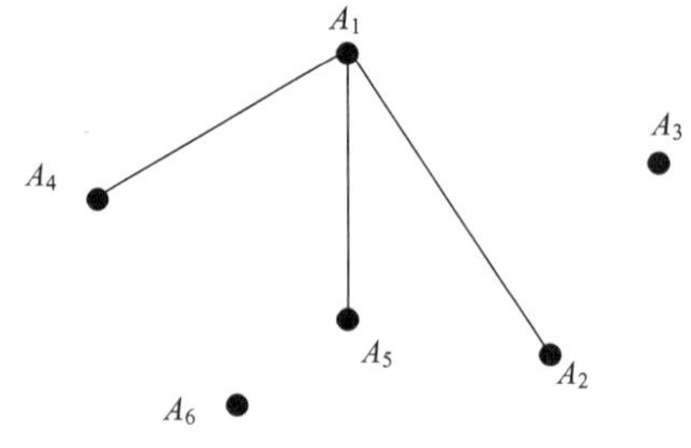

图 2.5　几何模拟示意图

思考题：

(1) 9 个人的集会中一定有 3 个人互相认识或者有 4 个人互相不认识。

(2) 14 个人的集会中一定有 3 个人互相认识或者有 5 个人互相不认识。

2.2.2 椅子问题

在日常生活中，到处都会遇到数学问题，就看我们是否留心观察和善于联想。就拿放平椅子来说，由于地面凹凸不平，椅子难以一次放稳，由此提出如下问题。

➢ **问题 2.9** 将 4 条腿长相同的方椅子放在不平的地上，怎样才能放平？

初看这个问题与数学毫不相干，怎样才能把它抽象成数学问题？

假定椅子中心不动，每条腿的着地点视为几何上的点，用 A，B，C，D 表示，把 AC 和 BD 连线看作坐标系中的 x 轴和 y 轴，把转动椅子看作坐标的旋转，如图 2.6 所示。

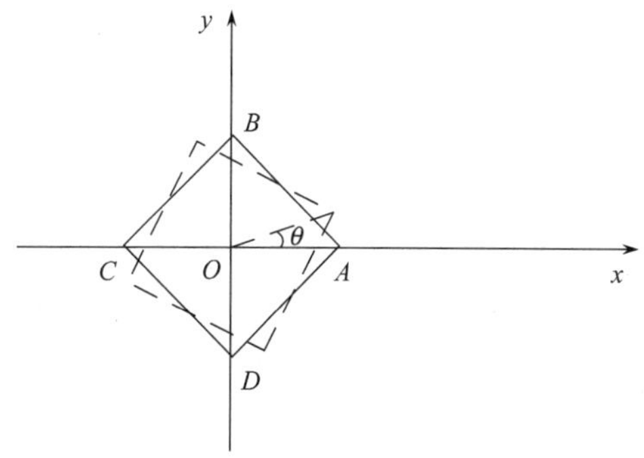

图 2.6 坐标系示意图

用 θ 表示对角线 AC 转动后与初始位置 x 轴的夹角。设 $g(\theta)$ 表示 A，C 两腿旋转 θ 角度后与地面距离之和，$f(\theta)$ 表示 B，D 两腿旋转 θ 角度后与地面距离之和，当地面为连续曲面时，$f(\theta),g(\theta)$ 皆为连续函数，因为三条腿总能同时着地，即对任意 θ，总有 $f(\theta)\cdot g(\theta)=0$。不妨设初始位置 $\theta=0$ 时，$g(0)=0,f(0)>0$，于是问题转化为：是否存在一个 θ_0，使 $f(\theta_0)=g(\theta_0)=0$。这样椅子问题就抽象成如下数学问题：

已知 $f(\theta),g(\theta)$ 连续，$g(0)=0,f(0)>0$，且对任意的 θ，有 $f(\theta)\cdot g(\theta)=0$。求证：存在 θ_0，使得 $f(\theta_0)=g(\theta_0)=0$。

证明 令 $h(\theta)=g(\theta)-f(\theta)$，则 $h(0)=g(0)-f(0)<0$。

将椅子转动 $\frac{\pi}{2}$，即将 AC 与 BD 位置互换，则有 $g\left(\frac{\pi}{2}\right)>0,f\left(\frac{\pi}{2}\right)=0$，所以

$$h\left(\frac{\pi}{2}\right)=g\left(\frac{\pi}{2}\right)-f\left(\frac{\pi}{2}\right)>0$$

而 $h(\theta)$ 是连续函数，根据连续函数的零点定理，知必存在 $\theta_0\in\left(0,\frac{\pi}{2}\right)$，使 $h(\theta_0)=0$，即 $f(\theta_0)=g(\theta_0)$；又由已知条件对任意 θ，恒有 $f(\theta)\cdot g(\theta)=0$，所以 $f(\theta_0)=g(\theta_0)=0$，即存在 θ_0 方向，四条腿能同时着地。所以椅子问题的答案是：如果地面为光滑曲面，椅子中心不动，最多转动 $\frac{\pi}{2}$ 角度，则四条腿一定可以同时着地。

说明 椅子问题的解决抓住了问题的本质，在合理的假设下(椅子中心不动，对角线看成坐标轴)，将椅子转动与坐标轴旋转联系起来，将腿与地面的距离用 θ 的连续函数表示。由三条腿一定同时着地，得 $f(\theta)\cdot g(\theta)=0$，再由连续函数零点定理使得这一问题解决得非常巧妙而简单。

自然界中，许多事物具有相似性，一个科学工作者，应充分发挥自己的联想能力，多方面掌握研究对象和用作比较对象的知识，抓住事物的相似性。

思考题：

怎样把长方形的课桌放平？

2.2.3 夫妻过河问题

➢ **问题 2.10** 有 3 对夫妻过河，船最多能载 2 人，条件是任一女子不能在其丈夫不在的情况下与其他男子在一起，如何安排 3 对夫妻过河？

这是一个古老的趣味数学问题，在我国民间流传很广，每个人都可以通过反复实验而得到答案，且有各种解法，下面介绍一种把问题化为状态转移问题的计算机求解方法。

解 模型构成

假设由北岸往南岸渡河，用向量 (x,y) 表示有 x 个男子、y 个女子在北岸，其中 $0\leqslant x,y\leqslant 3$，称向量 (x,y) 为状态向量；由条件知，有些状态是可取的，有些是不可取的，如状态 $(2,3)$ 是不可取的，而状态 $(3,1)$ 是可取的。

(1) 可取状态：$(3,i),(0,i)$ 及 $(1,1),(2,2)$，其中 (i,i) 表示 i 对夫妻，$i=0,1,2,3$。总共有 10 种可取状态，具体如下：

$$(3,3),\quad (3,2),\quad (3,1),\quad (3,0),\quad (0,3)$$
$$(0,2),\quad (0,1),\quad (0,0),\quad (1,1),\quad (2,2)$$

用 S 表示可取状态的集合，称为允许状态集合。

(2) 可取运载：$(0,1)$，$(0,2)$，$(1,0)$，$(2,0)$，$(1,1)$，其中 $(1,1)$ 表示 1 对夫妻，用 D 表示可取运载的集合，称为允许决策集合。

(3) 记第 k 次渡河前北岸男子数为 x_k，女子数为 y_k，$s_k=(x_k,y_k)$ 称为状态；记第 k 次渡河船上的男子数为 u_k，女子数为 v_k，$d_k=(u_k,v_k)$ 称为决策。因为 k 为奇数时船由北向南，k 为偶数时船由南向北，所以状态 s_k 随可取运载 d_k 变化规律是

$$s_{k+1}=s_k+(-1)^k d_k \tag{2.2.1}$$

称为状态转移律。

于是问题归结为：求一系列的决策 $d_k\in D(k=1,2,\cdots,n)$，使状态 $s_k\in S$ 按规律(2.2.1)由初始状态 $s_1=(3,3)$ 经过有限步 n 达到状态 $s_{n+1}=(0,0)$。

模型求解

编程序上机计算求出结果。

用穷举法不难验证一种结果如下(括号内为北岸的状态)：

$$(3,3)\xrightarrow{\text{去两女}}(3,1)\xrightarrow{\text{回一女}}(3,2)\xrightarrow{\text{去两女}}(3,0)\xrightarrow{\text{回一女}}$$
$$(3,1)\xrightarrow{\text{去两男}}(1,1)\xrightarrow{\text{回一男一女}}(2,2)\xrightarrow{\text{去两男}}(0,2)\xrightarrow{\text{回一女}}$$
$$(0,3)\xrightarrow{\text{去两女}}(0,1)\xrightarrow{\text{回一女}}(0,2)\xrightarrow{\text{去两女}}(0,0)$$

所以经过 11 次决策即可完成。

思考题：

(1) 在上述约束条件下，4 对夫妻能否过河？

(2) 类似讨论：如果船最多可载 3 人，5 对夫妻及 6 对夫妻能否过河？

(3) 一般讨论：n 对夫妻过河，船最多能坐 m 个人（$m<n$），在上述约束条件下，m 和 n 有何关系才有解？如何用计算机求解？

2.3　力学物理问题

所谓力学物理问题是指这里所研究的几个模型将涉及一些力学或物理知识，这些问题是早期数学建模的一个主要研究方面。

2.3.1　动物体型问题

➢ **问题 2.11**　对于四足行走的动物，如何根据它的体长（不包括头和尾）估计其体重？

这个问题是有一定现实意义的，比如，生猪收购站或屠宰场的工作人员，往往希望能由生猪的体长估算它的重量。

动物的生理构造因种类不同而异，如果陷入对复杂的生理结构的研究，将很难得到有使用价值的模型。这里我们仅在十分粗浅的假设基础上，建立动物体长和体重的比例关系。

解　将四足动物的躯干（不包括头和尾）视为质量为 m 的圆柱体，长度为 l，断面面积为 S，直径为 d，如图 2.7 所示。

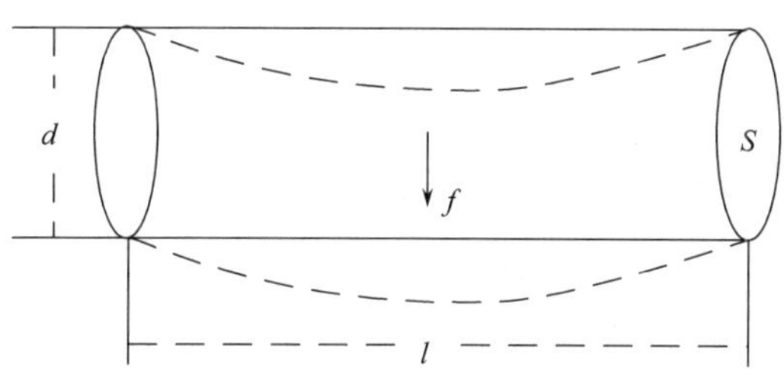

图 2.7　四足动物的躯干简化图

为了利用一些现成的结果，大胆地把这种圆柱形的躯干看作一根支撑在四肢上的弹性梁，动物在体重 f 作用下的最大下垂为 δ，即梁的最大弯曲。

根据弹性力学弯曲度理论，有

$$\delta \propto \frac{fl^3}{Sd^2}, \qquad \left(S \propto \frac{\pi d^2}{4}\right)$$

因为

$$f \propto m, \qquad m \propto Sl$$

所以

$$\delta \propto \frac{l^4}{d^2}$$

或

$$\frac{\delta}{l} \propto \frac{l^3}{d^2} \tag{2.3.1}$$

$\frac{\delta}{l}$ 是动物的相对下垂度，$\frac{\delta}{l}$ 太大，四肢将无法支撑；$\frac{\delta}{l}$ 太小，四肢的材料和尺寸超过了支撑身躯的需要，无疑是一种浪费。因此从生物学的角度可以假定，经过长期进化，对于每一种动物，$\frac{\delta}{l}$ 已经达到其最合适的数值，即是一个常数。当然，不同种类的动物，常数值可能不同。于是由式(2.3.1)给出

$$l^3 \propto d^2 \tag{2.3.2}$$

又因为

$$f \propto Sl, S \propto d^2$$

代入式(2.3.2)可得

$$f \propto l^4$$

即体重与躯干长度的四次方成正比。

如果对于某一种四足动物，比如生猪，可根据统计数据找出这个比例常数，就能从它的体长估算出它的体重了。

2.3.2　双层玻璃的功效

在一些建筑物上，我们会看到有些窗户是双层的，即窗户上装两层玻璃且中间留有一定的空隙，这样是为了保暖，即减少室内向室外的热量流失。

➤ **问题 2.12**　双层玻璃窗比同样面积的单层玻璃窗减少多少热量的流失？

下面通过建立一个数学模型给出定量的分析结果。

解　考虑下列情况：双层玻璃窗的两玻璃的厚度都为 d ，两玻璃间距为 l，单层玻璃窗的玻璃厚度为 $2d$ (即所用玻璃材料与双层一样)，如图 2.8 所示。

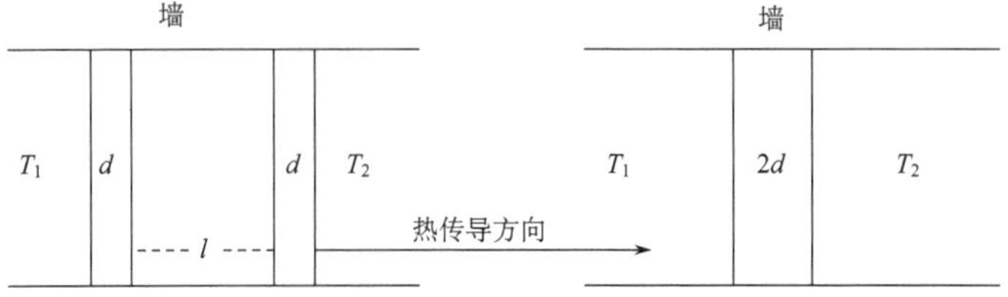

图 2.8　玻璃窗示意图

模型假设

(1) 热量的传导过程是只有传导没有对流，即假定窗户的封闭性能很好，两层玻璃之间的空气是不流动的。

(2) 室内温度 T_1 和室外温度 T_2 保持不变，热传导过程已处于稳定状态。即沿热传导方向，单位时间通过单位面积的热量是常数。

(3) 玻璃材料均匀，热传导系数是常数。

模型构成

在上述假设下，热传导过程遵从下面的物理定律：

厚度为 d 的均匀介质，两侧温度之差为 ΔT，则单位时间内由温度高的一侧向温度低的一侧通过单位面积的热量 Q 与 ΔT 成正比，与 d 成反比。即

$$Q = k \cdot \frac{\Delta T}{d} \tag{2.3.3}$$

其中，k 为热传导系数。

记双层窗内层玻璃的外侧温度是 T_a，外层玻璃的内侧温度是 T_b，玻璃的热传导系数为 k_1，空气的热传导系数为 k_2，由式(2.3.3)知单位时间单位面积的热量传导(即热量流失)为

$$Q = k_1 \frac{T_1 - T_a}{d} = k_2 \frac{T_a - T_b}{l} = k_1 \frac{T_b - T_2}{d} \tag{2.3.4}$$

从式(2.3.4)中消去 T_a，T_b 可得

$$Q = \frac{k_1(T_1 - T_2)}{d(s+2)}, \quad \left(s = h\frac{k_1}{k_2}, h = \frac{l}{d}\right) \tag{2.3.5}$$

对于厚度为 $2d$ 的单层玻璃窗，容易写出其热量传导为

$$Q' = k_1 \frac{T_1 - T_2}{2d} \tag{2.3.6}$$

二者之比为

$$\frac{Q}{Q'} = \frac{2}{s+2} \tag{2.3.7}$$

显然 $Q < Q'$，为了得到更具体的结果，我们需要 k_1 和 k_2 的数据。

从有关资料可知：常用玻璃的热传导系数 k_1 为 $4 \times 10^{-3} \sim 8 \times 10^{-3}$ J/(cm·s·℃)，而不流通、干燥空气的热传导系数 k_2 为 2.5×10^{-4} J/(cm·s·℃)，于是 $\frac{k_1}{k_2}$ 为 $16 \sim 32$。

在分析双层玻璃窗比单层玻璃窗可减少多少热量流失时，我们作最保守的估计，即取 $\frac{k_1}{k_2} = 16$，由式(2.3.5)和式(2.3.7)可得

$$\frac{Q}{Q'} = \frac{1}{8h+1}, \quad \left(h = \frac{l}{d}\right)$$

$\frac{Q}{Q'}$ 值反映了双层玻璃窗在减少热量流失上的功效，它只与 $h = \frac{l}{d}$ 有关。下面给出

$\frac{Q}{Q'}$-h 的曲线，如图 2.9 所示。

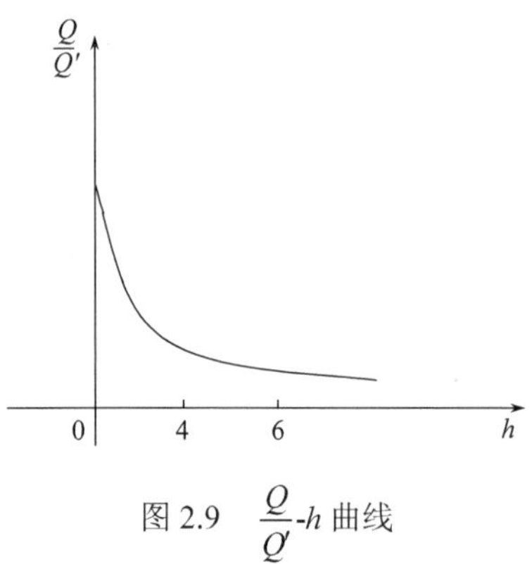

图 2.9　$\frac{Q}{Q'}$-h 曲线

由图 2.9 可知，当 h 由 0 增加时，$\frac{Q}{Q'}$ 迅速下降，而当 h 超过一定值(如 $h>4$)后，$\frac{Q}{Q'}$ 下降变缓，可见 h 不宜选择过大。

模型应用

这个模型具有一定应用价值，制作双层玻璃窗虽然工艺复杂，会增加一些费用，但它减少的热量却是相当可观的。

通常建筑规范要求 $h=\frac{l}{d}\approx 4$，按照这个模型可得

$$\frac{Q}{Q'}\approx 3\%$$

即双层玻璃窗比同样多玻璃材料的单层玻璃窗减少 97%的热量流失。

那么为什么能节约这么多热量？主要是由于两玻璃层间空气的极低热传导系数，而这要求空气是干燥、不流通的。作为模型假设的这个条件在实际环境下当然不可能完全满足，所以实际上双层玻璃窗的功效由于封闭不好等原因比上述结果要差一些。

思考题：

(1) 若单层玻璃窗的玻璃厚度也是 d，结果将如何？

(2) 怎样讨论三层玻璃窗的功效？

(3) 怎样讨论双层玻璃窗的隔音效果？

2.4　离散模型

利用差分方程、整数规划、图论、对策论、网络流等数学工具都可建立离散模型，其应用较广，是分析社会经济系统的有力工具。

2.4.1　贷款买房问题

➢ **问题 2.13**　2004 年，有一对夫妇为买房要向银行借款 6 万元，月利率是 0.01 且为复利，贷款期为 25 年。他们要知道每个月需偿还多少钱(设为常数)，才能确定自己有无能力来买房。这对夫妇每月能有 900 元的结余，请帮助决策。

解　已知 $A_0 = 6$ 万元为向银行的贷款数，$R = 0.01$ 为月利率(即计息周期为月)，要知道 25 年(等于 300 个月)还清本息，每月要还多少钱(设其为 x)。

这个问题的变量、参数的确定比较简单，用 N 表示第 N 个月(时间变量)，A_N 表示第 N 个月尚欠银行的款，R 表示月利率，x 表示每月要还的钱。这里要求的是 x，因而把 x 看成因变量，可把 A_0、R 看成参数，N 看成自变量(这些都是相对的)。本问题的数学模型可建立如下：

因为

$$A_0 = 60\,000\text{元}$$
$$A_1 = A_0(1+R) - x \quad (\text{一个月后欠银行的钱})$$
$$A_2 = A_1(1+R) - x$$
$$\cdots\cdots$$

所以第 N 个月后尚欠银行的钱为

$$A_N = A_{N-1}(1+R) - x \tag{2.4.1}$$

式(2.4.1)就是本问题的数学模型，数学上称为(线性)差分方程。

式(2.4.1)的求解是容易的，只要把 $A_{N-1}, A_{N-2}, \cdots, A_1$ 的表达式依次代入式(2.4.1)，即得

$$A_N = A_0(1+R)^N - x\left[(1+R)^{N-1} + (1+R)^{N-2} + \cdots + (1+R) + 1\right]$$

利用等比级数求和公式得

$$A_N = A_0(1+R)^N - \frac{x}{R}\left[(1+R)^N - 1\right] \tag{2.4.2}$$

当 $N = 300$ 时，$A_{300} = 0$ 就表示还清，由此即得

$$0 = 60\,000(1.01)^{300} - \frac{x}{0.01}\left[(1.01)^{300} - 1\right]$$

从而有 $x \approx 632$ 元。所以，这对夫妇还是有能力买房的。

如果这对夫妇一直等到 25 年以后再还贷款，那么应还款数为

$$A_0(1+R)^{300} \approx 19.8A_0 = 118.8\ (\text{万元})$$

正在此时，某借贷公司针对上述情况出了一个广告：

本公司能帮助你提前三年还清借款，只要：①每半个月向公司还一次钱，金额为 316 元；②由于文书工作多了，要求你预付三个月的钱，即预付 1896 元。

请分析一下借贷公司用意何在？是否赚钱？

分析一：这时主要是还款周期变了，从一个月变为半个月，可设 $R = 0.005$，$x = 316$，

$A_0 = 60\,000$。由式(2.4.2)知，要使 $A_N = 0$（注意这时 N 表示半个月），则

$$N = \frac{\ln\left(\dfrac{x}{x - A_0 R}\right)}{\ln(1+R)} \tag{2.4.3}$$

从而求得 $N \approx 598$(半个月) $= 299$月 ≈ 24.92年，即最多只能提前一个月还清。如果只有这一条，该借贷公司真的成慈善机构了！问题可能出现在第二个“只要”上。

分析二： 预付 1896 元表示你只借贷了 $A_0 = 60\,000 - 1896 = 58\,104$元，而 $R = 0.005$，$x = 316$，由式(2.4.3)求得 $N \approx 505$(半个月) $= 252.5$月 ≈ 21.04年，即提前四年就还清了(相当于该公司至少赚了 632×12＝7584 元)。这对夫妇于是明白了：可以一开始就少借贷一点钱，他们更明白了算计(数学)在家庭经济决策中的重要作用。

2.4.2　席位分配模型

➢ **问题 2.14**　某校有 200 名学生，甲系 100 名、乙系 60 名、丙系 40 名；若学生代表有 20 个席位，则公平而又简单的分法应是甲、乙、丙各有 10，6，4 个席位。

若丙系有 6 名学生分别转入甲、乙两系各 3 人，此时各系的人数为 103，63，34，按比例应分配为 10.3，6.3，3.4，出现了小数。19 席分配完后，最后一席留给小数点后最大的丙系，分别为 10，6，4。

现增加 1 席共 21 席(为了方便提案表决)，重新分配，按比例计算得甲、乙、丙三系分别占席位为 10.815，6.615，3.570，按上面的分法分别为 11，7，3，这样虽然增加了一个席位，但丙系的席位反而减少了一个，你认为合理吗？请给一个比较公平的席位分配方案。

下面介绍一个席位分配模型：

解　设 A，B 两方人数分别为 p_1, p_2，分别占有 n_1 和 n_2 个席位，则两方每个席位所代表的人数分别为 $\frac{p_1}{n_1}$ 和 $\frac{p_2}{n_2}$，只有当 $\frac{p_1}{n_1} = \frac{p_2}{n_2}$ 时，席位分配才公平，但通常 $\frac{p_1}{n_1} \neq \frac{p_2}{n_2}$。

用 $\left|\frac{p_1}{n_1} - \frac{p_2}{n_2}\right|$ 来表示不公平的程度，它衡量的是绝对不公平，那么是否可用它作为标准？

表 2.2 给出一个“绝对不公平”的例子。

表 2.2　“绝对不公平”分析

系别	人数 p	席位数 n	人均席位数 $\frac{p}{n}$	$\left\|\frac{p_1}{n_1} - \frac{p_2}{n_2}\right\|$
A	120	10	12	12–10=2
B	100	10	10	
C	1020	10	102	102–100=2
D	1000	10	100	

显见 A，B 与 C，D 之间的绝对不公平是一样的，但从常识的角度看，A，B 之间显

然比 C，D 之间存在着更加严重的不公平，$\frac{p}{n}$ 越大，则每个席位代表的人数越多，故若 $\frac{p_1}{n_1} > \frac{p_2}{n_2}$，则 A 方就吃亏。所以“绝对不公平”不是一个好的衡量标准。

为了改进绝对标准，自然想到用相对标准。首先对“相对不公平”下个定义：若 $\frac{p_1}{n_1} > \frac{p_2}{n_2}$，则称

$$\frac{\frac{p_1}{n_1} - \frac{p_2}{n_2}}{\frac{p_2}{n_2}} = \frac{p_1 n_2}{p_2 n_1} - 1 \tag{2.4.4}$$

为对 A 的相对不公平值，记作 $r_{\mathrm{A}}(n_1, n_2)$；若 $\frac{p_1}{n_1} < \frac{p_2}{n_2}$，则称

$$\frac{\frac{p_2}{n_2} - \frac{p_1}{n_1}}{\frac{p_1}{n_1}} = \frac{p_2 n_1}{p_1 n_2} - 1 \tag{2.4.5}$$

为对 B 的相对不公平值，记作 $r_{\mathrm{B}}(n_1, n_2)$。

假设 A，B 两方已分别占有 n_1 和 n_2 个席位，利用相对不公平的概念来讨论，当总席位再增加 1 席时，应该给 A 方还是给 B 方？

为了不失一般性，可设 $\frac{p_1}{n_1} > \frac{p_2}{n_2}$，即此时对 A 方不公平，$r_{\mathrm{A}}(n_1, n_2)$ 有定义。当再分配 1 个席位时，关于 $\frac{p_i}{n_i}(i = 1, 2)$ 的不等式有以下三种可能：

(1) $\frac{p_1}{n_1 + 1} > \frac{p_2}{n_2}$，这说明即使 A 方增加 1 席，仍然对 A 不公平，所以这 1 席当然给 A 方。

(2) $\frac{p_1}{n_1 + 1} < \frac{p_2}{n_2}$，说明当 A 方增加 1 席时，将对 B 不公平，计算对 B 的相对不公平值：

$$r_{\mathrm{B}}(n_1 + 1, n_2) = \frac{p_2(n_1 + 1)}{p_1 n_2} - 1 \tag{2.4.6}$$

(3) $\frac{p_1}{n_1} > \frac{p_2}{n_2 + 1}$，说明当 B 方增加 1 席时，将对 A 不公平，计算对 A 的相对不公平值：

$$r_{\mathrm{A}}(n_1, n_2 + 1) = \frac{p_1(n_2 + 1)}{p_2 n_1} - 1 \tag{2.4.7}$$

（注意：在 $\frac{p_1}{n_1} > \frac{p_2}{n_2}$ 的假设下，不可能出现 $\frac{p_1}{n_1} < \frac{p_2}{n_2 + 1}$ 的情况。）

因为公平的席位分配方法应该使得相对不公平的数值尽量地小，所以如果

$$r_{\mathrm{B}}\left(n_1+1,n_2\right)<r_{\mathrm{A}}\left(n_1,n_2+1\right) \tag{2.4.8}$$

则这一席应给 A 方；反之，应给 B 方。根据式(2.4.6)和式(2.4.7)，式(2.4.8)等价于

$$\frac{p_2^2}{n_2\left(n_2+1\right)}<\frac{p_1^2}{n_1\left(n_1+1\right)} \tag{2.4.9}$$

并不难证明，从上述第(1)种情况的 $\frac{p_1}{n_1+1}>\frac{p_2}{n_2}$ 也可推出式(2.4.9)。于是得结论：当式(2.4.9)成立时，增加的 1 席应分配给 A 方；反之，应分配给 B 方。

若记 $Q_i=\frac{p_i^2}{n_i\left(n_i+1\right)}(i=1,2)$，则增加的 1 席应分配给 Q 值较大的一方。将上述方法推广到有 m 方分配席位的情况：

设 A_i 方的人数为 p_i，已占有 $n_i\ (i=1,2,\cdots,m)$ 个席位，当总席位增加 1 席时，计算

$$Q_i=\frac{p_i^2}{n_i\left(n_i+1\right)},\quad i=1,2,\cdots,m \tag{2.4.10}$$

则这 1 席位应分配给 Q 值最大的那一方，计算从 $n_i=1\left(i=1,2,\cdots,m\right)$ 开始，即每方至少应分到 1 席(如果某一方连 1 席都分不到，就不参加分配)。

现在利用式(2.4.10)来解决开始的问题。可以说前 19 席没有争议，即甲、乙、丙各为 10, 6, 3，现在讨论第 20 和第 21 席应归于何方。

第 20 席，计算

$$n_1=10:\quad Q_1=\frac{103^2}{10(10+1)}=96.4$$

$$n_2=6:\quad Q_2=\frac{63^2}{6(6+1)}=94.5$$

$$n_3=3:\quad Q_3=\frac{34^2}{3(3+1)}=96.3$$

即第 20 席应分给甲系。

第 21 席，计算

$$n_1=11:\quad Q_1=\frac{103^2}{11(11+1)}=80.4$$

$$n_2=6:\quad Q_2=\frac{63^2}{6(6+1)}=94.5$$

$$n_3=3:\quad Q_3=\frac{34^2}{3(3+1)}=96.3$$

Q_3 最大，即第 21 席应分给丙系。

最后甲、乙、丙系的席位分别为 11，6，4，这样丙系保住它险些丧失的 1 席，你觉得这个方法公平吗？

思考题：

比利时(D'Hondt)分配方案：将甲、乙、丙三系的人数都用 1，2，3，…去除，将商从大到小排列，取前 21 个最大的，这 21 个中各系占有几个，就分给几个席位，你认为这种方法合理吗？

2.4.3 常染色体遗传模型

随着人类的进化，人们为了揭示生命的奥妙，越来越重视遗传学的研究，特别是遗传特征的逐代传播。无论是人还是动植物，都会将本身的特征遗传给下一代，这主要是因为后代继承了双亲的基因，形成了自己的基因对，基因对确定了后代所表现的特征。下面研究常染色体遗传，根据新体基因遗传给后代的方式，建立遗传数学模型，分析逐代总体的基因型的概率分布，特别是它们的极限分布。

1. 亲体基因遗传方式与问题

1) 遗传方式

在常染色体遗传中，后代是从每个亲体的基因对中各继承一个基因，形成自己的基因对，基因对也称基因型。如果所考虑的遗传特征是由两个基因 A 和 a 控制的，那么就有 3 种基因对，记为 AA, Aa, aa。例如，金鱼草是由两个遗传基因决定其花的颜色，基因型是 AA 型的金鱼草开红花，Aa 型的开粉红色花，而 aa 型的开白花。又如，人类眼睛的颜色也是通过常染色体遗传控制的，基因是 AA 型或 Aa 型的人，眼睛为棕色；基因是 aa 型的人，眼睛是蓝色。这里 AA 或 Aa 都表示了同一外部特征，我们认为基因 A 支配基因 a，也可以认为基因 a 对于 A 是隐性的，当一个亲体的基因型为 Aa，而另一个亲体的基因型为 aa，那么后代必然从 aa 型中得到基因 a，从 Aa 型中等可能地得到 A 或得到 a。这样，后代基因型为 Aa 或 aa 的可能性相等。下面给出双亲体基因型的所有可能的结合，使其后代形成每种基因的概率如表 2.3 所示。

表 2.3 基因型的概率分布

后代基因型	父体-母体（$n-1$ 代）基因型					
	AA-AA	AA-Aa	AA-aa	Aa-Aa	Aa-aa	aa-aa
AA	1	$\frac{1}{2}$	0	$\frac{1}{4}$	0	0
Aa	0	$\frac{1}{2}$	1	$\frac{1}{2}$	$\frac{1}{2}$	0
aa	0	0	0	$\frac{1}{4}$	$\frac{1}{2}$	1

2) 问题

农场的植物园中某种植物的基因型是 AA, Aa, aa。农场计划采用 AA 型植物与每种基因型植物相结合的方案培育植物后代。那么经过若干年后，这种植物的任一代的三种基因型分布如何？

2. 模型构造

1) 假设

(1) 设 $a_n, b_n, c_n\ (n=0,1,2,\cdots)$ 分别表示第 n 代植物中基因型为 AA, Aa, aa 的植物总数的百分率，$x^{(n)}$ 为第 n 代植物的基因型分布：

$$x^{(n)}=\begin{pmatrix} a_n \\ b_n \\ c_n \end{pmatrix}$$

当 $n=0$ 时，

$$x^{(0)}=\begin{pmatrix} a_0 \\ b_0 \\ c_0 \end{pmatrix}$$

表示植物基因型的初始分布(即培育开始时的分布)。显然有

$$a_0+b_0+c_0=1$$

(2) 第 $n-1$ 代与第 n 代的基因型分布关系是通过表 2.3 确定的。

2) 建模

根据假设(2)，先考虑第 n 代中的 AA 型。由于第 $n-1$ 代的 AA 型与 AA 型结合，后代全部是 AA 型；第 $n-1$ 代的 Aa 型与 AA 型结合，后代是 AA 型的可能性为 $\frac{1}{2}$；而第 $n-1$ 代的 aa 型与 AA 型结合，后代不可能是 AA 型。因此当 $n=1,2,\cdots$ 时

$$a_n=1\cdot a_{n-1}+\frac{1}{2}\cdot b_{n-1}+0\cdot c_{n-1}$$

即

$$a_n=a_{n-1}+\frac{1}{2}b_{n-1} \tag{2.4.11}$$

类似地，考虑第 n 代中的 Aa 型和 aa 型，分别可推出

$$b_n=\frac{1}{2}\cdot b_{n-1}+c_{n-1} \tag{2.4.12}$$

$$c_n=0 \tag{2.4.13}$$

将式(2.4.11)、式(2.4.12)和式(2.4.13)相加，得

$$a_n+b_n+c_n=a_{n-1}+b_{n-1}+c_{n-1}$$

根据假设(1)，有

$$a_n+b_n+c_n=a_0+b_0+c_0=1$$

将式(2.4.11)、式(2.4.12)和式(2.4.13)联立得

$$a_n=a_{n-1}+\frac{1}{2}b_{n-1}$$

$$b_n = \frac{1}{2} \cdot b_{n-1} + c_{n-1}$$

$$c_n = 0$$

并用矩阵形式表示为

$$\boldsymbol{x}^{(n)} = \boldsymbol{M}\boldsymbol{x}^{(n-1)}, \ n = 1, 2, \cdots \tag{2.4.14}$$

其中，

$$\boldsymbol{M} = \begin{pmatrix} 1 & \frac{1}{2} & 0 \\ 0 & \frac{1}{2} & 1 \\ 0 & 0 & 0 \end{pmatrix}$$

由式(2.4.14)进行递推，便得到第 n 代基因型分布的数学模型

$$\boldsymbol{x}^{(n)} = \boldsymbol{M}\boldsymbol{x}^{(n-1)} = \boldsymbol{M}^2\boldsymbol{x}^{(n-2)} = \cdots = \boldsymbol{M}^n\boldsymbol{x}^{(0)} \tag{2.4.15}$$

它表明历代基因型分布可由初始分布和矩阵 $\boldsymbol{M}$ 确定。

3. 模型求解

为了计算 $\boldsymbol{M}^n$，将 $\boldsymbol{M}$ 对角化，即求出可逆矩阵 $\boldsymbol{P}$ 和对角阵 $\boldsymbol{D}$，使

$$\boldsymbol{M} = \boldsymbol{P}\boldsymbol{D}\boldsymbol{P}^{-1}$$

因而有

$$\boldsymbol{M}^n = \boldsymbol{P}\boldsymbol{D}^n\boldsymbol{P}^{-1}, \ n = 1, 2, \cdots$$

其中，

$$\boldsymbol{D}^n = \begin{pmatrix} \lambda_1 & \lambda_2 & 0 \\ 0 & 0 & 0 \\ 0 & 0 & \lambda_3 \end{pmatrix}^n = \begin{pmatrix} \lambda_1^n & \lambda_2^n & 0 \\ 0 & 0 & 0 \\ 0 & 0 & \lambda_3^n \end{pmatrix}$$

其中，$\lambda_1, \lambda_2, \lambda_3$ 是矩阵 $\boldsymbol{M}$ 的三个特征值。对于式(2.4.14)中的 $\boldsymbol{M}$，易求得其特征值和特征向量分别为

$$\lambda_1 = 1, \lambda_2 = \frac{1}{2}, \lambda_3 = 0$$

$$\boldsymbol{e}_1 = \begin{pmatrix} 1 \\ 0 \\ 0 \end{pmatrix}, \boldsymbol{e}_2 = \begin{pmatrix} 1 \\ -1 \\ 0 \end{pmatrix}, \boldsymbol{e}_3 = \begin{pmatrix} 1 \\ -2 \\ 1 \end{pmatrix}$$

因此

$$\boldsymbol{D} = \begin{pmatrix} 1 & 0 & 0 \\ 0 & \frac{1}{2} & 0 \\ 0 & 0 & 0 \end{pmatrix}$$

$$P=(e_1,e_2,e_3)=\begin{pmatrix}1&1&1\\0&-1&-2\\0&0&1\end{pmatrix}$$

通过计算，得 $P^{-1}=P$，因此有

$$x^{(n)}=M^n x^{(0)}=PD^nP^{-1}x^{(0)}=\begin{pmatrix}1&1&1\\0&-1&-2\\0&0&1\end{pmatrix}\begin{pmatrix}1&0&0\\0&\left(\frac{1}{2}\right)^n&0\\0&0&0\end{pmatrix}\begin{pmatrix}1&1&1\\0&-1&-2\\0&0&1\end{pmatrix}\begin{pmatrix}a_0\\b_0\\c_0\end{pmatrix}$$

即

$$x^{(n)}=\begin{pmatrix}a_n\\b_n\\c_n\end{pmatrix}=\begin{pmatrix}1&1-\left(\frac{1}{2}\right)^n&1-\left(\frac{1}{2}\right)^{n-1}\\0&\left(\frac{1}{2}\right)^n&\left(\frac{1}{2}\right)^{n-1}\\0&0&0\end{pmatrix}\begin{pmatrix}a_0\\b_0\\c_0\end{pmatrix}=\begin{pmatrix}a_0+b_0+c_0-\left(\frac{1}{2}\right)^n b_0-\left(\frac{1}{2}\right)^{n-1}c_0\\\left(\frac{1}{2}\right)^n b_0+\left(\frac{1}{2}\right)^{n-1}c_0\\0\end{pmatrix}$$

所以有

$$\begin{cases}a_n=1-\left(\frac{1}{2}\right)^n b_0-\left(\frac{1}{2}\right)^{n-1}c_0\\b_n=\left(\frac{1}{2}\right)^n b_0+\left(\frac{1}{2}\right)^{n-1}c_0\\c_n=0\end{cases}\tag{2.4.16}$$

当 $n\to\infty$ 时，$\left(\frac{1}{2}\right)^n\to 0$，从式(2.4.16)中可得到

$$a_n\to 1,b_n\to 0,c_n\to 0$$

即在极限情况下，培育的植物都是 AA 型。

4. 模型讨论

若在上述问题中，不选用基因型 AA 的植物与其他基因型植物相结合，而是将具有相同基因型植物结合，那么后代具有三种基因型的概率由表 2.4 给出。

表 2.4　相同基因型结合的后代基因型的概率分布

后代基因型	父体-母体基因型		
	AA-AA	Aa-Aa	aa-aa
AA	1	$\frac{1}{4}$	0
Aa	0	$\frac{1}{2}$	0
aa	0	$\frac{1}{4}$	1

于是有

$$\boldsymbol{x}^{(n)} = \boldsymbol{M}\boldsymbol{x}^{(0)}$$

其中，

$$\boldsymbol{M} = \begin{pmatrix} 1 & \frac{1}{4} & 0 \\ 0 & \frac{1}{2} & 0 \\ 0 & \frac{1}{4} & 1 \end{pmatrix}$$

$\boldsymbol{M}$ 的特征值为

$$\lambda_1 = 1,\quad \lambda_2 = 1,\quad \lambda_3 = \frac{1}{2}$$

通过计算，可以解出与 λ_1, λ_2 相对应的两个线性无关的特征向量 $\boldsymbol{e}_1$ 和 $\boldsymbol{e}_2$ ，和与 λ_3 相对应的特征向量 $\boldsymbol{e}_3$ ，即

$$\boldsymbol{e}_1 = \begin{pmatrix} 1 \\ 0 \\ -1 \end{pmatrix},\quad \boldsymbol{e}_2 = \begin{pmatrix} 0 \\ 0 \\ 1 \end{pmatrix},\quad \boldsymbol{e}_3 = \begin{pmatrix} 1 \\ -2 \\ 1 \end{pmatrix}$$

从而得

$$\boldsymbol{P} = \begin{pmatrix} 1 & 0 & 1 \\ 0 & 0 & -2 \\ -1 & 1 & 1 \end{pmatrix},\quad \boldsymbol{P}^{-1} = \begin{pmatrix} 1 & \frac{1}{2} & 0 \\ 1 & 1 & 1 \\ 0 & -\frac{1}{2} & 0 \end{pmatrix}$$

于是

$$\boldsymbol{x}^{(n)} = \boldsymbol{P}\boldsymbol{D}^n\boldsymbol{P}^{-1}\boldsymbol{x}^{(0)} = \begin{pmatrix} 1 & 0 & 1 \\ 0 & 0 & -2 \\ -1 & 1 & 1 \end{pmatrix}\begin{pmatrix} 1 & 0 & 0 \\ 0 & 1 & 0 \\ 0 & 0 & \left(\frac{1}{2}\right)^n \end{pmatrix}\begin{pmatrix} 1 & \frac{1}{2} & 0 \\ 1 & 1 & 1 \\ 0 & -\frac{1}{2} & 0 \end{pmatrix}\begin{pmatrix} a_0 \\ b_0 \\ c_0 \end{pmatrix} = \begin{pmatrix} 1 & \frac{1}{2}-\left(\frac{1}{2}\right)^{n+1} & 0 \\ 0 & \left(\frac{1}{2}\right)^n & 0 \\ 0 & \frac{1}{2}-\left(\frac{1}{2}\right)^{n+1} & 1 \end{pmatrix}\begin{pmatrix} a_0 \\ b_0 \\ c_0 \end{pmatrix}$$

即得

$$\begin{cases} a_n = a_0 + \left[\frac{1}{2}-\left(\frac{1}{2}\right)^{n+1}\right]b_0 \\ b_n = \left(\frac{1}{2}\right)^n b_0 \\ c_n = c_0 + \left[\frac{1}{2}-\left(\frac{1}{2}\right)^{n+1}\right]b_0 \end{cases}$$

其中，$n=1,2,\cdots$。

当$n\to\infty$时，$\left(\frac{1}{2}\right)^n\to 0$，所以

$$a_n\to a_0+\frac{1}{2}b_0,\quad b_n\to 0,\quad c_n\to c_0+\frac{1}{2}b_0$$

因此，如果用基因型相同的植物培育后代，在极限情况下，后代仅有基因型AA和aa。

2.5 利用微积分建模

微积分在数学建模中有着非常广泛的应用。很多经典的数学模型都是运用微积分建立起来的，数学建模将微积分与实际应用紧密地结合在一起，对分析、解释事物发生的原因及预测未来的发展变化具有重要意义。

2.5.1 租客机还是买客机

➢ **问题 2.15** 某航空公司为了发展新航线的航运业务，需要增加某小型客机。如果购买一架客机需要一次支付 5000 万美元现金，客机的使用寿命为 15 年。如果租用一架客机，每年需要支付 600 万美元的租金，租金以均匀货币流的方式支付。若银行的年利率为 12%，问购买还是租用客机合算？如果银行的年利率为 6%时应如何决策？

因为买飞机共支付 5000 万美元，租飞机 15 年的租金为 600×15=9000 万美元，所以买飞机必然比租飞机合算。这种想法对吗？（不对，因为没有考虑到利率对货币价值的影响）

下面介绍几个概念：

(1) 将A元现金存入银行，年利率按r计算，若以连续计息的方式结算，则t年后的金额为

$$a(t)=A\mathrm{e}^{rt}\qquad（为什么？）$$

因此，A元现金T年后的价值是$A\mathrm{e}^{rT}$，称$A\mathrm{e}^{rT}$为A元现金T年之后的期末价值。

(2) 现在的A元现金相当于T年之前把$A\mathrm{e}^{-rT}$元现金存入银行所得，故现在的A元现金T年前的价值是$A\mathrm{e}^{-rT}$，称$A\mathrm{e}^{-rT}$是T年前的贴现价值。

(3) "均匀货币流"的存款方式就是使货币像流水一样以定常流量a源源不断地流进银行，比如商店每天把固定数量的营业额存入银行，就类似于这种方式。

有了上面的概念，就可解决我们的问题了。

解 购买一架飞机可以使用 15 年，但需要马上支付 5000 万美元。而同样租一架飞机使用 15 年，则需要以均匀货币流方式支付 15 年租金，年流量为 600 万美元。两种方案所支付的价值无法直接比较，必须将它们都化为同一时刻的价值才能比较。我们以当前价值为准。

购买一架飞机的当前价格为 5000 万美元。

下面计算均匀货币流的当前价格：

设$t=0$时向银行存入Ae^{-rT}美元，按连续复利计算，T年之后在银行的存款额恰好是A美元。也就是说，T年后的A美元在$t=0$时的价值为Ae^{-rT}美元。

那么，对流量为a的均匀货币流，在$[t,t+\Delta t]$时所存入的$a\Delta t$美元，在$t=0$时的价值是$a\Delta t\cdot e^{-rt}=ae^{-rt}\Delta t$，由微元法可知，当$t$从0变到$T$时，$[0,T]$周期内均匀流在$t=0$时的总价值可表示为

$$P=\int_0^T ae^{-rt}\mathrm{d}t=\frac{a}{r}\left[-e^{-rt}\right]_0^T=\frac{a}{r}\left(1-e^{-rT}\right)$$

因此，15年的租金在当前的价值为

$$P=\frac{600}{r}\left(1-e^{-15r}\right)\text{（万美元）}$$

当$r=12\%$时，

$$P=\frac{600}{0.12}\left(1-e^{-0.12\times 15}\right)\approx 4173.5\text{（万美元）}$$

比较可知，此时租用飞机比购买飞机合算。

当$r=6\%$时，

$$P=\frac{600}{0.06}\left(1-e^{-0.06\times 15}\right)\approx 5934.3\text{（万美元）}$$

此时购买飞机比租用飞机合算。

思考题：

若将两种支付方式都化为15年之后的价值进行比较，应该如何进行计算？

2.5.2 除雪机除雪模型

➢ **问题 2.16** 冬天的纷飞大雪使公路上积起厚雪，影响交通。有条10km长的公路，由一台除雪机负责清扫积雪。每当路面积雪平均厚度达到0.5m时，除雪机就开始工作。但问题是开始除雪后，大雪仍下个不停，使路上积雪越来越厚，除雪机工作速度逐渐降低直到无法工作。

降雪的速度直接影响除雪机的工作速度，且已了解下述情况和部分有关数据：

(1) 在除雪机开始工作后，降雪又持续了1h。

(2) 当雪的厚度达到1.5m时，除雪机将无法工作。

(3) 除雪机在没有雪的路上行驶速度为10m/s。

问当大雪以下列速度下1h，除雪机能否完成10km的除雪工作？

情形A：恒速0.1cm/s；

情形B：恒速0.025cm/s；

情形C：前30min由零均匀增加到0.1cm/s，后30min又均匀减小到零。

解 首先，不妨假设除雪机的工作速度V(m/s)与积雪厚度d(m)成正比，即

$$V=c_1d+c_2 \quad \text{（当然可以有其他的假设，但式(2.5.1)最简单）} \tag{2.5.1}$$

由已知条件，当 $d=0$ 时，$V=10$；当 $d=1.5$ 时，$V=0$。所以

$$c_1=-\frac{20}{3},\quad c_2=10$$

即

$$V=10\left(1-\frac{2}{3}d\right) \tag{2.5.2}$$

其中，积雪厚度 d 的取值范围为[0.5,1.5]。

在除雪机刚开始工作时积雪厚度 $d=0.5$，由式(2.5.2)可推算出除雪机的初始工作速度为 6.7m/s。

若降雪速度保持不变，记为 $R(\text{cm/s})$，则雪在时间 $t(\text{s})$ 内的厚度增加量为 $Rt(\text{cm})=\frac{Rt}{100}(\text{m})$。

由此得到除雪机工作 t 时雪的总厚度为

$$d(t)=0.5+\frac{Rt}{100} \tag{2.5.3}$$

将式(2.5.3)代入式(2.5.2)，得 t 时的除雪速度为

$$V(t)=\frac{10}{3}\left(2-\frac{Rt}{50}\right) \tag{2.5.4}$$

除雪机不得已停止工作的时间由 $V(t)=0$ 确定为

$$t_0=\frac{100}{R} \tag{2.5.5}$$

也可求出除雪机工作 t 时的行驶距离：

$$S(t)=\int_0^t V(t)\mathrm{d}t=\frac{10}{3}\int_0^t\left(2-\frac{Rt}{50}\right)\mathrm{d}t=\frac{20}{3}t-\frac{Rt^2}{30} \tag{2.5.6}$$

现在根据上面的公式分析以下三种情况：

情形 A　当除雪机开始工作后，大雪以速度 $R=0.1\text{ cm/s}$ 持续下 1h。

除雪机开始工作的 1h 内，积雪的新增加厚度是 0.1×3600/100＝3.6m，再加上原来雪深 0.5m，已远远超过 1.5m，那么除雪机在什么时间和什么地点被迫终止工作？

由式(2.5.5)可算出除雪机停止工作的时间为

$$t_0=\frac{100}{R}=\frac{100}{0.1}=1000(\text{s})=16.67(\text{min})$$

由式(2.5.6)可算出除雪机停止工作时所行驶的距离为

$$S(t_0)=S(1000)=20\times\frac{1000}{3}-0.1\times\frac{1000^2}{30}\approx 3333.33(\text{m})=3.33(\text{km})$$

这时除雪机才行驶了 1/3 的路程，雪厚已达到 1.5m，除雪机将无法工作。

情形 B　当除雪机开始工作后，大雪以 $R=0.025\text{ cm/s}$ 持续下了 1h。

除雪机停止工作的时间为

$$t_0=\frac{100}{R}=\frac{100}{0.025}=4000(\mathrm{s})=66.67(\mathrm{min})$$

此期间除雪机的行驶距离为

$$S(t_0)=S(4000)=20\times\frac{4000}{3}-0.025\times\frac{4000^2}{30}\approx 13\,333.33(\mathrm{m})=13.33(\mathrm{km})$$

这比要求清扫的 10km 更长，除雪机早已完成任务。

那么除雪机什么时间完成任务？

因为除雪机的实际行驶路程 $S=10\times1000=10\,000\mathrm{m}$，将此代入式(2.5.6)有

$$\frac{20}{3}t-\frac{0.025}{30}t^2=10\,000$$

或

$$0.025t^2-20t+30\,000=0$$

解方程求出实际除雪时间 $t=2000\mathrm{s}\approx 33.33\mathrm{min}$，这时除雪机的速度是

$$V(2000)=\frac{10}{3}\left(2-\frac{0.025\times2000}{50}\right)=\frac{10}{3}(\mathrm{m/s})$$

情形 C　当除雪机开始工作后，大雪又持续下了 1h，其中前 30min 降雪速度由零均匀变为 0.1cm/s，后 30min 又由 0.1cm/s 均匀变为零。这时降雪速度不是常数，不能直接用式(2.5.5)求除雪机停止的时间。用 $r(t)$ 表示 t 时刻降雪的速度，则降雪速度随时间变化情况如图 2.10 所示。

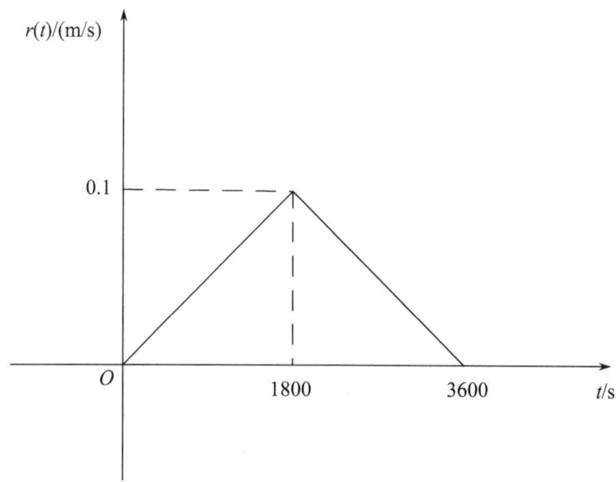

图 2.10　降雪速度随时间变化情况图

由图 2.10 可知，

$$r(t)=\begin{cases}\dfrac{0.1t}{1800}, & (0\leqslant t\leqslant 1800)\\[2ex] 0.2-\dfrac{0.1t}{1800}, & (1800<t\leqslant 3600)\end{cases}$$

其中，$r(t)$ 的单位为 cm/s。

对降雪速度求积分就可得积雪厚度函数。

当 $t \leqslant 1800$ 时，

$$d(t)=0.5+\frac{1}{100}\int_0^t \frac{0.1t}{1800}\mathrm{d}t=0.5+\frac{0.001t^2}{3600} \tag{2.5.7}$$

且

$$d(1800)=0.5+\frac{0.001\times 1800^2}{3600}=0.5+0.9=1.4(\mathrm{m})$$

即当工作到 30min 时，积雪厚度为 1.4m。

当 $t>1800$ 时，

$$d(t)=1.4+0.01\times\int_{1800}^t\left(0.2-\frac{0.1t}{1800}\right)\mathrm{d}t=0.01\times\left(0.2t-\frac{0.1t^2}{3600}\right)-1.3 \tag{2.5.8}$$

且

$$d(3600)=0.01\times\left(0.2\times 3600-\frac{0.1\times 3600^2}{3600}\right)-1.3=2.3(\mathrm{m})$$

这说明在雪停以前除雪机已经停止工作。

那么除雪机是否中途被迫中断工作？能工作多长时间？已清扫了多长路程？

由式(2.5.7)和式(2.5.8)知，雪的厚度函数为

$$d(t)=\begin{cases}0.5+\dfrac{0.001t^2}{3600}, & (t\leqslant 1800)\\ 0.01\times\left(0.2t-\dfrac{0.1t^2}{3600}\right)-1.3, & (t>1800)\end{cases} \tag{2.5.9}$$

因为除雪速度与雪的厚度的关系为

$$V(t)=10\times\left[1-\frac{2}{3}d(t)\right] \tag{2.5.10}$$

将式(2.5.9)代入式(2.5.10)得

$$V(t)=\begin{cases}\dfrac{20}{3}\left(1-\dfrac{0.001t^2}{3600}\right), & (t\leqslant 1800)\\ \dfrac{10}{3}\left(5.6-0.004t+\dfrac{0.002t^2}{3600}\right), & (t>1800)\end{cases}$$

易知当 $t\leqslant 1800$ 时，

$$\frac{20}{3}\left(1-\frac{0.001t^2}{3600}\right)\neq 0$$

令

$$V(t)=0$$

所以

$$\frac{10}{3}\left(5.6-0.004t+\frac{0.002t^2}{3600}\right)=0$$

即有

$$t^2-7200t+10\,080\,000=0$$

由此得

$$t_1=1903\qquad t_2=5297（不合题意，舍去）$$

因此除雪机工作 1903s（即 31.7min）后将无法工作。

（思考：不求 $V(t)$ 能否知道除雪机何时停止工作？）

除雪机工作的距离

$$\begin{aligned}S&=\int_0^{1903}V(t)\mathrm{d}t=\int_0^{1800}V(t)\mathrm{d}t+\int_{1800}^{1903}V(t)\mathrm{d}t\\&=\int_0^{1800}\frac{20}{3}\left(1-\frac{0.001t^2}{3600}\right)\mathrm{d}t+\int_{1800}^{1903}\frac{10}{3}\left(5.6-0.004t+\frac{0.002t^2}{3600}\right)\mathrm{d}t\\&=8434(\mathrm{m})=8.434(\mathrm{km})\end{aligned}$$

所以除雪机只能扫除 8.434km 就无法行走了，即除雪机无法完成 10km 的除雪任务。

思考题：

(1) 当降雪速度为常数时，问降雪速度为多少时除雪机刚好完成 10km 除雪工作？

(2) 能否考虑其他的除雪速度函数和降雪速度函数？

2.5.3　广告与利润问题

推销商品的重要手段之一是做广告，而做广告要出广告费；对于某种商品，出多少广告费能使销售量最大、利润最高，这是商家十分重视的问题。下面以某化学公司推销装饰涂料为例，讨论广告与利润问题。

➢ **问题 2.17**　某公司有一大批装饰涂料，根据以往统计资料，零售价增高，则销售量减少，具体数据见表 2.5。若做广告，可使销售量增加，具体增加量以销售量提高因子 k 表示，k 与广告费的关系见表 2.6，它也是以往的统计或经验结果。现在已知涂料的进价是每罐 2 英镑，问如何确定涂料的价格和花多少广告费，可使公司获利最大。

表 2.5　涂料预期销售量与价格的关系

单价/英镑	2.00	2.50	3.00	3.50	4.00	4.50	5.00	5.50	6.00
销售量/千罐	41	38	34	32	29	28	25	22	20

表 2.6　销售量提高因子与广告费的关系

广告费/万英镑	0	1	2	3	4	5	6	7
提高因子 k	1.00	1.40	1.70	1.85	1.95	2.00	1.95	1.80

解　为了解决此问题，引入以下记号：x 为预期销售量；y 为销售单价；z 为广告费；c 为成本单价。

由表 2.5 可看出，销售量与单价近似呈线性关系，因此可设：

$$x = ay + b \tag{2.5.11}$$

可用最小二乘法，根据表 2.5 中的数据算出式(2.5.11)中的系数 a 和 b 的具体数值，显然 $a<0$。

由表 2.6 可看出，提高因子与广告费近似呈二次关系，因此可设：

$$k = dz^2 + ez + f \tag{2.5.12}$$

同样，可用曲线拟合法，由表 2.6 的数据算出式(2.5.12)中的系数 d,e,f，这里 $d<0$，抛物线开口向下。

设实际销售量为 S，它等于预期销售量乘以销售提高因子，即 $S = kx$，于是利润 P 可表示为

$$P = \text{收入} - \text{支出} = \text{销售收入} - \text{成本支出} - \text{广告费} = Sy - Sc - z = kx(y-c) - z \tag{2.5.13}$$

将式(2.5.11)和式(2.5.12)代入式(2.5.13)，可见 P 只是 y 和 z 的函数，即

$$P = \left(dz^2 + ez + f\right)(ay+b)(y-c) - z \tag{2.5.14}$$

所以问题归结为当 y 和 z 为何值时，P 达到最大值。

用多元函数求极值的方法：

因为

$$\frac{\partial P}{\partial y} = \left(dz^2 + ez + f\right)(2ay + b - ac)$$

$$\frac{\partial P}{\partial z} = (2dz + e)(ay+b)(y-c) - 1$$

当 $\dfrac{\partial P}{\partial y} = 0$ 时，可得

$$dz^2 + ez + f = 0 \qquad \text{或} \qquad 2ay + b - ac = 0$$

其中，前一个等式意味着 $k=0$，无实际意义，由后一个等式得

$$y_0 = \frac{ac-b}{2a}$$

再由 $\dfrac{\partial P}{\partial z} = 0$ 可得

$$z_0 = \frac{1}{2d(ay+b)(y-c)} - \frac{c}{2d}$$

因此，P 的驻点为

$$\begin{cases} y_0 = \dfrac{ac-b}{2a} \\ z_0 = \dfrac{1}{2d(ay+b)(y-c)} - \dfrac{c}{2d} \end{cases}$$

又因为

$$\frac{\partial^2 P}{\partial y^2} = 2a\left(dz^2 + ez + f\right)$$

$$\frac{\partial^2 P}{\partial y \partial z} = (2dz+e)(2ay+b-ac)$$

$$\frac{\partial^2 P}{\partial z^2} = 2d(ay+b)(y-c)$$

在点(y_0, z_0)处

$$A = \frac{\partial^2 P}{\partial y^2} < 0, B = \frac{\partial^2 P}{\partial y \partial z} = 0, C = \frac{\partial^2 P}{\partial z^2} < 0$$

由多元函数极值的充分条件知，在点(y_0, z_0)处利润 P 取最大值。

为了得到具体的数值，需求出各系数的值。

下面给出计算的结果：

$$a = -5133,\quad b = 50\,420,\quad c = 2$$

$$d = -4.256 \times 10^{-10},\quad e = 4.092 \times 10^{-5},\quad f = 1.019$$

把以上数值代入，可得

$$x = 20\,084, y = 5.91, z = 33\,113, k = 1.91$$

可以预言，按该方案销售，可得实际销售量：

$$S = kx = 1.91 \times 20\,084 \approx 38\,360 (\text{罐})$$

获利润：

$$P = 116\,875 (\text{英镑})$$

2.5.4　录像带的长度问题

➤ **问题 2.18**　在一台录像机上有一个四位数字的计数器。在磁带开始运行时的设置为“0000”。185 分 20 秒结束时显示读数为“1849”。并注意到计数器从“0084”转到“0147”时用了 3 分 21 秒。现在计数器上显示为“1428”，问余下的磁带是否足够再记录 60min 长的节目？

解　若能写出计数器读数 n 和所花时间 t 的经验公式，不仅能回答现在提出的这个问题，还可以为其他情况下使用录像机提供依据。

建模目的：建立计数器读数 n 和所花时间 t 的关系。

假设：(1)录像磁带厚度是均匀的，设为W，磁带绕半径为r的轴旋转；

(2)磁带绕磁头旋转的线速度为常数V；

(3)计数器的读数与轴轮转数成正比；

(4)磁带卷各圈松紧均匀。

记t时刻轴心到磁带卷外侧距离为$R(t)$，已放过磁带总长为$L(t)$，计数器读数为$n(t)$。下面讨论t和$n(t)$的关系。

因为在t时刻磁带卷侧面的总面积为

$$\pi\left[\left(R(t)\right)^2-r^2\right],\quad \left(R(t)>r\right)$$

所以用总面积除以厚度W，有

$$L(t)=\frac{\pi\left[\left(R(t)\right)^2-r^2\right]}{W}$$

另一方面，由假设(2)知

$$L(t)=Vt$$

从而

$$Vt=\frac{\pi\left[\left(R(t)\right)^2-r^2\right]}{W}$$

整理得

$$R(t)=\left(\frac{WVt}{\pi}+r^2\right)^{\frac{1}{2}}\tag{2.5.15}$$

当磁带转轮转过一个很小的角度$\Delta\theta$时，对应的磁带长$\Delta L=R(t)\Delta\theta$，若转过$\Delta\theta$角度所花时间为$\Delta t$，又有$\Delta L=V\Delta t$，则$R(t)\Delta\theta=V\Delta t$，取微分并利用式(2.5.15)，有

$$\mathrm{d}\theta=\frac{V\mathrm{d}t}{R(t)}=V\left(\frac{WVt}{\pi}+r^2\right)^{-\frac{1}{2}}\mathrm{d}t$$

从而

$$\int_0^\theta\mathrm{d}\theta=\int_0^t V\left(\frac{WVt}{\pi}+r^2\right)^{-\frac{1}{2}}\mathrm{d}t=\frac{2\pi}{W}\left[\left(\frac{WVt}{\pi}+r^2\right)^{\frac{1}{2}}-r\right]$$

即有

$$\theta(t)=\frac{2\pi}{W}\left[\left(\frac{WVt}{\pi}+r^2\right)^{\frac{1}{2}}-r\right]$$

由假设(3)有$n(t)=k\theta$，k是比例系数，故有

$$n(t)=\frac{2\pi k}{W}\left[\left(\frac{WVt}{\pi}+r^2\right)^{\frac{1}{2}}-r\right] \tag{2.5.16}$$

若从销售商或制造商处了解到 W, V, r 的值，并选择一个合适的 k 值，就可得到 $n(t)$ 和 t 的具体关系，将 $n(t)=1428$ 代入求得 t 值，再用 185 分 20 秒去减，就可回答我们的问题。

下面根据所给的条件来解决我们的问题。

将式(2.5.16)变形为

$$n(t)=2k\sqrt{\frac{\pi V}{W}}\left(\sqrt{t+\frac{\pi r^2}{WV}}-\sqrt{\frac{\pi r^2}{WV}}\right) \tag{2.5.17}$$

令

$$\alpha=2k\sqrt{\frac{\pi V}{W}},\ \beta=\frac{\pi r^2}{WV}$$

所以式(2.5.17)变为

$$n(t)=\alpha\left(\sqrt{t+\beta}-\sqrt{\beta}\right) \tag{2.5.18}$$

式(2.5.18)中仅含两个参数 α 和 β。利用表 2.7 数据，$t=0,n=0$ 是模型的初始条件，将表 2.7 后 3 组数据代入式(2.5.18)得到以下三元方程组：

$$\begin{cases}\alpha\left(\sqrt{185.33+\beta}-\sqrt{\beta}\right)=1849\\ \alpha\left(\sqrt{t_1+\beta}-\sqrt{\beta}\right)=84\\ \alpha\left(\sqrt{t_1+3.35}-\sqrt{\beta}\right)=147\end{cases} \tag{2.5.19}$$

这是关于 t,α,β 的三元方程组，含有三个方程，能够解出 t,α,β，从而得出 $n(t)$ 与 t 的关系，解答我们的问题。但是求解此方程组很困难，下面再寻求更好的方法。

表 2.7　计数器读数与时间关系图

时间 t/min	0	t_1	$t_1+3.35$	185.33
读数 $n(t)$	0	0084	0147	1849

将式(2.5.18)改写为

$$\sqrt{t+\beta}=\frac{n(t)}{\alpha}+\sqrt{\beta}$$

或者

$$t=\left[\frac{n(t)}{\alpha}+\sqrt{\beta}\right]^2-\sqrt{\beta}=\frac{1}{\alpha^2}\left[n(t)\right]^2+2\frac{\sqrt{\beta}}{\alpha}n(t)$$

因此得到 $n(t)$ 与 t 的另一形式

$$t = a\left[n(t)\right]^2 + b\left[n(t)\right] \tag{2.5.20}$$

其中，a,b为参数。

将表 2.7 中后 3 个值代入式(2.5.20)得

$$\begin{cases} 1849^2 a + 1849b = 185.33 \\ 84^2 a + 84b = t_1 \\ 147^2 a + 147b = t_1 + 3.35 \end{cases}$$

消去t_1（我们无须确切知道t_1的值）得

$$\begin{cases} 1849^2 a + 1849b = 185.33 \\ 14\,553a + 63b = 3.35 \end{cases}$$

最后解得

$$\begin{cases} a = 2.908 \times 10^{-5} \\ b = 0.046\,456 \end{cases}$$

所以得经验模型

$$t = 0.000\,029\,08n^2 + 0.046\,456n \tag{2.5.21}$$

现在用式(2.5.21)来回答最初的问题。

当$n = 1428$时，t的值为

$$t = 0.000\,029\,08 \times 1428^2 + 0.046\,456 \times 1428 = 59.299 + 66.339 \approx 125.64$$

剩余的总记录时间$185.33 - 125.64 = 59.69(\text{min})$。

所以根据模型断定余下的录像磁带已不足以记录 60min 的节目。

说明　由于数据个数太少，本问题不能用统计法估计参数，而用机理分析法求得参数值。需要指出的是，我们可利用的数据个数已是允许的最少个数了。如果有较多的t和n的数据，用统计法可得到更可靠的a和b的估计值。

习题 2

1. 假设有一对兔子，两个月后每月可生一对兔子，一对小兔子两个月后每月又可生一对小小兔子，依次类推，问一年后共有多少对兔子？能否用计算机算出任意月份兔子的对数？

2. 设一所迷宫有 64 间房间，其排列类似 8×8 棋盘，对于最角落的游客，只要他能够不重复地通过每间房间到达对角的房间(所有相邻房间都有门相通)，游客将走出迷宫。问游客能穿过迷宫吗？如果房间为 8×9 的排列，共 72 间，将会出现什么情况？

3. 某班有 49 个学生，坐成 7 行 7 列。每个座位的前后左右的座位叫做它的“邻座”，要让这 49 个学生都换到它的邻座上去，问这种调换位置的方案能否实现？

4. 某公司一次投资 100 万元建造一条生产流水线，一年后建成投产，并开始取得经济效益。设流水线的收益是均匀货币流，年流量是 30 万元，已知银行年利率为 10%，问多少年后该公司可以收回投资？

5. 17 个科学家中每一个科学家都和其他科学家通信，在他们通信时，只讨论 3 个题目，而且任意

2 个科学家互相通信时只讨论 1 个题目，证明其中至少有 3 个科学家，他们互相通信时讨论的是同一个题目。

6. 要把一只狼、一只羊和一棵白菜运过河，而船工每次只能运一种东西，问船工如何运它们，才能使羊吃不掉白菜，而狼吃不掉羊？

7. 如果我们只有一只装满 8kg 酒的瓶子和分别可装 5kg 和 3kg 酒的空瓶，问怎样才能分出 4kg 酒出来。

8. 设有 n 个人参加一场宴会，已知没有人认识所有的人，问是否有两个人，他们认识的人一样多？

9. 总统与首相面前同时送上同温度的热咖啡。总统在送到咖啡后立即加上一点冷奶油，等了 10min 才喝；首相则等了 10min 之后再加等量的冷奶油开始喝，问谁喝的咖啡热一些？

10. 某天早晨开始下雪，雪整天稳降不停。正午一辆扫雪车开始扫雪，每小时扫雪量按体积记为一个常数。到下午 2 时，它清扫了 2km，到下午 4 时又清扫了 1km，问雪是什么时候开始下的？

11. 如果时钟的长短针装反了(互换位置)，那么在一昼夜时间里，该时钟有多少时刻显示的时间与实际时间一致？如何求出这些时刻？

12. 有 A，B，C 三个药瓶，瓶 A 中装有 1997 片药片，瓶 B 和瓶 C 都是空的，装满时可分别装 97 片和 19 片药。每片药含 100 个单位有效成分，每开瓶一次该瓶内每片药片都损失 1 个单位有效成分。某人每天开瓶一次、吃一片药，他可以利用这次开瓶的机会将药片装入别的瓶中以减少以后的损失，处理后将瓶盖都盖上，问当他将药片全部吃完时，最少要损失多少个单位有效成分？

13. 有 12 个外表相同的硬币，已知其中一个是假的(可能轻些也可能重些)。现要用无砝码的天平以最少的次数找出假币，问应怎样称。

14. 学校共有 1000 名学生，235 人住在 A 楼，333 人住在 B 楼，432 人住在 C 楼。学生们要组成一个 10 人委员会，试用 Q 值方法及 D’Hondt 方法给出分配方案。如果委员会为 15 人，分配方案是什么？

15. **梯子问题** 一幢楼房的后面有一个很大的花园。在花园中紧靠着楼房建有一个温室，温室高 10m，延伸进花园 7m。清洁工要打扫温室上方楼房的窗户。他只有借助于梯子，一头放在花园中，一头靠在楼房的墙上，攀援上去进行工作。他只有一架 20m 的梯子，你认为他能否成功？能满足要求的梯子的最小长度是多少？

16. 一个人为了积累养老金，他每个月按时到银行存 1000 元，银行的年利率为 4%，且可以任意分段按复利计算，试问此人在 5 年后共积累了多少养老金？如果存款和复利按日计算，则他又有多少养老金？如果复利和存款连续计算呢？

17. 某大学青年教师小李从 31 岁开始建立自己的养老基金，他把已有的积蓄 1 万元也一次性地存入，已知月利率为 0.01(以复利计)，每月存入 300 元，试问当小李 60 岁退休时，他的养老基金有多少？又若，他退休后每月要从银行提取 1000 元，试问多少年后他的养老基金将用完？

18. 将某树群的树分成三类：幼树——树龄为 0~10 年，成树——树龄为 10~40 年，老树——树龄在 40 年以上。

在没有采伐的条件下，假定在每一个单位时间(2 年)内：

(1) 幼树中的 $\frac{1}{5}$ 成长为成树，每一棵幼树平均繁殖 $\frac{1}{2}$ 棵新树。

(2) 成树中的 $\frac{1}{15}$ 长成老树，每一棵成树平均繁殖 1 棵新树。

(3) 老树的$\frac{1}{50}$要老死，每一棵老树平均繁殖$\frac{1}{5}$棵新树。

若在第k个单位时间内，幼树、成树、老树砍伐的数量分别为$u_1(k), u_2(k), u_3(k)$，试在没有砍伐及有砍伐两种情况下分别建立树群增长的数学模型。

19. 一种植物的基因型为AA、Aa和aa。研究人员采用将同种基因型的植物相结合的方法培育后代，开始时这三种基因型的植物所占的比例分别为20%，30%，50%。问经过若干代培育后这三种基因型的植物所占的比例是多少？

20. 设在海湾中，海潮的高潮与低潮之间的差是 2m。一个小岛的陆地高度的函数表达式为$z = 30\left(1 - \frac{x^2 + y^2}{16}\right)$(单位：m)。并设水平面$z = 0$对应于低潮的位置，求高潮与低潮时小岛露出水面的面积之比。

第 3 章　微分方程模型

自然科学、工程技术、经济、军事、社会科学等领域中的大量实际问题，有时很难用变量的直接函数关系式来描述其内在规律，但却容易找到这些变量和它们的微小增量或变化率之间的关系式，这就需要建立微分方程模型。

建立微分方程模型，其方法可归纳如下：

(1) 根据规律列方程。利用数学、物理、化学等学科中的定理或许多经过实践或实验检验的规律和定律，如牛顿运动定律、牛顿冷却定律、曲线的切线性质等建立问题的微分方程模型。

(2) 微元分析法。寻找一些微元之间的关系式，在建立这些关系式时也要用到已知的规律与定理，与第一种方法不同之处是对某些微元而不是直接对函数及其导数应用规律。

(3) 模拟近似法。在生物、经济等学科的实际问题中，许多现象的规律性不是很清楚，即使有所了解也是极其复杂的，常常用模拟近似的方法来建立微分方程模型，建模时在不同的假设下去模拟实际的现象。这个过程是近似的，用模拟近似法所建立的微分方程从数学上去求解或分析解的性质，再去同实际情况对比，看这个微分方程模型能否刻画、模拟、近似某些实际现象。

在大量实际问题的解决过程中，建立微分方程模型是非常重要的。下面通过介绍不同领域中的微分方程模型，说明在解决实际问题中微分方程应用的广泛性。

3.1　微分方程的简单应用

3.1.1　物体在液面上的浮沉振动问题

➢ **问题 3.1**　一个边长为 3m 的立方体浮于水面上，已知立方体上下振动的周期为 2s，试求物体沉浮振动的规律和质量。

解　设水的密度为 1000kg/m^3，当物体浸入水中时，它受到一个向上的浮力，由阿基米德原理知：浮力的大小等于与物体浸入水中的那部分同体积的水的重力。

设物体的质量为 m（单位：kg），物体在 t（单位：s）时刻相对于静止位置的位移为 x（单位：m），即 $x=x(t)$，则由阿基米德原理知，引起振动的浮力（单位：N）为

$$x\times 3\times 3\times 1000g=9000xg$$

由牛顿第二定律得

$$m\frac{\mathrm{d}^2x}{\mathrm{d}t^2}=-9000gx \tag{3.1.1}$$

其中，$g=9.8\mathrm{m/s}^2$。

式 (3.1.1) 就是物体沉浮振动的数学模型。

易得式(3.1.1)的通解为

$$x = c_1 \cos\sqrt{\frac{9000g}{m}}t + c_2 \sin\sqrt{\frac{9000g}{m}}t$$

于是周期为

$$T = \frac{2\pi}{\sqrt{\frac{9000g}{m}}} = 2$$

解得

$$m = \frac{9000g}{\pi^2} \approx 8937(\text{kg})$$

3.1.2 液体的浓度稀释问题

➢ **问题 3.2** 有两只桶，桶内各装 100L 的盐水，其浓度为 0.5kg/L。先用管子将净水以 2L/min 的速度输送到第一只桶内，搅拌均匀后，混合液又由管子以 2L/min 的速度被输送到第二只桶内，再将混合液搅拌均匀，然后用管子以 1L/min 的速度输出，问在 t 时刻从第二只桶流出的盐水浓度是多少?

解 设 $y_1 = y_1(t)$ 和 $y_2 = y_2(t)$ 分别表示 t 时刻第一只和第二只桶内盐的量(单位: kg)，则第一只桶在 t 到 $t+\Delta t$ 内盐的改变量为

$$y_1(t+\Delta t) - y_1(t) = 0 \times 2\Delta t - \frac{y_1(t)}{100} \times 2\Delta t$$

所以

$$\begin{cases} \dfrac{\mathrm{d}y_1}{\mathrm{d}t} = -\dfrac{y_1(t)}{50} \\ y_1(0) = 50 \end{cases}$$

故有

$$y_1 = 50\mathrm{e}^{-\frac{t}{50}}$$

第二只桶在 t 到 $t+\Delta t$ 内盐的改变量为

$$y_2(t+\Delta t) - y_2(t) = \text{流入} - \text{流出} = \frac{y_1(t)}{100} \times 2\Delta t - \frac{y_2(t)}{100+(2-1)t} \times 1 \times \Delta t$$

所以

$$\begin{cases} \dfrac{\mathrm{d}y_2}{\mathrm{d}t} = \dfrac{1}{50} y_1(t) - \dfrac{y_2(t)}{100+t} \\ y_2(0) = 50 \end{cases}$$

将 $y_1 = 50\mathrm{e}^{-\frac{t}{50}}$ 代入得

$$\begin{cases}\dfrac{\mathrm{d}y_2}{\mathrm{d}t}=\mathrm{e}^{-\frac{t}{50}}-\dfrac{y_2(t)}{100+t}\\ y_2(0)=50\end{cases}$$

解一阶线性微分方程得

$$y_2(t)=\frac{12500-50(150+t)e^{-\frac{t}{50}}}{100+t}$$

所以t时刻从第二只桶内流出的盐水的浓度为

$$\frac{y_2(t)}{100+t}=\frac{12500-50(150+t)e^{-\frac{t}{50}}}{(100+t)^2}$$

3.1.3　赝品的鉴定

1. 历史背景

第二次世界大战比利时解放以后，荷兰野战军保安机关开始搜捕纳粹同谋犯。他们从一家曾向纳粹德国出卖过艺术品的公司发现线索，于 1945 年 5 月 29 日以通敌罪逮捕了三流画家范·梅格伦(H. van Meegren)，此人曾将 17 世纪荷兰著名画家扬·弗美尔(Jan Vermeer)的油画《捉奸》等卖给纳粹德国戈林的中间人。可是，范·梅格伦在同年 7 月 12 日在牢里宣称他从未把《捉奸》卖给戈林，而且他还说，这一幅画和众所周知的油画《在埃牟斯的门徒》以及其他 4 幅冒充弗美尔的油画和 2 幅德胡斯(17 世纪荷兰画家)的油画都是他自己的作品，这件事在当时震惊了全世界，为了证明自己是一个伪造者，他在监狱里开始伪造弗美尔的油画《耶稣在门徒们中间》，当这项工作接近完成时，范·梅格伦获悉自己的通敌罪已被改为伪造罪，因此他拒绝将这幅画完成，以免留下罪证。

为了审理这一案件，法庭组织了一个由著名化学家、物理学家和艺术史学家组成的国际专门小组调查这一事件。他们用 X 射线检验画布上是否曾经有过别的画。此外，他们分析了油彩中的拌料(色粉)，检验油画中有没有历经岁月的迹象。科学家们终于在其中几幅画中发现了现代颜料钴蓝的痕迹，还在几幅画中检验出了 20 世纪初才发明的酚醛类人工树脂。根据这些证据，范·梅格伦于 1947 年 10 月 12 日被宣告犯有伪造罪，被判刑一年。可是他在监狱中只待了两个多月就因心脏病发作，于 1947 年 12 月 30 日死去。然而，事情并未到此结束，许多人还是不肯相信著名的《在埃牟斯的门徒》是范·梅格伦伪造的。事实上，在此之前这幅画已经被文物鉴定家认定为真迹，并以 17 万美元的高价被伦布兰特学会买下。专家小组对于怀疑者的回答是：由于范·梅格伦曾因他在艺术界中没有地位而十分懊恼，他下决心绘制《在埃牟斯的门徒》来证明他高于三流画家。当创造出这样的杰作后，他的志气消退了。而且，当他看到这幅《在埃牟斯的门徒》多么容易卖掉以后，他在炮制后来的伪制品时就不太用心了。

这种解释不能使怀疑者感到满意，他们要求完全科学地、确定地证明《在埃牟斯的门徒》的确是一个伪造品。这一问题一直拖了 20 年，直到 1967 年，才被卡内基·梅隆(Carnegie Mellon)大学的科学家们基本上解决。

2. 原理与模型

测定油画和其他岩石类材料的年龄的关键是 20 世纪初发现的放射性现象。

放射性现象：著名物理学家卢瑟福在 20 世纪初发现，某些放射性元素的原子是不稳定的，并且在已知的一段时间内，有一定比例的原子衰变成新元素的原子，且物质的放射性与现存物质的原子数成正比。

用 $N(t)$ 表示时间 t 时存在的原子数，则

$$\frac{\mathrm{d}N}{\mathrm{d}t}=-\lambda N$$

其中，常数 λ 为正，称为该物质的衰变常数，这就是卢瑟福证明的放射性定理。物质的衰变常数 λ 越大，衰变得越快。对衰变速度的一种度量就是半衰期，它定义为一定数量的放射性原子衰变到一半时所需的时间。我们可以根据 λ 来计算物质的半衰期。

用 λ 来计算半衰期 T：

$$\frac{\mathrm{d}N}{\mathrm{d}t}=-\lambda N$$
$$N(t_0)=N_0$$

其解为

$$N(t)=N_0\mathrm{e}^{-\lambda(t-t_0)} \tag{3.1.2}$$

令 $\frac{N}{N_0}=\frac{1}{2}$，则有

$$T=t-t_0=\frac{\ln 2}{\lambda}$$

许多物质的半衰期已被测定，如碳 14，其 $T=5730$ 年；铀 238，其 $T=4.468\times10^9$ 年。

利用放射性原理，可以进行年代测定。例如对有机物(动、植物)遗体，考古学上目前流行的测定方法是放射性碳 14 测定法，这种方法具有较高的精确度，其基本原理是：由于大气层受到宇宙线的连续照射，空气中含有微量的中微子，它们和空气中的氮结合，形成放射性碳 14。有机物存活时，它们通过新陈代谢与外界进行物质交换，使体内的碳 14 处于放射性平衡中。一旦有机物死亡，新陈代谢终止，放射性平衡即被破坏。因而，通过对比测定，可以估计出它们生存的年代。

将式(3.1.2)两边取对数并整理得

$$t-t_0=\frac{1}{\lambda}\ln\frac{N_0}{N} \tag{3.1.3}$$

如果 t_0 为某物质最初形成或制造出的时间，则该物质存在的年代就是 $\frac{1}{\lambda}\ln\frac{N_0}{N}$。在大多数情况下，衰变常数 λ 是已知的或可测算的，N 也很容易测算，如果再知道 N_0，就可以确定出该物质存在的年代了。

例如，据传 1950 年在巴比伦发现一根刻有 Hammurabi 王朝字样的木炭，经测定，

其碳 14 衰变数 λN 为 4.09 个/(g·min)，而新砍伐烧成的木炭中碳 14 衰变数 λN_0 为 6.68 个/ (g·min)，碳 14 的半衰期 $\frac{\ln 2}{\lambda}$ 为 5730 年，由此据公式(3.1.3)可以推算出该王朝存在于 3900~4000 年以前。

那么，如何利用放射性原理来鉴别油画的真假？下面列出与本问题相关的其他知识：

(1) 艺术家们将白铅用作颜料已有 2000 多年。白铅的主要成分是无放射性的铅 206 及含有微量的放射元素镭 226 和铅 210。白铅在铅矿提炼前，由于岩石的放射性平衡，可以证明当时每克白铅中铅 210 每分钟衰变原子数不能大于 30 000 个。

(2) 从铅矿中提炼铅时，铅 210 与铅 206 一起被作为铅留下，而 90%~95%的镭及其他物质则被留在矿渣里，因而打破了原有的放射性平衡。因此铅 210 便得不到足够的镭 226 的衰变原子进行补充，按 22 年半衰期衰变，很快使得白铅里的铅 210 与极微量的镭 226 达到如同原来在铅矿里的放射性平衡(大约 50 年)。在此之后每分钟每克白铅中铅 210 的衰变原子数便等于镭 226 的衰变原子数。

简化假定

本问题建模是为了鉴定几幅油画是超过 300 年的古画还是近几年的仿品，为了使模型尽可能简单，可作如下假设：

(1) 由于镭的半衰期为 1600 年，经过 300 年左右，应用微分方程方法不难计算出白铅中的镭至少还有原量的 90%，故可以假定，每克白铅中每分钟镭的衰变原子数是一个常数。

(2) 艺术家们应用的白铅颜料中，大约 50 年之后每分钟每克白铅中铅 210 的衰变原子数等于镭 226 的衰变原子数。

(3) 白铅在铅矿提炼前，每克白铅中铅 210 每分钟衰变原子数不能大于 30 000 个。

模型建立

设 t 时刻每克白铅中铅 210 数量为 $y(t)$，而每克白铅中每分钟镭的衰变原子数为 r (常数)，则 $y(t)$ 满足微分方程：

$$\frac{\mathrm{d}y}{\mathrm{d}t} = -\lambda y + r, \qquad y(t_0) = y_0$$

由此解得

$$y(t) = \frac{r}{\lambda}\left[1 - \mathrm{e}^{-\lambda(t-t_0)}\right] + y_0 \mathrm{e}^{-\lambda(t-t_0)}$$

故

$$\lambda y_0 = \lambda y(t) \mathrm{e}^{\lambda(t-t_0)} - r\left[\mathrm{e}^{\lambda(t-t_0)} - 1\right]$$

画中每克白铅所含铅 210 目前的衰变原子数 $\lambda y(t)$ 及目前镭的衰变原子数 r 均可用仪器测出，如果油画是真品，可设 $t - t_0 = 300$年，从而可求出 λy_0 的近似值，并利用假设(2)和(3)判断这样的衰变原子数是否合理。

卡内基·梅隆大学的科学家们利用上述模型对部分有疑问的油画作了鉴定，测得数据如表 3.1 所示。

表 3.1　部分疑问的油画鉴定数据

序号	油画名称	铅 210 衰变原子数/(个/(g·min))	镭 226 衰变原子数/(个/(g·min))	计算 λy_0 /(个/(g·min))
(1)	在埃牟斯的门徒	8.5	0.8	98 050
(2)	濯足	12.6	0.26	157 130
(3)	看乐谱的女人	10.3	0.3	127 340
(4)	演奏曼陀林的女人	8.2	0.17	102 250
(5)	花边织工	1.5	1.4	1274.8
(6)	笑女	5.2	6.0	10 181

判定结果

对《在埃牟斯的门徒》，$\lambda y_0 \approx 98\ 050$(个/(g·min))，它必定是一幅伪造品。类似可以判定(2)，(3)，(4)也是赝品。而(5)和(6)都不会是几十年内的伪制品，因为放射性物质已处于接近平衡的状态，这样的平衡不可能发生在 19 世纪和 20 世纪的任何作品中。

3.2　铅球投掷的数学模型

随着科学定量研究的发展以及计算机的广泛应用，数学在竞技体育中也找到了它发挥作用的园地。1973 年美国应用数学家 J. B. Keller 提出赛跑的最优速度模型，实现了短跑运动员选取最优方式安排全程速度以达到赛跑成绩最好的目的，这一研究将数学应用于竞技体育推向了新阶段。几乎同时，美国的计算机专家艾斯特应用数学、力学和计算机等多学科知识提出了关于铁饼投掷技术的理论，从而创造了在奥运会比赛中三破世界纪录的成绩。

在这里我们将以铅球投掷为例来说明数学模型如何应用于竞技体育的训练，它的成功将给人们以启迪。

➢ **问题 3.3**　设铅球初始速度为 v，出手高度为 h，出手角度为 α（与地面的夹角），建立投掷距离与 v, h, α 的关系式，并在 v, h 一定的条件下求最佳出手角度和最远距离。

模型一　抛射模型

在这个模型中，我们不考虑投掷者在投掷圆内用力阶段的力学过程，只考虑铅球脱手时的初速度和投掷角度对铅球的影响。

假设：

(1) 铅球被看成一个质点；

(2) 铅球运动过程中的空气阻力不计；

(3) 投掷角和初速度是相互独立的。

设铅球的质量为 m，建立抛射模型坐标系如图 3.1 所示。

在 t 时刻，铅球位置在 $M(x,y)$ 点，则由力学定律知，铅球运动的两个微分方程是

$$\begin{cases} m\ddot{x}=0 \\ m\ddot{y}=-mg \\ x(0)=0,\ y(0)=h \\ \dot{x}(0)=v\cos\alpha,\ \dot{y}(0)=v\sin\alpha \end{cases}$$

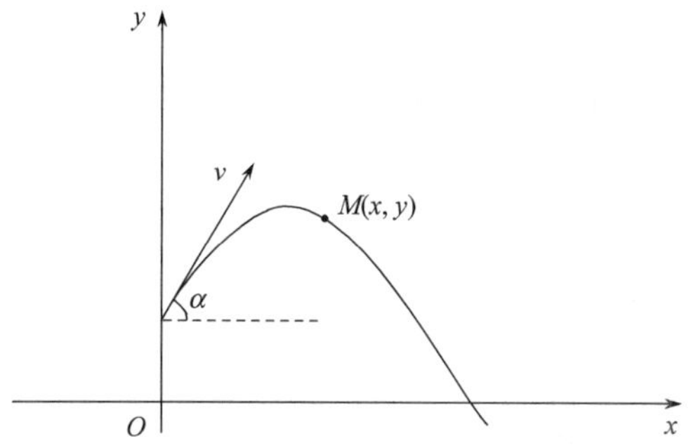

图 3.1　抛射模型坐标系

解之得

$$\begin{cases} x = vt\cos\alpha \\ y = -\dfrac{1}{2}gt^2 + vt\sin\alpha + h \end{cases}$$

所以铅球的运动轨迹为

$$y = -\frac{g}{2v^2\cos^2\alpha}x^2 + x\tan\alpha + h \tag{3.2.1}$$

令 $y=0$，铅球落地的距离为

$$x = \frac{v^2}{g}\cos\alpha\sin\alpha + \left(\frac{v^2}{g^2}\sin^2\alpha + \frac{2h}{g}\right)^{\frac{1}{2}} v\cos\alpha \tag{3.2.2}$$

它描述了铅球投掷的距离与投掷时的出手速度和投掷角度的关系，这也是我们所要建立的铅球投掷模型。

由式(3.2.1)和式(3.2.2)可得

$$x^2 g = 2v^2\cos^2\alpha\left(h + x\tan\alpha\right)$$

由 $\dfrac{\mathrm{d}x}{\mathrm{d}\alpha}=0$，得最佳出手角度为

$$\alpha^* = \arcsin\frac{v}{\sqrt{2\left(v^2+gh\right)}}$$

投掷的最远距离为

$$x^* = \frac{v}{g}\sqrt{v^2+2gh}$$

设 $h=1.5\text{m}, v=10\text{m/s}$，则 $\alpha^*\approx 41.4°, x^*\approx 11.4\text{m}$。

由此可知，当 $h>0$ 时，最佳出手角度满足 $0<\alpha^*<45°$；特别地，当 $h=0$ 时(出手点与落地点在同一高度)，最佳出手角度 $\alpha^*=45°$。若给定出手高度 h，当出手速度 v 变大时，最佳出手角度 α^* 将变大；若给定出手速度 v，增加出手高度 h，最佳出手角度 α^* 反而将变小。

有了上面的模型，铅球教练们就可以用来指导队员的训练，根据模型，由 h,v 的不同数值，制作出投掷铅球最佳模式表，根据每个队员的不同情况分别制订训练方案。

模型二　铅球投掷模型

模型一是在简单情况下铅球的抛射模型，它没有考虑铅球投掷的机制。实际上，在铅球的出手速度、高度和角度三个因素中，出手速度是主要因素，即提高出手速度比提高出手高度及出手角度要有效得多，并且出手速度与出手角度不是相互独立的，随着出手角度的增大，出手速度将会降低，下面将考虑铅球的投掷过程建立铅球投掷模型。

关于铅球的投掷过程，我们假设：

(1) 滑步阶段为水平运动，铅球随人的身体产生一个水平的初速度 v_0；

(2) 在用力阶段，运动员从开始用力推铅球到铅球出手有一段时间 t_0；

(3) 在运动员用力的时间内，运动员作用在铅球上的推力大小 F 是不变的，力的方向与铅球的出手角度 α 相同。

用这 3 个假设代替模型一中的假设 (3) 来进一步组建铅球的投掷模型。

式 (3.2.2) 很好地描述了铅球出手以后的运动状况，因此模型二主要在于建立描述铅球出手速度的形成过程以得到出手速度与出手角度之间的依赖关系。

若记 $x(t),y(t)$ 为开始用力后铅球运动轨迹的水平和铅垂方向的坐标。则根据牛顿第二定律，由假设 (3) 有

$$
\begin{aligned}
mx''(t) &= F\cos\alpha \\
my''(t) &= F\sin\alpha - mg
\end{aligned} \tag{3.2.3}
$$

其中，m 为铅球的质量；F 是对铅球的推力；α 为力的方向，即铅球的出手角度。

根据假设 (2)，令 $t=0$ 时运动员开始用力推球，$t=t_0$ 时铅球出手，在区间 $(0,t_0)$ 上对式 (3.2.3) 积分可得

$$x'(t_0) = \frac{F}{m}t_0\cos\alpha + C_1$$

$$y'(t_0) = \frac{F}{m}t_0\sin\alpha - gt_0 + C_2$$

其中，C_1,C_2 分别是 $t=0$ 时铅球的水平与垂直的初速度。由假设 (1) 可知，$C_1=v_0,C_2=0$，于是得到

$$x'(t_0) = \frac{F}{m}t_0\cos\alpha + v_0$$

$$y'(t_0) = \frac{F}{m}t_0\sin\alpha - gt_0$$

由此可以得到铅球的合速度，即铅球的出手速度

$$
\begin{aligned}
v &= \sqrt{x'(t_0)^2 + y'(t_0)^2} = \sqrt{\left(\frac{F}{m}t_0\cos\alpha + v_0\right)^2 + \left(\frac{F}{m}t_0\sin\alpha - gt_0\right)^2} \\
&= \sqrt{\left(\frac{F^2}{m^2} + g^2 - \frac{2F}{m}g\sin\alpha\right)t_0 + v_0^2 + \frac{2F}{m}t_0v_0\cos\alpha}
\end{aligned} \tag{3.2.4}
$$

其中，t_0 是推铅球时力的作用时间。

将式(3.2.4)与式(3.2.2)合并就得到了铅球投掷的数学模型。

分析出手速度式(3.2.4)，不难看出 v 随着 F 和 t_0 的增加而增大，显然 v 随着 v_0 的增加而增大。这与我们的常识也是一致的。由于 $0<\alpha<\frac{\pi}{2}$，由式(3.2.4)还可以看出 v 将随着 α 的增大而减少。因此，当推力 F 和作用时间 t_0 不变时，运动员要增大铅球的出手角度 α，就必须以降低出手速度为代价，所以对于铅球投掷来说，模型一所给出的“最佳出手角度”不一定是最佳的。

进一步分析铅球投掷模型二，我们还可以得到铅球投掷存在另一个最佳出手角度，它要小于模型一所给出的最佳角度。对模型二还可以给出类似于模型一的全部分析，这些留给读者去完成。

思考题：

建立跳高的数学模型。

3.3　减肥的数学模型

随着人们生活日益富裕，在普通百姓中减肥健美之风日盛，众多的减肥手段、减肥食品、减肥饮料让人们不知如何选择，上当者不少，以致报刊、电视、广播经常提醒人们：减肥要慎重。

➢ **问题 3.4**　如何建立减肥的数学模型？

问题分析

“肥者”从某种意义上说就是脂肪过多以致超过标准，数学建模就要由此入手。如果人吸收含过多热量的食物，则人体中这些过多的热量就会转化为脂肪而使体重增加，因此为了减肥似乎应少吃或不吃，但人们也知道为了维持生命，就必须消耗一定的能量(热量)以维持最基本的新陈代谢，工作、学习及体育锻炼也要消耗热量。正确的减肥方法应建立在对饮食、新陈代谢、工作及体育锻炼这些关系的正确分析基础上。下面虽然是在相当简化层次下建立的数学模型，但也给我们很多启示。

模型假设

(1) 设某人每天从食物中摄取的热量是 a (单位：kJ)，其中，b (单位：kJ)用于新陈代谢(即自动消耗)，而从事工作和日常生活每天每千克体重必须消耗 α (单位：kJ)的热量，从事体育锻炼每天每千克体重消耗 β (单位：kJ)的热量。

(2) 某人以脂肪形式储存的热量是百分之百有效，而 1 kg 脂肪含热量是 32 000 kJ。

(3) 设体重 W 是时间 t 的连续可微函数，即 $W=W(t)$。

模型建立

每天体重的变化指输入量减去输出量。

输入指扣除了新陈代谢之外的净吸收量。

输出就是进行工作、生活以及体育锻炼的总耗量。

于是每天净吸收量$=\dfrac{a-b}{32\,000}$，每天净输出量$=\dfrac{\alpha+\beta}{32\,000}W$，所以在$t$到$t+\Delta t$时间内体重的变化：

$$W(t+\Delta t)-W(t)=\frac{a-b}{32\,000}\Delta t-\frac{\alpha+\beta}{32\,000}W(t)\Delta t$$

由此得体重变化的数学模型：

$$\begin{cases}\dfrac{\mathrm{d}W}{\mathrm{d}t}=\dfrac{(a-b)-(\alpha+\beta)W}{32\,000}\\ W(0)=W_0\end{cases}\tag{3.3.1}$$

我们可以默认开始减肥后(t>0)，每天净吸收量应该小于每天净输出量，应用分离变量法，解方程(3.3.1)得

$$-\frac{1}{\alpha+\beta}\ln\left[(\alpha+\beta)W-(a-b)\right]=\frac{t}{32\,000}+C$$

利用初始条件得

$$C=\frac{1}{\alpha+\beta}\ln\left[(\alpha+\beta)W_0-(a-b)\right]$$

从而得

$$(\alpha+\beta)W-(a-b)=\left[(\alpha+\beta)W_0-(a-b)\right]\mathrm{e}^{-\frac{(\alpha+\beta)t}{32\,000}}\tag{3.3.2}$$

解出

$$W=\frac{a-b}{\alpha+\beta}+\frac{(\alpha+\beta)W_0-(a-b)}{\alpha+\beta}\mathrm{e}^{-\frac{(\alpha+\beta)t}{32\,000}}\tag{3.3.3}$$

对式(3.3.3)求导，得

$$\frac{\mathrm{d}W}{\mathrm{d}t}=\frac{(a-b)-(\alpha+\beta)W_0}{32\,000}\mathrm{e}^{-\frac{(\alpha+\beta)t}{32\,000}}\tag{3.3.4}$$

由式(3.3.1)、式(3.3.3)及式(3.3.4)可以对减(增)肥分析如下：

(1) 若$a-b>(\alpha+\beta)W_0$，即净吸收大于总消耗，$\dfrac{\mathrm{d}W}{\mathrm{d}t}>0$，则体重增加。

(2) 若$a-b<(\alpha+\beta)W_0$，即净吸收小于总消耗，$\dfrac{\mathrm{d}W}{\mathrm{d}t}<0$，则体重减少。

(3) 若$a-b=(\alpha+\beta)W_0$，即净吸收等于总消耗，$\dfrac{\mathrm{d}W}{\mathrm{d}t}=0$，则体重不变。

(4) 当$t\to+\infty$时，由式(3.3.3)知

$$W(t)\to\frac{a-b}{\alpha+\beta}$$

这表明只要适当控制a(进食)、b(新陈代谢)、α(工作和生活)、β(体育锻炼)，

要控制体重是可能的，而且从数学上看 $e^{-\frac{(\alpha+\beta)t}{32\,000}}$ 衰减很快，一般在有限时间(例如 3~4 个月)内体重就近似等于 $\dfrac{a-b}{\alpha+\beta}$，因此要减肥只要减少 a，增大 b,α,β。而市场上某些减肥药可能在 b (新陈代谢)上做文章，从而具有某种速效，但人们的新陈代谢不能违反人的生理规律，所以某些药物强制性大幅度改变人们的新陈代谢反而会给人们的身体造成不良的后果。正确的减肥策略最主要是要有一个良好的饮食、工作和锻炼的习惯，即要适当控制 a 和 $\alpha+\beta$。对于少数肥胖者和运动员来说，研究不伤身体的新陈代谢的方法也是必要的。

3.4　万有引力定律的发现

万有引力定律的发现是伟大科学家牛顿的重大贡献之一。他在研究力学的过程中发明了微积分，又成功地在开普勒三大定律的基础上，运用微积分推出了万有引力定律，这一创造性的成就可以看作是历史上著名的数学模型之一。

15 世纪下半叶，欧洲商品经济的繁荣促进了航海业的发展，哥伦布新大陆的发现、麦哲伦的环球远航，引起了社会的普遍关注，当时远洋航船的方位全靠天象来确定。在强大的社会需要的推动下，天文观测的精度不断提高，因此在大量的实际观测数据面前，一直处于天文学统治地位的“地心说”开始动摇了。

波兰天文学家哥白尼(1473~1543 年)在天文观测的基础上，冲破宗教统治和“地心说”的束缚，提出了“日心说”，这是天文学乃至整个科学的一大革命。但是由于历史条件和科学水平的限制，哥白尼的理论还有一些缺陷，他接受了圆周运动是最完善的天体运动形式的概念，认为行星绕太阳的运行轨道是圆形的。

意大利物理学家伽利略(1564~1642 年)不仅用观测方法证实了哥白尼的日心说，而且用实验方法发现了自由落体定律和惯性原理，揭示了物体在不受阻挠时做匀速直线运动的规律。

德国天文学家、数学家开普勒(1571~1630 年)在第谷·布拉赫对于行星运动大量观测资料的基础上，用数学方法研究发现，火星的实际位置与按哥白尼理论计算的位置相差 $8'$ 的弧度。经过对观测数据长期深入的分析，开普勒终于提出著名的行星运动三定律，即开普勒三大定律：

(1) 开普勒第一定律(轨道定律)：每一行星沿一个椭圆轨道环绕太阳，而太阳则处于椭圆的一个焦点中。

(2) 开普勒第二定律(面积定律)：从太阳到行星所连接的直线在相等时间内扫过同等的面积。

(3) 开普勒第三定律(同期定律)：所有的行星的轨道的半长轴的三次方跟公转同期的二次方的比值都相等。

在伽利略、开普勒研究的基础上，17～18 世纪许多科学家都致力于行星沿椭圆轨道运动时受力状况的研究。从开普勒定律可以看出，行星运动速度是变化的，而在当时尚没有计算变速运动的方法，英国物理学家胡克(1635~1703 年)和荷兰物理学家惠更斯(1629~1695 年)等虽然都取得了一些成果，但终未得到有关引力的定律。

卓越的英国物理学家、数学家牛顿(1642~1727 年)认为一切运动都有其力学原因，开普勒三大定律的背后必定有力学规律起作用。他在研究变速运动过程中发明了微积分(当时称流数法)，又以微积分为工具在开普勒三大定律和牛顿第二定律的基础上，用演绎方法得到万有引力定律，于 1687 年汇编入《自然科学之数学原理》并出版。万有引力定律成功地解释了许多自然现象，并为一系列观测和实验进一步证实，直到今天仍是物理学中的一条基本定律。

下面介绍的万有引力定律推导过程是在牛顿使用的流数法的基础上改写的。

模型假设

开普勒三大定律和牛顿第二定律是导出万有引力定律的基础，所以需要将它们表述为这个模型的假设条件。

对于任意一颗行星的椭圆运动轨道建立极坐标系(r,θ)，以太阳为坐标原点$r=0$，以椭圆长半轴方向为$\theta=0$，用向量$\boldsymbol{r}$表示行星位置，r表示向量$\boldsymbol{r}$的模，如图 3.2 所示。

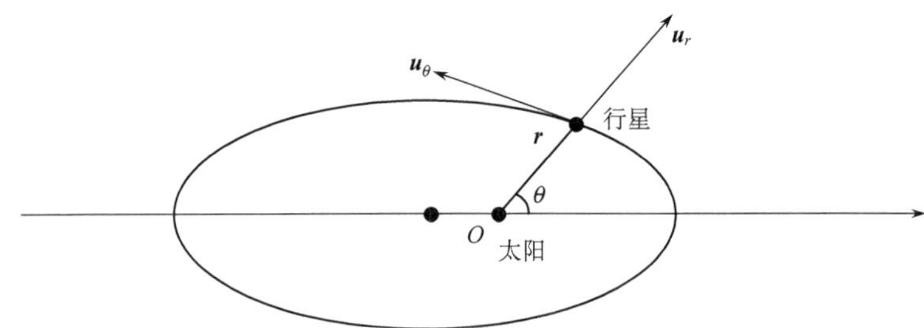

图 3.2　行星椭圆运动轨道极坐标系

(1)轨道方程为

$$r=\frac{p}{1+e\cos\theta} \tag{3.4.1}$$

其中，$p=\dfrac{b^2}{a}$，$b^2=a^2\left(1-e^2\right)$，$a,b$为椭圆的长、短半轴；$e$为离心率。

(2)单位时间内向径$\boldsymbol{r}$扫过的面积是常数，即

$$\frac{1}{2}r^2\dot{\theta}=A \tag{3.4.2}$$

(3)行星运行周期T满足

$$T^2=\lambda a^3 \tag{3.4.3}$$

其中，λ是绝对常数，与行星无关。

(4)行星运动时所受的作用力$\boldsymbol{f}$等于行星加速度$\ddot{\boldsymbol{r}}$和质量m的乘积，即

$$\boldsymbol{f}=m\ddot{\boldsymbol{r}} \tag{3.4.4}$$

模型建立

首先引入基向量(图 3.2)

$$\begin{cases} \boldsymbol{u}_r = \cos\theta\boldsymbol{i} + \sin\theta\boldsymbol{j} \\ \boldsymbol{u}_\theta = -\sin\theta\boldsymbol{i} + \cos\theta\boldsymbol{j} \end{cases} \tag{3.4.5}$$

向径 $\boldsymbol{r}$ 可表示为

$$\boldsymbol{r} = r\boldsymbol{u}_r \tag{3.4.6}$$

由式(3.4.5)可以算出

$$\begin{cases} \dot{\boldsymbol{u}}_r = \dot{\theta}\boldsymbol{u}_\theta \\ \dot{\boldsymbol{u}}_\theta = -\dot{\theta}\boldsymbol{u}_r \end{cases} \tag{3.4.7}$$

所以由式(3.4.6)、式(3.4.7)得到行星运动的速度和加速度为

$$\dot{\boldsymbol{r}} = \dot{r}\boldsymbol{u}_r + r\dot{\theta}\boldsymbol{u}_\theta \tag{3.4.8}$$

$$\ddot{\boldsymbol{r}} = \left(\ddot{r} - r\dot{\theta}^2\right)\boldsymbol{u}_r + \left(r\ddot{\theta} + 2\dot{r}\dot{\theta}\right)\boldsymbol{u}_\theta \tag{3.4.9}$$

根据式(3.4.2)可得

$$\dot{\theta} = \frac{2A}{r^2}, \qquad \ddot{\theta} = \frac{-4A\dot{r}}{r^3} \tag{3.4.10}$$

于是式(3.4.9)右端第二项 $r\ddot{\theta} + 2\dot{r}\dot{\theta} = 0$，式(3.4.9)化为

$$\ddot{\boldsymbol{r}} = \left(\ddot{r} - r\dot{\theta}^2\right)\boldsymbol{u}_r \tag{3.4.11}$$

对式(3.4.1)求导并利用式(3.4.10)中 $\dot{\theta}$ 的结果得

$$\dot{r} = \frac{2Ae}{p}\sin\theta \tag{3.4.12}$$

$$\ddot{r} = \frac{4A^2e}{pr^2}\cos\theta = \frac{4A^2(p-r)}{pr^3} \tag{3.4.13}$$

将式(3.4.10)和式(3.4.13)代入式(3.4.11)，得

$$\ddot{\boldsymbol{r}} = \frac{-4A^2}{pr^2}\boldsymbol{u}_r \tag{3.4.14}$$

最后把式(3.4.14)和式(3.4.6)代入式(3.4.4)得

$$\boldsymbol{f} = -\frac{4A^2m}{pr^2}\boldsymbol{r}_0, \qquad \boldsymbol{r}_0 = \frac{\boldsymbol{r}}{r} \tag{3.4.15}$$

其中，$\boldsymbol{r}_0$ 是单位向径，指示向径方向。

式(3.4.15)表明：行星运动时受的力 $\boldsymbol{f}$ 的方向与它的向径方向 $\boldsymbol{r}_0$ 相反，即在太阳—行星连线方向，指向太阳；$\boldsymbol{f}$ 的大小与行星质量 m 成正比，与太阳—行星距离 r 的平方成反比，$\boldsymbol{f}$ 为太阳对行星的引力。

为了完成万有引力的推导，只需证明式(3.4.15)中的 $\dfrac{A^2}{p}$ 是绝对常数，即它与哪一颗行星无关(A 和 p 不是绝对常数)。

因为 A 是单位时间内向径扫过的面积，行星运动一个周期 T 向径扫过的面积恰是以 a,b 为长、短半轴的椭圆面积，所以

$$TA = \pi ab \tag{3.4.16}$$

由式(3.4.1)、式(3.4.3)、式(3.4.16)容易算出

$$\frac{A^2}{p} = \frac{\pi^2}{\lambda} \tag{3.4.17}$$

其中，π 和 λ 是绝对常数。

将式(3.4.17)代入式(3.4.15)有

$$\boldsymbol{f} = -\frac{4\pi^2 m}{\lambda r^2}\boldsymbol{r}_0 \tag{3.4.18}$$

式(3.4.18)表明：太阳对行星的作用力 $\boldsymbol{f}$ 的大小除了与行星质量 m 成正比，与相互距离 r 的平方成反比以外，余下的因子 $\dfrac{4\pi^2}{\lambda}$ 就只与太阳本身有关了。

查询太阳质量 M、地球运行轨道(椭圆)的长半轴、引力常数等数据可得

$$\frac{4\pi^2}{\lambda} = kM$$

其中，k 为万有引力常数；M 为太阳质量。

所以式(3.4.18)可写为

$$\boldsymbol{f} = -k\frac{Mm}{r^2}\boldsymbol{r}_0 \tag{3.4.19}$$

这就是我们熟知的形式。

说明 从发现万有引力定律的过程中可以看出，在正确假设的基础上运用数学演绎方法建模，对自然科学的发展能够发挥巨大的作用，虽然我们大多数人发现不了什么定律，但是学习前辈们如何创造性地运用数学方法对于培养解决实际问题的能力是大有好处的。

3.5 核废料的处理问题

环境污染是人类面临的一大问题，放射性污染对人类生命安全和地球生物生存具有严重的威胁。任何一个国家在生产、储存核武器以及建立核电站时都不可避免地要产生很多核废料，如何妥善处理这些核废料是一个需要解决的问题。美国原子能委员会曾提出一个方案，即把具有放射性的核废料装进密封的圆桶里扔到水深 91m 的海底，许多科学家和工程师提出了两个问题：

(1) 桶在海底能否承受得住海水的巨大压力而不破裂？

(2) 当桶下沉时，由于动量很大，桶与海底碰撞能否保证桶不破裂？

人们要求进行科学论证。实验表明：只要采用很坚固的材料制作，桶不会破裂，然而另外发现，如果桶下沉的速度大于 12.2m/s，它在击中海底岩石时就会产生裂缝。

➢ **问题 3.5**　将放射性核废料装进密封圆桶里扔到水深 91m 的海底，该方案是否可行？已知数据及实验结果：

(1) 桶的质量为 $m = 239.456\text{kg}$；

(2) 海水的密度为 $B = 1025.94\text{kg/m}^3$；

(3) 圆桶的体积 $V = 0.208\text{m}^3$；

(4) 桶下沉时的阻力与速度成正比，比例系数 $k = 0.12\text{N}\cdot\text{s/m}$；

(5) 当桶以 12.2m/s 与海底碰撞时，桶将会破裂。

解　取坐标系如图 3.3 所示。

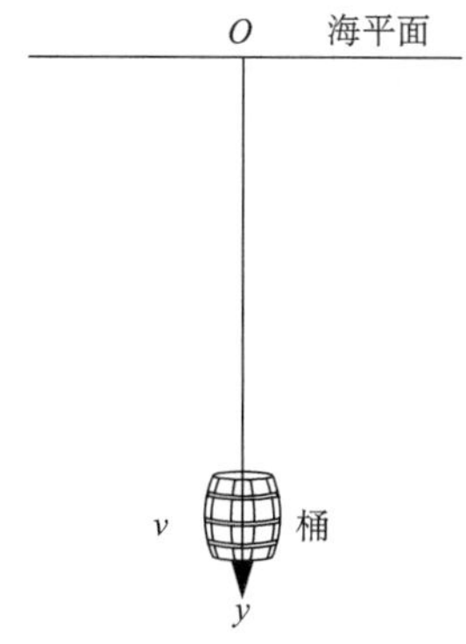

图 3.3　密封圆桶下沉坐标系

设 $y(t)$ 表示桶在 t 时刻下沉的深度，我们要知道，当桶下沉到海底 91m 时，桶的速度是否大于 12.2m/s。当桶下沉时，有三个力作用于它。

桶受的重力：$W = 239.456 \times 9.8 = 2346.6688\text{N}$；

桶受的浮力：$B = 1025.94 \times V \times 9.8 = 2091.28\text{N}$；

桶下沉时阻力：$D = kv = 0.12v = 0.12\dfrac{\mathrm{d}y}{\mathrm{d}t}$；

即合力：$F = W - B - D = W - B - kv$。

由牛顿第二定律 $F = ma$ 得 $W - B - kv = ma$，即有

$$\begin{cases} W - B - k\dfrac{\mathrm{d}y}{\mathrm{d}t} = m\dfrac{\mathrm{d}^2 y}{\mathrm{d}t^2} \\ y(0) = 0 \\ y'(0) = v(0) = 0 \end{cases} \tag{3.5.1}$$

此微分方程可看作 $y'' = f(x, y')$ 类型。

由于 $v = \dfrac{\mathrm{d}y}{\mathrm{d}t}$，则 $\dfrac{\mathrm{d}^2 y}{\mathrm{d}t^2} = \dfrac{\mathrm{d}v}{\mathrm{d}t}$，代入上方程得

$$\begin{cases} W - B - kv = m\dfrac{\mathrm{d}v}{\mathrm{d}t} \\ v(0) = 0 \end{cases}$$

解得

$$v(t)=\frac{W-B}{k}\left(1-\mathrm{e}^{-\frac{k}{m}t}\right)$$

至此，数学问题似乎有了结果，得到了速度与时间的表达式。但实际问题远没有解决。因为圆桶到达海底所需的时间t并不知道，因而也就无法算出速度。这样，上述表达式就没有实际意义。

有人会说，虽然无法算出精确值，但我们可以估计当$t\to+\infty$时，$v(t)\to\frac{W-B}{k}$。只要$\frac{W-B}{k}$不超过12.2m/s，方案就可行；但可惜$\frac{W-B}{k}=2128.24\text{m/s}$，它太大了，问题仍没有解决。

而方程(3.5.1)又可看作$y''=f(y,y')$类型，令$\frac{\mathrm{d}y}{\mathrm{d}t}=v,\frac{\mathrm{d}^2y}{\mathrm{d}t^2}=v\frac{\mathrm{d}v}{\mathrm{d}y}$，方程(3.5.1)也可化为一个一阶可分离变量的微分方程

$$\begin{cases}mv\dfrac{\mathrm{d}v}{\mathrm{d}y}=W-B-kv\\v(0)=0\\y(0)=0\end{cases}\tag{3.5.2}$$

解之得

$$\frac{1}{m}y=-\frac{1}{k}v-\frac{W-B}{k^2}\ln(W-B-kv)+C$$

由初始条件得

$$C=\frac{W-B}{k^2}\ln(W-B)$$

所以

$$\frac{1}{m}y=-\frac{v}{k}-\frac{W-B}{k^2}\ln\left(\frac{W-B-kv}{W-B}\right)\tag{3.5.3}$$

当$y=91\text{m}$时，如何求速度v？

下面用牛顿切线法求出速度v的近似值。

牛顿切线法介绍：若已知方程$g(v)=0$，求v的近似值的迭代格式为

$$v_{n+1}=v_n-\frac{g(v_n)}{g'(v_n)}\quad(n=0,1,2,\cdots)$$

在这里，式(3.5.3)可写成

$$\frac{1}{m}y+\frac{v}{k}+\frac{W-B}{k^2}\ln\left(\frac{W-B-kv}{W-B}\right)=0$$

取

$$g(v)=\frac{k}{m}y+v+\frac{W-B}{k}\ln\left(\frac{W-B-kv}{W-B}\right)$$
$$=\frac{k\cdot g\cdot y}{W}+v+\frac{W-B}{k}\ln\left(\frac{W-B-kv}{W-B}\right)$$

其中，重力加速度 $g=9.8\mathrm{m/s^2}$。

记 $d=\frac{k\cdot g\cdot y}{W}=0.0456,\ b=\frac{W-B}{k}=2128.24$，于是

$$g(v)=d+v+b\ln\left(1-\frac{v}{b}\right)$$

$$g'(v)=1+b\frac{-\frac{1}{b}}{1-\frac{v}{b}}=-\frac{v}{b-v}$$

迭代格式为

$$\begin{aligned}v_{n+1}&=v_n-\frac{g(v_n)}{g'(v_n)}=v_n+\frac{b-v_n}{v_n}\left[d+v_n+b\ln\left(1-\frac{v_n}{b}\right)\right]\\&=v_n+\frac{b-v_n}{v_n}\cdot v_n+\frac{b-v_n}{v_n}\left[d+b\ln\left(1-\frac{v_n}{b}\right)\right]\\&=b+\frac{b-v_n}{v_n}\left[d+b\ln\left(1-\frac{v_n}{b}\right)\right]\end{aligned}\tag{3.5.4}$$

只要选择一个好的初始值 v_0，就能很快算出结果。

求 v_0 的粗略近似值：

从式(3.5.2)中令 $k=0$（即下沉时不计阻力）得

$$\frac{1}{2}mv^2=(W-B)y+C$$

由初始条件得 $C=0$，所以

$$v_0^2=\frac{W-B}{m}\cdot 2y\approx 13.93^2$$

以 v_0=13.93 代入式(3.5.4)得

$$v_1=13.640\,61,\ v_2=13.637\,28$$

所以 $v\approx 13.64\mathrm{m/s}>12.2\mathrm{m/s}$，因此这种处理核废料的方案是不可行的。

这一模型科学地论证了美国原子能委员会过去处理核废料的方案是错误的，从而纠正了美国政府过去的错误做法，现在美国原子能委员会制定条例明确禁止把低浓度的放射性废物抛到海里，并在一些废弃的煤矿中修建放置核废料的深井。这一模型为全世界其他国家处理核废料提供了经验教训。

3.6 传染病传播的数学模型

20 世纪初，瘟疫经常会在世界的某些地区流行，被传染的人数与哪些因素有关？如何预报传染病高潮的到来？为什么同一地区同一种传染病每次流行时被传染的人数大致不变？科学家们试图建立一个模型描述传染病的蔓延过程，以便对这些问题做出回答。

传染病传播涉及的因素很多，如传染病人的多少、易受传染者的多少、传染率的大小、排除率的大小等。如果还要考虑人员的迁入和迁出以及潜伏期这些因素的影响，那么传染病的传播将变得非常复杂。

如果一开始就把所有的因素都考虑在内，那么将陷入多如乱麻的头绪中不能自拔，因此首先要舍弃众多的次要因素，抓住主要因素，把问题简化，建立相应的数学模型。将所得结果与实际情况进行比较，找出问题，修改原有的假设，再建立一个与实际情况比较吻合的模型。

模型一　最简单的情况

假设：

(1) 每个病人在单位时间内传染的人数是常数 k_0；

(2) 一人得病后经久不愈，人在传染期不会死亡。

记 $i(t)$ 表示 t 时刻病人数，k_0 表示每个病人单位时间内传染人数，$i(0)=i_0$，即最初有 i_0 个传染病人。则在 t 到 $t+\Delta t$ 时间内增加的病人数为

$$i(t+\Delta t)-i(t)=k_0 i(t)\Delta t$$

于是得微分方程

$$\begin{cases}\dfrac{\mathrm{d}i(t)}{\mathrm{d}t}=k_0 i(t)\\ i(0)=i_0\end{cases} \tag{3.6.1}$$

其解为

$$i(t)=i_0\mathrm{e}^{k_0 t}$$

结果表明：传染病的传播是按指数函数增加的。

这个结果与传染病传播初期情况比较吻合(传染病传播初期，传播很快，被传染人数按指数函数增长)。但由式(3.6.1)的解可以推出，当 $t\to+\infty$ 时，$i(t)\to+\infty$，这显然是不符合实际情况的，问题在于两条假设均不合理。特别是假设(1)，每个病人单位时间内传染的人数是常数，与实际不符。因为在传播初期，传染病人少，未被传染者多；而在传染病传播中期和后期，传染病人逐渐增多，未被传染者逐渐减少。因而在不同时期的传染情况是不同的。为了与实际情况吻合，我们在原有基础上修改假设建立新的模型。

模型二　用 $i(t), s(t)$ 表示 t 时刻传染病人数和未被传染的人数，$i(0)=i_0$

假设：

(1) 每个病人单位时间内传染人数与这时未被传染的人数成正比，$k_0=ks(t)$；

(2) 一人得病后经久不愈，人在传染期不会死亡；

(3) 总人数为 n ，即 $s(t)+i(t)=n$ 。

由以上假设得微分方程

$$\begin{cases}\dfrac{\mathrm{d}i(t)}{\mathrm{d}t}=ks(t)i(t)\\ s(t)+i(t)=n\\ i(0)=i_0\end{cases} \tag{3.6.2}$$

用分离变量法得其解为

$$i(t)=\frac{n}{1+\left(\dfrac{n}{i_0}-1\right)\mathrm{e}^{-knt}} \tag{3.6.3}$$

其图形如图 3.4 所示。

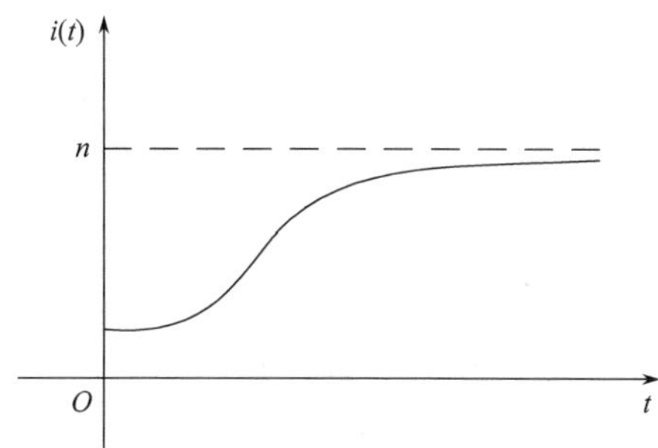

图 3.4　$i(t)$ 变化曲线图

式(3.6.2)可以用来预报传染较快的疾病前期的传染病高峰到来的时间。

由式(3.6.3)可得

$$\frac{\mathrm{d}i(t)}{\mathrm{d}t}=\frac{kn^2\left(\dfrac{n}{i_0}-1\right)\mathrm{e}^{-knt}}{\left[1+\left(\dfrac{n}{i_0}-1\right)\mathrm{e}^{-knt}\right]^2} \tag{3.6.4}$$

其图形如图 3.5 所示。

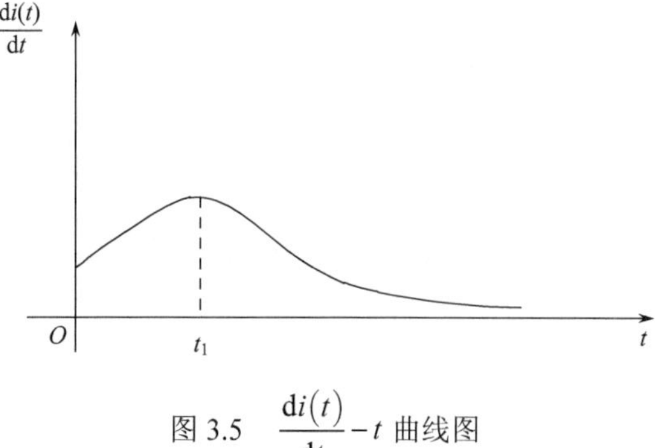

图 3.5　$\dfrac{\mathrm{d}i(t)}{\mathrm{d}t}-t$ 曲线图

医学上称 $\frac{\mathrm{d}i(t)}{\mathrm{d}t}$ - t 为传染病曲线(它表示传染病人增加率与时间的关系)。

令 $\frac{\mathrm{d}^2 i(t)}{\mathrm{d}t^2}=0$，得极大值点：

$$t_1=\frac{\ln\left(\frac{n}{i_0}-1\right)}{kn} \tag{3.6.5}$$

由此可知：

(1) 当传染病强度 k 或总人数 n 增加时，t_1 都将变小，即传染病高峰来得快，这与实际情况吻合。

(2) 如果知道了传染强度 k（k 由统计数据得出），即可预报传染病高峰 t_1 到来的时间，这对于防治传染病是有益的。

模型二的缺点是：当 $t\to+\infty$ 时，由式(3.6.3)可知 $i(t)\to n$，即最后人人都要生病，这显然是不符合实际情况。造成的原因是假设(2)中假设了人得病后经久不愈。

为了与实际情况更加吻合，我们对上面的数学模型再进一步修改，这就要考虑人得病后有的会死亡；另外不是每个人被传染后都会传染别人，因为其中一部分会被隔离；还要考虑人得了传染病由于医治和人的自身抵抗力会痊愈，并非像前面假设那样人得病后经久不愈。为此作出新的假设，建立新的模型。

模型三

在此模型中，虽然要考虑比前面两个模型复杂得多的因素，但仍要把问题简化。设患过传染病而完全病愈的任何人均具有长期的免疫力，并设传染病的潜伏期很短，可以忽略不计，即一个人患了病之后立即成为传染者。在这种情况下把居民分成三类：

第一类是由能够把疾病传染给别人的那些传染者组成的，用 $I(t)$ 表示 t 时刻第一类人的人数。

第二类是由并非传染者但能够得病而成为传染者的那些人组成的，用 $S(t)$ 表示 t 时刻第二类人的人数。

第三类是包括患病死去的人、病愈后具有长期免疫力的人以及在病愈并出现长期免疫力以前被隔离起来的人，用 $R(t)$ 表示 t 时刻第三类人的人数。

假设疾病传染服从下列法则：

(1) 在所考虑的时期内人口总数保持在固定水平 N，即不考虑出生及其他原因引起的死亡以及迁入、迁出情况。

(2) 易受传染者人数 $S(t)$ 的变化率正比于第一类人的人数 $I(t)$ 与第二类人的人数 $S(t)$ 的乘积。

(3) 由第一类向第三类转变的速率与第一类人的人数成正比。

由此得下列关系式：

$$\begin{cases} \dfrac{\mathrm{d}S}{\mathrm{d}t} = -\alpha SI \\ \dfrac{\mathrm{d}R}{\mathrm{d}t} = \beta I \\ \dfrac{\mathrm{d}I}{\mathrm{d}t} = \alpha SI - \beta I \end{cases} \tag{3.6.6}$$

其中，α,β 为两比例常数，α 为传染率，β 为排除率。

由式(3.6.6)的三个方程相加得

$$\frac{\mathrm{d}}{\mathrm{d}t}\left[S(t)+I(t)+R(t)\right]=0$$

又

$$S(t)+I(t)+R(t)=N(\text{常数})$$

所以

$$R(t)=N-S(t)-I(t)$$

由此知，只要知道了 $S(t)$ 和 $I(t)$，即可求出 $R(t)$。

由式(3.6.6)中第一、三两式得

$$\begin{cases} \dfrac{\mathrm{d}S}{\mathrm{d}t} = -\alpha SI \\ \dfrac{\mathrm{d}I}{\mathrm{d}t} = \alpha SI - \beta I \end{cases} \tag{3.6.7}$$

由此推出

$$\frac{\mathrm{d}I}{\mathrm{d}S}=\frac{\alpha SI-\beta I}{-\alpha SI}=-1+\frac{\beta}{\alpha}\cdot\frac{1}{S} \tag{3.6.8}$$

所以

$$I(S)=-S+\frac{\beta}{\alpha}\ln S+C$$

当 $t=t_0$ 时，$I(t_0)=I_0, S(t_0)=S_0$，记 $\rho=\dfrac{\beta}{\alpha}$，即有

$$I(S)=I_0+S_0-S+\rho\ln\frac{S}{S_0} \tag{3.6.9}$$

下面我们讨论积分曲线(3.6.9)的性质。

由式(3.6.8)知：

$$I'(S)=-1+\frac{\rho}{S}\begin{cases} <0, & S>\rho \\ =0, & S=\rho \\ >0, & S<\rho \end{cases}$$

所以当 $S<\rho$ 时，$I(S)$ 是 S 的增函数；当 $S>\rho$ 时，$I(S)$ 是 S 的减函数。而 $I(0)=-\infty, I(S_0)=I_0>0$，由连续函数的介值定理及单调性知，存在唯一 $S^*, 0<S^*<S_0$ 使

得 $I\left(S^*\right)=0$，且当 $S^*<S\leqslant S_0$ 时，$I(S)>0$。

当 $t\geqslant t_0$ 时，式(3.6.9)的图形如图 3.6 所示。

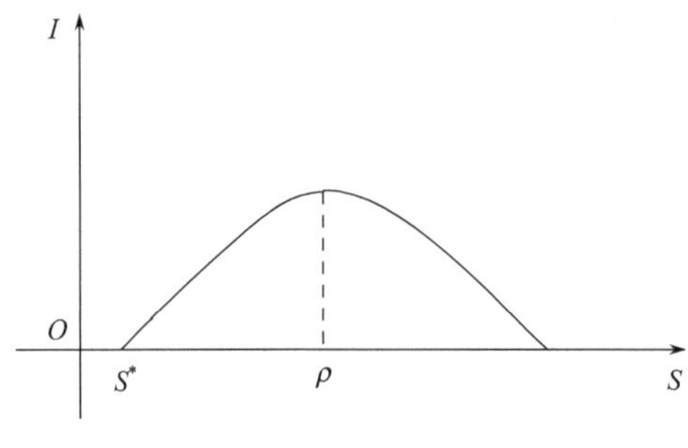

图 3.6　$I(S)$ 变化曲线图

由此知，当 t 由 t_0 变化到 $+\infty$ 时，点 $\left(S(t),I(t)\right)$ 沿曲线(3.6.9)移动，并沿 S 减少方向移动，因为 $S(t)$ 随时间的增加而单调减少。因此如果 S_0 小于 ρ，则 $I(t)$ 单调减少到零，$S(t)$ 单调减少到 S^*。所以，如果为数不多的一群传染者 I_0 分散在居民 S_0 中，且 $S_0<\rho$，则这种疾病会很快被消灭；如果 $S_0>\rho$，则随着 $S(t)$ 减少到 ρ，$I(t)$ 增加，且当 $S=\rho$ 时，$I(t)$ 达到最大值；当 $S(t)<\rho$ 时，$I(t)$ 才开始减少。

由上分析可得如下结论：只有当地居民中的易受传染者的人数超过阈值 $\rho=\dfrac{\beta}{\alpha}$ 时，传染病才会蔓延。

用一般的常识来检验上面的结论也是符合的。当人口密度高，缺乏应有的科学文化知识，缺乏必要的医疗条件，隔离不良且排除率低时，传染病会很快蔓延；反之，人口密度低，社会条件好，有良好的公共卫生设施和较好的管理且排除率高时，则疾病仅在有限范围内出现且很快被消灭。

将模型三在实际中检验，还有不合理的地方，因此还可修改假设，建立更切合实际的模型。

3.7　人口增长的数学模型

人口问题是当今世界人们最关心的问题之一，这个问题也是我们国家必须认真思考和慎重对待的重大问题。随着时代的变迁和社会的发展，有必要制定合适的人口政策。为此就要建立人口增长的数学模型，用来描述人口增长过程，并对人口增长进行预测，为制定相应的人口政策提供支持。

影响人口增长的因素有很多，如人口的多少、出生率的高低、男女比例的大小、人口年龄组成情况、工农业生产水平高低、各民族的风俗习惯、自然灾害、战争、人口迁移等。如果一开始把众多因素全考虑，则无从下手。我们先把问题简化，只考虑影响人口的主要因素——增长率(出生率减去死亡率)，其余因素暂不考虑，建立一个较粗略的数学模型。在这个模型的基础上逐步考虑次要因素的影响，从而建立一个与实际更加吻合的数学模型。

初看起来人口增长是按整数变化的，不是时间的可微函数，是不能用微分方程来描述的。但是若人口总数很大时，可以近似认为它是时间的连续函数，甚至是可微的函数。所以人口增长可以用微分方程来描述。

设 $x(t), r(t,x(t))$ 表示 t 时刻人口总数和增长率，若只考虑增长率，则在 t 至 $t+\Delta t$ 这段时间内人口总数增长为

$$x(t+\Delta t)-x(t)=r(t,x(t))\cdot x(t)\cdot \Delta t$$

两端同除以 Δt，并令 $\Delta t\to 0$，得

$$\frac{\mathrm{d}x}{\mathrm{d}t}=r(t,x(t))\cdot x(t) \tag{3.7.1}$$

我们将逐步深入讨论上面这个模型。

1. 马尔萨斯(Malthus)模型(指数增长模型)

英国人口学家马尔萨斯(1766~1834 年)根据百余年的人口统计资料，于 1798 年提出了著名的人口指数增长模型。这个模型的基本假设是：人口增长率是常数，或者说单位时间内人口的增长量与当时人口成正比。

该模型是令式(3.7.1)中的 $r(t,x(t))=r$(常数)得

$$\begin{cases}\dfrac{\mathrm{d}x(t)}{\mathrm{d}t}=r\cdot x(t)\\ x(t)\big|_{t=t_0}=x_0\end{cases} \tag{3.7.2}$$

其解为

$$x(t)=x_0\mathrm{e}^{r(t-t_0)} \tag{3.7.3}$$

式(3.7.2)是一个线性方程，称为马尔萨斯人口模型，人口以 e^r 为公比，按几何级数增加。

据统计，1961 年世界人口总数为 3.06×10^9，而在此之前的十来年间，人口按每年 2%的速率增长。因此，

$$t_0=1961, x_0=3.06\times10^9, r=0.02$$

于是

$$x(t)=3.06\times10^9\mathrm{e}^{0.02(t-1961)} \tag{3.7.4}$$

公式(3.7.4)非常准确地反映了在 1700~1961 年间世界估计人口总数，但当 t 充分大时，$x(t)$ 明显偏大，如

$$t=2510, x=2\times10^{14}(\text{即2万亿})$$
$$t=2635, x=1.8\times10^{15}(\text{即18万亿})$$
$$t=2670, x=3.6\times10^{15}(\text{即36万亿})$$

显然，这些数字说明马尔萨斯人口模型对长期的预测是不正确的。

由上可以看出，马尔萨斯人口增长模型对 1700~1961 年的人口总数检验是对的，但对未来的人口总数预测不正确，应予以修正。

2. Logistic 模型(阻滞增长模型)

由上面分析，马尔萨斯人口模型对 1700~1961 年间人口总数的检验是对的，而对未来的人口总数预测又是错的，原因何在?

产生上述现象的主要原因是：随着人口的增加，自然资源、环境条件等因素对人口继续增长的阻滞作用越来越显著。如果当人口较少时(相对于资源而言)，人口增长率还可以看作常数的话，那么当人口增加到一定数量后，增长率就会随着人口的继续增加而逐渐减少，许多国家人口增长的实际情况证实了这一点。

看来为了使人口预测，特别是长期预测更好地符合实际情况，必须修改指数增长模型中关于人口增长率是常数这个基本假设。

荷兰生物学家 Verhulst 引入常数 x_{m} 来表示自然资源和环境条件所允许的最大人口数量，并假定人口增长率

$$r\left(t,x(t)\right)=r\left(1-\frac{x(t)}{x_{\mathrm{m}}}\right) \tag{3.7.5}$$

即人口增长率随着 $x(t)$ 的增加而减少，当 $x(t)\to x_{\mathrm{m}}$ 时，人口增长率趋于零。其中，r, x_{m} 是根据人口统计数据或经验确定的常数；因子 $\left(1-\dfrac{x(t)}{x_{\mathrm{m}}}\right)$ 体现了对人口增长的阻滞作用。

由此得 Logistic 模型

$$\begin{cases}\dfrac{\mathrm{d}x}{\mathrm{d}t}=r\left(1-\dfrac{x}{x_{\mathrm{m}}}\right)\cdot x\\ x(t)\big|_{t=t_0}=x_0\end{cases} \tag{3.7.6}$$

解之得

$$x(t)=\frac{x_{\mathrm{m}}}{1+\left(\dfrac{x_{\mathrm{m}}}{x_0}-1\right)\mathrm{e}^{-r(t-t_0)}} \tag{3.7.7}$$

根据式(3.7.6)、式(3.7.7)可画出 $\dfrac{\mathrm{d}x}{\mathrm{d}t}$-$x$ 和 x-t 曲线图，如图 3.7 所示。

如图 3.7(a)所示，$\dfrac{\mathrm{d}x}{\mathrm{d}t}$-$x$ 关系曲线是一条抛物线，它表示人口增长率 $\dfrac{\mathrm{d}x}{\mathrm{d}t}$ 随着人口数量 x 的增加先增后减，在 $x=\dfrac{x_{\mathrm{m}}}{2}$ 处达到最大值。如图 3.7(b)所示，x-t 关系曲线是一条 S 形曲线，拐点在 $x=\dfrac{x_{\mathrm{m}}}{2}$ 处，当 $t\to\infty$ 时，$x\to x_{\mathrm{m}}$。

20 世纪初人们曾用这个模型预测美国人口，与实际数据比较，直到 1930 年计算结果都相吻合，后来的误差越来越大，一个明显原因是到 1960 年美国实际人口已突破了过

去确定的最大人口 x_m。

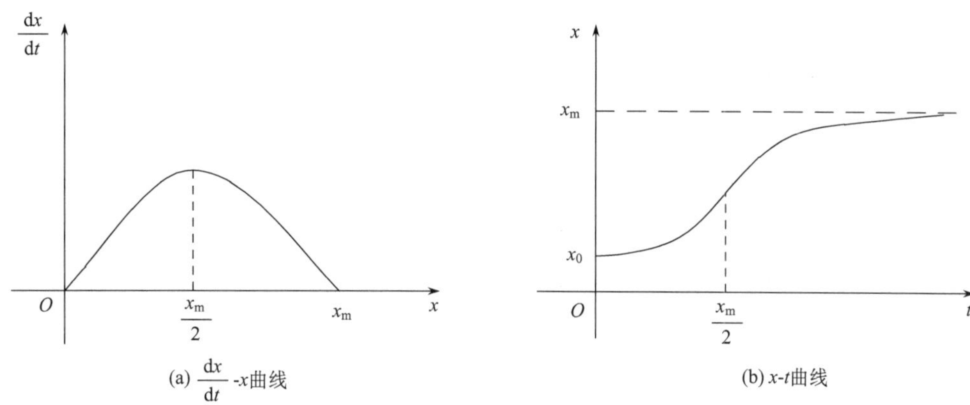

图 3.7　Logistic 模型曲线

这个模型改进了马尔萨斯模型，但 x_m 不易准确得到。事实上，随着生产力的发展和人们认识能力的改变，x_m 也是可以改变的。

关于人口模型这方面的内容是很丰富的，我国学者为了解决我国人口问题，做了大量的调查，建立了不少人口模型，为我国政府制定相应的人口政策提供了依据。

下面仅给出一个我国的人口控制离散模型。

3. 人口控制模型

在前面讨论的两个模型中，我们只关心人口总数，不考虑人口的年龄分布。事实上在研究人口问题时，按年龄分布的人口结构情况是非常重要的。两个国家或地区，目前人口的总数一样，如果其中一个国家或地区的年轻人占比高于另一个，那么两者的人口发展状况将很不一样。下面将考虑人口年龄、不同年龄的生育率及死亡率等因素来建立人口离散模型，用以预测和控制人口增长及人口老化问题。

人口发展方程：时间以年为单位，年龄按周岁计算，设最大年龄为 m 岁，记 $x_i(t)$ 为第 t 年 i 岁（满 i 周岁而不到 $i+1$ 周岁）的人数 $(t=0,1,2,\cdots;i=0,1,2,\cdots,m)$，只考虑由于生育、老化和死亡引起的人口演变，而不计迁移等社会因素的影响。记 $d_i(t)$ 为第 t 年 i 岁人口的死亡率，即

$$d_i(t)=\frac{x_i(t)-x_{i+1}(t+1)}{x_i(t)}$$

于是

$$x_{i+1}(t+1)=\left(1-d_i(t)\right)\cdot x_i(t)\qquad \left(i=0,1,2,\cdots,m-1;t=0,1,2,\cdots\right)\tag{3.7.8}$$

记 $b_i(t)$ 为第 t 年 i 岁女性生育率，即每位女性平均生育婴儿数，$[i_1,i_2]$ 为育龄区间，$k_i(t)$ 为第 t 年 i 岁人口的女性比，则第 t 年的出生人数为

$$f(t)=\sum_{i=i_1}^{i_2}b_i(t)\cdot k_i(t)\cdot x_i(t)\tag{3.7.9}$$

记 $d_{00}(t)$ 为第 t 年婴儿死亡率，即第 t 年出生但未活到人口统计时刻的婴儿比例，

$$d_{00}(t)=\frac{f(t)-x_0(t)}{f(t)}$$

于是

$$x_0(t)=\left[1-d_{00}(t)\right]\cdot f(t) \tag{3.7.10}$$

对于 $i=0$，将式(3.7.9)、式(3.7.10)代入式(3.7.8)得

$$x_1(t+1)=\left[1-d_{00}(t)\right]\left[1-d_0(t)\right]\sum_{i=i_1}^{i_2}b_i(t)k_i(t)x_i(t) \tag{3.7.11}$$

将 $b_i(t)$ 分解为

$$b_i(t)=\beta(t)\cdot h_i(t) \tag{3.7.12}$$

其中，$h_i(t)$ 是生育模式，用以调整育龄妇女在不同年龄时生育率的高低，满足：

$$\sum_{i=i_1}^{i_2}h_i(t)=1 \tag{3.7.13}$$

利用式(3.7.13)对式(3.7.12)求和得到

$$\beta(t)=\sum_{i=i_1}^{i_2}b_i(t) \tag{3.7.14}$$

可知 $\beta(t)$ 表示第 t 年每个育龄妇女平均生育的婴儿数，若设在 t 年后的一个育龄时期内各个年龄的女性生育率 $b_i(t)$ 都不变，那么 $\beta(t)$ 又可表示为

$$\beta(t)=b_{i_1}(t)+b_{i_1+1}(t+1)+\cdots+b_{i_2}(t+i_2-i_1) \tag{3.7.15}$$

即 $\beta(t)$ 是第 t 年 i_1 岁的每位妇女一生平均生育的婴儿数，称总和生育率或生育胎次，它是控制人口数量的主要参数之一。

将式(3.7.12)代入式(3.7.11)，并记

$$b_i'(t)=\left[1-d_{00}(t)\right]\left[1-d_0(t)\right]h_i(t)k_i(t) \tag{3.7.16}$$

则式(3.7.11)写作

$$x_1(t+1)=\beta(t)\sum_{i=i_1}^{i_2}b_i'(t)x_i(t) \tag{3.7.17}$$

制定生育政策就是确定 $\beta(t)$ 和 $h_i(t)$，通过 $\beta(t)$ 控制生育多少，通过 $h_i(t)$ 可以控制生育的早晚和疏密。

引入向量、矩阵记号：

$$\boldsymbol{x}(t)=\left[x_1(t),x_2(t),\cdots,x_m(t)\right]^{\mathrm{T}} \tag{3.7.18}$$

$$\boldsymbol{A}(t)=\begin{pmatrix} 0 & 0 & \cdots & 0 & 0 \\ 1-d_1(t) & 0 & \cdots & 0 & 0 \\ 0 & 1-d_2(t) & \cdots & 0 & 0 \\ \vdots & \vdots & & \vdots & \vdots \\ 0 & 0 & \cdots & 1-d_{m-1}(t) & 0 \end{pmatrix}_{m\times m} \tag{3.7.19}$$

$$
\boldsymbol{B}(t)=\begin{pmatrix}
0 & \cdots & 0 & b_{i_1}'(t) & \cdots & b_{i_2}'(t) & 0 & \cdots & 0 \\
0 & \cdots & 0 & 0 & \cdots & 0 & 0 & \cdots & 0 \\
\vdots & & \vdots & \vdots & & \vdots & \vdots & & \vdots \\
0 & \cdots & 0 & 0 & \cdots & 0 & 0 & \cdots & 0
\end{pmatrix}_{m\times m} \tag{3.7.20}
$$

那么式(3.7.17)和式(3.7.8)（$i=0,1,2,\cdots,m-1$）可以写为

$$
\boldsymbol{x}(t+1)=\boldsymbol{A}(t)\boldsymbol{x}(t)+\beta(t)\boldsymbol{B}(t)\boldsymbol{x}(t) \tag{3.7.21}
$$

这个向量形式的一阶差分方程就是人口发展方程。

说明

(1) 当初始人口分布 $x(0)$ 已知时，又由统计资料确定 $\boldsymbol{A}(t)$ 及 $\boldsymbol{B}(t)$，并且给定了总和生育率 $\beta(t)$ 以后，用这个方程就可以预测发展过程。

(2) 在控制论中，$x(t)$ 称为状态变量，$\beta(t)$ 称为控制变量。

(3) 在稳定的社会环境下，可以认为死亡率、生育模式和女性比不随时间变化，于是 $\boldsymbol{A}(t)$ 和 $\boldsymbol{B}(t)$ 为常数矩阵，式(3.7.21)简化为

$$
\boldsymbol{x}(t+1)=\boldsymbol{A}(t)+\beta(t)\boldsymbol{B}(t) \tag{3.7.22}
$$

虽然 $\boldsymbol{x}(t)$ 全面地反映了人口的年龄结构及其发展过程，但是为了更简明地描述人口的特征，还需要一些指标，称为人口指数，主要有以下几项：

人口总数

$$
N(t)=\sum_{i=0}^{m}x_i(t) \tag{3.7.23}
$$

平均年龄

$$
R(t)=\frac{1}{N(t)}\sum_{i=0}^{m}ix_i(t) \tag{3.7.24}
$$

平均寿命(经过复杂计算可得)

$$
S(t)=\sum_{j=0}^{m}\exp\left[-\sum_{i=0}^{j}d_i(t)\right] \tag{3.7.25}
$$

其含义是：第 t 年出生的人不论活到哪一年，死亡率都用第 t 年的死亡率 $d_i(t)$ 计算这些人的平均存活时间。我国人口的平均寿命在 20 世纪 30 年代是 35 岁左右，1950 年北京地区为 50 岁左右，到 1978 年达到 68.3 岁。

老龄化指数

$$
\omega(t)=\frac{R(t)}{S(t)} \tag{3.7.26}
$$

它是反映人口老龄化程度的指标。平均年龄 $R(t)$ 越大，$\omega(t)$ 越大；对于 $R(t)$ 相同的两个国家和地区，平均寿命 $S(t)$ 大时，表示健康水平高，一个人能工作的时间在一生中占的比例大，所以老龄化指数小。$\omega(t)<0.5$ 时，属于青壮年型社会，例如 1978 年，我国 $\omega=0.3835$。

依赖性指数

$$\rho(t)=\frac{N(t)-L(t)}{L(t)} \tag{3.7.27}$$

其中，

$$L(t)=\sum_{i=l_1}^{l_2}\left[1-k_i(t)\right]x_i(t)+\sum_{i=l_1'}^{l_2'}k_i(t)x_i(t) \tag{3.7.28}$$

这里$[l_1,l_2]$和$[l_1',l_2']$分别是男性和女性劳动力的年龄区间，$L(t)$是有劳动力的人口数，于是$\rho(t)$表示每个劳动力需供养的人口数。1978 年我国 $\rho=0.958$，1981 年世界平均水平为 $\rho=0.695$。

我国人口的预测：用式(3.7.21)根据 1978 年的统计资料对我国人口总数作的预测如下，死亡率用下列公式外推：

$$d_i(t)=\begin{cases}d_i(1978)\left[1-(t-1978)\times 10^{-3}\right], & (i\leqslant 5\text{或}i\geqslant 50)\\ d_i(1978), & (5<i<50)\end{cases} \tag{3.7.29}$$

生育模式取 Γ 分布的离散值：

$$h(r)=\begin{cases}\dfrac{1}{768}(r-18)^4\,\mathrm{e}^{-\frac{r-18}{2}}, & (r\geqslant 18)\\ 0, & (r<18)\end{cases} \tag{3.7.30}$$

性别比 $k_i(t)$ 取统计数据的平均值 0.487，在不同的总和生育率 β 下，得到 1980～2080 年一系列结果：

(1) 若 $\beta=3$ (20 世纪 70 年代中期水平)，则 2000 年为 14.2 亿，2080 年将达 43.1 亿；

(2) 若 $\beta=2.3$ (约 1980 年水平)，则 2000 年为 12.9 亿，2080 年将达 21.2 亿；

(3) 若 $\beta=2$ (大约是保持人口长期稳定的水平)，则 2000 年为 12.2 亿，72 年后达到最大值，此后略有下降；

(4) 若 $\beta=1.5$，则在 2007 年达到最大值，到 2080 年将降至 7.8 亿(1968 年的水平)；

(5) 若 $\beta=1$，即全国严格执行一对夫妇只生一个孩子的政策，则在 2004 年达到最大值 10.6 亿，50 年后降至 9.5 亿(1978 年水平)。

3.8　作战的数学模型

➢ **问题 3.6**　两军对阵，现甲军有 x_0 个士兵，乙军有 y_0 个士兵，试讨论战斗过程中双方的伤亡情况以及最后的结局。

这个问题提得很模糊。因为战争是一个很复杂的问题，涉及因素很多，如兵员的多少、武器的先进与落后、两军所处地理位置的有利与不利、士气的高低、指挥员的指挥艺术、后勤供应状况、气候条件等。因此，如果把战争所涉及的因素都考虑进去，这样的模型是难以建立的。但是通常情况下，对于一个局部战争，在合理的假设下建立一个作战数学模型，其结论是具有普遍意义的。

在第一次世界大战期间，兰彻斯特(Lanchester)投身于作战模型的研究，他建立了一个可以从中得到交战结果的数学模型，并得到了一个很重要的“兰彻斯特平方定律”：作战部队的实力同投入战斗的战士人数的平方成正比。

对于一次局部战斗，有些因素可以不考虑，如气候、后勤供应、士气的高低，而有些因素我们把双方看成是相同的，如武器配备、指挥艺术。还可简单地认为两军的战斗力完全取决于两军的士兵人数，两军士兵都处于对方火力范围内。由于战斗紧迫、短暂，也可暂不考虑增援部队。

1. 正规战争模型

令 $x(t)$ 表示 t 时刻甲军人数，$y(t)$ 表示 t 时刻乙军人数。

显然甲军人数越多，乙军伤亡越大；反之亦然。所以有假设：

(1) 甲军人数的减员率与乙军人数成正比；

(2) 乙军人数的减员率与甲军人数成正比。

所以正规战争模型为

$$\begin{cases}\dfrac{\mathrm{d}x}{\mathrm{d}t}=-ay\\ \dfrac{\mathrm{d}y}{\mathrm{d}t}=-bx\end{cases}\tag{3.8.1}$$

其中，$a>0,b>0$，均为常数。a（或 b）越大，表示乙军(或甲军)战斗力越强。

记 $E=\dfrac{b}{a}$，称 E 为甲军与乙军的交换比，将其与方程(3.8.1)联立求解得

$$\frac{\mathrm{d}y}{\mathrm{d}x}=\frac{bx}{ay}=E\frac{x}{y}\tag{3.8.2}$$

分离变量并积分，得

$$\frac{y^2}{2}=E\frac{x^2}{2}+\frac{C}{2}$$

即

$$y^2-Ex^2=C\tag{3.8.3}$$

若初始条件为

$$\begin{cases}x(0)=x_0\\ y(0)=y_0\end{cases}$$

则

$$C=y_0^2-Ex_0^2\tag{3.8.4}$$

式(3.8.3)就是“兰彻斯特平方定律”，它在 xOy 平面上是一族双曲线，如图 3.8 所示，图上箭头表示兵力随时间变化的方向。

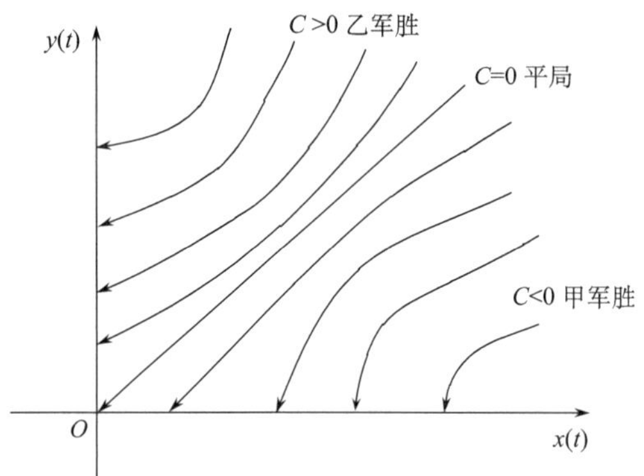

图 3.8　兰彻斯特平方定律示意图

由图 3.8 可知：

若 $C>0$，乙军胜，且当 y 减少到 $\sqrt{C}$ 时，x 将为零；

若 $C=0$，平局，且当 y 减少到零时，x 也减少到零；

若 $C<0$，甲军胜，且当 x 减少到 $\sqrt{-\dfrac{C}{E}}$ 时，y 将为零。

因此，对于乙军来说，为了保持取胜的战斗态势，当然希望 $C>0$，即

$$y_0^2 - Ex_0^2 > 0$$

或

$$ay_0^2 > bx_0^2 \tag{3.8.5}$$

所以要想取胜，要么士兵多，要么增加士兵的战斗力。因此，如果士兵的战斗力强，当然可以以少胜多。

另一方面，式(3.8.5)可写成

$$\left(\frac{y_0}{x_0}\right)^2 > \frac{b}{a} \tag{3.8.6}$$

式(3.8.6)说明双方初始兵力之比以平方关系影响着战争的结局。例如，若乙方兵力增加到原来的两倍(甲方不变)，则影响战争结局的能力增加到 4 倍；或者说，若甲方的战斗力增加到原来的 4 倍，那么为了与此相抗衡，乙方只需将初始兵力 y_0 增加到原来的 2 倍，由于这个原因，正规战争模型又称为平方律模型。

例如，如果战争开始时甲军为 6000 人，乙军为 3000 人。当交换比 $E=1$ 时，即两军的装备和战斗力差不多时，由式(3.8.4)可确定

$$C = 3000^2 - 6000^2 = -2.7\times10^7 < 0$$

从而得微分方程特解

$$x^2 - y^2 = 2.7\times10^7$$

由于交换比为 1，而甲军人数占优势，故乙军失败。

当乙军被消灭光时，即 $y=0$，甲军还剩下的人数

$$x=\sqrt{-\frac{C}{E}}=\sqrt{2.7\times10^7}=5200$$

即甲军损失人数为

$$6000-5200=800(人)$$

可见，中国古代凭战争经验总结出来的“杀人三千，自损八百”确实存在数学上的理论根据。

如果交换比 $E=\frac{1}{3}$，则

$$C=3000^2-\frac{1}{3}\times6000^2=-3\,000\,000$$

甲军胜。

当 $y=0$ 时，

$$x=\sqrt{-\frac{C}{E}}=\sqrt{3\times3\,000\,000}=3000$$

所以甲军损失：$6000-3000=3000$人，即杀人 3000 自损 3000。

如果交换比 $E=\frac{1}{4}$，则

$$C=3000^2-\frac{1}{4}\times6000^2=0$$

所以当乙军被消灭，即 $y=0$ 时，$x=0$，即双方“同归于尽”。

如果交换比 $E=\frac{1}{5}$，则

$$C=3000^2-\frac{1}{5}\times6000^2=1\,800\,000>0$$

乙军胜。

当 $x=0$ 时，

$$y=\sqrt{C}=\sqrt{1\,800\,000}\approx1341(人)$$

这说明虽然乙军人少，但能以一当五，最后战胜甲军，而只损失了 1659 人。

可见，战争胜负的决定性的因素是“交换比”，即装备和战斗力(包括将帅的指挥和官兵的素质及勇气)，而不仅是人数，人数只是我们决定战斗的形式，例如人多势众可以用来分割围攻、打进攻战；人少势弱只能回避敌军主力、打防守战、游击战。总之，在未来的战争中，要想取胜，不能抱着人多势众的思想，而应大力进行现代化的国防建设，以提高我军对敌作战的交换比。

如果两军作战时有增援，其作战模型如何？

令 $f(t)$ 和 $g(t)$ 分别表示甲军和乙军 t 时刻的增援率，则正规战争模型为

$$\begin{cases} \dfrac{\mathrm{d}x}{\mathrm{d}t} = -ay + f(t) \\ \dfrac{\mathrm{d}y}{\mathrm{d}t} = -bx + g(t) \end{cases}$$

恩格尔(J. H. Engel)用第二次世界大战末期美日硫磺岛战役中的美军战地记录，对正规战争模型进行了验证，发现模型结果与实际数据吻合得很好。

硫磺岛位于东京以南约 1062 km 的海面上，是日军的重要空军基地，美军在 1945 年 2 月 19 日开始进攻，激烈的战斗持续了一个月，双方伤亡惨重，日军守军 21 500 人全部阵亡或被俘，美军投入兵力 73 000 人，伤亡 20 265 人，战斗进行到 28 天时美军宣布占领该岛，实际战斗到 36 天才停止。美军的战地记录有按天统计的战斗减员和增援情况，日军没有后援。根据实际战地记录，由正规战争模型得到的美军伤亡的理论曲线与实际曲线相当吻合。

2. 混合战争模型

如果甲军是游击队，乙军是正规军，由于游击队对当地地形熟，常常位于不易被发现的有利地形。设游击队占据区域为 R，由于乙军看不清楚甲军，只好向区域 R 射击，但并不知道杀伤情况，所以我们认为以下的假设是合理的。

记 $x(t)$ 表示 t 时刻游击队人数；$y(t)$ 表示 t 时刻正规军人数。

假设：

(1) 游击队的战斗减员率与 $x(t)$ 及 $y(t)$ 的乘积成正比，因为 $x(t)$ 越大，目标越大，被敌方子弹命中的可能性越大，另一方面，$y(t)$ 越大，火力越强，$x(t)$ 的伤亡人数也就越大；

(2) 正规军的战斗减员率与游击队人数成正比；

(3) 游击队和正规军的增援率分别为 $f(t), g(t)$。

则混合战争模型：

$$\begin{cases} \dfrac{\mathrm{d}x}{\mathrm{d}t} = -\alpha xy + f(t) \\ \dfrac{\mathrm{d}y}{\mathrm{d}t} = -\beta x + g(t) \end{cases} \tag{3.8.7}$$

其中，$\alpha > 0, \beta > 0$，均为常数。α 称为正规军的战斗有效系数；β 称为游击队的战斗有效系数。

战斗中，若双方都无增援，即 $f(t) = g(t) = 0$，则式(3.8.7)变为

$$\begin{cases} \dfrac{\mathrm{d}x}{\mathrm{d}t} = -\alpha xy \\ \dfrac{\mathrm{d}y}{\mathrm{d}t} = -\beta x \end{cases} \tag{3.8.8}$$

由式(3.8.8)得

$$\frac{\mathrm{d}y}{\mathrm{d}x} = \frac{\beta}{\alpha y}$$

积分得

$$\alpha y^2 - 2\beta x = M \tag{3.8.9}$$

若初始条件为

$$\begin{cases} x(0) = x_0 \\ y(0) = y_0 \end{cases}$$

则

$$M = \alpha y_0^2 - 2\beta x_0 \tag{3.8.10}$$

式(3.8.9)在 xOy 平面上是一族抛物线，如图 3.9 所示，图中箭头表示兵力随时间变化的方向。

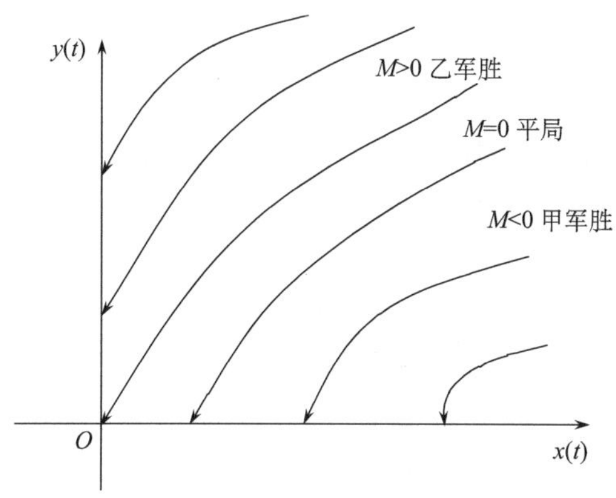

图 3.9　混合战争模型示意图

由图 3.9 知：

若 $M>0$，乙军胜，且当 y 减少到 $\sqrt{\dfrac{M}{\alpha}}$ 时，x 将为零；

若 $M=0$，平局，且当 y 减少到零时，x 也将为零；

若 $M<0$，甲军胜，且当 x 减少到 $-\dfrac{M}{2\beta}$ 时，y 将为零。

因此，对于正规军来说，为了保证取胜的战斗态势，必须 $M>0$，即

$$\alpha y_0^2 - 2\beta x_0 > 0$$

所以正规军取胜的条件：

$$y_0 > \sqrt{\frac{2\beta x_0}{\alpha}} \tag{3.8.11}$$

由于 α,β 分别表示正规军与游击队的战斗有效系数，所以可将它们表示为

$$\alpha = r_y p_y, \beta = r_x p_x$$

其中，r_y 是正规军的射击率(每个士兵单位时间射击次数)；p_y 是正规军每次射击的命中率；r_x 是游击队的射击率(每个士兵单位时间射击次数)；p_x 是游击队每次射击的命中率。

在战斗过程中，可假定正规军在游击队的火力之内且游击队每次射击是有目标的，而游击队虽然在正规军的火力之内，但活动范围大且是隐蔽的，所以正规军每次命中率与游击队活动范围及每次射击的打击面有关，因此 p_y 又可表示为

$$p_y = \frac{s_{ry}}{s_x}$$

其中，s_x 表示游击队的活动范围；s_{ry} 表示正规军每次射击的有效面积。所以

$$\begin{cases} \alpha = r_y \dfrac{s_{ry}}{s_x} \\ \beta = r_x p_x \end{cases} \tag{3.8.12}$$

将式(3.8.12)代入式(3.8.11)得正规军取胜的条件：

$$y_0 > \sqrt{\frac{2r_x p_x s_x x_0}{r_y s_{ry}}} \tag{3.8.13}$$

假定正规军的作战火力比游击队作战火力强，不妨设为 $r_y = 2r_x$；游击队的作战兵力 $x_0 = 100$人，命中率 $p_x = 0.1$，活动范围 $s_x = 0.1\text{km}^2$，正规军每次射击的有效面积 $s_{ry} = 1\text{m}^2$，则由式(3.8.13)，正规军取胜的条件为

$$y_0 > \sqrt{\frac{2r_x \times 0.1 \times 0.1 \times 10^6 \times 100}{2r_x \times 1}} = 1000$$

即正规军必须 10 倍于游击队的兵力才能取胜。

美国人曾用这个模型分析越南战争(甲方为越南，乙方为美国)。根据类似于上面的计算以及 20 世纪四五十年代发生在马来西亚、菲律宾、印尼、老挝等地的混合战争的实际情况估计出，正规军一方要想取胜必须至少投入 8 倍于游击队一方的兵力。而美国最多只能派出 6 倍于越南的兵力。越南战争的结局是美国不得不接受和谈并撤军，越南人民取得最后胜利。

思考题：

如果战争双方都是游击队，如何讨论这种游击战争模型？

3.9　发射卫星为什么用三级火箭

当前我国的航空航天事业发展迅速，已经达到了世界领先的水平。我国已成功发射了多颗卫星，特别是三级捆绑式火箭发射技术，为我国的航空事业赢得了声誉。那么发射卫星为什么用三级火箭？为什么不用一级、二级或四级火箭发射？下面我们通过建立数学模型来论证三级火箭的设计是最优的。

建立数学模型很关键的一步是确定什么是主要因素，什么是次要因素。火箭是一个复杂的系统，它必须具有高效能的发动机、牢固的结构、低的空气阻力等。显而易见，对火箭发动机的主要要求是，必须具有强大的推力来使火箭加速到足够大的速度。因为

如果火箭最末一级燃料用完时速度太低，卫星就会从空中掉回地面。下面由简单到复杂逐渐解决。

3.9.1　为什么不能用一级火箭发射卫星？

1. 卫星进入轨道，火箭所需的最低速度

将问题理想化，假设：

(1) 卫星轨道为过地球中心某一平面上的圆，卫星在此轨道上以地球引力为向心力绕地球做平面圆周运动(图 3.10)。

(2) 地球是固定于空间的均匀球体，其他星球对卫星的引力忽略不计。

设地球半径为R，中心为O，地球质量集中于球心(根据地球为均匀球体的假设)，曲线C为地球表面，C'为卫星轨道，其半径为r，卫星质量为m。根据牛顿第二定律，地球对卫星的引力为

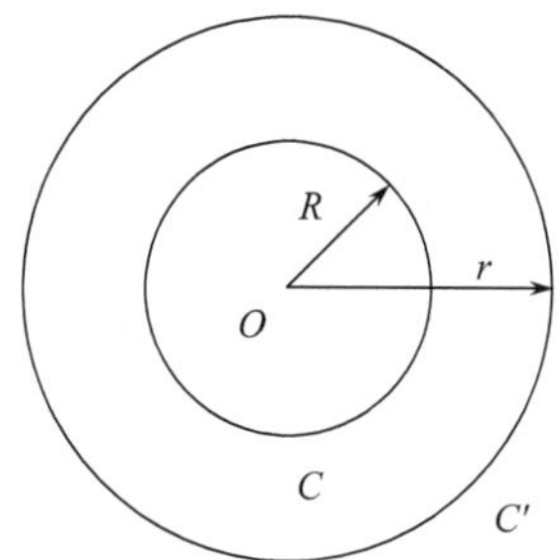

图 3.10　卫星绕地球做平面圆周运动

$$F = G\frac{Mm}{r^2} \tag{3.9.1}$$

其中，G为引力常数；M为地球质量，可由卫星在地面的重量算出，即

$$G\frac{Mm}{R^2} = mg, G = \frac{gR^2}{M}$$

代入式(3.9.1)得

$$F = mg\left(\frac{R}{r}\right)^2$$

由假设(1)，卫星所受到的引力即它做匀速圆周运动的向心力，因此，

$$F = m\frac{v^2}{r}$$

故有

$$mg\left(\frac{R}{r}\right)^2 = m\frac{v^2}{r}$$

从而速度为

$$v = R\sqrt{\frac{g}{r}}$$

取 $g = 9.81\text{m/s}^2, R = 6400\text{km}$，可算出卫星离地面高度为 h 处的速度(表 3.2)。

表 3.2　卫星离地面高度为 h 处的速度

离地面高度 h /km	100	200	400	600	800	1000
卫星速度 v/(km/s)	7.86	7.80	7.69	7.58	7.47	7.37

2. 火箭推进力及速度的分析

简单的火箭模型是由一台发动机和一个燃料仓组成，燃料燃烧产生大量气体从火箭末端喷出，给火箭一个向前的推力。火箭飞行时要受重力与空气阻力的影响，且地球自转与公转，火箭升空后做曲线运动，为使问题简化，仍将问题理想化。

假设：火箭在喷气推动下做直线运动，火箭重力及空气阻力不计。

设在 t 时刻火箭质量为 $m(t)$，速度为 $v(t)$，均为 t 的连续可微函数。由泰勒展开式有

$$m(t+\Delta t) = m(t) + \frac{\mathrm{d}m}{\mathrm{d}t}\Delta t + o(\Delta t)$$

在 t 到 $t+\Delta t$ 时间内火箭的质量减少量为

$$m(t) - m(t+\Delta t) = -\left[\frac{\mathrm{d}m}{\mathrm{d}t}\Delta t + o(\Delta t)\right]$$

这个质量的减少，是由于燃料燃烧喷出气体所致。设喷出气体相对于火箭的速度为 u（就一种燃料而言为常数），则气体相对于地球运动速度为 $v(t)-u$。根据动量守恒定律知：

$$t\text{时刻火箭动量} = (t+\Delta t)\text{时刻火箭动量} + (t+\Delta t)\text{时刻转换到气体的能量}$$

所以

$$m(t)v(t) = m(t+\Delta t)v(t+\Delta t) + [m(t) - m(t+\Delta t)][v(t) - u]$$

从而有

$$m(t)v(t) = m(t+\Delta t)v(t+\Delta t) - \left[\frac{\mathrm{d}m}{\mathrm{d}t}\Delta t + o(\Delta t)\right][v(t) - u]$$

上式两端同除以 Δt，并令 $\Delta t \to 0$，得

$$m\frac{\mathrm{d}v}{\mathrm{d}t} = -u\frac{\mathrm{d}m}{\mathrm{d}t} \tag{3.9.2}$$

式(3.9.2)右端表示火箭所受的推力，由此解得

$$v(t) = v_0 + u\ln\left(\frac{m_0}{m(t)}\right) \tag{3.9.3}$$

此处 $v_0 = v(0) = 0, m_0 = m(0)$。

式(3.9.2)表明火箭所受的推力等于燃料消耗速度与气体相对于火箭运动速度的乘积。式(3.9.3)表明，在 v_0 和 m_0 一定的条件下，$v(t)$ 由喷发速度(相对于火箭) u 及质量比 $\dfrac{m_0}{m(t)}$ 决定。这为提高火箭速度找到了正确的途径：提高 u (从燃料上想办法)，减少 $m(t)$ (从结构上想办法)。完全符合实际。

3. 一级火箭末速度上限(目前技术条件下)

火箭-卫星系统的质量可分为三部分：m_p (有效负载，如卫星)、m_f (燃料质量)、m_s (结构质量，如外壳、燃料容器及推进器)。

在发射一级火箭运载卫星时，最终(燃料耗尽)质量为 $m_\mathrm{p} + m_\mathrm{s}$，由式(3.9.3)知末速度为 $(v_0 = 0)$

$$v = u\ln\left(\frac{m_0}{m_\mathrm{p} + m_\mathrm{s}}\right) \tag{3.9.4}$$

一般来说，结构质量 m_s 在 $m_\mathrm{s} + m_\mathrm{f}$ 中应占一定的比例，在现有的技术条件下，要使燃料仓和发动机的质量之和小于所载燃料的 $\dfrac{1}{8}$ 或 $\dfrac{1}{10}$ 是很难做到的。

设

$$m_\mathrm{s} = \lambda(m_\mathrm{f} + m_\mathrm{s}) = \lambda(m_0 - m_\mathrm{p})$$

其中，λ 为常数；$m_0 = m_\mathrm{p} + m_\mathrm{f} + m_\mathrm{s}$ 为初始总质量。即结构质量为燃料和结构质量和的 λ 倍，代入式(3.9.4)得

$$v = u\ln\left(\frac{m_0}{\lambda m_0 + (1-\lambda)m_\mathrm{p}}\right) \tag{3.9.5}$$

由此可以得出一个重要结论：对于给定的 u 值，当净载质量 $m_\mathrm{p} = 0$ 时(即假设火箭不携带任何东西)。火箭所能达到的最大速度为

$$v = u\ln\frac{1}{\lambda}$$

已知目前的火箭燃料，其 $u = 3\mathrm{km/s}$，如果取 $\lambda=\dfrac{1}{10}$，则上式可得

$$v \approx 7\mathrm{km/s}$$

前面已推出，要把卫星送入 600km 高的圆形轨道，火箭的末速度应为 7.58km/s，而刚才我们推导火箭速度是在假定忽略空气阻力、重力且不携带任何东西的情况下，最大速度才达 7km/s。由此得出，单级火箭是不能用于发射卫星的。

我们回过头来检查上面的设计中有哪些地方不合理，以便加以改进。我们发现，火箭的推进力在加速着整个火箭，其实际效率越来越低，最后几乎是在加速着最终毫无用处的结构质量(包括空油箱)。所以应改进火箭的设计。

3.9.2　理想的火箭模型

理想的火箭模型应该是随着燃料燃烧随时抛弃无用的结构。

假设：t 到 $t+\Delta t$ 时间内，火箭丢掉的总质量为 1 个单位(包括结构质量和燃料燃烧质量)，其中，丢掉的结构质量为 $\lambda(0<\lambda<1)$，烧掉的质量为 $1-\lambda$。

当然，不可能制造这样的理想火箭，但是我们把实际情况理想化以后，使得问题变得比较简单，在此基础上建立相应的数学模型，从而可获得一些我们需要的信息，通过修正，我们就可以把理想过程还原到实际过程。

建模：由动量守恒定律得

$$m(t)v(t)=m(t+\Delta t)v(t+\Delta t)+\lambda\left[m(t)-m(t+\Delta t)\right]v(t)+(1-\lambda)\left[m(t)-m(t+\Delta t)\right]\left[v(t)-u\right]$$

将 $m(t)-m(t+\Delta t)=-\left[\frac{\mathrm{d}m}{\mathrm{d}t}\Delta t+o(\Delta t)\right]$ 代入上式得

$$m(t)v(t)=m(t+\Delta t)v(t+\Delta t)-\lambda\frac{\mathrm{d}m}{\mathrm{d}t}\Delta t v(t)-(1-\lambda)\frac{\mathrm{d}m}{\mathrm{d}t}\Delta t\left[v(t)-u\right]+o(\Delta t)$$

化简整理，令 $\Delta t\to 0$，可得

$$m\frac{\mathrm{d}v}{\mathrm{d}t}=-(1-\lambda)u\frac{\mathrm{d}m}{\mathrm{d}t}$$

解得

$$v(t)=(1-\lambda)u\ln\frac{m_0}{m(t)} \tag{3.9.6}$$

比较式(3.9.5)、式(3.9.6)可知，理想火箭与一级火箭的最大区别在于：当燃料燃烧完，结构质量也被逐渐抛掉，仅仅剩下 m_{p} (卫星)，即 $m(t)=m_{\mathrm{p}}$，从而最终速度为

$$v=(1-\lambda)u\ln\frac{m_0}{m_{\mathrm{p}}} \tag{3.9.7}$$

式(3.9.7)表明：当 m_0 足够大时，便可使卫星达到我们所希望它具有的任意速度。例如，考虑到空气阻力和重力的因素，估计(按比例粗略计算)要使 $v=10.5\mathrm{km/s}$ 才行，如果取 $u=3\mathrm{km/s}, \lambda=0.1$，则可推出 $\frac{m_0}{m_{\mathrm{p}}}\approx 50$。即发射 1t 重的卫星大约需 50t 重的理想火箭。

3.9.3　多级火箭卫星系统(理想过程的实际逼近)

前面我们所讨论的理想火箭是把结构质量连续抛弃，显然对于实际火箭是办不到的，是否可以把结构质量逐级抛弃而用多级火箭发射？

记火箭级数为 n，当第 i 级火箭燃料烧尽时，第 $i+1$ 级火箭立即自动点火，并抛弃已经无用的第 i 级。

用 m_i 表示第 i 级火箭质量(燃料与结构之和)，m_{p} 表示有效负载。

为了简单起见，先作如下假设：

(1)各级火箭具有相同的 λ，λm_i 表示第 i 级结构质量，$(1-\lambda)m_i$ 为燃料质量；

(2) 喷气相对速度 u 各级相同，燃烧级的初始质量与其负载质量之比保持不变，记比值为 k 。

先考虑二级火箭：

由式(3.9.3)，当第一级火箭燃烧完时，其速度为

$$v_1 = u\ln\frac{m_1+m_2+m_p}{\lambda m_1+m_2+m_p}$$

在第二级火箭燃烧完时，其速度为

$$v_2 = v_1 + u\ln\frac{m_2+m_p}{\lambda m_2+m_p}$$

将 v_1 代入上式得

$$v_2 = u\ln\left(\frac{m_1+m_2+m_p}{\lambda m_1+m_2+m_p}\cdot\frac{m_2+m_p}{\lambda m_2+m_p}\right)$$

又根据假设(2)， $m_2 = km_p, m_1 = k\left(m_2+m_p\right)$ ，代入上式，并取 $u = 3\text{km/s}$ ，近似取 λ=0.1，可得

$$v_2 = 6\ln\frac{k+1}{0.1k+1}$$

要使 $v_2 = 10.5\text{km/s}$ ，由上式得 $k \approx 11.2$ 。再由 $m_2 = 11.2m_p, m_1 = 11.2\left(m_2+m_p\right)$，可得

$$\frac{m_1+m_2+m_p}{m_p} \approx 149$$

也就是说，要送 1t 卫星上天，需要制造 149t 的二级火箭。

同理，可推算出三级火箭

$$v_3 = u\ln\left(\frac{m_1+m_2+m_3+m_p}{\lambda m_1+m_2+m_3+m_p}\cdot\frac{m_2+m_3+m_p}{\lambda m_2+m_3+m_p}\cdot\frac{m_3+m_p}{\lambda m_3+m_p}\right)$$

同样假设下可得

$$v_3 = 9\ln\frac{k+1}{0.1k+1}$$

要使 $v_3 = 10.5\text{km/s}$ ，可得 $k \approx 3.25$ ，从而

$$\frac{m_1+m_2+m_3+m_p}{m_p} \approx 77$$

也就是说，要送 1t 卫星上天，需要制造 77t 的三级火箭。

记 n 级火箭的总质量(包括有效负载 m_p)为 m_0 ，在同样的假设下

$$u = 3\text{km/s}, v_n = 10.5\text{km/s}, \lambda = 0.1$$

可算出相应的 $\dfrac{m_0}{m_p}$ 值，如表 3.3 所示。

表 3.3　n级火箭的总质量关系列表

火箭级数 n	1	2	3	4	5	…	∞(理想)
火箭质量/t	—	149	77	65	60	…	50

由此可见，用三级火箭代替二级火箭很值得，但用四级火箭代替三级火箭时，质量减轻不多，而实际上，由于工艺的复杂性及每级火箭都要配备一个推进器，所以使用四级或四级以上的火箭不合算，故三级火箭的设计是最优的。

这里我们不再讨论火箭发动机的设计以及实际火箭应该考虑的一些复杂因素，有兴趣的读者可进一步查阅有关资料，建立更复杂、更符合实际的数学模型。

习题 3

1. 如果有一笔存款连同连续复利一起计算，它在 15 年内翻了一番，问存款利率是多少？

2. 一根质量均匀的链条挂在一无摩擦的钉子上，运动开始时链条的一边下垂 8m，另一边下垂 10m，试问整个链条滑过钉子需多少时间？

3. 设有一个 30m×30m×12m 的车间，其中，空气中含有 0.12%的 CO_2，如需要在 10min 后 CO_2 的含量不超过 0.06%(设新鲜空气中 CO_2 的含量为 0.04%)，问每分钟应通入多少立方米的新鲜空气？

4. 取n只相同的杯子装满水，并且一只放在另一只下面，依次排列。向最上面的杯子以定常的速度倒入与杯子容量相同的葡萄酒，溢出的液体刚好流入下面的一个杯子中去，第二只杯子溢出的液体再流入第三只杯子，依次类推。假设葡萄酒和水的均匀混合是瞬时发生的，试建模描述各杯子中葡萄酒浓度的动态。

5. 某人每天由饮食获取 10 500J 的热量，其中，5040J 用于新陈代谢。此外每千克体重需支出 67.2J 热量作为运动消耗。其余热量则转化为脂肪。已知脂肪形式储存的热量利用率为 100%，问此人的体重随时间如何变化？

6. 某缉私舰雷达发现相距d海里处有一艘走私船正以匀速a沿直线行驶，缉私舰立即以最大的速度(匀速v)追赶。若用雷达进行跟踪，保持舰的瞬时速度方向始终指向走私船，试求缉私舰的运动轨迹及追上的时间。

7. 边长为a的方桌四角上各有一虫，每个虫同时以同样的速度按逆时针爬向与它相邻的那个虫子，求虫子们的爬行轨迹和爬行路程。

8. 设飞机在半径为a的圆周上以等速v运动，导弹从原点出发追踪，当$t=0$时，飞机在$(r,0)$，导弹在圆心，若导弹的速度也是v，而且圆心、导弹、飞机总在一条直线上，证明当飞机行至$(0,r)$时，导弹正好追上它。

9. 设某城市共有$n+1$人，其中一人出于某种目的编造了一个谣言。该城市具有初中以上文化程度的人占总人数的一半，这些人只有$\frac{1}{4}$相信这一谣言，而其他人约有$\frac{1}{3}$会相信。又设凡相信此谣言的人每天在单位时间内传播的平均人数正比于当时尚未听说此谣言的人数，而不相信此谣言的人不传播谣言。试建立一个反映谣言传播情况的数学模型。

10. 假定一个雪球是半径为r的球，其融化时体积的变化率正比于雪球的表面积，比例常数为$k>0$(k与环境的相对湿度、阳光、空气温度等因素有关)。已知 2h 之内融化了其体积的 1/4，问其余部分在多长时间内全部融化？

11. 当机场跑道长度不足时，常常使用减速伞作为飞机的减速装置。在飞机接触跑道开始着陆时，由飞机尾部张开一副减速伞，利用空气对伞的阻力减少飞机的滑跑距离，保障飞机在较短的跑道上安全着陆。

(1) 一架重 4.5t 的歼击机以 600km/h 的航速开始着陆，在减速伞的作用下滑跑 500m 以后速度减为 100km/h。设减速伞的阻力与飞机的速度成正比，并忽略飞机所受的其他外力，试计算减速伞的阻力系数。

(2) 将同样的减速伞装备在 9t 重的轰炸机上。现已知机场跑道长 1500m，若飞机着陆速度为 700km/h，问跑道长度能否保障飞机安全着陆？

第 4 章　随机性模型

在前面讨论的模型中，从假设条件到求解结果都是确定的，如估算玻璃窗的功效、动物的体重等。但在现实生活中也存在着一些不确定性问题，它们遵循某种随机规律，因此要研究这些实际问题，就需要借助以概率统计为基础的数学工具，按照研究目的和对象的客观规律来建立数学模型，这就是随机性模型。

本章主要介绍利用概率论知识以机理分析的方法建立的几个模型。

4.1　简单的随机性模型

4.1.1　取球问题

➢ **问题 4.1**　盒中放有 12 个乒乓球，其中有 9 个是新的，第一次比赛时从盒中任取 3 个，用后仍放回盒中，第二次比赛时再从盒中任取 3 个，求第二次取出的球都是新球的概率。

解　第二次取球是在第一次比赛之后，所以当第二次取球时盒中就不一定有 9 个新球了，因为第一次用的 3 个球可能有 0、1、2、3 个新球，所以第二次全取新球直接受这四种可能性的影响，可用全概率公式求解。

设 A 表示“第二次取出的球都是新球”的事件；$B_i\left(i=0,1,2,3\right)$ 表示“第一次比赛时用了 i 个新球”的事件。则由题意得

$$p(B_i)=\frac{C_9^iC_3^{3-i}}{C_{12}^3},\quad p(A\,|\,B_i)=\frac{C_{9-i}^3}{C_{12}^3}$$

于是由全概率公式，得

$$\begin{aligned}p(A)&=p(AB_0+AB_1+AB_2+AB_3)=\sum_{i=0}^{3}p(B_i)p(A\,|\,B_i)\\&=\sum_{i=0}^{3}\frac{C_9^iC_3^{3-i}}{C_{12}^3}\frac{C_{9-i}^3}{C_{12}^3}=\frac{441}{3025}\approx 0.146\end{aligned}$$

4.1.2　电能供应问题

➢ **问题 4.2**　某车间有耗电为 5kW 的机床 10 台，每台机床使用时是各自独立地且间隙地工作，平均每台每小时工作 12min。该车间配电设备的总容量为 32kW，求该车间配电设备超载的概率。

解　每台耗电量为 5kW，而配电设备容量为 32kW，显然，有 7 台或 7 台以上的机床同时工作时，设备会发生超载现象。下面求出现这种现象的概率。

观察 10 台完全相同的机床在同一时刻的工作情况与观察一台机床在 10 个时刻的工

作情况是一样的。我们关心的问题是机床是否正在工作。对于任一时刻，机床要么工作，要么不工作，只有两个结果，而 10 台机床的工作是相互独立的，每台机床正在工作的概率相同且 $p_i=\dfrac{12}{60}=\dfrac{1}{5}$，这是伯努利概型；所以由二项分布知，“在同一时刻不少于 7 台机床同时工作”的概率

$$
\begin{aligned}
p &= B\left(7,10,\frac{1}{5}\right)+B\left(8,10,\frac{1}{5}\right)+B\left(9,10,\frac{1}{5}\right)+B\left(10,10,\frac{1}{5}\right) \\
&= \sum_{k=7}^{10} C_{10}^{k}\left(\frac{1}{5}\right)^{k}\left(1-\frac{1}{5}\right)^{10-k} \approx 0.000\,86
\end{aligned}
$$

可见，该车间设备超载的可能性——概率是非常小的。

4.1.3　布丰(Buffon)投针问题

1777 年法国科学家布丰提出了下列著名问题，这是几何概率的一个早期例子。

➢ **问题 4.3**　平面上画有等距离为 $a(a>0)$ 的一些平行线，向此平面任投一长为 $l(l>a)$ 的针，试求此针与任一平行线相交的概率。

解　由于有两种可能：针与这些平行线中的某一根相交或都不相交。没有理由认为这两种可能性是一样大的，故用古典概型无法求解。如果只需要得到此概率的近似值，可以通过做实验，用统计规律来估计。但将针的每一位置看作是一个基本事件，假定每一位置都“同等可能”(这实际上是对投针方法的一种要求)，可以用几何概率去解决。

以 M 表示针落下后的中点，x 表示中点 M 到最近一条平行线的距离，φ 表示针与平行线的交角，如图 4.1 所示。

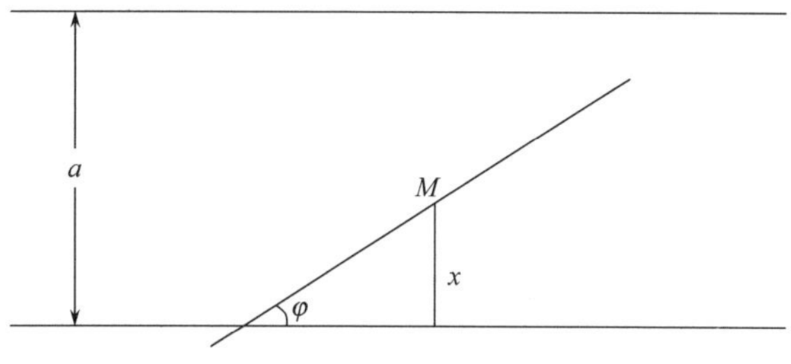

图 4.1　布丰投针问题示意图

那么基本事件区域

$$
\Omega:\begin{cases} 0\leqslant x\leqslant \dfrac{a}{2} \\ 0\leqslant \varphi\leqslant \pi \end{cases}
$$

为平面上的一个矩形，其面积为：$L(\Omega)=\dfrac{a\pi}{2}$。为使针与平行线(这线必定是与 M 最近的一条平行线)相交，其充要条件是

$$A:\begin{cases}0\leqslant x\leqslant \dfrac{l}{2}\sin\varphi\\ 0\leqslant\varphi\leqslant\pi\end{cases}$$

显然 A 是 Ω 中的一个区域，如图 4.2 所示。

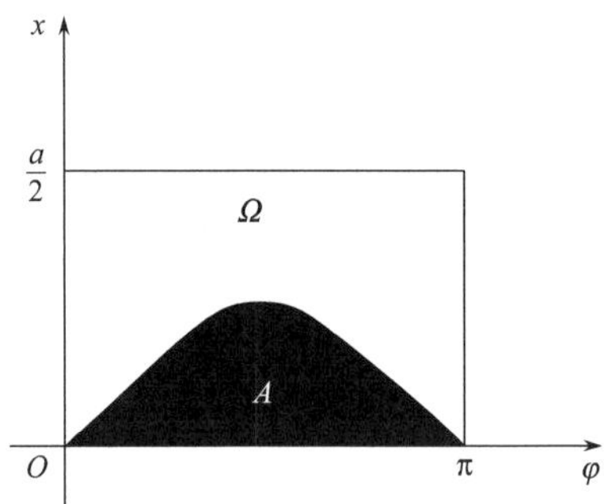

图 4.2　A 和 Ω 的关系

而 A 的面积为

$$L(A)=\int_0^{\pi}\frac{l}{2}\sin\varphi\,\mathrm{d}\varphi=l$$

从而所求概率为

$$p=\frac{L(A)}{L(\Omega)}=\frac{l}{\frac{1}{2}a\pi}=\frac{2l}{a\pi}$$

有趣的是，当比值 $\dfrac{l}{a}$ 不变时，p 值始终不变，更有趣的是，由于结果中含有 π，因此不少人想到可利用它来计算 π 的近似值。其方法是投针 N 次，计算出针与线相交的次数 n，再以频率 $\dfrac{n}{N}$ 作为概率近似值，代入上式求得

$$\pi=\frac{2lN}{an}$$

表 4.1 是这些实验的有关资料(此处把 a 折算为 1)。

表 4.1　投针实验的资料

实验者	年份	针长	投掷次数	相交次数	π的实验值
Wolf	1850	0.8	5000	2532	3.1596
Smith	1855	0.6	3204	1218	3.1554
De Morgan	1860	1.0	600	382	3.137
Fox	1884	0.75	1030	489	3.1595
Lazzerini	1901	0.83	3408	1808	3.1415926
Reina	1925	0.5419	2520	859	3.1795

值得注意的是这里采用的方法：建立一个概率模型，它与某些我们感兴趣的量(这里是常数 π)有关，然后设计适当的随机试验，并通过这个试验的结果来确定这些量。著名的蒙特卡罗(Monte Carlo)方法就是按照上述思路建立起来的。

“投针问题”还是找矿的一个重要概型。设在给定区域内的某处有一矿脉(相当于针)，长为l，用间隔为 a 的一组平行线进行探测，假设$l<a$，要求“找到这个矿脉”(相当于针与平行线相交)的概率有多大就可用投针问题的结果。

4.2　报亭的卖报问题

➢ **问题 4.4**　报亭每天清晨从邮局购进报纸零售，晚上卖不出去的退回，设报纸每份的购进价为 b ，零售价为 a ，退回价为 c ，当然应有 $a>b>c$ 。请你给报亭筹划一下，他应如何确定每天购进报纸的数量，以获得最大的收入。

解　报亭购进数量应根据需求量确定，但需求量是随机的，所以报亭每天如果购进的报纸太少，不够卖的，会少赚钱；如果购进太多，卖不完就要赔钱，这样由于每天报纸的需求量是随机的，报亭每天的收入也是随机的，因此，衡量报亭的收入，不能是报亭每天的收入，而应该是其长期(几个月、一年)卖报的日平均收入。从概率论大数定律的观点看，这相当于报亭每天收入的期望值，以下简称平均收入。

假设报亭已经通过自己的经验或其他渠道掌握了需求量的随机规律，即在其销售范围内每天报纸的需求量为 r 份的概率是 $P(r)(r=0,1,2,\cdots)$ 。

设报亭每天购进 n 份报纸，因为需求量 r 是随机的， r 可以小于 n 、等于 n 或大于 n ；由于报亭每卖出一份报纸赚 $a-b$ ，退回一份报纸赔 $b-c$ ，所以当这天的需求量 $r\leqslant n$ 时，则报亭售出 r 份，退回 $n-r$ 份，即赚了 $(a-b)r$ ，赔了 $(b-c)(n-r)$ ；而当 $r>n$ 时，则 n 份全部售出，即赚了 $(a-b)n$ 。

设报亭每天购进 n 份报纸时平均收入为 $G(n)$ ，考虑到需求量为 r 的概率是 $P(r)$ ，所以

$$G(n)=\sum_{r=0}^{n}[(a-b)r-(b-c)(n-r)]P(r)+\sum_{r=n+1}^{\infty}(a-b)nP(r) \tag{4.2.1}$$

问题归结为在 $P(r),a,b,c$ 已知时，求 n 使 $G(n)$ 最大。

通常需求量 r 的取值和购进量 n 都相当大，将 r 视为连续变量，这时 $P(r)$ 转化为概率密度函数 $f(r)$，这样式(4.2.1)变为

$$G(n)=\int_0^n[(a-b)r-(b-c)(n-r)]f(r)\mathrm{d}r+\int_n^{+\infty}(a-b)nf(r)\mathrm{d}r \tag{4.2.2}$$

计算

$$\begin{aligned}\frac{\mathrm{d}G}{\mathrm{d}n}&=(a-b)nf(n)-\int_0^n(b-c)f(r)\mathrm{d}r-(a-b)nf(r)+\int_n^{+\infty}(a-b)f(r)\mathrm{d}r\\&=-(b-c)\int_0^n f(r)\mathrm{d}r+(a-b)\int_n^{+\infty}f(r)\mathrm{d}r\end{aligned}$$

令 $\frac{\mathrm{d}G}{\mathrm{d}n}=0$，得

$$\frac{\int_0^n f(r)\mathrm{d}r}{\int_n^{+\infty} f(r)\mathrm{d}r}=\frac{a-b}{b-c} \tag{4.2.3}$$

使报亭日平均收入达到最大的购进量 n 应满足式(4.2.3)。

因为 $\int_0^{+\infty} f(r)\mathrm{d}r=1$，所以式(4.2.3)可变为

$$\frac{\int_0^n f(r)\mathrm{d}r}{1-\int_0^n f(r)\mathrm{d}r}=\frac{a-b}{b-c}$$

即有

$$\int_0^n f(r)\mathrm{d}r=\frac{a-b}{a-c} \tag{4.2.4}$$

根据需求量的概率密度 $f(r)$ 的图形(图 4.3)，很容易从式(4.2.4)确定购进量 n 。

在图 4.3 中，用 P_1,P_2 分别表示曲线 $f(r)$ 下的两块面积，则式(4.2.3)又可记作：

$$\frac{P_1}{P_2}=\frac{a-b}{b-c}$$

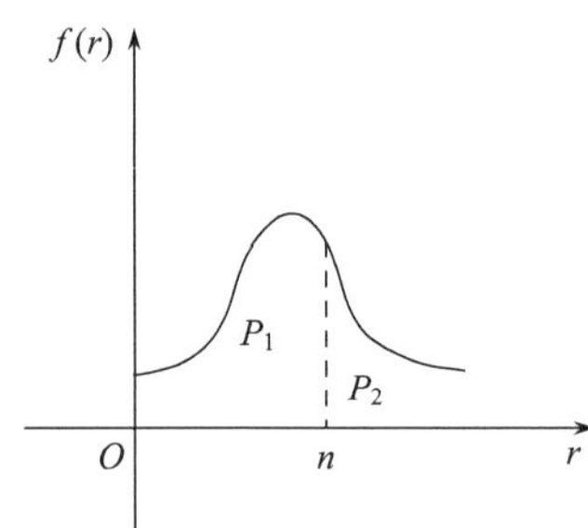

图 4.3　概率密度 $f(r)$ 的图形

因为当购进 n 份报纸时：

$P_1=\int_0^n f(r)\mathrm{d}r$ 是需求量 r 不超过 n 的概率，即卖不完的概率；

$P_2=\int_n^{+\infty} f(r)\mathrm{d}r$ 是需求量 r 超过 n 的概率，即卖完的概率。

所以式(4.2.3)表明：购进的份数 n 应该使卖不完与卖完的概率之比，恰好等于卖出一份赚的钱 $(a-b)$ 与退回一份赔的钱 $(b-c)$ 之比。显然，当报亭与邮局签订的合同使报亭每份赚钱与赔钱之比越大时，报亭购进的份数就应该越多。

例如，若每份报纸的购进价为 1.5 元，售出价为 2 元，退回价为 1.2 元，需求量服从均值 500 份、均方差 50 份的正态分布，报亭每天应购进多少份报纸才能使平均收入最高，

这个最高收入是多少？

按式(4.2.4)，因为 $a-b=0.5, b-c=0.3, \dfrac{P_1}{P_2}=\dfrac{5}{3}, r\sim N(\mu,\sigma^2)$，其中 $\mu=500, \sigma=50$。

查表可得

$$n=\mu+0.32\sigma=516$$

即每天购进 516 份报纸。

按照式(4.2.2)，可得最高收入 $G\approx 234.84$ 元。

4.3 博 弈 问 题

➢ **问题 4.5**　设有两人对垒，每人手中各有三种硬币，其分值分别为 5 分、10 分、25 分；每次两人各自同时出示一枚硬币，如属同一分值，则该币归第一位局中人所有，否则就属于第二位局中人，最后以得分值多者为胜。问：

(1) 该游戏对双方是否公平？

(2) 如不公平，则受益方采取何种策略可稳操胜券，而另一方则如何尽可能输得少些？

问题分析

如果只进行一次或很少次游戏，则双方都不具有保证稳操胜券的策略。如果运气不佳，双方均有可能每次都输。所以，这里公平性或获胜策略只有在统计情况下讨论才有意义，即需在长期进行游戏或进行较多次游戏的情况下，讨论该问题才有意义。

显然，任何一方采取一种有规律的策略，一旦被对方知晓，则必输无疑。所以，双方的策略应是以某种随机方式选择出示的硬币，而各类硬币的出现概率予以固定。

直观地看，该游戏对第一位局中人显然是不公平的。

事实上，设 A_i 表示甲取出第 i 个硬币，B_i 表示乙取出第 i 个硬币，W 表示甲取胜这一事件，则

$$P(A_i)=\frac{1}{3}, P(B_i)=\frac{1}{3},\quad (i=1,2,3)$$

$$P(A_iB_i)=P(A_i)P(B_i)=\frac{1}{9}$$

所以甲赢的概率

$$P(W)=P(A_1B_1\cup A_2B_2\cup A_3B_3)=\frac{1}{3}$$

下面我们试图解决问题(1)和(2)，为双方找到各自的最佳策略。

问题的解决

首先，必须用数学语言清晰地把问题表示出来，这在数学模型的建立过程中是较难也是较关键的一步。

如果用 A, B, C 分别表示分值为 5 分、10 分和 25 分的硬币，而以 (X,Y) 表示每次游戏的结果，其中，

$$X,Y\in\{A,B,C\}$$

且 X 表示第一位局中人(以后简称 P_1)显示的硬币，Y 表示第二位局中人(以后简称 P_2)显示的硬币。显然，所有可能出现的结果为

(A,A)（A,B）（A,C）

(B,A)（B,B）（B,C）

(C,A)（C,B）（C,C）

对第一位局中人有利的结果只有

(A,A)（B,B）（C,C）

假设 P_1 分别以 x_1,x_2,x_3 的概率出示 A, B, C 硬币，而 P_2 则分别以 y_1,y_2,y_3 的概率出示 A, B, C，当然有

$$x_1+x_2+x_3=1,\quad y_1+y_2+y_3=1$$

假设 P_1,P_2 出示硬币都是相互独立的，那么对第一位局中人而言，分值支付结果见表 4.2。

表 4.2　分值支付结果

甲	乙		
	A	B	C
A	5	–5	–5
B	–10	10	–10
C	–25	–25	25

他每次游戏的期望值为

$$E(x,y)=5x_1y_1-5x_1y_2-5x_1y_3-10x_2y_1+10x_2y_2-10x_2y_3-25x_3y_1-25x_3y_2+25x_3y_3$$

矩阵表示为

$$\boldsymbol{E}(x,y)=\boldsymbol{x}\begin{pmatrix}5 & -5 & -5\\ -10 & 10 & -10\\ -25 & -25 & 25\end{pmatrix}\boldsymbol{y}^{\mathrm{T}}$$

其中，

$$\boldsymbol{x}=(x_1,x_2,x_3),\quad \boldsymbol{y}^{\mathrm{T}}=(y_1,y_2,y_3)^{\mathrm{T}}$$

显然，作为游戏者，P_1 希望无论 P_2 采取何种策略，他的期望值 $E(x,y)$ 尽可能大，而 P_2 则希望 $E(x,y)$ 尽可能小。

因此，对 P_1 希望找到

$$\max_x \min_y E(x,y) \tag{4.3.1}$$

的解。而对 P_2 希望找到

$$\min_x \max_y E(x,y) \tag{4.3.2}$$

的解。

式(4.3.1)表示在 P_2 采用最佳策略时，P_1 的最大收益；而式(4.3.2)表示在 P_1 采用最佳策略时，P_2 的最小损失。

20 世纪 20 年代后期，John von Neumann 在论文《公司博弈理论》中证明了以下结论：

$$\max_x \min_y E(x,y)=\min_y \max_x E(x,y)$$

或者，用另一种方式表示：存在 x^*,y^* 使对任意 x,y 有

$$E(x,y^*)\leqslant E(x^*,y^*)\leqslant E(x^*,y)$$

显然，x^*,y^* 就是两位局中人的最佳策略(请读者思考其中的原因)。

因此，现在的问题就是：求 x^*,y^*，使

$$E(x^*,y^*)=\max_x \min_y E(x,y)=\min_y \max_x E(x,y)$$

称 $E(x^*,y^*)$ 为博弈的值。

利用 Lagrange 乘数法不难求出 x^*,y^*。令

$$f(x,y)=E(x,y)+\lambda_1[x(1,1,1)^{\mathrm{T}}-1]+\lambda_2[y(1,1,1)^{\mathrm{T}}-1]$$

由

$$\frac{\partial f}{\partial x_i}=0,\quad \frac{\partial f}{\partial y_j}=0,\qquad (i,j=1,2,3)$$

得方程

$$\begin{pmatrix}5 & -5 & -5\\ -10 & 10 & -10\\ -25 & -25 & 25\end{pmatrix}\begin{pmatrix}y_1^*\\ y_2^*\\ y_3^*\end{pmatrix}+\begin{pmatrix}\lambda_1\\ \lambda_1\\ \lambda_1\end{pmatrix}=\mathbf{0}$$

$$(x_1^*,x_2^*,x_3^*)\begin{pmatrix}5 & -5 & -5\\ -10 & 10 & -10\\ -25 & -25 & 25\end{pmatrix}+(1,1,1)\lambda_2=\mathbf{0}$$

再由 $x_1^*+x_2^*+x_3^*=1$ 与 $y_1^*+y_2^*+y_3^*=1$ 得

$$\begin{cases}x_1^*=\dfrac{10}{17}\\ x_2^*=\dfrac{5}{17},\\ x_3^*=\dfrac{2}{17}\end{cases}\qquad \begin{cases}y_1^*=\dfrac{7}{34}\\ y_2^*=\dfrac{12}{34}\\ y_3^*=\dfrac{15}{34}\end{cases}$$

即有

$$E(x^*,y^*)=-\frac{50}{17}$$

这说明每局游戏 P_1 损失 $\dfrac{50}{17}$。当然这并不是说每局 P_2 一定能得到 $\dfrac{50}{17}$，这只是期望值。

正如抛掷一枚均匀的钱币，出现正面的机会是 50%只是一种期望而不是保证一样。所以，在长期对垒时，P_2 须用全部时间的 $\frac{7}{34}$ 出 5 分币，$\frac{12}{34}$ 的时间出 10 分币，而余下的 $\frac{15}{34}$ 时间出示 25 分币，但每次出示何种硬币则需随机选择，那么平均每局 P_2 可得 $\frac{50}{17}$。

4.4 超订机票问题

4.4.1 问题介绍

我们有时会听到旅客们抱怨，他们本已订上了某天某次班机的机票，但当到达机场而在接待室接受检查时，却听到可怕消息：“对不起先生，您的航班已满员，我们将不得不让您乘坐下次班机了。”这种事情常会引起旅客诸多不满，在计算机辅助订票的当今时代，应设计一个系统以降低这种错误率。

本问题目的在于介绍并让大家理解为什么航空公司订给旅客某次航班的票数要多于那次航班所能容纳的乘客数。进一步的模型将为我们揭示航空公司这种做法的强制效果。在任何强制服务及航班数据均缺乏的情况下，我们不可能对某次飞机飞行给出定论，但模型中各个参数变化的结果将会定性地给出航空公司决策的道理。

4.4.2 记号

在建立模型前，有必要先定义变量，并解释所用记号：

f：某次班机的飞行费用；

n：飞行中飞机所载旅客数；

g：每一旅客所支付的旅行费；

N：飞机的旅客容量；

k：对于一次飞行来说“未到”旅客的人数；

p_k：k 人未到的概率；

m：某次班机订票的人数；

S：飞行所产生的结余(利润)；

b：留下(例如挤掉)一名已订票旅客的耗费；

p：某个订票旅客到达的概率；

j：某次班机售出的低费票数目；

t：低费票相对于全费票的低费率。

4.4.3 模型建立

建模时，通过阶段性建模与查证理解问题很自然，也很有益。而在每一阶段，模型特性应与所建模型的真实情况相近。

1. 首次尝试

与某次飞行有关的费用不依赖于飞行所带乘客人数。不管飞机是否满员，航空公司都必须付钱给飞行员、导航员、工程师及客舱工作人员。一架满员的飞机相对一架半满员的飞机所耗掉的燃料差占总载油量的百分比是非常小的。飞机起飞时，须带有足以供它到达目的地的燃料，这部分燃料占起飞质量的百分比是很大的，而这一般只要求能使飞机到达终点时所剩油量恰如其分为好。起飞、降落或由机场索要的管理费与飞机所载乘客数无关。因此，一定精度下，我们可以忽略飞行的各种费用差别，而假定进行一次飞行费用为定数 f，各个乘客付费的总额与飞行耗费之差为结余，从某种意义上讲，就是利润。当然，包括其他费用(如飞机保养等)。

若一次飞行载有 n 个旅客，则产生的结余应为 $ng-f$，十分明显，这个简单的模型有我们所期望的特性，当所载旅客数增加时，利润相应增加，能够取得的最大利润是 $Ng-f$。这里有一个奇点，在奇点处，所载旅客支付的费用正好抵消了飞行费用，此时 $n=\dfrac{f}{g}$；若搭载比此更少的载客，航空公司将赔钱。

为了取得尽量多的利润，航空公司把目光盯在填满每次飞行上。一旦接受订票数为 N，飞机则视为满载，不能再接受更多的订票。但问题又出来了，某些旅客也许会在飞机起飞时未到达现场，对于客机来讲，标准条件下，全费旅客的这种行为可以不受惩罚，他们可以迟到，并且其机票对另一次飞行来说仍有效，而对于非全费的旅客来讲，却没有这种优惠政策，下面我们将这点考虑在内。不能到达的每一个旅客在某种程度上都有潜在的经济损失，这种旅客被称为“未到”。

2. 一个较好模型

让我们以下列方式来改进上面提出的简单模型，假定 k 人“未到”的概率为 p_k，而 m 表示某次航班订票的旅客数，且允许 m 超过 N，当有 k 人未到时，航空公司将从飞行中得到的利润为

$$S=\begin{cases}(m-k)g-f, & 若 m-k\leqslant N\\ Ng-f, & 若 m-k>N\end{cases}\tag{4.4.1}$$

对于此次飞行来讲，未到的旅客人数为一种偶然事件，因此，所获利润的适当表达方式为概率期望利润，用 $\overline{S}$ 表示，则有

$$\begin{aligned}\overline{S}&=\sum_{k=0}^{m}p_k x[(m-k)g-f]\\&=\sum_{k=0}^{m-N-1}p_k(Ng-f)+\sum_{k=m-N}^{m}p_k[(m-k)g-f]\end{aligned}\tag{4.4.2}$$

若 $m\leqslant N$，则第一个和式不出现，而由下降为零的第二个和式给定，显然，订票上机的旅客数也许由于需求缺乏而很少。在这种情况下，航空公司不需要确定多少旅客订票或超订多少，而我们所要考虑的问题是超过供应情况下航空公司的表现行为。现假定

放票数多于实际可供票数，且无论航空公司设置多高的订票人数 m，都可以完成预订。

现在我们能将式(4.4.2)改写为

$$\begin{aligned}\overline{S} &= \sum_{k=0}^{m} p_k(Ng-f) + \sum_{k=m-N}^{m} p_k[(m-k)g - f - (Ng-f)] \\ &= (Ng-f)\sum_{k=0}^{m} p_k + \sum_{k=m-N}^{m} p_k(m-N-k)g\end{aligned}$$

由 p_k 的定义 $\sum_{k=0}^{m} p_k = 1$，可得

$$\overline{S} = Ng - f + g\sum_{k=m-N}^{m} p_k(m-N-k) = Ng - f - g\sum_{j=0}^{N} jp_{m-N+j}$$

因此，我们可以看到 $\overline{S} \leqslant Ng - f$，因为带有和式的那部分全为正，要取得接近于期望利润的最大值，唯一方法是减少一切 $0<j\leqslant N$ 时的 p_{m-N+j}，使之尽可能接近于零。如果订票人数 m 超过 N，将可实现这一情况。实际上，当订票旅客数增加时，“未到”的概率减小。

这个模型告诉我们，在订票旅客不确定出现而事实上出现的情况下，航空公司实际上会超订，以便取得接近于满载飞机时的理论极大期望利润值。在这个模型中未考虑因飞机旅客容量一定而多次超订带来的后果，实际上，这种策略会导致大量的旅客被所有的飞机抛下，且随着订票人数的增加而加剧。因此，我们知道了为什么航空公司为尽可能多获得利润而故意超订，但超订并不现实，模型需要进一步的提炼。

3. 进一步提炼

在航空公司超订飞行的情况下，机场会有越来越多的旅客因飞机容量而不能飞走，这些超员则须移往别处，或者安排在后续飞机上。此时，航空公司也许会支付某种费用给旅客以消其愤；或者旅客决定搭乘另一家航空公司的飞机，此时需退票，航空公司要付管理费而造成经济损失，同时随着名声的败坏，航空公司的形象遭受损害。我们假定，对于订票到达而不能上机的旅客(称为“被挤掉者”)，不管是以什么形式，航空公司都要支付赔偿费 b。这样就需要建立对于超订带有一定惩罚性的更复杂模型，以便取得较高平均收入总额。

若到达机场要检票上机的旅客数为 $m-k$，则这次飞行获取的利润为

$$S = \begin{cases}(m-k)g - f, & 若 m-k \leqslant N \\ Ng - f - (m-k-N)b, & 若 m-k > N\end{cases} \tag{4.4.3(a)}$$

那么，航空公司由一次飞行获取的平均或期望利润为一个和式，它是所有可能未到人数对应情况下的利润乘以相应概率的和。因此，我们有

$$
\begin{aligned}
\overline{S} &= \sum_{k=0}^{m} p_k \cdot [\text{由}(m-k)\text{个旅客带来的利润}] \\
&= \sum_{k=0}^{m-N-1} p_k[(Ng-f)-(m-k-N)b] + \sum_{k=m-N}^{m} p_k[(m-k)g-f] \\
&= \sum_{k=0}^{m-N-1} p_k[(N-m+k)g-(m-k-N)b] + (mg-f)\sum_{k=0}^{m} p_k - g\sum_{k=0}^{m} kp_k \qquad (4.4.3\,(\text{b}))
\end{aligned}
$$

而 $\sum_{k=0}^{m} p_k = 1$ 且 $\sum_{k=0}^{m} kp_k$ 是“未到”的数学期望值，用 $\overline{k}$ 来表示，则

$$
\begin{aligned}
\overline{S} &= mg - f - \overline{k}g - (b+g)\sum_{k=0}^{m-N-1} p_k(m-N-k) \\
&= (m-\overline{k})g - f - (b+g)\sum_{k=0}^{m-N-1} p_k(m-N-k) \qquad (4.4.4)
\end{aligned}
$$

现在，我们得到了一个相对复杂些的直接结果，要验证其正确性，检查结果的有效性，并寻找计算错误，通常以一两种特殊情况来检验其是否像我们期望的那样，与此同时，也检查这个阶段的计算错误。例如在式(4.4.4)中令 $p_0 = 1$（对于一切 $k \geqslant 1, p_k = 0$）来检查一下结果，这相当于旅客不能到达的偶然性为零，即所有订票的旅客都到达了。此时，式(4.4.4)简化为

$$
\begin{aligned}
\overline{S} &= (m-\overline{k})g - f - (b+g)(m-N) \\
&= Ng - f - b(m-N) \quad (\text{因为}\overline{k}=0)
\end{aligned}
$$

这表明，若飞机旅客容量为 N，m 个旅客订了机票，且他们全到，利润将是从满员飞行利润 $Ng-f$ 中去掉被挤掉留下的那部分旅客 $m-N$ 的耗费 $(m-N)b$。在这种情况下，当 $m=N$ 时，可得到最大平均利润，这与第一个简单模型一致。

为了得到式(4.4.4)更具体的结果，进一步假设

$$
p_k = C_m^k q^k p^{m-k} \qquad (4.4.5)
$$

其中，q 和 p 分别表示任一旅客“未到”和“出现”的概率。这样会有 $\overline{k} = qm$，而式(4.4.4)变成

$$
\overline{S} = pmg - f - (b+g)\sum_{k=0}^{m-N-1} p_k(m-N-k) \qquad (4.4.6)
$$

现在所要做的是如何使平均飞行利润最大。式(4.4.6)中，平均利润的表达式依赖于 g,b,f,q,m和N，支付与赔偿费 f,g,b 不受航空公司短期控制的影响(这些费用是由 IATA 来规定的)，q和N 为外部限制，而只有订票人数 m 为航空公司的可控参数。

由式(4.4.5)知，p_k 随着订票人数 m 的变化取不同的值，这些变化可手工计算，也可通过计算机编程来计算 g,b,f,q,N,m 任何组合下的期望利润。接着，在 g,b,f,q,N 的某个组合下，用它来决定最优的订票人数。若用手工(或用一个非程序化计算器)来计算，首先探讨所有简化后的可能情况，例如，若 N 充分大(对于 Airbus 为 $N\approx300$，对于 DC-10 或 Lockheed TriStar 客机 $N\approx350$，对于波音 747 有 $N\approx450$)，用 Poisson 分布来代替这里的

二项分布不会有太大差别。另一方面，式(4.4.6)部分和中的项数为$m-N$，且为找到最优订票人数，部分和的项数必定随着m的增大而增多。从而工作量将会因一架小飞机(比如说 80 个座位的接驳机)而减小。小型机超订 10%时只有 8 项，相反，450 个座位的喷气式飞机 10%超订时的部分和却要加 45 项。

式(4.4.6)中部分和是q,N,m的函数，可通过计算机编程来计算q,N,m给定值下的部分和，由于期望利润是q,m,g,f,b和N的函数，航空公司要求以一个近似于 60%的奇异载重因子来计算，也就是假定 0.6Ng=f，则

$$\frac{\overline{S}}{f}=\frac{1}{0.6N}\left[pm-\left(1+\frac{b}{g}\right)\sum_{k=0}^{m-N-1}p_k(m-N-k)\right]-1 \tag{4.4.7}$$

对于一架旅客容量为 300 的飞机，假定$q=0.05,0.1$，而$\frac{b}{g}=0.2$，可用计算机编程计算期望利润，且还可以计算j个或更多个旅客被挤掉的概率：

$$p(j\text{个或更多旅客被挤掉})=\sum_{k=0}^{m-N-j}p_k$$

下面讨论一下如何估计航空公司要支付的赔偿费b值，它可能由非常确定的直接费用和一些相对不明确的间接费用(如声誉与未来顾客减少所带来的损失)组成。由此引导出对敏感性的讨论：要取得问题的充分理解并估计模型预测中可能的错误，就要改变涉及的参量并观察输出相对于这些变化的敏感性。

还要考察的另一件有趣事情是改变选择超订水平的准则。一个航空公司订票的准则应该是确定的，可假定其有较低的一定挤掉任何旅客的概率，并启用广告以强调其相对于所有竞争对手有最低的挤掉率。那么，如何建立这种经济表现的测量模型以估价这种策略，并比较这种设置超订水平策略下的期望利润与前述超订策略下可获得的最大期望利润。这自然地引向多种准则决定的整体范围和无共同计量单位准则间的二分概率问题。

4. 再进一步提炼

假若某次班机只是挤掉一两个旅客，可能可以保持平静，但一小部分不满意旅客会使航空公司当众出丑，而航空公司希望这种风险越小越好。也许在公式化订票策略时，航空公司会采取一种策略，即取消低于极大期望利润但又可以使大数目旅客被挤掉的概率减少到可接受程度的最优值。一种变通办法是努力想办法去增加实际出现旅客订到机票的可能性，这可以通过 APEX、ABC 和其他方案来实现。用这种方案，旅客能以较低的票价得到仅对某次班机有效的机票，若旅客未到，机票失效，旅客会损失掉这部分钱。显然，一些旅客将仍然准备付全费，而其他旅客(主要是度假者)将接受这种限制以减少耗费，这部分旅客将不会轻率地错过班机。因此我们可以假定这部分以度假为主的旅客“未到”的概率为零，这部分旅客形成了一个固定的旅客基数，他们是可靠的上机者。

假定j个旅客以票价rg(r表示打折力度)订了低价机票，那么，由j个低费旅客和$m-k-j$个全费旅客产生的利润为

$$S=\begin{cases} rjg+(m-j-k)g-f, & m-k\leqslant N \\ rjg+(N-j)g-f-(m-k-N)b, & m-k>N \end{cases} \tag{4.4.8}$$

而 k 人未到的概率现在为 $m-j$ 个全费旅客中未到 k 人的概率，例如

$$p_k=C_{m-j}^k p^k q^{m-j-k} \tag{4.4.9}$$

飞行期望利润为

$$\begin{aligned}\overline{S}&=\sum_{k=0}^{m-N-1} p_k[N-j(1-r)g-f-(m-k-N)b]+\sum_{k=m-N}^{m} p_k\{[m-k-j(1-r)]g-f\} \\ &=\sum_{k=0}^{m-N-1} p_k[(N-m-k)g-(m-k-N)b]+\{[m-j(1-r)]g-f\}\sum_{k=0}^{m} p_k-g\sum_{k=0}^{m} kp_k \\ &=[m-j(1-r)]g-f-qmg-(b+g)\sum_{k=0}^{m-N-1} p_k(m-N-k) \\ &=pmg-(1-r)jg-f-(b+g)\sum_{k=0}^{m-N-1} p_k(m-N-k)\end{aligned} \tag{4.4.10}$$

可通过编程计算此式来解决 p,m,g,j,r,b,f 和 N 变化的影响，像前面一样，如果我们对飞行费用 f 与每一旅客所偿付的全额旅行费 g 的关系做出一个近乎实际的假设，这里的计算困难也可能减小，假定奇点载重时以适当比例混合的全费与低费旅客占了座位60%，从而，当低费旅客比例增加时，因支付全费的旅客比例减少了，全费用基数应相应增加，相应奇异条件就是

$$0.6[jrg+(N-j)g]=f$$

即

$$\frac{g}{f}=\frac{1}{0.6[N-(1-r)j]}$$

因此，由式(4.4.10)与此方程结合有等价于式(4.4.7)的式子：

$$\frac{\overline{S}}{f}=\frac{1}{0.6[N-(1-r)j]}\left[pm-(1-r)j-\left(1+\frac{b}{g}\right)\sum_{k=0}^{m-N-1} p_k(m-N-k)\right]-1 \tag{4.4.11}$$

同样可用编程来计算这种情况下的 $\dfrac{\overline{S}}{f}$。现在，模型已被提炼成为一个有充分多变量及参量的式子，并且表达方式实用且清楚。就建模本身而言，做到这一点很有益，在工业及商业环境中的数学家所需要有的技能之一就是以清楚而且通俗的方式为非数学家提供并表述他们的发现。

本节建立了模型却没有给出任何确定的结论，这是因为这里对许多外部参量没有做进一步的研究而不能定出其确定值。然而，本书着重说明了成功提炼建立模型的过程，以及用模型来获取定量结果并组织观察多变量函数参量变化的方法。

4.4.4　进一步建模工作的建议

同航空公司超订机票问题一样，一个资料拥有者可以公开出借、雇佣或出售其资料，

但其必须考察可以实现和不可实现的顾客预订问题。下面列出几个类似问题，如需对下列问题建模，还应为这些问题提供丰富的背景材料，此处略去。

1. 旅馆

旅馆接受订单大大依赖于信誉，它们必须给不能践诺的顾客以很小的惩处。有些旅馆要求付订金以保证较高的旅客到达率(这往往在价格低而住客人较少的旅馆用)；另一些旅馆也许提供较少的长期订单或预付订单。对于这类问题，我们要考虑的是这种多等级系统的运行情况。

2. 出租汽车公司

出租汽车公司有定量的汽车(至少短期内是这样的)以提供给客户。公司可以通过降低租金以优惠频繁用车的顾客(主要是团体)；对于较长时间租赁(成周或成月)的顾客也给予降低租金的优惠，因为这种生意给出了至少将来几天都已确定的租赁。尽管某公司可能提供不了太多的汽车给客户，但其往往还是要多向外预订一些。

3. 图书馆

图书馆可能购买许多本大众书籍。为了让书的利用率高些，图书馆就要限制册数，这就需要建立书的利用率模型。

4.5 水库水量调度问题

4.5.1 问题介绍

人们在生产和日常生活中往往将所需物资、用品和食物等暂时地存储起来，以备使用和消费。作为一种解决供应与需求不协调的措施，这种不协调通常表现在供应量与需求量、供应时期与需求时期，如果在供应与需求这两环节之间加入储存这一环节，就起到了平滑供需波动、确保持续供应的作用。近年来，随着社会经济的快速发展，我国水资源短缺的问题越来越突出。由于气候变化等因素的影响，水库蓄水量和水位出现了明显的波动，不仅严重影响了人们的生产生活，也使得水利管理部门面临更大的压力和挑战。

水库库存量、供应速度会影响到经济发展与社会进步。目前水库的调水一般采用定期定量的供应方式，这种方式会产生两个方面的问题：①当供不应求时，会造成经济损失，影响生态生产的正常进行。②当库存量过大时，会造成水库的管理损失，也可能因为水位的逐渐增长造成水坝坍塌，引起更大的损失。如何选择合适的策略，既可方便、节约地进行调水，减少不必要的水量损失，又能较好地安排调水时间和调水量决策，进而减少经济损失？

4.5.2 模型假设

设水库的初始库存为 $V(\mathrm{m}^3)$，调水量为 $Q(\mathrm{m}^3)$，单位水价为 K(元)，单位水量管理

费用为 C_1(元)，渗漏、蒸发等造成的缺水损失为 C_2(元)，调水费用为 C_3(元)。

4.5.3　模型建立

根据用户的用水情况可知，需求量 x 是连续的随机变量，密度函数为 $\varphi(x)$，满足

$$\int_0^{+\infty}\varphi(x)\mathrm{d}x=1$$

则分布函数为

$$F(S)=\int_0^{S}\varphi(x)\mathrm{d}x,\quad S>0$$

此时期初水量存储达到 $S=V+Q$，而 $Q=S-V$ 为调水量。

本问题利用 (s,S) 随机性存储模型在水量分配中的应用进行讨论。(s,S) 型存储模型是通过建立存储策略期望费用方程，求解期望费用的极小值，来确定最佳调水量 Q 和存储策略 s，当库存量高于策略 s 值时，就无须对水库蓄水；当库存量低于 s 值时，则需要蓄水且蓄水量为 Q。

初始库存 V 为已知量，调水量为 Q，则期初存储达到 $S=V+Q$。本阶段需要调水费用为

$$C_3+KQ$$

本阶段需付存储费用的期望值为

$$E_1=\int_0^{S}C_1(S-x)\varphi(x)\mathrm{d}x$$

本阶段需付缺水费用的期望值为

$$E_2=\int_S^{+\infty}C_2(x-S)\varphi(x)\mathrm{d}x$$

本阶段所需所有费用的期望值之和为

$$\begin{aligned}E(S)&=C_3+KQ+E_1+E_2\\&=C_3+K(S-V)+\int_0^{S}C_1(S-x)\varphi(x)\mathrm{d}x+\int_S^{+\infty}C_2(x-S)\varphi(x)\mathrm{d}x\end{aligned}$$

4.5.4　模型求解

所有费用的期望是关于期初存储水量 S 的函数，为了求解期望费用的极小值，利用一元函数求极值的方法。目标函数 $E(S)$对 S 求导数，即

$$\frac{\mathrm{d}E}{\mathrm{d}S}=K+C_1\int_0^{S}\varphi(x)\mathrm{d}x-C_2\int_S^{+\infty}\varphi(x)\mathrm{d}x$$

令 $\frac{\mathrm{d}E}{\mathrm{d}S}=0$，则

$$K+C_1\int_0^{S}\varphi(x)\mathrm{d}x-C_2\int_S^{+\infty}\varphi(x)\mathrm{d}x=0$$

即

$$
\begin{aligned}
&K + C_1\int_0^S \varphi(x)\mathrm{d}x - C_2\int_S^{+\infty} \varphi(x)\mathrm{d}x \\
&= K + C_1\int_0^S \varphi(x)\mathrm{d}x - C_2\left[\int_0^S \varphi(x)\mathrm{d}x + \int_S^{+\infty} \varphi(x)\mathrm{d}x\right] + C_2\int_0^S \varphi(x)\mathrm{d}x \\
&= K + C_1\int_0^S \varphi(x)\mathrm{d}x - C_2 + C_2\int_0^S \varphi(x)\mathrm{d}x = 0
\end{aligned}
$$

移项得

$$F(S) = \int_0^S \varphi(x)\mathrm{d}x = \frac{C_2 - K}{C_1 + C_2}$$

根据问题的假设知 $\dfrac{C_2 - K}{C_1 + C_2}$ 严格小于 1，称为临界值，记 $N = \dfrac{C_2 - K}{C_1 + C_2}$。

根据问题的条件可以计算临界值 N，由 $F(S)=N$ 就能够确定期初水量 S 的值，则可得调水量 $Q=S-V$。

本模型中有调水费用为 C_3，如果本阶段不调水可以节省费用为 C_3，因此设想存在一个数值 $s\,(s<S)$，使下面不等式成立：

$$
\begin{aligned}
&K + C_1\int_0^s (s-x)\varphi(x)\mathrm{d}x + C_2\int_s^{+\infty} (x-s)\varphi(x)\mathrm{d}x \\
&\leqslant C_3 + KS + C_1\int_0^S (S-x)\varphi(x)\mathrm{d}x + C_2\int_S^{+\infty} (x-S)\varphi(x)\mathrm{d}x
\end{aligned}
$$

当 $s=S$ 时，不等式显然成立。

当 $s<S$ 时，不等式右端存储费用期望值大于左端存储费用值，右端缺水损失费用期望值小于左端缺水损失费用值，一增一减后仍然使等式成立的可能性是存在的。若使不等式成立的 s 值不止一个，则选择其中最小值作为本模型 (s,S) 存储策略的 s，

$$
\begin{aligned}
&C_3 + K(S-s) + C_1\left[\int_0^S (S-x)\varphi(x)\mathrm{d}x - \int_0^s (s-x)\varphi(x)\mathrm{d}x\right] \\
&+ C_2\left[\int_S^{+\infty} (x-S)\varphi(x)\mathrm{d}x - \int_s^{+\infty} (x-s)\varphi(x)\mathrm{d}x\right] \geqslant 0
\end{aligned}
$$

即

$$C_3 + K(S-s) + C_1\int_0^S (S-s)\varphi(x)\mathrm{d}x + C_2\int_S^{+\infty} (s-S)\varphi(x)\mathrm{d}x \geqslant 0$$

取等号时可得最小存储策略 s。

相应的存储策略是：每阶段初期检查存储水量时，当 $V<s$ 时，需要调水，调水水量为 Q，$Q=S-V$。当库存 $V\geqslant s$ 时，本阶段不需要调水。这种存储策略是定期调水但是调水水量不确定。而调水水量 Q 的多少视期末库存 V 来决定。根据存储策略 s 可知，库存 V 可以分两部分，一部分为 s，另外一部分为 $V-s$。平时需要用水时先用 $V-s$ 这部分水，当用水时动用了 s，则期末需要调水，如果用水时未动用 s，则期末不需要调水。

例 4.1　某水库在某季度的初始库存 $V=600\text{m}^3$，单位水量管理费用 $C_1=50$ 元，渗漏、蒸发等造成的缺水损失 $C_2=150$ 元，调水费用 $C_3=550$ 元，单位水价 $K=5$ 元，为了节约费

用，有效利用资源，从历史记录分析需求量服从均匀分布

$$\varphi(x)=\begin{cases}\dfrac{1}{100}, & 900\leqslant x\leqslant 1000\\ 0, & \text{其他}\end{cases}$$

如何确定 (s,S) 型存储中的 S 和 s？

解　首先计算 S 的值，

$$N=\frac{C_2-K}{C_1+C_2}=\frac{150-5}{150+50}=0.725$$

$$F(S)=\int_0^S\varphi(x)\mathrm{d}x=\int_{900}^S\frac{1}{100}\mathrm{d}x=\frac{S}{100}-9$$

根据模型 (s,S) 存储策略，$F(S)=N$，

$$\frac{S}{100}-9=0.725,\ S=972.5$$

再计算 s 的值，

$$\begin{aligned}E(s)&=5s+C_1\int_0^s(s-x)\varphi(x)\mathrm{d}x+C_2\int_s^{+\infty}(x-s)\varphi(x)\mathrm{d}x\\&=5s+\frac{1}{2}\int_{900}^s(s-x)\mathrm{d}x+\frac{3}{2}\int_s^{1000}(x-s)\mathrm{d}x\\&=s^2-1945s+952500\end{aligned}$$

$$E(S)=5S+C_1\int_0^S(S-x)\varphi(x)\mathrm{d}x+C_2\int_S^{+\infty}(x-S)\varphi(x)\mathrm{d}x$$

$$E(972.5)=4862.5+\frac{1}{2}\int_{900}^{972.5}(972.5-x)\mathrm{d}x+\frac{3}{2}\int_{972.5}^{1000}(x-972.5)\mathrm{d}x=6743.75$$

$$C_3+E(972.5)=500+6743.75=7243.75$$

根据公式 $C_3+E(972.5)=E(s)$得

$$s^2-1945s+952500=7273.75$$

解得 $s_1=950.139$，$s_2=994.861$。

该水库的最佳存储决策是：①根据模型中的约束条件 $s<S$，故 $s_2=994.861$ 舍去。②当初始库存 $V<950.139$ 时，则需要调水，调水量为 $Q=950.139-V$。③当初始库存 $V>950.139$ 时，则不需要调水。

4.6　轧钢中的浪费问题

4.6.1　问题介绍

将粗大的钢坯制成合格的钢材，需要两道工序。粗轧（热轧）形成钢坯的雏形，精轧（冷轧）得到规定长度的成品钢材。由于受环境、技术等因素的影响，粗轧得到的钢材长度是随机的，但大体上呈正态分布，其平均长度可以通过调整热轧机而设定，但均方差是由设备的精度决定，不能随意改变。如果粗轧后的钢材长度大于规定长度，精轧时要把多

余的部分切除，造成浪费，而如果粗轧后的钢材长度小于规定长度，则造成整根粗轧钢材浪费，问如何调整热轧机使得最终的浪费最小。

4.6.2　模型假设

(1) 设精轧后成品钢材的规定长度为 L。

(2) 粗轧后钢材长度的均差为 σ。

(3) 粗轧后钢材长度的均值为 m，可以通过调整热轧机来设定。

(4) 粗轧后的钢材长度 x 服从正态分布 $x \sim N(m, \sigma^2)$。

4.6.3　模型分析

因为粗轧后的钢材长度 x 服从正态分布 $x \sim N(m, \sigma^2)$，所以浪费情况如下：

(1) 若 $x>L$，则浪费量为 $x-L$，概率为 $P(x>L)$；

(2) 若 $x<L$，则浪费量为 x，概率为 $P(x<L)$。

显然，若热轧机调整时 m 过大，则 x 偏大，即 $x>L$ 容易出现；若热轧机调整时 m 过小，则 x 偏小，即 $x<L$ 容易出现。所以，不管热轧机调整时，m 是过大还是过小，浪费量 $x-L$ 或 x 出现的概率会增加，因此需要确定一个合适的 m 使得总浪费量(是一个随机变量)的期望最小。

4.6.4　模型建立

设粗轧得到的钢材长度分布的概率密度函数为 $p(x)$，总浪费为 W，粗轧长度大于规定长度的概率为 P，而总浪费量由切掉的部分和整根报废的部分组成，则

$$\begin{aligned} W &= \int_L^{+\infty} (x-L)p(x)\mathrm{d}x + \int_{-\infty}^{L} xp(x)\mathrm{d}x \\ &= \int_{-\infty}^{+\infty} xp(x)\mathrm{d}x - \int_L^{+\infty} Lp(x)\mathrm{d}x = m - LP \end{aligned}$$

那么，粗轧一根钢材平均浪费长度为

$$W = m - LP$$

粗轧 N 根钢材，总长度 mN，可以得到成品材 PN 根，成品材长度为 LPN，共浪费长度为 $mN-LPN$，则得到一根成品材的平均浪费长度为

$$W = \frac{mN - LPN}{N} = m - LP$$

4.6.5　模型求解

解法一　设目标函数为轧制一根成品材的平均浪费长度最小。

记

$$J(m) = \frac{m}{P(m)}$$

$$P(m)=\int_L^{+\infty}p(x)\mathrm{d}x,\quad p(x)=\frac{1}{\sqrt{2\pi}\sigma}\mathrm{e}^{-\frac{(x-m)^2}{2\sigma^2}}$$

已知 L 和 σ，求 m 使 $J(m)$最小。

设

$$y=\frac{x-m}{\sigma},\mu=\frac{m}{\sigma},\lambda=\frac{L}{\sigma}$$

又因为

$$J(m)=\frac{m}{P(m)},P(m)=\int_L^{+\infty}p(x)\mathrm{d}x,\ p(x)=\frac{1}{\sqrt{2\pi}\sigma}\mathrm{e}^{-\frac{(x-m)^2}{2\sigma^2}}$$

则

$$\Phi(z)=\int_z^{+\infty}\varphi(y)\mathrm{d}y,\varphi(y)=\frac{1}{\sqrt{2\pi}}\mathrm{e}^{-\frac{y^2}{2}}$$

$$J(\mu)=\frac{\sigma\mu}{\Phi(\lambda-\mu)}$$

又令 $z=\lambda-\mu$，则有

$$J(z)=\frac{\sigma(\lambda-z)}{\Phi(z)}$$

已知 λ，求 z 使 $J(z)$最小。

$J(z)$对 z 求导数得

$$\frac{\mathrm{d}J}{\mathrm{d}z}=\frac{-\sigma\Phi(z)-\sigma(\lambda-z)\Phi'(z)}{(\Phi(z))^2}$$

由 $\frac{\mathrm{d}J}{\mathrm{d}z}=0$ 得，$\Phi(z)+(\lambda-z)\Phi'(z)=0$，又因为

$$\Phi'(z)=-\frac{1}{\sqrt{2\pi}}\mathrm{e}^{-\frac{z^2}{2}}=-\varphi(z)$$

则

$$\lambda-z=-\frac{\Phi(z)}{\Phi'(z)}=\frac{\Phi(z)}{\varphi(z)}$$

即当

$$\lambda-z=\frac{\Phi(z)}{\varphi(z)}$$

得到一根成品材时的平均浪费最小。

解法二　设目标函数为粗轧一根钢材平均浪费长度最小。

记

$$G(m)=m-LP(m)=\sigma\mu-L\Phi(\lambda-\mu)$$

又令 $z=\lambda-\mu$，则有

$$G(z)=\sigma(\lambda-z)-L\Phi(z)$$

由 $\dfrac{\mathrm{d}G}{\mathrm{d}z}=0$ 得

$$-\sigma-L\Phi'(z)=-\sigma+L\varphi(z)=0$$

解得 $L\varphi(z)=\sigma$，也就是说，当 $\varphi(z)=\dfrac{\sigma}{L}$ 时，粗轧一根钢材的平均浪费长度最小。

例 4.2　设 L=2m，σ=20cm，求 m 使浪费最小。

解　(1) 根据解法一，求 m 使得轧制一根成品材的平均浪费长度最小。

由条件可得

$$\lambda=\frac{L}{\sigma}=10$$

根据表 4.3 可知 $\lambda-z=10-z$ 与 $F(z)$ 之间的关系如图 4.4 所示，可得 $z^*=-1.78$，则

$$\mu=\lambda-z^*=11.78,\ m=\mu\sigma=2.356$$

表 4.3　$z, F(z)=\lambda-z$ 简表

z	−3.0	−2.5	−2.0	−1.5	−1.0	−0.5
$F(z)$	227.0	56.79	18.10	7.206	3.477	1.680
z	0	0.5	1.0	1.5	2.0	2.5
$F(z)$	1.253	0.876	0.656	0.516	0.420	0.355

即将钢材的均值调整到 m=2.356m 时，每次轧制一根成品材平均浪费长度最小。

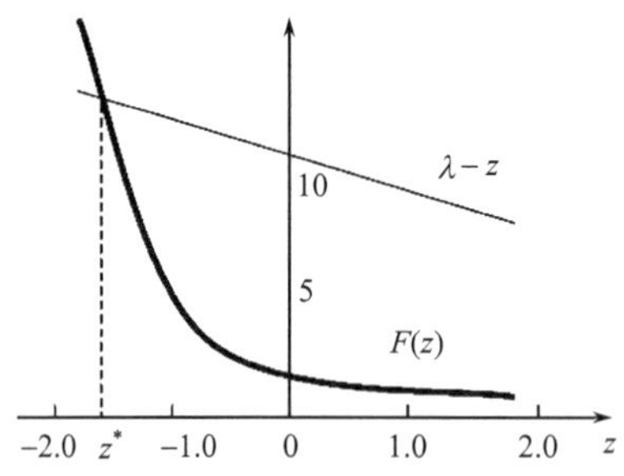

图 4.4　$\lambda-z=10-z$ 与 $F(z)$ 之间的关系

(2) 根据解法二，求 m 使得粗轧一根钢材平均浪费长度最小。

由条件知

$$\varphi(z)=\frac{\sigma}{L}=0.1$$

则

$$\varphi(z)=\frac{1}{\sqrt{2\pi}}\mathrm{e}^{-\frac{z^2}{2}}=0.1$$

解得 $z=-1.66$，可得

$$\mu=\lambda-z=11.66, m=\mu\sigma=2.332$$

即将钢材的均值调整到 m=2.332m 时，粗轧一根钢材平均浪费长度最小。

4.7　蔬菜订购量问题

4.7.1　问题介绍

某超市蔬菜部在一时期内每天订购数种蔬菜销售，现考虑其中一种蔬菜的销售利润问题。设这种蔬菜每千克批进价为 C_1 元，零售价为 C_2 元；若卖不完就在当天以每千克 C_3 元处理掉，且 $C_3< C_2$；对这种蔬菜每天需支付运费和行政费 C_0 元。试制定一个使得销售该种蔬菜平均每天利润达到最大的最优方案，进而求出最大平均利润。

4.7.2　模型分析

根据实际情况可知：

(1) 超市蔬菜部每天销售这种蔬菜的数量是一个随机变量，因此每天销售这种蔬菜的利润也是一个随机变量，显然后者是前者的函数，需根据问题所提供的信息将这个关系式列举出来。

(2) 每天的订购量必须适当，既不能太少，否则供不应求，将会有较少收益，也不能太多，否则当天因卖不完以较低的价格处理掉将会影响收益。既然每天销售这种蔬菜的利润是一个随机变量，所以作为优化模型的目标函数不能是每天的利润，而应考虑每天利润的统计平均值，即数学期望。

(3) 所要求的制定一个使得销售该种蔬菜平均每天利润达到最大的最优方案是数学上的最值问题。

4.7.3　模型假设

为了便于建立数学模型，作如下假设：

(1) 蔬菜批发市场每天有足够的这种蔬菜可供超市蔬菜部批进。

(2) 蔬菜部除了支付批进这种蔬菜所需的成本费用外，其他有关费用已考虑在零售价之中，不再另外计算。

(3) 记 ξ (单位：kg) 为在一段时期内，市场上每天对该超市销售这种蔬菜的需求量，η (单位：元) 为蔬菜部每天销售这种蔬菜的利润，为了研究作为 ξ 的函数 η 的统计特性，必须知道 ξ 的统计规律性。假设蔬菜部已通过长期的销售经验或其他渠道掌握了市场在这段时期内 ξ 的概率分布，可以近似地用概率密度函数

$$P_\xi(x)=\begin{cases}f(x), & x>0\\ 0, & x\leqslant 0\end{cases}$$

来刻画。

4.7.4 模型建立

设在一段时期内，超市蔬菜部每天对这种蔬菜的订购量为 u(单位：kg)，则由于销售利润等于销售收入减去销售成本，于是η 作为ξ 的函数 g，其表达式为

$$\eta = g(\xi) = \begin{cases} C_2u-(C_0+C_1u), & \xi > u \\ C_2\xi + C_3(u-\xi)-(C_0+C_1u), & \xi \leqslant u \end{cases}$$

从而问题的目标函数为每天销售这种蔬菜的平均利润，即η 的数学期望$E(\eta)$，它是 u 的函数，记为$J(u)$。利用连续型随机变量函数的数学期望公式，则

$$\begin{aligned} J(u) &= E(\eta) = E\left[g(\xi)\right] = \int_{-\infty}^{+\infty} g(x)P_\xi(x)\mathrm{d}x = \int_0^{+\infty} g(x)f(x)\mathrm{d}x \\ &= \int_0^u \left[C_2x+C_3(u-x)-(C_0+C_1u)\right]f(x)\mathrm{d}x + \int_u^{+\infty}\left[C_2u-(C_0+C_1u)\right]f(x)\mathrm{d}x \\ &= (C_2-C_3)\int_0^u xf(x)\mathrm{d}x + \left(C_3-C_1\right)u\int_0^u f(x)\mathrm{d}x - C_0\int_0^u f(x)\mathrm{d}x \\ &\quad + \left[C_2u-(C_0+C_1u)\right]\left[1-\int_0^u f(x)\mathrm{d}x\right] \\ &= (C_2-C_3)\int_0^u xf(x)\mathrm{d}x + (C_3-C_1)u\int_0^u f(x)\mathrm{d}x - C_0\int_0^u f(x)\mathrm{d}x \\ &\quad +(C_2-C_3)u - C_0 - (C_2-C_1)u\int_0^u f(x)\mathrm{d}x + C_0\int_0^u f(x)\mathrm{d}x \end{aligned}$$

化简得

$$J(u) = (C_2-C_3)\int_0^u xf(x)\mathrm{d}x + (C_3-C_2)u\int_0^u f(x)\mathrm{d}x + (C_2-C_1)u - C_0$$

问题归结为求使得$J(u)$达到最大的 u 值。

4.7.5 模型求解

为了求$J(u)$的最大值，将$J(u)$对 u 求导，得

$$\begin{aligned} J'(u) &= (C_2-C_3)uf(u) + (C_3-C_2)\left[\int_0^u f(x)\mathrm{d}x + uf(u)\right] + (C_2-C_1) \\ &= (C_3-C_2)\int_0^u f(x)\mathrm{d}x + (C_2-C_1) \end{aligned}$$

令$J'(u)=0$，解得唯一稳定点u^*满足

$$\int_0^{u^*} f(x)\mathrm{d}x = \frac{C_2-C_1}{C_2-C_3}$$

即

$$F_\xi(u^*) = \int_0^{u^*} f(x)\mathrm{d}x = \frac{C_2-C_1}{C_2-C_3}$$

注意到 ξ 的分布函数 $F_\xi(x)=\int_{-\infty}^{x}P_\xi(x)\mathrm{d}x$ 单调递增，于是得

$$u^*=F_\xi^{-1}\left(\frac{C_2-C_1}{C_2-C_3}\right)$$

对于实际问题，唯一的一个驻点就是问题的最值点。进而得到最大平均利润为

$$\begin{aligned}\max J(u)&=J(u^*)\\&=(C_2-C_3)\int_0^{u^*}xf(x)\mathrm{d}x+(C_3-C_2)u^*\int_0^{u^*}f(x)\mathrm{d}x+(C_2-C_1)u^*-C_0\\&=(C_2-C_3)\int_0^{u^*}xf(x)\mathrm{d}x+(C_3-C_2)u^*\frac{C_2-C_1}{C_2-C_3}+(C_2-C_1)u^*-C_0\\&=(C_2-C_3)\int_0^{u^*}xf(x)\mathrm{d}x-C_0\end{aligned}$$

例 4.3　设某蔬菜每千克批进价为 2.6 元，零售价为 3 元；若卖不完就在当天以每千克 2.2 元处理掉；对某蔬菜每天需支付运费和行政费 100 元。假设市场需求量 ξ 的概率密度函数

$$P_\xi(x)=\begin{cases}\dfrac{1}{10000}, & x>0\\ 0, & x\leqslant 0\end{cases}$$

试制定一个使得销售该种蔬菜平均每天利润达到最大的最优方案，进而求出最大平均利润。

解　根据条件可知 C_1=2.6，C_2=3，C_3=2.2，C_0=100

$$F_\xi(u^*)=\frac{C_2-C_1}{C_2-C_3}=\frac{3-2.6}{3-2.2}=0.5$$

$$F_\xi(u^*)=\int_0^{u^*}f(x)\mathrm{d}x=\int_0^{u^*}\frac{1}{10000}\mathrm{d}x=\frac{1}{10000}u^*$$

则

$$\frac{1}{10000}u^*=0.5$$

得 u^*=5000，即每天蔬菜的订购量为 5000kg 时，每天平均利润获得最大

$$\begin{aligned}\max J(u)=J(u^*)&=(C_2-C_3)\int_0^{u^*}xf(x)\mathrm{d}x-C_0\\&=(3-2.2)\int_0^{5000}x\frac{1}{10000}\mathrm{d}x-100=900\end{aligned}$$

即最大平均利润为 900 元。

习题 4

1. 将一对骰子抛 25 次，“至少出现一次双六”比“完全不出现双六”有利。请你给出解释。

2. 某家有 4 个女孩，她们去洗餐具，在打破的 4 个餐具中有 3 个是最小的女孩打破的，因此家人说她笨拙。你能否用概率的方法为这个女孩申辩，说这完全可能是碰巧？

3. 设某车间有 200 台车床互相独立工作，由于经常需要检修、测量，每台车床在生产期间有 60% 的时间在开动，而每台车床开动时需要耗电 1kW，问供应给这个车间多少电力才能保证在 8h 的生产中大约仅有半分钟因电力不足而影响生产？

4. 已知人口男女比例为 49.5∶50.5。试确定有 5 个孩子的家庭中至少有一个男孩的概率，至少有一个男孩和一个女孩的概率，以及只有最小孩子是男孩的概率。

5. 公共汽车站每隔 5min 有一辆公共汽车通过，乘客到汽车站的任一时刻是等可能的，试利用均匀分布概率求乘客候车不超过 3min 的概率(假定公共汽车一来，乘客就能上车)。

6. 古代有一个国家的国王喜欢打仗，为了国内有更多的男子可以征集来当兵，他下了一条命令；每个家庭最多只许有一个女孩，否则全家处死。这个命令实行几十年后，这个国家的家庭状况十分有趣：不少家庭只有一个女孩，有两个孩子的家庭是一男一女，有三个孩子的家庭是两男一女，……不论前面有几个男孩，最后一个总是女孩，这是因为一旦家庭有一个女孩就再也不敢要了。从家庭里的孩子来看，似乎男子并没有因他的命令而多起来，他十分不解，又无可奈何，这是“天意”吗？请你给出解释。

7. 保险公司经调查得到每人每年受到意外伤害的概率是 0.2%，保险公司希望设立意外伤害险种，试给出确定保险费、赔偿费、投保人数及赔偿人数的数学模型。如果 2500 人参加该项保险，每人交 12 元保险费，当受到意外伤害时可得到赔偿费 2000 元，问：

(1) 保险公司亏本的概率是多少？

(2) 保险公司获利不少于 10 000 元和 20 000 元的概率分别是多少？

8. 在 C、M、D 下面分别给出数字 1,2,3；4,5,6；7,8,9，如下：

C	M	D
1,2,3	4,5,6	7,8,9

由 A,B 两人开始做游戏：首先由 A 选定一个数(例如 5)，但不能让 B 知道该数字，然后告诉 B 该数字位于何组(这里是 M 组)，要求 B 猜出自己选的数字。若 B 猜中(猜中 5)，就得 5 分；若猜中 4 或 6，则 5 分归 A。然后不管哪种情况都抹去 5，再由 B 在余下的数字中进行选择，由 A 猜。直到所有的数字被选中。最后双方统计得分，分数高者为胜。

那么什么是双方的最优策略？

9. 某水库在某季度的初始库存 V=500m^3，单位水量管理费用 C_1=50 元，渗漏、蒸发等造成的缺水损失 C_2=100 元，调水费用 C_3=500 元，单位水价 K=5 元，为了节约费用，有效利用资源，从历史记录分析需求量服从均匀分布

$$\varphi(x)=\begin{cases}\dfrac{1}{100}, & 800\leqslant x\leqslant 900\\ 0, & \text{其他}\end{cases}$$

如何确定 (s,S) 型存储中的 S 和 s？

10. 精轧后成品钢材的规定长度为 L=3m，粗轧后的钢材长度 x 服从正态分布 $x\sim N(m,\sigma^2)$，粗轧后钢材长度的均差为 σ=30cm，粗轧后钢材长度的均值为 m，问如何调整热轧机使得最终的浪费最小？

11. 设某蔬菜每千克批进价为 15 元，零售价为 20 元；若卖不完就在当天以每千克 10 元处理掉；

对某蔬菜每天需支付运费和行政费 200 元。假设市场需求量 ξ 的概率密度函数

$$P_{\xi}(x)=\begin{cases}\dfrac{1}{100000}, & x>0\\ 0, & x\leqslant 0\end{cases}$$

试制定一个使得销售该种蔬菜平均每天利润达到最大的最优方案，进而求出最大平均利润。

进 阶 篇

第 5 章　运筹与优化模型

运筹与优化模型是在实际问题的建模中应用最广泛的模型之一，它涉及面广、内容丰富，且随着信息技术的发展，解决问题的范围越来越宽。一般地，人们做的任何一件事情，小到日常生活、学习工作，大到工农业生产、国防建设及科学研究等，为了达到预先设想的目的，都要做一个周密计划，选择一个好的方案，这个过程就叫运筹，研究运筹规律的学问就叫做运筹学。运筹学是一门非常广泛的学科，它至少包含几十个分支，下面仅简单介绍运筹学中的一些典型问题，侧重讨论如何建立其数学模型。

5.1　简单的运筹与优化模型

本节将简单介绍线性规划、整数规划和非线性规划的基本概念，通过举例重点介绍建立数学模型的基本思想。

5.1.1　线性规划模型

线性规划是运筹学的一个重要分支，它起源于工业生产组织管理的决策问题。在数学上它用来确定多变量线性函数在变量满足线性约束条件下的最优值；随着计算机的发展，出现了如单纯形法等有效算法，它在工农业、军事、交通运输、决策管理与规划等领域中有广泛的应用。

线性规划问题就是指目标函数为诸决策变量的线性函数，给定的条件可用诸决策变量的线性等式或不等式表示的决策问题。目标函数可以是求最大值也可以求最小值，不等式条件的约束可以是小于号也可以是大于号。为了避免形式的多样性带来的不便，MATLAB 中规定了线性规划的标准形式。一般线性规划问题的数学表达式：

目标函数　　$$\min f = c^{\mathrm{T}} x$$

约束条件　　$$Ax \leqslant b$$

$$\mathrm{Aeq}x \leqslant \mathrm{beq}$$

$$\mathrm{lb} \leqslant x \leqslant \mathrm{ub}$$

线性规划 MATLAB 程序如下：

```
[x,fval]=linprog(c,A,b,Aeq,beq,lb,ub,x0,options)
```

其中，x 返回变量的值，fval 返回目标函数的值，c 是目标函数系数向量，A 和 b 对应的是线性不等式约束，Aeq 和 beq 对应的是线性等式约束，lb 和 ub 是变量 x 的下界和上界，x0 是初始值，options 是控制参数。

➢ **问题 5.1**　某工厂制造 A, B 两种产品，制造 A 产品每吨需用煤 9t，电力 4kW，3 个工作日；制造 B 产品每吨需用煤 5t，电力 5kW，10 个工作日。已知制造 A 产品和 B

产品每吨分别获利 7000 元和 12 000 元，现工厂只有 360t 煤、200kW 电力、300 个工作日可以利用，问 A, B 两种产品各应生产多少吨才能获利最大?

模型建立

设 x_1,x_2 分别表示 A, B 产品的计划生产数(单位：t)；f 表示利润(单位：千元)。则问题归结为如下线性规划问题：

目标函数　　$\max f = 7x_1 + 12x_2$

约束条件

$$
\begin{aligned}
&9x_1 + 5x_2 \leqslant 360 \\
&4x_1 + 5x_2 \leqslant 200 \\
&3x_1 + 10x_2 \leqslant 300 \\
&x_1 \geqslant 0, x_2 \geqslant 0
\end{aligned}
$$

其中，(x_1,x_2) 为决策向量，满足约束条件的 (x_1,x_2) 称为可行决策。

模型求解

```
% x=[x1,x2]
c=[7;12];A=[9,5;4,5;3,10];b=[360;200;300];Aeq=[];beq=[];lb=zeros(3,1);
[x,fval]=linprog(-c,A,b,Aeq,beq,lb)
```

运行结果

```
x =
   20   24
fval =
  -428
```

从运行结果可知 x_1=20，x_2=24，输出最小值 fval= −428。为了利用 MATLAB 求解，需要满足标准形式，因此在原来的目标函数前面加负号，所以返回目标函数值是负值。当产品 A 生产 20t，产品 B 生产 24t 时，生产方案最优，获得最大利润 f=428 000(元)。

➢ **问题 5.2**　某两个煤厂 A_1, A_2，每月进煤数量分别为 60t 和 100t，联合供应 3 个居民区 B_1, B_2, B_3。3 个居民区每月对煤的需求量依次为 50t, 70t, 40t，煤厂 A_1 离 3 个居民区 B_1, B_2, B_3 的距离依次为 10km, 5km, 6km，煤厂 A_2 离 3 个居民区 B_1, B_2, B_3 的距离依次为 4km, 8km, 12km，问如何分配供煤量使得运输费达到最小?

模型建立

设 x_{ij} 表示 $A_i(i=1,2)$ 煤厂提供给 $B_j(j=1,2,3)$ 居民区的煤量；f 表示总运输费。所以此问题归结为

$$\min f = 10x_{11} + 5x_{12} + 6x_{13} + 4x_{21} + 8x_{22} + 12x_{23}$$

$$
\text{s.t.}\quad
\begin{aligned}
&x_{11} + x_{12} + x_{13} = 60 \\
&x_{21} + x_{22} + x_{23} = 100 \\
&x_{11} + x_{21} = 50 \\
&x_{12} + x_{22} = 70 \\
&x_{13} + x_{23} = 40 \\
&x_{ij} \geqslant 0 \quad (i=1,2; j=1,2,3)
\end{aligned}
$$

模型求解

```
%x=[x11,x12,x13,x21,x22,x23]
c=[10;5;6;4;8;12]; A=[];b=[];
Aeq=[1,1,1,0,0,0;0,0,0,1,1,1;1,0,0,1,0,0;0,1,0,0,1,0;0,0,1,0,0,1];
beq=[60;100;50;70;40];lb=zeros(6,1);
[x,fval]=linprog(c,A,b,Aeq,beq,lb)
```

运行结果

```
x =
     0    20    40    50    50     0
fval =
   940
```

从运行结果可知 $x_{11}=0$，$x_{12}=20$，$x_{13}=40$，$x_{21}=50$，$x_{22}=50$，$x_{23}=0$；即煤厂 A_1 提供给居民区 B_1, B_2, B_3 的煤量分别为 0t, 20t, 40t; 煤厂 A_2 提供给居民区 B_1, B_2, B_3 的煤量分别为 50t, 50t, 0t；最小运输费为 f=940t·km。

5.1.2　整数规划模型

一般整数规划问题的数学表达式：

目标函数　　　$\min f = c^{\mathrm{T}}x$

约束条件

$$Ax \leqslant b$$
$$\mathrm{Aeq}x \leqslant \mathrm{beq}$$
$$\mathrm{lb} \leqslant x \leqslant \mathrm{ub}$$
$$x \text{ 为整数}$$

决策变量是连续变量，最优解可能是小数或分数。但是在许多实际问题中，往往要求所得的解为整数，例如投资项目的选择、机器的台数、完成工作的人数、装货的车数等，分数和小数的答案就没有现实意义了，则这种线性规划问题称为整数规划问题。

整数规划 MATLAB 程序如下：

```
[x,fval]=intlinprog(c,intcon,A,b,Aeq,beq,lb,ub,x0,options)
```

其中，x 返回变量的值，fval 返回目标函数的值，c 是目标函数系数向量，intcon 是取整数的分量位置，A 和 b 对应的是线性不等式约束，Aeq 和 beq 对应的是线性等式约束，lb 和 ub 是变量 x 的下界和上界，x0 是初始值，options 是控制参数。

➢ **问题 5.3　分配问题**

假设某工厂用 m 台机床加工 n 种零件。在一个生产周期内，第 $i\,(i=1,2,\cdots,m)$ 台机床只能工作 a_i 个机时，而第 $j\,(j=1,2,\cdots,n)$ 种零件必须完成 b_j 个，又第 i 台机床加工第 j 种零件所需机时和成本分别为 t_{ij} 机时/个和 c_{ij} 元/个。问在这个生产周期内怎样安排各机床的生产任务，才能既完成加工任务，又使总的加工成本最少？

模型建立

在一个生产周期内，假设第 i 台机床加工第 j 种零件的个数为 x_{ij}。由于 x_{ij} 是零件个

数，因此 x_{ij} 必须是非负整数，由此知本问题的数学模型为

$$\min \sum_{i=1}^{m}\sum_{j=1}^{n} c_{ij}x_{ij}$$

$$\text{s.t.} \quad \sum_{j=1}^{n} t_{ij}x_{ij} \leqslant a_i \quad (i=1,2,\cdots,m)$$

$$\sum_{i=1}^{m} x_{ij} \geqslant b_j \quad (j=1,2,\cdots,n)$$

$$x_{ij} \text{ 为非负整数}$$

这里的分配问题是一般模型，为了运用 MATLAB 程序求解，举一个具体的模型。如：

$$\begin{cases} \max f = x_1 + x_2 \\ 15x_1 + 12x_2 \leqslant 85 \\ 5x_1 \geqslant 11 \\ x_1, x_2 \geqslant 0 \\ x_1, x_2 \text{为整数} \end{cases}$$

模型求解

```
%x=[x1,x2]
c=[1;1];intcon=[1,2]; A=[15,12;-5,0];b=[85;-11];
Aeq=[];beq=[];lb=zeros(2,1);
[x,fval]=intlinprog(c,intcon,A,b,Aeq,beq,lb)
```

运行结果

```
x =
     3    3
fval =
   -6
```

从运行结果可知 x_1=3，x_2=3，fval= −6；整数规划 MATLAB 程序求解的是目标函数最小值，因此问题的最大值 f=6。

5.1.3 非线性规划模型

在经济管理等领域中，除了一些实际问题可归结为线性规划模型外，还有许多实际问题，其目标函数或约束条件很难用线性函数表达，若目标函数或约束条件中有一个或多个是决策变量的非线性函数，则称这种模型为非线性规划模型。

一般非线性规划问题的数学表达式：

目标函数　　$\min f(x)$

约束条件　　$Ax \leqslant b$

$$\text{Aeq}x = \text{beq}$$

$$g(x) \leqslant 0$$

$$h(x) = 0$$

$$\text{lb} \leqslant x \leqslant \text{ub}$$

其中，$x=(x_1,x_2,\cdots,x_n)^{\mathrm{T}}$ 为可行集。$f(x)$ 为目标函数，A 和 b 对应的是线性不等式约束，Aeq 和 beq 对应的是线性等式约束，$g(x)$ 对应的是非线性不等式约束，$h(x)$ 对应的是非线性等式约束，lb 和 ub 是变量 x 的下界和上界。

非线性规划 MATLAB 程序如下：

```
[x,fval]=fmincon('fun1',x0,A,b,Aeq,beq,lb,ub,'fun2',options)
```

其中，x 返回变量的值，fval 返回目标函数的值，fun1 是非线性目标函数，x0 是初始值，fun2 是非线性不等式约束和非线性等式约束，options 是控制参数。

➤ **问题 5.4　容器的设计问题**

某公司专门生产储藏用容器，订货合同要求该公司制造一种敞口的长方体容器，容积恰好为 12m^3，该容器的底必须为正方形，容器总质量不超过 68kg。已知用作容器四壁的材料为每平方米 10 元，重 3kg；用作容器底的材料每平方米 20 元，重 2kg。试问制造该容器所需的最低费用是多少？

模型建立

设该容器底边长和高分别为 x_1,x_2，则问题的数学模型为

$$\min f(x)=40x_1x_2+20x_1^2 \quad (\text{容器的费用})$$

$$\text{s.t.}\begin{cases} x_1^2x_2=12 & (\text{容器体积}) \\ 12x_1x_2+2x_1^2 \leqslant 68 & (\text{容器质量}) \\ x_1 \geqslant 0, x_2 \geqslant 0 \end{cases}$$

模型求解

```
%x=[x1,x2]
fun1.m
function f=fun1(x)
f=40*x(1)*x(2)+20*x(1)^2

fun2.m
function [g,h]=fun2(x)
g=12*x(1)*x(2)+2*x(1)^2-68;
h=x(1)^2*x(2)-12;
x0=rand(2,1);lb=zeros(2,1);
[x,fval]=fmincon('fun1',x0,[],[],[],[],lb,[],'fun2')
```

运行结果

```
x =
    2.6904    1.6578
fval =
  323.1778
```

从运行结果可知 x_1=2.6904，x_2=1.6578，fval=323.1778；则容器所需的最小费用是 f=323.1778 元。

➢ **问题 5.5 投资决策问题**

某企业有 n 个项目可供选择投资，并且至少要对其中一个项目投资。已知该企业拥有总资金 A 元，投资于第 $i(i=1,2,\cdots,n)$ 个项目需花资金 a_i 元，并预计可收益 b_i 元。试建立选择最佳投资方案的数学模型。

模型建立

设投资决策变量为

$$x_i=\begin{cases}1, & \text{决定投资第}i\text{个项目}\\ 0, & \text{决定不投资第}i\text{个项目}\end{cases}\quad (i=1,2,\cdots,n)$$

则投资总额为 $\sum\limits_{i=1}^{n}a_ix_i$，投资总收益为 $\sum\limits_{i=1}^{n}b_ix_i$。因为该公司至少要对一个项目投资，并且总的投资金额不能超过总资金 A，故有限制条件

$$0<\sum_{i=1}^{n}a_ix_i\leqslant A$$

另外，由于 $x_i(i=1,2,\cdots,n)$ 只取值 0 或 1，所以还有

$$x_i(1-x_i)=0\quad (i=1,2,\cdots,n)$$

最佳投资方案应是投资额最小而总收益最大的方案，所以这个最佳投资决策问题归结为总资金以及决策变量(取 0 或 1)的限制条件下，极大化总收益和总投资之比。因此，其数学模型为

$$\max Q=\frac{\sum\limits_{i=1}^{n}b_ix_i}{\sum\limits_{i=1}^{n}a_ix_i}$$

$$\text{s.t.}\quad 0<\sum_{i=1}^{n}a_ix_i\leqslant A$$

$$x_i(1-x_i)=0\quad (i=1,2,\cdots,n)$$

对于一个实际问题，在把它归结成非线性规划问题时，一般要注意如下几点：

(1) 确定供选方案。首先要收集同问题有关的资料和数据，在全面熟悉问题的基础上，确认什么是可供选择的方案，并用一组变量来表示它们。

(2) 提出追求目标。经过资料分析，根据实际需要和可能，提出要追求极小化或极大化的目标，并且运用各种科学和技术原理，把它表示成数学关系式。

(3) 给出价值标准。在提出要追求的目标之后，要确立所考虑目标的“好”或“坏”的价值标准，并用某种数量形式来描述它。

(4) 寻求限制条件。由于所追求的目标一般都要在一定的条件下取得极小化或极大化效果，因此还需要寻找出问题的所有限制条件，这些条件通常用变量之间的一些不等式或等式来表示。

一般来说，非线性规划模型的求解要比线性规划模型的求解困难得多，虽然现在已经发展了许多非线性规划的算法，但到目前为止，还不像线性规划那样有通用的单纯形算法，而是各种算法都有自己特定的适用范围，如求解法有：最速下降法、牛顿法、可行方向法、惩罚函数法等。尽管如此，非线性规划的实际应用还是相当广泛的。

5.2　实际问题中的优化模型

5.2.1　投资策略

➢ **问题 5.6**　某部门现有资金 10 万元，5 年内有以下投资项目供选择：

项目 A，从第 1 年到第 4 年每年初投资，次年末收回本金且获利 15%。

项目 B，第 3 年初投资，第 5 年末收回本金且获利 25%，最大投资额为 4 万元。

项目 C，第 2 年初投资，第 5 年末收回本金且获利 40%，最大投资额为 3 万元。

项目 D，每年初投资，年末收回本金且获利 6%。

问如何确定投资策略，使第 5 年末本息总额最大。

模型建立

问题的目标函数是第 5 年末的本息总额，决策变量是每年初各个项目的投资额，约束条件是每年初拥有的资金。用 x_{ij} 表示第 i（$i=1,2,\cdots,5$）年初项目 j（$j=1,2,3,4$, 分别代表 A, B, C, D）的投资额，根据所给条件，只需求解表 5.1 列出的 x_{ij}。

表 5.1　投资方案选择中的决策变量

年份	项目			
	A	B	C	D
1	x_{11}			x_{14}
2	x_{21}		x_{23}	x_{24}
3	x_{31}	x_{32}		x_{34}
4	x_{41}			x_{44}
5				x_{54}

因为项目 D 每年初可以投资，且年末能收回本息，所以每年初都应把资金全部投出去，由此可得如下的约束条件：

第 1 年初：　$x_{11}+x_{14}=10$

第 2 年初：　$x_{21}+x_{23}+x_{24}=1.06x_{14}$

第 3 年初　$x_{31}+x_{32}+x_{34}=1.15x_{11}+1.06x_{24}$

第 4 年初：　$x_{41}+x_{44}=1.15x_{21}+1.06x_{34}$

第 5 年初：　$x_{54}=1.15x_{31}+1.06x_{44}$

项目 B, C 对投资额的限制：　$x_{32}\leqslant 4, x_{23}\leqslant 3$

每项投资额应为非负的：　$x_{ij}\geqslant 0$

第 5 年末本息总额为

$$z = 1.15x_{41} + 1.40x_{23} + 1.25x_{32} + 1.06x_{54}$$

由此得投资问题的线性规划模型如下：

$$\max z = 1.15x_{41} + 1.40x_{23} + 1.25x_{32} + 1.06x_{54}$$

$$\text{s.t.} \quad \begin{cases} x_{11} + x_{14} = 10 \\ -1.06x_{14} + x_{21} + x_{23} + x_{24} = 0 \\ -1.15x_{11} - 1.06x_{24} + x_{31} + x_{32} + x_{34} = 0 \\ -1.15x_{21} - 1.06x_{34} + x_{41} + x_{44} = 0 \\ -1.15x_{31} - 1.06x_{44} + x_{54} = 0 \\ x_{32} \leqslant 4, x_{23} \leqslant 3 \\ x_{ij} \geqslant 0 \end{cases}$$

模型求解

```
% [x11,x14,x21,x23,x24,x31,x32,x34,x41,x44,x54]
c=[0;0;0;1.4;0;0;1.25;0;1.15;0;1.06]; A=[];b=[];
Aeq=[1,1,0,0,0,0,0,0,0,0,0;
   0,-1.06,1,1,1,0,0,0,0,0,0;
   -1.15,0,0,0,-1.06,1,1,1,0,0,0;
   0,0,-1.15,0,0,0,0,-1.06,1,1,0;
   0,0,0,0,0,-1.15,0,0,0,-1.06,1];
beq=[10;0;0;0;0];lb=zeros(11,1);ub=[inf,inf,inf,3,inf,inf,4,inf,in
     f,inf,inf];
[x,fval]=linprog(-c,A,b,Aeq,beq,lb,ub)
```

运行结果

```
x =
   3.4783    6.5217    3.9130    3.0000         0         0    4.0000         0
        4.5000         0         0
fval =
  -14.3750
```

从运行的结果可知 x_{11}=3.4783，x_{14}=6.5217，x_{21}=3.9130，x_{23}=3，x_{24}=0，x_{31}=0；x_{32}=4，x_{34}=0，x_{41}=4.5，x_{44}=0，x_{54}=0，fval= −14.375；目标函数最大值 z=14.375。即

第 1 年项目 A, D 分别投资 3.4783 万元和 6.5217 万元；

第 2 年项目 A, C 分别投资 3.9130 万元和 3 万元；

第 3 年项目 B 投资 4 万元；

第 4 年项目 A 投资 4.5 万元；

则 5 年后总资金 14.375 万元，即盈利 43.75%。

5.2.2 货轮装运

➢ **问题 5.7** 某货轮有三个货舱：前舱、中舱、后舱。三个货舱所能装载的货物的

最大质量和体积都有限制，如表 5.2 所示。并且，为了保持货轮的平衡，三个货舱中实际装载货物的质量必须与其最大容许质量成比例。

表 5.2　三个货舱装载货物的最大容许质量和体积

	前舱	中舱	后舱
质量限制/t	10	16	8
体积限制/m^3	6800	8700	5300

现有四类货物供该货轮装运，其有关信息如表 5.3 所示，最后一列指装运后所获得的利润。

表 5.3　四类装运货物的信息

货物	质量/t	空间/(m^3/t)	利润/(元/t)
货物 1	18	480	3100
货物 2	15	650	3800
货物 3	23	580	3500
货物 4	12	390	2850

应如何安排装运，使该货轮本次获利最大？

模型假设

问题中没有对货物装运提出其他要求，我们可作如下假设：

(1) 每种货物可以分割到任意小；

(2) 每种货物可以在一个或多个货舱中任意分布；

(3) 多种货物可以混装，并保证不留空隙。

模型建立

决策变量：用 x_{ij} 表示第 i 种货物装入第 j 个货舱的质量(单位：t)，货舱 j=1,2,3 分别表示前舱、中舱、后舱。

决策目标是最大化总利润，即

$$\begin{aligned}\max z = &3100(x_{11}+x_{12}+x_{13})+3800(x_{21}+x_{22}+x_{23})\\&+3500(x_{31}+x_{32}+x_{33})+2850(x_{41}+x_{42}+x_{43})\end{aligned}$$

约束条件包括以下 4 个方面：

(1) 装载的四种货物的总质量约束，即

$$x_{11}+x_{12}+x_{13}\leqslant 18$$
$$x_{21}+x_{22}+x_{23}\leqslant 15$$
$$x_{31}+x_{32}+x_{33}\leqslant 23$$
$$x_{41}+x_{42}+x_{43}\leqslant 12$$

(2) 三个货舱的质量限制，即

$$x_{11}+x_{21}+x_{31}+x_{41}\leqslant 10$$

$$x_{12} + x_{22} + x_{32} + x_{42} \leqslant 16$$

$$x_{13} + x_{23} + x_{33} + x_{43} \leqslant 8$$

(3) 三个货舱的空间限制，即

$$480x_{11} + 650x_{21} + 580x_{31} + 390x_{41} \leqslant 6800$$

$$480x_{12} + 650x_{22} + 580x_{32} + 390x_{42} \leqslant 8700$$

$$480x_{13} + 650x_{23} + 580x_{33} + 390x_{43} \leqslant 5300$$

(4) 三个货舱装入质量的平衡约束，即

$$\frac{x_{11} + x_{21} + x_{31} + x_{41}}{10} = \frac{x_{12} + x_{22} + x_{32} + x_{42}}{16} = \frac{x_{13} + x_{23} + x_{33} + x_{43}}{8}$$

模型求解

```
% [x11,x12,x13,x21,x22,x23,x31,x32,x33,x41,x42,x43]
c=[3100;3100;3100;3800;3800;3800;3500;3500;3500;2850;2850;2850];
A=[1,1,1,0,0,0,0,0,0,0,0,0;
   0,0,0,1,1,1,0,0,0,0,0,0;
   0,0,0,0,0,0,1,1,1,0,0,0;
   0,0,0,0,0,0,0,0,0,1,1,1;
   1,0,0,1,0,0,1,0,0,1,0,0;
   0,1,0,0,1,0,0,1,0,0,1,0;
   0,0,1,0,0,1,0,0,1,0,0,1;
   480,0,0,650,0,0,580,0,0,390,0,0;
   0,480,0,0,650,0,0,580,0,0,390,0;
   0,0,480,0,0,650,0,0,580,0,0,390];
b=[18;15;23;12;10;16;8;6800;8700;5300];
Aeq=[1.6,-1,0,1.6,-1,0,1.6,-1,0,1.6,-1,0;
    0.8,0,-1,0.8,0,-1,0.8,0,-1,0.8,0,-1];
beq=[0;0];
[x,fval]=linprog(-c,A,b,Aeq,beq,zeros(12,1))
```

运行结果

```
x =
         0         0         0   10.0000         0    5.0000         0
   12.9474    3.0000         0    3.0526         0
fval =
  -1.2152e+05
```

从运行的结果可知 x_{11}=0，x_{12}=0，x_{13}=0，x_{21}=10，x_{22}=0，x_{23}=5；x_{31}=0，x_{32}=12.9474，x_{33}=3，x_{41}=0，x_{42}=3.0526，x_{43}=0，fval=−1.2152e+05；目标函数最大值 z=1.2152e+05。

实际上，不妨将所得最优解四舍五入，结果为货物 2 装入前舱 10t、装入后舱 5t；货物 3 装入中舱 13t、装入后舱 3t；货物 4 装入中舱 3t；最大利润约 121 520 元。

5.2.3　原油采购与加工

➢ **问题 5.8**　某公司用两种原油(A 和 B)混合加工成两种汽油(甲和乙)。甲、乙两种汽油含原油 A 的最低比例分别为 50%和 60%，每吨售价分别为 4800 元和 5600 元。该公司现有原油 A 和 B 的库存量分别为 500t 和 1000t，还可以从市场上买到不超过 1500t 的原油 A。原油 A 的市场价为：购买量不超过 500t 时的单价为 10 000 元/t；购买量超过 500t 但不超过 1000t 时，超过 500t 的部分 8000 元/t；购买量超过 1000t 时，超过 1000t 的部分 6000 元/t。该公司应如何安排原油的采购和加工？为了计算方便，本题目不考虑库存原油的成本价。

问题分析

安排原油采购、加工的目标只能是利润最大，题目中给出的是两种汽油的售价和原油 A 的采购价，利润为销售汽油的收入与购买原油 A 的支出之差。这里的难点在于原油 A 的采购价与购买量的关系比较复杂，是分段函数关系，能否及如何用线性规划、整数规划模型加以处理是关键所在。

模型建立

设原油 A 的购买量为 x，根据题目所给数据，采购的支出 $c(x)$ 可表示为如下的分段线性函数(价格为千元/t)：

$$c(x)=\begin{cases}10x & (0\leqslant x\leqslant 500)\\ 1000+8x & (500<x\leqslant 1000)\\ 3000+6x & (1000<x\leqslant 1500)\end{cases}\tag{5.2.1}$$

设原油 A 用于生产甲、乙两种汽油的数量分别为 x_{11} 和 x_{12}，原油 B 用于生产甲、乙两种汽油的数量分别为 x_{21} 和 x_{22}，则总的收入为 $4.8(x_{11}+x_{21})+5.6(x_{12}+x_{22})$。于是本问题的目标函数(利润)(单位：千元)为

$$\max z=4.8(x_{11}+x_{21})+5.6(x_{12}+x_{22})-c(x)\tag{5.2.2}$$

约束条件包括加工两种汽油用的原油 A、原油 B 库存量的限制，原油 A 购买量的限制，以及两种汽油含原油 A 的比例限制，它们表示为

$$x_{11}+x_{12}\leqslant 500+x\tag{5.2.3}$$

$$x_{21}+x_{22}\leqslant 1000\tag{5.2.4}$$

$$x\leqslant 1500\tag{5.2.5}$$

$$\frac{x_{11}}{x_{11}+x_{21}}\geqslant 0.5\tag{5.2.6}$$

$$\frac{x_{12}}{x_{12}+x_{22}}\geqslant 0.6\tag{5.2.7}$$

$$x_{11},x_{12},x_{21},x_{22},x\geqslant 0\tag{5.2.8}$$

由于式(5.2.1)中的 $c(x)$ 不是线性函数，式(5.2.1)~式(5.2.8)给出的是一个非线性规划。而且，对于这样用分段函数定义的 $c(x)$，一般的非线性规划软件也难以输入和求解。能不能想办法将该模型简化，从而用软件求解呢？

模型求解

下面介绍 3 种解法。

解法一　一个自然的想法是将原油 A 的采购量 x 分解为三个量，即用 x_1, x_2, x_3 分别表示以价格 10 千元/t、8 千元/t、6 千元/t 采购的原油 A 的数量，总支出为 $c(x) = 10x_1 + 8x_2 + 6x_3$，且

$$x = x_1 + x_2 + x_3 \tag{5.2.9}$$

这时目标函数(5.2.2)变为线性函数：

$$\max z = 4.8(x_{11} + x_{21}) + 5.6(x_{12} + x_{22}) - (10x_1 + 8x_2 + 6x_3) \tag{5.2.10}$$

应该注意到，只有当以 10 千元/t 的价格购买 $x_1 = 500$ t 时，才能以 8 千元/t 的价格购买 $x_2 (x_2 > 0)$，这个条件可以表示为

$$(x_1 - 500)x_2 = 0 \tag{5.2.11}$$

同理，只有当以 8 千元/t 的价格购买 $x_2 = 500$ t 时，才能以 6 千元/t 的价格购买 $x_3 (x_3 > 0)$，于是

$$(x_2 - 500)x_3 = 0 \tag{5.2.12}$$

此外，x_1, x_2, x_3 的取值范围是

$$0 \leqslant x_1, x_2, x_3 \leqslant 500 \tag{5.2.13}$$

由于有非线性约束式(5.2.11)、式(5.2.12)，式(5.2.3)～式(5.2.13)构成非线性规划模型。

```
% x=[x11,x12,x21,x22,x1,x2,x3]
fun1.m
function f=fun1(x)
f=-4.8*(x(1)+x(3))-5.6*(x(2)+x(4))+(10*x(5)+8*x(6)+6*x(7))
fun2.m
function [g,h]=fun2(x)
g=[];
h=[(x(1)-500)*x(2);
   (x(2)-500)*x(3)];
A=[1,1,0,0,-1,-1,-1;
    0,0,1,1,0,0,0;
    0,0,0,0,1,1,1;
    -0.5,0,0.5,0,0,0,0;
    0,-0.4,0,0.6,0,0,0];
b=[500;1000;1500;0;0];lb=zeros(7,1);
ub=[inf;inf;inf;inf;500;500;500];
[x,fval]=fmincon('fun1',rand(7,1),A,b,[],[],lb,ub,'fun2')
```

运行结果

```
x =
  500.0000    0.0000  500.0000         0         0         0         0
```

```
fval =
      -4800
```

从运行的结果可知 x_{11}=500，x_{12}=0，x_{21}=500，x_{22}=0，x_1=0，x_2=0，x_3=0，fval=–4800，目标函数最大值 z=4800 千元。

最优解是用库存的 500t 原油 A、500t 原油 B 生产 1000t 汽油甲，不购买新的原油 A，利润为 4 800 000 元。

解法二　引入 0-1 变量将式(5.2.11)和式(5.2.12)转化为线性约束。

令 $y_1=1, y_2=1, y_3=1$ 分别表示以 10 千元/t、8 千元/t、6 千元/t 的价格采购原油 A，则约束(5.2.11)和约束(5.2.12)可以替换为

$$500y_2 \leqslant x_1 \leqslant 500y_1 \tag{5.2.14}$$

$$500y_3 \leqslant x_2 \leqslant 500y_2 \tag{5.2.15}$$

$$x_3 \leqslant 500y_3 \tag{5.2.16}$$

$$y_1, y_2, y_3 = 0 \text{ 或 } 1 \tag{5.2.17}$$

式(5.2.3)～式(5.2.10)，式(5.2.13)～式(5.2.17)构成整数规划模型。

```
%x=[x11,x12,x21,x22,x1,x2,x3,y1,y2,y3]
c=[4.8,5.6,4.8,5.6,-10,-8,-6,0,0,0];
A=[1,1,0,0,-1,-1,-1,0,0,0;
   0,0,1,1,0,0,0,0,0,0;
   0,0,0,0,1,1,1,0,0,0;
   -0.5,0,0.5,0,0,0,0,0,0,0;
   0,-0.4,0,0.6,0,0,0,0,0,0;
   0,0,0,0,-1,0,0,0,500,0;
   0,0,0,0,1,0,0,-500,0,0;
   0,0,0,0,0,-1,0,0,0,500;
   0,0,0,0,0,1,0,0,-500,0;
   0,0,0,0,0,0,1,0,0,-500];
b=[500;1000;1500;0;0;0;0;0;0;0];
intcon=1:10;lb=zeros(10,1);ub=[];x0=[];
[x,fval]=intlinprog(-c,intcon,A,b,[],[],lb,ub,x0)
```

运行结果

```
x =
   1.0e+03 *
    0.0000    1.5000         0    1.0000    0.5000    0.5000    0.0000
         0.0010    0.0010    0.0000
fval =
  -5.0000e+03
```

从运行的结果可知 x_{11}=0，x_{12}=1500，x_{21}=0，x_{22}=1000，x_1=500，x_2=500，x_3=0，y_1=1，

y_2=1，y_3=0，fval=–5.0000e+03；目标函数最大值 z=5000 千元。

最优解是购买 1000t 原油 A，与库存的 500t 原油 A 和 1000t 原油 B 一起，共生产 2500t 汽油乙，利润为 5 000 000 元，高于非线性规划模型得到的结果。

解法三　直接处理分段线性函数 $c(x)$，式(5.2.1)表示的 $c(x)$ 如图 5.1 所示。

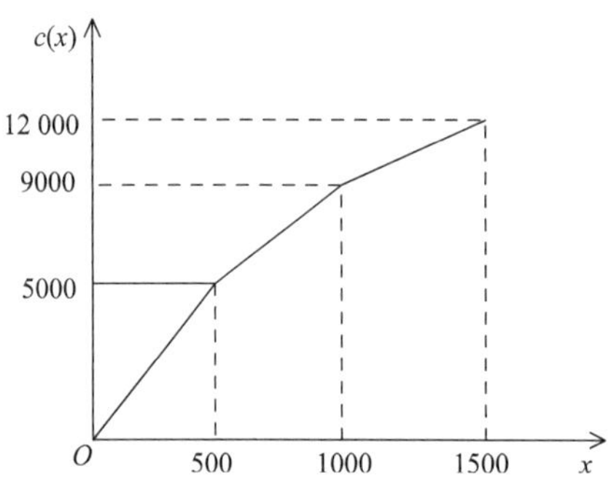

图 5.1　分段线性函数 $c(x)$ 图形

记 x 轴上的分点为 $b_1=0,b_2=500,b_3=1000,b_4=1500$。当 x 在第 1 个小区间 $[b_1,b_2]$ 时，记 $x=z_1b_1+z_2b_2,z_1+z_2=1,z_1\geqslant 0,z_2\geqslant 0$，因为 $c(x)$ 在 $[b_1,b_2]$ 是线性的，所以 $c(x)=z_1c(b_1)+\ z_2c(b_2)$。同样，当 x 在第 2 个小区间 $[b_2,b_3]$ 时，$x=z_2b_2+z_3b_3,z_2+z_3=1,z_2\geqslant 0,z_3\geqslant 0$，$c(x)=\ z_2c(b_2)+z_3c(b_3)$。当 x 在第 3 个小区间 $[b_3,b_4]$ 时，$x=z_3b_3+z_4b_4,z_3+z_4=1,z_3\geqslant 0,\ z_4\geqslant 0$，$c(x)=z_3c(b_3)+z_4c(b_4)$。

为了表示 x 在哪个小区间，引入 0-1 变量 $y_k(k=1,2,3)$，当 x 在第 k 个小区间时，$y_k=1$，否则，$y_k=0$。这样，$z_1,z_2,z_3,z_4,y_1,y_2,y_3$ 应满足

$$z_1\leqslant y_1,z_2\leqslant y_1+y_2,z_3\leqslant y_2+y_3,z_4\leqslant y_3 \tag{5.2.18}$$

$$z_1+z_2+z_3+z_4=1,z_k\geqslant 0(k=1,2,3,4) \tag{5.2.19}$$

$$y_1+y_2+y_3=1,y_1,y_2,y_3=0\text{ 或 }1 \tag{5.2.20}$$

此时 x 和 $c(x)$ 可以统一地表示为

$$x=z_1b_1+z_2b_2+z_3b_3+z_4b_4=500z_2+1000z_3+1500z_4 \tag{5.2.21}$$

$$\begin{aligned}c(x)&=z_1c(b_1)+z_2c(b_2)+z_3c(b_3)+z_4c(b_4)\\&=5000z_2+9000z_3+12\,000z_4\end{aligned} \tag{5.2.22}$$

式(5.2.2)～式(5.2.10)，式(5.2.18)～式(5.2.22)也构成一个整数规划模型。

```
% x=[x11,x12,x21,x22,y1,y2,y3,z1,z2,z3,z4]
c=[4.8,5.6,4.8,5.6,0,0,0,0,-5000,-9000,-12000];
A=[1,1,0,0,0,0,0,0,-500,-1000,-1500;
    0,0,1,1,0,0,0,0,0,0,0;
    0,0,0,0,0,0,0,0,500,1000,1500;
    -0.5,0,0.5,0,0,0,0,0,0,0,0;
    0,-0.4,0,0.6,0,0,0,0,0,0,0;
    0,0,0,0,-1,0,0,1,0,0,0;
```

```
    0,0,0,0,-1,-1,0,0,1,0,0;
    0,0,0,0,0,-1,-1,0,0,1,0;
    0,0,0,0,0,0,-1,0,0,0,1];
b=[500;1000;1500;0;0;0;0;0;0];
Aeq=[0,0,0,0,0,0,0,1,1,1,1;
    0,0,0,0,1,1,1,0,0,0,0];
beq=[1;1];intcon=1:11;lb=zeros(11,1);ub=[];x0=[];
[x,fval]=intlinprog(-c,intcon,A,b,Aeq,beq,lb,ub,x0);
```

运行结果

```
x =
  1.0e+03 *
  -0.0000    1.5000         0    1.0000    0.0000         0    0.0010
        0.0000         0    0.0010   -0.0000
fval =
  -5.0000e+03
```

从运行的结果可知 $x_{11}=0$，$x_{12}=1500$，$x_{21}=0$，$x_{22}=1000$，$y_1=0$，$y_2=0$，$y_3=1$，$z_1=0$，$z_2=0$，$z_3=1$，$z_4=0$，fval=–5.0000e+03；目标函数最大值 $z=5000$ 千元。解法三与解法二结果一致。

说明 这个问题的关键是处理分段线性函数，我们推荐整数规划模型的第 2 种和第 3 种解法，第 3 种解法更具一般性。

生产中常会遇到通过切割、剪裁、冲压等手段，将原材料加工成所需尺寸的工艺过程，称为原料下料问题。按照进一步的工艺要求，确定下料方案，使用料最省，或利润最大，是典型的优化问题。下面通过两个实例讨论用数学规划模型解决这类问题的方法。

5.2.4 钢管下料

➢ **问题 5.9** 某钢管零售商从钢管厂进货，将钢管按照顾客的要求切割后售出，从钢管厂进货时得到的原料钢管长度都是 19m。

(1) 现有一客户需要 50 根 4m、20 根 6m 和 15 根 8m 的钢管，如何下料最节省？

(2) 零售商如果采用的不同切割模式太多，将会导致生产过程的复杂化，从而增加生产和管理成本，所以该零售商规定采用的不同切割模式不能超过 3 种。此外，该客户除需要 (1) 中的 3 种钢管外，还需要 10 根 5m 的钢管。如何下料最节省？

1. 问题 (1) 的求解

问题分析

首先，应当确定哪些切割模式是可行的。一个切割模式，是指按照客户需要在原料钢管上安排切割的一种组合。例如，我们可以将 19m 的钢管切割成 3 根 4m 的钢管，余料为 7m；或者将 19m 的钢管切割成 4m、6m 和 8m 的钢管各 1 根，余料为 1m。显然，可行的切割模式是很多的。

其次，应当确定哪些切割模式是合理的。通常假设一个合理的切割模式，余料不应该大于或等于客户需要的钢管的最小尺寸。例如，将 19m 的钢管切割成 3 根 4m 的钢管，余料为 7m，可进一步将 7m 的余料切割成 4m 钢管（余料为 3m），或者将 7m 的余料切割成 6m 钢管（余料为 1m）。在这种合理性假设下，切割模式一共有 7 种，如表 5.4 所示。

表 5.4　钢管下料的合理切割模式

切割模式	4m 钢管/根	6m 钢管/根	8m 钢管/根	余料/m
模式 1	4	0	0	3
模式 2	3	1	0	1
模式 3	2	0	1	3
模式 4	1	2	0	3
模式 5	1	1	1	1
模式 6	0	3	0	1
模式 7	0	0	2	3

问题转化为在满足客户需要的条件下，按照哪种合理的模式，切割多少根原料钢管，最为节省。而所谓节省，可以有两种标准：一是切割后剩余的总余料量最少，二是切割原料钢管的总根数最少。下面将对这两个目标分别讨论。

模型建立

决策变量　用 x_i 表示按照第 i 种模式（$i=1,2,\cdots,7$）切割的原料钢管的数量，显然它们应当是非负整数。

决策目标　以切割后剩余的总余料量最少为目标，则由表 5.4 可得

$$\min z_1 = 3x_1 + x_2 + 3x_3 + 3x_4 + x_5 + x_6 + 3x_7 \tag{5.2.23}$$

以切割原料钢管的总数量最少为目标，则有

$$\min z_2 = x_1 + x_2 + x_3 + x_4 + x_5 + x_6 + x_7 \tag{5.2.24}$$

下面分别在这两种目标下求解。

约束条件　为满足客户的需求，按照表 5.4 应有

$$4x_1 + 3x_2 + 2x_3 + x_4 + x_5 \geqslant 50 \tag{5.2.25}$$

$$x_2 + 2x_4 + x_5 + 3x_6 \geqslant 20 \tag{5.2.26}$$

$$x_3 + x_5 + 2x_7 \geqslant 15 \tag{5.2.27}$$

模型求解

(1) 将式(5.2.23)作为目标函数，结合式(5.2.25)、式(5.2.26)、式(5.2.27)构成整数线性规划模型。

```
% x=[x1,x2,x3,x4,x5,x6,x7]
c=[3;1;3;3;1;1;3];A=-[4,3,2,1,1,0,0;0,1,0,2,1,3,0;0,0,1,0,1,0,2];
b=[-50;-20;-15];intcon=[1,2,3,4,5,6,7];lb=zeros(7,1);
[x,fval]=intlinprog(c,intcon,A,b,[],[],lb)
```

运行结果

```
x =
```

```
    0    12     0     0    15     0     0
fval =
    27
```

从运行的结果可知 x_1=0，x_2=12，x_3=0，x_4=0，x_5=15，x_6=0，x_7=0，fval=27；目标函数最小值 z=27。

即按照模式 2 切割 12 根原料钢管，按照模式 5 切割 15 根原料钢管，共 27 根，总余料量为 27m。显然，在总余料量最少的目标下，最优解将是使用余料尽可能少的切割模式(模式 2 和模式 5 的余料为 1m)，这会导致切割原料钢管的总数量较多。

(2) 将式(5.2.24)作为目标函数，结合式(5.2.25)、式(5.2.26)、式(5.2.27)构成整数线性规划模型。

```
% x=[x1,x2,x3,x4,x5,x6,x7]
c=[1;1;1;1;1;1;1]; A=-[4,3,2,1,1,0,0;0,1,0,2,1,3,0;0,0,1,0,1,0,2];
b=[-50;-20;-15];intcon=[1,2,3,4,5,6,7];lb=zeros(7,1);
[x,fval]=intlinprog(c,intcon,A,b,[],[],lb)
```

运行结果

```
x =
    0    15     0     0    5     0     5
fval =
    25
```

从运行的结果可知 x_1=0，x_2=15，x_3=0，x_4=0，x_5=5，x_6=0，x_7=5，fval=25；目标函数最小值 z=25。

即按照模式 2 切割 15 根原料钢管，按模式 5 切割 5 根，按模式 7 切割 5 根，共 25 根，可算出总余料量为 35m。与上面得到的结果相比，总余料量增加了 8m，但是所用的原料钢管的总数量减少了 2 根。在余料没有什么用途的情况下，通常选择总数量最少为目标。

2. 问题(2)的求解

问题分析

按照问题(1)的思路，可以通过枚举法首先确定哪些切割模式是可行的。但由于需求的钢管规格增加到 4 种，所以枚举法的工作量较大。下面介绍的整数非线性规划模型，可以同时确定切割模式和切割计划，是具有普遍性的一种方法。

同问题(1)类似，一个合理的切割模式的余料不应该大于或等于客户需要的钢管的最小尺寸(本题中为 4m)，切割计划中只使用合理的切割模式，而由于本题中参数都是整数，所以合理切割模式的余量不能大于 3m。此外，这里我们仅选择总数量最少为目标进行求解。

模型建立

决策变量　由于不同切割模式不能超过 3 种，可以用 x_i 表示按照第 i 种模式 ($i=1,2,3$) 切割的原料钢管的根数，显然它们应当是非负整数。设所使用的第 i 种切割模式下每根原料钢管生产 4m、5m、6m 和 8m 的钢管数量分别为 $r_{1i},r_{2i},r_{3i},r_{4i}$ (非负整数)。

决策目标　切割原料钢管的总数量最少，目标为

$$\min x_1 + x_2 + x_3 \tag{5.2.28}$$

约束条件　为满足客户的需求，应有

$$r_{11}x_1 + r_{12}x_2 + r_{13}x_3 \geqslant 50 \tag{5.2.29}$$

$$r_{21}x_1 + r_{22}x_2 + r_{23}x_3 \geqslant 10 \tag{5.2.30}$$

$$r_{31}x_1 + r_{32}x_2 + r_{33}x_3 \geqslant 20 \tag{5.2.31}$$

$$r_{41}x_1 + r_{42}x_2 + r_{43}x_3 \geqslant 15 \tag{5.2.32}$$

每一种切割模式必须可行、合理，所以每根原料钢管的成品量不能超过 19m，也不能少于 16m(余量不能大于 3m)，于是

$$16 \leqslant 4r_{11} + 5r_{21} + 6r_{31} + 8r_{41} \leqslant 19 \tag{5.2.33}$$

$$16 \leqslant 4r_{12} + 5r_{22} + 6r_{32} + 8r_{42} \leqslant 19 \tag{5.2.34}$$

$$16 \leqslant 4r_{13} + 5r_{23} + 6r_{33} + 8r_{43} \leqslant 19 \tag{5.2.35}$$

模型求解

在式(5.2.29)～式(5.2.32)中出现决策变量的乘积，是一个整数非线性规划模型，虽然用 LINGO 软件可以直接求解，但我们发现运行很长时间也难以得到最优解。为了减少运行时间，可以增加一些显然的约束条件，从而缩小可行解的搜索范围。

例如，由于 3 种切割模式的排列顺序是无关紧要的，所以不妨增加以下约束：

$$x_1 \geqslant x_2 \geqslant x_3 \tag{5.2.36}$$

又如，我们注意到所需原料钢管的总数量有着明显的上界和下界。首先，无论如何，原料钢管的总数量不可能少于 $\dfrac{4\times 50+5\times 10+6\times 20+8\times 15}{19}$ 根，即至少需 26 根。其次，考虑一种非常特殊的生产计划：第一种切割模式下只生产 4m 钢管，一根原料钢管切割成 4 根 4m 钢管，为满足 50 根 4m 钢管的需求，需要 13 根原料钢管；第二种切割模式下只生产 5m、6m 钢管，一根原料钢管切割成 1 根 5m 钢管和 2 根 6m 钢管，为满足 10 根 5m 和 20 根 6m 钢管的需求，需要 10 根原料钢管；第三种切割模式下只生产 8m 钢管，一根原料钢管切割成 2 根 8m 钢管，为满足 15 根 8m 钢管的需求，需要 8 根原料钢管。于是满足要求的这种生产计划共需 13+10+8=31 根原料钢管，这就得到最优解的一个上界。所以可增加以下约束：

$$26 \leqslant x_1 + x_2 + x_3 \leqslant 31 \tag{5.2.37}$$

将式(5.2.28)～式(5.2.37)构成的非线性整数规划模型。求解整数非线性规划问题可以采用遗传算法，MATLAB 程序如下：

```
[x,fval]=ga(@(x)fun1(x),nvars,A,b,Aeq,beq,lb,ub,@(x)fun2(x),intcon
        ,options)
```

其中，x 返回变量的值，fval 返回目标函数的值，fun1 是非线性目标函数，nvars 是变量的个数，fun2 是非线性不等式约束和非线性等式约束，intcon 是取整数的分量位置，options 是控制参数。

```
% x=[x1,x2,x3,r11,r12,r13,r21,r22,r23,r31,r32,r33,r41,r42,r43]
```

```
fun1.m
function f=fun1(x)
f=x(1)+x(2)+x(3)

fun2.m
function [g,h]=fun2(x)
g=[-x(1)*x(4)-x(2)*x(5)-x(3)*x(6)+50;
    -x(1)*x(7)-x(2)*x(8)-x(3)*x(9)+10;
    -x(1)*x(10)-x(2)*x(11)-x(3)*x(12)+20;
    -x(1)*x(13)-x(2)*x(14)-x(3)*x(15)+15
    ];h=[];
A=[0,0,0,4,0,0,5,0,0,6,0,0,8,0,0;
        0,0,0,0,4,0,0,5,0,0,6,0,0,8,0;
        0,0,0,0,0,4,0,0,5,0,0,6,0,0,8;
        0,0,0,-4,0,0,-5,0,0,-6,0,0,-8,0,0;
        0,0,0,0,-4,0,0,-5,0,0,-6,0,0,-8,0;
        0,0,0,0,0,-4,0,0,-5,0,0,-6,0,0,-8;
        -1,-1,-1,0,0,0,0,0,0,0,0,0,0,0,0;
        1,1,1,0,0,0,0,0,0,0,0,0,0,0,0;
         -1,1,0,0,0,0,0,0,0,0,0,0,0,0,0;
         0,-1,1,0,0,0,0,0,0,0,0,0,0,0,0
        ];
b=[19;19;19;-16;-16;-16;-26;31;0;0];lb=zeros(15,1);intcon=[1:15];
[x,fval]=ga(@(x)fun1(x),15,A,b,[],[],lb,[],@(x)fun2(x),intcon)
```

运行结果

```
x =
    20     5     5     1     4     2     0     0     2     1     0     0
         1     0     0
fval =
    30
```

从运行的结果可知 x_1=20，x_2=5，x_3=5，r_{11}=1，r_{12}=4，r_{13}=2，r_{21}=0，r_{22}=0，r_{23}=2，r_{31}=1，r_{32}=0，r_{33}=0，r_{41}=1，r_{42}=0，r_{43}=0，fval=30；目标函数最小值为 30。

即按照模式 1、模式 2、模式 3 分别切割 20 根、5 根、5 根原料钢管，使用原料钢管总根数为 30 根，第一种切割模式下一根原料钢管切割成 1 根 4m 钢管、1 根 6m 钢管和 1 根 8m 钢管；第二种切割模式下一根原料钢管切割成 4 根 4m 钢管；第三种切割模式下一根原料钢管切割成 2 根 4m 钢管和 2 根 5m 钢管。

5.2.5　易拉罐下料

➢ **问题 5.10**　某公司采用一套冲压设备生产一种罐装饮料的易拉罐，这种易拉罐是用镀锡板冲压制成的。易拉罐为圆柱形，包括罐身、上盖和下底，罐身高 10cm，上盖和下底的直径均为 5cm。该公司使用两种不同规格的镀锡板原料：规格 1 的镀锡板为正方形，边长 24cm；规格 2 的镀锡板为长方形，长、宽分别为 32cm 和 28cm。由于生产设备和生产工艺的限制，对于规格 1 的镀锡板原料，只可以按照图 5.2 所示的模式 1、模式 2 或模式 3 进行冲压；对于规格 2 的镀锡板原料只能按照图 5.2 所示的模式 4 进行冲压。使用模式 1、模式 2、模式 3、模式 4 进行每次冲压所需要的时间分别为 1.5s、2s、1s、3s。

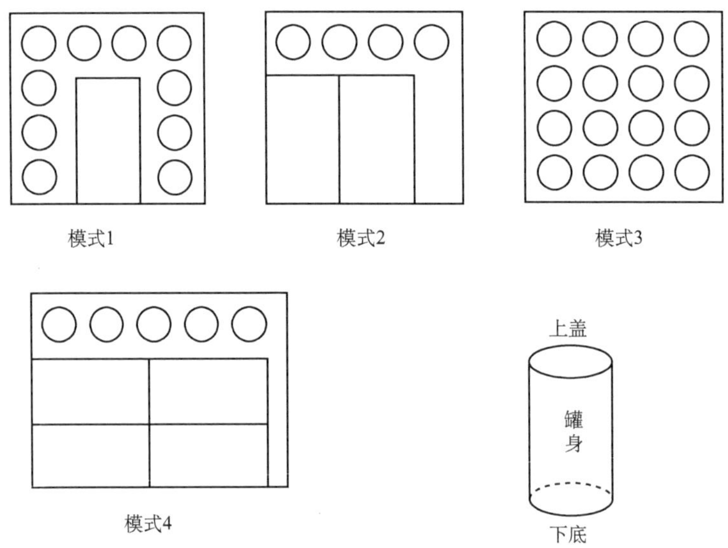

图 5.2　易拉罐下料模式

该工厂每周工作 40h，每周可供使用的规格 1、规格 2 的镀锡板原料分别为 5 万张和 2 万张。目前每只易拉罐的利润为 0.10 元，原料余料损失为 0.001 元/cm^2(如果周末有罐身、上盖或下底不能配套组装成易拉罐出售，也看作是原料余料损失)。

问工厂应如何安排每周的生产？

问题分析

与钢管下料问题不同的是，这里的切割模式已经确定，只需计算各种模式下的余料损失。已知上盖和下底的直径 $d = 5\text{cm}$，可得其面积为 $S = \pi d^2/4 \approx 19.6\text{cm}^2$，周长为 $L = \pi d \approx 15.7\text{cm}$；已知罐身高 $h = 10\text{cm}$，可得其面积为 $S_{罐} = hL \approx 157.1\text{cm}^2$。于是模式 1 下的余料损失为 $24^2 - 10S - S_{罐} \approx 222.9\text{cm}^2$。同理计算其他模式下的余料损失，并可将 4 种冲压模式的特征归纳，见表 5.5。

问题的目标显然应是易拉罐的利润扣除原料余料损失后的净利润最大，约束条件除每周工作时间和原料数量外，还要考虑罐身和底、盖的配套组装。

表 5.5　4 种冲压模式的特征

冲压模式	罐身个数	底、盖个数	余料损失/cm^2	冲压时间/s
模式 1	1	10	222.6	1.5
模式 2	2	4	183.3	2
模式 3	0	16	261.8	1
模式 4	4	5	169.5	3

模型建立

决策变量　用 x_i 表示按照第 i 种模式的冲压次数（$i=1,2,3,4$），y_1 表示一周生产的易拉罐个数。为计算不能配套组装的罐身和底、盖造成的原料损失，用 y_2 表示不配套的罐身个数，y_3 表示不配套的底、盖个数。虽然实际上 x_i 和 y_1,y_2,y_3 应该是整数。但是由于生产量相当大，可以把它们看成是实数，从而用线性规划模型处理。

决策目标　假设每周生产的易拉罐能够全部售出，公司每周的销售利润是 $0.1y_1$。原料余料损失包括两部分：4 种冲压模式下的余料损失和不配套的罐身和底、盖造成的原料损失。按照前面的计算及表 5.5 的结果，总损失为

$$0.001(222.6x_1+183.3x_2+261.8x_3+169.5x_4+157.1y_2+19.6y_3)$$

于是，决策目标为

$$\max 0.1y_1-0.001(222.6x_1+183.3x_2+261.8x_3+169.5x_4+157.1y_2+19.6y_3) \tag{5.2.38}$$

约束条件

时间约束：每周工作时间不超过 40h=144 000s，由表 5.5 最后一列得

$$1.5x_1+2x_2+x_3+3x_4\leqslant 144\,000 \tag{5.2.39}$$

原料约束：每周可供使用的规格 1、规格 2 的镀锡板原料分别为 50 000 张和 20 000 张，即

$$x_1+x_2+x_3\leqslant 50\,000 \tag{5.2.40}$$

$$x_4\leqslant 20\,000 \tag{5.2.41}$$

配套约束：由表 5.5 知一周生产的罐身个数为 $x_1+2x_2+4x_4$，一周生产的底、盖个数为 $10x_1+4x_2+16x_3+5x_4$。因为应尽可能将它们配套组装成易拉罐销售，所以 y_1 满足

$$y_1=\min\{x_1+2x_2+4x_4,(10x_1+4x_2+16x_3+5x_4)/2\} \tag{5.2.42}$$

这时不配套的罐身个数和不配套的底、盖个数应为

$$y_2=x_1+2x_2+4x_4-y_1 \tag{5.2.43}$$

$$y_3=10x_1+4x_2+16x_3+5x_4-2y_1 \tag{5.2.44}$$

式(5.2.38)～式(5.2.44)就是我们得到的模型，其中式(5.2.42)是一个非线性关系，不易直接处理，但是它可以等价为以下两个线性不等式：

$$y_1\leqslant x_1+2x_2+4x_4 \tag{5.2.45}$$

$$y_1\leqslant(10x_1+4x_2+16x_3+5x_4)/2 \tag{5.2.46}$$

模型求解

```
% x=[x1,x2,x3,x4,y1,y2,y3]
```

```
c=[-0.2226;-0.1833;-0.2618;-0.1695;0.1;-0.1571;-0.0196];
A=[1.5,2,1,3,0,0,0;
   1,1,1,0,0,0,0;
   0,0,0,1,0,0,0;
   -1,-2,0,-4,1,0,0;
   -5,-2,-8,-2.5,1,0,0];
b=[144000;50000;20000;0;0];Aeq=[1,2,0,4,-1,-1,0;10,4,16,5,-2,0,-1];
beq=[0;0];intcon=[1:7];
[x,fval]=intlinprog(-c,intcon,A,b,Aeq,beq,zeros(7,1),[])
```

运行结果

```
x =
         0     40125      3750     20000    160250       0       0
fval =
  -4.2983e+03
```

从运行的结果可知 x_1=0，x_2=40125，x_3=3750，x_4=20000，y_1=160250，y_2=0，y_3=0，fval= –4.2983e+03；目标函数最小值为 4298.3 元。
即模式 1 不使用，模式 2 使用 40 125 次，模式 3 使用 3750 次，模式 4 使用 20 000 次，可生产易拉罐 160 250 个，罐身和底、盖均无剩余，净利润为 4298 元。

说明　下料问题的建模主要由两部分组成：一是确定下料模式，二是构造优化模型。确定下料模式尚无通用的方法，对于钢管下料这样的一维问题，当需要下料的规格不太多时，可以枚举出下料模式，建立整数线性规划模型；否则就要构造整数非线性规划模型，而这种模型求解比较困难，本节介绍的增加约束条件的方法是将原来的可行域“割去”一部分，但要保证剩下的可行域中仍存在原问题的最优解。而像易拉罐下料这样的二维问题，就要复杂多了，读者不妨试一下，看看还有没有比图 5.2 给出的更好的模式。至于构造优化模型，则要根据问题的要求和限制具体处理，其中应特别注意配套组装的情况。

5.2.6　平板车的优化装载

➢ **问题 5.11**　有 7 种规格的包装箱要装到两辆平板车上去，包装箱的宽和高是一样的，但厚度 t 及质量 w 是不同的，表 5.6 给出了每种包装箱的厚度、质量及数量。

表 5.6　每种包装箱的厚度、质量及数量

包装箱类型	厚度 t/cm	质量 w/kg	数量/件
c_1	48.7	2000	8
c_2	52.0	3000	7
c_3	61.3	1000	9
c_4	72.0	500	6
c_5	48.7	4000	6
c_6	52.0	2000	4
c_7	64.0	1000	8

每辆平板车有 10.2m 长的地方可用来装包装箱(像面包片那样)，载重为 40t。由于当地货运的限制，对 c_5,c_6,c_7 类的包装箱的总数有一个特别的限制：这类箱子所占的空间(厚度)不能超过 302.7cm，试把包装箱装到平板车上去，使得浪费的空间最小。

模型建立

设 x_{ij} 表示装到平板车 $j\,(j=1,2)$ 上的 c_i 型包装箱的个数($1\leqslant i\leqslant 7$)；

N_i 表示类型为 c_i 的包装箱的件数；

w_i 表示类型为 c_i 的包装箱的质量；

t_i 表示类型为 c_i 的包装箱的厚度；

S 表示剩余空间。

所以使平板车上剩下的空间最小转化为如下整数规划模型：

$$\min S=(1020-\sum_{i=1}^{7}t_i x_{i1})+(1020-\sum_{i=1}^{7}t_i x_{i2})$$

$$=2040-\sum_{i=1}^{7}t_i(x_{i1}+x_{i2})$$

$$\text{s.t.}\quad \begin{cases} x_{ij}\geqslant 0 \\ x_{ij}\ \text{为整数} \\ \sum_{i=1}^{7}t_i x_{i1}\leqslant 1020 & \text{(平板车 1 的长度限制)} \\ \sum_{i=1}^{7}t_i x_{i2}\leqslant 1020 & \text{(平板车 2 的长度限制)} \\ \sum_{i=1}^{7}w_i x_{i1}\leqslant 40\,000 & \text{(平板车 1 的载重限制)} \\ \sum_{i=1}^{7}w_i x_{i2}\leqslant 40\,000 & \text{(平板车 2 的载重限制)} \\ x_{i1}+x_{i2}\leqslant N_i & (c_i\ \text{型包装箱的件数限制}) \end{cases}$$

$$t_5(x_{51}+x_{52})+t_6(x_{61}+x_{62})+t_7(x_{71}+x_{72})\leqslant 302.7\ (\text{对}\ c_5,c_6,c_7\ \text{三种型号箱长度的特别限制})$$

模型求解

```
%x=[x11,x21,x31,x41,x51,x61,x71,x12,x22,x32,x42,x52,x62,x72]
c=-[48.7;52;61.3;72;48.7;52;64;48.7;52;61.3;72;48.7;52;64];
A=[48.7,52,61.3,72,48.7,52,64,0,0,0,0,0,0,0;
   0,0,0,0,0,0,0,48.7,52,61.3,72,48.7,52,64;
   2,3,1,0.5,4,2,1,0,0,0,0,0,0,0;
   0,0,0,0,0,0,0,2,3,1,0.5,4,2,1;
   1,0,0,0,0,0,0,1,0,0,0,0,0,0;
   0,1,0,0,0,0,0,0,1,0,0,0,0,0;
   0,0,1,0,0,0,0,0,0,1,0,0,0,0;
   0,0,0,1,0,0,0,0,0,0,1,0,0,0;
```

```
    0,0,0,0,1,0,0,0,0,0,0,1,0,0;
    0,0,0,0,0,1,0,0,0,0,0,0,1,0;
    0,0,0,0,0,0,1,0,0,0,0,0,0,1;
    0,0,0,0,48.7,52,64,0,0,0,0,48.7,52,64];
b=[1020;1020;40;40;8;7;9;6;6;4;8;302.7];lb=zeros(14,1);intcon=1:14;
[x,fval]=intlinprog(c,intcon,A,b,[],[],lb)
```

运行结果

```
x =
    0   7   9   0   0   2   0   8   0   0   6   3   1   0
fval =
  -2.0394e+03
```

从运行的结果可知 $x_{11}=0$，$x_{21}=7$，$x_{31}=9$，$x_{41}=0$，$x_{51}=0$，$x_{61}=2$，$x_{71}=0$，$x_{12}=8$，$x_{22}=0$，$x_{32}=0$，$x_{42}=6$，$x_{52}=3$，$x_{62}=1$，$x_{72}=0$，fval=–2.0394e+03；则浪费空间的最小值为 S=2040–fval=0.6cm。

即装到平板车 1 上的 c_2 型包装箱 7 个，c_3 型包装箱 9 个，c_6 型包装箱 2 个，装到平板车 2 上的 c_1 型包装箱 8 个，c_4 型包装箱 6 个，c_5 型包装箱 3 个，c_6 型包装箱 1 个，则浪费空间最小值为 0.6cm。

5.3　动态规划模型

动态规划是解决多阶段决策过程最优化的一种方法。1951 年美国数学家贝尔曼等根据一类多阶段决策问题的特性，提出了解决这类问题的“最优性原理”，并研究了许多实际问题，从而创建了最优化问题的一种新方法——动态规划。

多阶段决策问题是指这样一类活动的过程，由于它的特殊性，可将它划分为若干个互相联系的过程，在它的每个阶段都需要做出决策，并且一个阶段的决策确定以后，常影响下一个阶段的决策，从而影响整个过程决策的效果。多阶段决策问题就是要在允许的各阶段的决策范围内，选择一个最优决策，使整个系统在预定的标准下达到最佳的效果。

有时阶段可以用时间表示，在各个时间段，采用不同决策，它随时间而变动，这就有“动态”的含义。动态规划就是要在时间的推移过程中，在每个时间段选择适当的决策，以便整个系统达到最优。

近几十年来，动态规划的理论、方法和应用等取得了突出的进展，下面通过实例说明动态规划的基本思想。

➢ **问题 5.12　最短线路问题**

从 A_0 地要铺设一条管道到 A_6 地，中间必须经过五个中间站。第一站可以在 A_1,B_1 两地任选一个，类似地，第二、三、四、五站可供选择的地点分别是 $\{A_2,B_2,C_2,D_2\}$、$\{A_3,B_3,C_3\}$、$\{A_4,B_4,C_4\}$、$\{A_5,B_5\}$。连接两点间管道的距离用图 5.3 上两点连线上的数字表示，两点间没有连线的表示相应两点间不能铺设管道，现选择一条从 A_0 到 A_6 的铺管线路，使总距离最短。

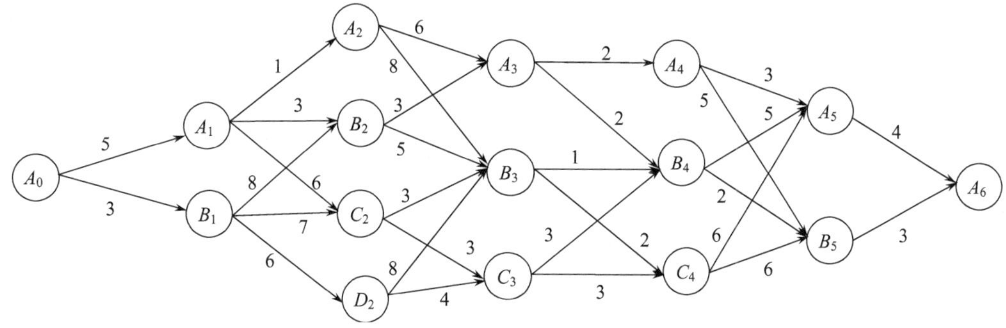

图 5.3　连接两点间的管道距离示意图

模型求解

若用穷举法要算 2×3×2×2×2×1＝48 种不同线路，比较这 48 种结果即可得出，但当段数增加，且各段选择也增加时，穷举法将变得非常庞大，以致利用计算机都十分困难。

下面用动态规划的方法计算。

最短线路问题的特性：如果最短线路在第 k 站通过点 P_k，则这一线路在由 P_k 出发到达终点的那一部分线路，对于从点 P_k 到达终点的所有可能选择的不同线路来说，必定也是距离最短的(反证法)。

最短线路问题的这一特性启示我们，从最后一段开始，用从后向前逐步递推的方法，求出各点到 A_6 的最短线路，最后求得从 A_0 到 A_6 的最短线路。

k＝6 时：

设 $f_6(A_5)$ 表示由 A_5 到 A_6 的最短距离；设 $f_6(B_5)$ 表示由 B_5 到 A_6 的最短距离。显然 $f_6(A_5)=4$，$f_6(B_5)=3$。

k＝5 时：

(1) 从 A_4 出发，有两种选择，到 A_5 或 B_5，如果设 $f_5(A_4)$ 表示由 A_4 到 A_6 的最短距离，$d(A_4,A_5)$ 表示 A_4 到 A_5 的距离，$u_5(A_4)$ 表示从 A_4 到 A_5 或 B_5 的选择，则

$$f_5(A_4)=\min\begin{Bmatrix} d(A_4,A_5)+f_6(A_5) \\ d(A_4,B_5)+f_6(B_5) \end{Bmatrix}=\min\begin{Bmatrix} 3+4 \\ 5+3 \end{Bmatrix}=7$$

$u_5(A_4)=A_5$，最短线路是 $A_4\to A_5\to A_6$。

(2) 从 B_4 出发，也有两种选择，即到 A_5 或 B_5。$f_5(B_4),d_5(B_4,A_5),d_5(B_4,B_5),u_5(B_4)$ 的定义与(1)类似，则

$$f_5(B_4)=\min\begin{Bmatrix} d_5(B_4,A_5)+f_6(A_5) \\ d_5(B_4,B_5)+f_6(B_5) \end{Bmatrix}=\min\begin{Bmatrix} 5+4 \\ 2+3 \end{Bmatrix}=5$$

$u_5(B_4)=B_5$，最短线路是 $B_4\to B_5\to A_6$。

(3) 从 C_4 出发，同样有

$$f_5(C_4)=\min\begin{Bmatrix} d_5(C_4,A_5)+f_6(A_5) \\ d_5(C_4,B_5)+f_6(B_5) \end{Bmatrix}=\min\begin{Bmatrix} 6+4 \\ 6+3 \end{Bmatrix}=9$$

$u_5(C_4)=B_5$，最短线路是 $C_4\to B_5\to A_6$。

k=4 时：

分别以 A_3, B_3, C_3 为出发点来计算得

$$f_4(A_3)=\min\begin{Bmatrix} d_4(A_3,A_4)+f_5(A_4) \\ d_4(A_3,B_4)+f_5(B_4) \end{Bmatrix}=\min\begin{Bmatrix} 2+7 \\ 2+5 \end{Bmatrix}=7$$

$u_4(A_3)=B_4$，最短线路是 $A_3 \to B_4 \to B_5 \to A_6$；

$$f_4(B_3)=\min\begin{Bmatrix} d_4(B_3,B_4)+f_5(B_4) \\ d_4(B_3,C_4)+f_5(C_4) \end{Bmatrix}=\min\begin{Bmatrix} 1+5 \\ 2+9 \end{Bmatrix}=6$$

$u_4(B_3)=B_4$，最短线路是 $B_3 \to B_4 \to B_5 \to A_6$；

$$f_4(C_3)=\min\begin{Bmatrix} d_4(C_3,B_4)+f_5(B_4) \\ d_4(C_3,C_4)+f_5(C_4) \end{Bmatrix}=\min\begin{Bmatrix} 3+5 \\ 3+9 \end{Bmatrix}=8$$

$u_4(C_3)=B_4$，最短线路是 $C_3 \to B_4 \to B_5 \to A_6$。

k=3 时：

分别以 A_2, B_2, C_2, D_2 为出发点计算

$$f_3(A_2)=\min\begin{Bmatrix} d_3(A_2,A_3)+f_4(A_3) \\ d_3(A_2,B_3)+f_4(B_3) \end{Bmatrix}=\min\begin{Bmatrix} 6+7 \\ 8+6 \end{Bmatrix}=13$$

$u_3(A_2)=A_3$，最短线路是 $A_2 \to A_3 \to B_4 \to B_5 \to A_6$；

$$f_3(B_2)=\min\begin{Bmatrix} d_3(B_2,A_3)+f_4(A_3) \\ d_3(B_2,B_3)+f_4(B_3) \end{Bmatrix}=\min\begin{Bmatrix} 3+7 \\ 5+6 \end{Bmatrix}=10$$

$u_3(B_2)=A_3$，最短线路是 $B_2 \to A_3 \to B_4 \to B_5 \to A_6$；

$$f_3(C_2)=\min\begin{Bmatrix} d_3(C_2,B_3)+f_4(B_3) \\ d_3(C_2,C_3)+f_4(C_3) \end{Bmatrix}=\min\begin{Bmatrix} 3+6 \\ 3+8 \end{Bmatrix}=9$$

$u_3(C_2)=B_3$，最短线路是 $C_2 \to B_3 \to B_4 \to B_5 \to A_6$；

$$f_3(D_2)=\min\begin{Bmatrix} d_3(D_2,B_3)+f_4(B_3) \\ d_3(D_2,C_3)+f_4(C_3) \end{Bmatrix}=\min\begin{Bmatrix} 8+6 \\ 4+8 \end{Bmatrix}=12$$

$u_3(D_2)=C_3$，最短线路是 $D_2 \to C_3 \to B_4 \to B_5 \to A_6$。

k=2 时：

分别以 A_1, B_1 为出发点计算

$$f_2(A_1)=\min\begin{Bmatrix} d_2(A_1,A_2)+f_3(A_2) \\ d_2(A_1,B_2)+f_3(B_2) \\ d_2(A_1,C_2)+f_3(C_2) \end{Bmatrix}=\min\begin{Bmatrix} 1+13 \\ 3+10 \\ 6+9 \end{Bmatrix}=13$$

$u_2(A_1)=B_2$，最短线路是 $A_1 \to B_2 \to A_3 \to B_4 \to B_5 \to A_6$；

$$f_2(B_1)=\min\begin{Bmatrix} d_2(B_1,B_2)+f_3(B_2) \\ d_2(B_1,C_2)+f_3(C_2) \\ d_2(B_1,D_2)+f_3(D_2) \end{Bmatrix}=\min\begin{Bmatrix} 8+10 \\ 7+9 \\ 6+12 \end{Bmatrix}=16$$

$u_2(B_1)=C_2$，最短线路是 $B_1 \to C_2 \to B_3 \to B_4 \to B_5 \to A_6$。

$k=1$ 时：

出发点只有 A_0，则

$$f_1(A_0)=\min\begin{Bmatrix} d_1(A_0,A_1)+f_2(A_1) \\ d_1(A_0,B_1)+f_2(B_1) \end{Bmatrix}=\min\begin{Bmatrix} 5+13 \\ 3+16 \end{Bmatrix}=18$$

$u_1(A_0)=A_1$，所以最短线路是 $A_0\to A_1\to B_2\to A_3\to B_4\to B_5\to A_6$。

说明

(1) 此例揭示了动态规划的基本思想。

(2) 动态规划方法比穷举法(48 种)大大节省了计算量。

(3) 计算结果不仅得到了 A_0 到 A_6 的最短线路和最短距离，而且得到了其他各点到 A_6 的最短线路和最短距离，这对于很多实际问题来说是很有用处的。

讨论动态规划中最优目标函数的建立，一般有下列术语和步骤。

1) 阶段

用动态规划求解多阶段决策系统时，要根据具体情况，将系统适当地分成若干个阶段分别求解，描述阶段的变量称为阶段变量。问题 5.12 分六个阶段，是一个六阶段的决策过程，其由系统的最后阶段向初始阶段求最优解的过程称为动态规划的逆推解法。

2) 状态

状态表示系统在某一阶段所处的位置或状态。问题 5.12 中第一阶段有一个状态，即 $\{A_0\}$，第二阶段有两个状态，即 $\{A_1,B_1\}$，等等。过程的状态可用状态变量 x_k 来描述，某个阶段所有可能状态的全体可用状态集合来描述，如

$$S_1=\{A_0\},S_2=\{A_1,B_1\},S_3=\{A_2,B_2,C_2,D_2\},\cdots$$

3) 决策

某一阶段的状态确定之后，从该状态演变到下一阶段某一状态所做的选择称为决策。描述决策的变量称为决策变量。如问题 5.12 中在第 k 阶段用 $u_k(x_k)$ 表示处于状态 x_k 时的决策变量。决策变量限制的范围称为允许决策集合。用 $D_k(x_k)$ 表示第 k 阶段从 x_k 出发的决策集合。

4) 策略

由每阶段的决策 $u_i(x_i)$ $(i=1,2,\cdots,n)$ 组成的决策函数序列称为全过程策略，简称策略，用 P 表示，即

$$P(x_1)=\{u_1(x_1),u_2(x_2),\cdots,u_n(x_n)\}$$

由系统的第 k 个阶段开始到终点的决策过程称为全过程的后部子过程，相应的策略称为后部子过程策略。用 $P_k(x_k)$ 表示 k 子过程策略，即

$$P_k(x_k)=\{u_k(x_k),u_{k+1}(x_{k+1}),\cdots,u_n(x_n)\}$$

对于每一个实际的多阶段决策过程，可供选择的策略有一定的范围限制，这个范围称为允许策略集合。允许策略集合中达到最优效果的策略称为最优策略。

5) 状态转移

某一阶段的状态变量及决策变量取定后，下一阶段的状态就随之而定。设第 k 个阶段的状态变量为 x_k，决策变量为 $u_k(x_k)$，则第 k+1 个阶段的状态 x_{k+1}，用 $x_{k+1}=T_k(x_k,u_k)$

表示从 k 阶段到 k+1 阶段的状态转移规律，称为状态转移方程。

6) 阶段效益

系统某阶段的状态一经确定，执行某一决策所得的效益称为阶段效益，它是整个系统效益的一部分，是阶段状态 x_k 和阶段决策 u_k 的函数，记为 $W_k(x_k,u_k)$。

7) 指标函数

指标函数是系统执行某一策略所产生效益的数量表示，根据不同的实际问题，效益可以是利润、距离、产量或资源的耗量等。指标函数可以定义在全过程上，也可以定义在后部子过程上。指标函数往往是各阶段效益的某种和式，取最优策略时的指标函数称为最优策略指标。如问题 5.12 中，$f_5(A_4)$ 表示从 A_4 出发到终点 A_6 的最优策略指标。

问题 5.12 中 $f_6(A_6)$ 显然为零，称它为边值条件。而动态规划的求解就是对 $k=n,n-1,\cdots,2,1$ 逐级求出最优策略指标的过程。

8) 动态规划的基本方程

$$f_k(x_k)=\min_{u_k}[W_k(x_k,u_k)+f_{k+1}(x_{k+1})]$$

➢ **问题 5.13　机器负荷分配问题**

某种机器可以在高、低两种负荷下生产，年产量与年初投入生产的机器数有关。在高负荷下生产时，年产量 $s_1=8u_1$，其中 u_1 为投入生产的机器数，年终的完好机器数为 $0.7u_1$，称系数 0.7 为机器完好率。在低负荷下生产时，年产量 $s_2=5u_2$，其中 u_2 为投入生产的机器数，机器完好率为 0.9。设开始时，完好的机器数为 $x_1=1000$ 台，要求制订一个五年计划，在每年开始时决定如何重新分配完好机器在两种不同负荷下工作的数量，使五年的总产量最高。

模型求解

此问题与问题 5.12 类似。设阶段变量 k 表示年度；状态变量 x_k 是第 k 年初拥有的完好机器数(也是第 k–1 年度末完好机器数)。决策变量 u_k 规定为第 k 年度中分配在高负荷下生产的机器数。于是 x_k-u_k 是该年度分配在低负荷下生产的机器数。

记 $f_k(x_k)$ 表示第 k 年到第 5 年末的最高总产量，则

k=5 时：

$$\begin{aligned}f_5(x_5)&=\max_{0\leqslant u_5\leqslant x_5}[8u_5+5(x_5-u_5)]\\&=\max_{0\leqslant u_5\leqslant x_5}[5x_5+3u_5]=8x_5\end{aligned}$$

最优点

$$u_5^*=x_5$$

这说明第 5 年初要把全部完好机器投入高负荷下生产。

k=4 时：

因为

$$x_5=0.7u_4+0.9(x_4-u_4)=0.9x_4-0.2u_4$$

所以

$$\begin{aligned} f_4(x_4) &= \max_{0\leqslant u_4\leqslant x_4}[8u_4+5(x_4-u_4)+f_5(x_5)] \\ &= \max_{0\leqslant u_4\leqslant x_4}[5x_4+3u_4+8(0.9x_4-0.2u_4)] \\ &= \max_{0\leqslant u_4\leqslant x_4}[12.2x_4+1.4u_4]=13.6x_4 \end{aligned}$$

最优点

$$u_4^*=x_4$$

k=3 时：

因为

$$x_4=0.7u_3+0.9(x_3-u_3)=0.9x_3-0.2u_3$$

所以

$$\begin{aligned} f_3(x_3) &= \max_{0\leqslant u_3\leqslant x_3}[8u_3+5(x_3-u_3)+f_4(x_4)] \\ &= \max_{0\leqslant u_3\leqslant x_3}[5x_3+3u_3+13.6(0.9x_3-0.2u_3)] \\ &= \max_{0\leqslant u_3\leqslant x_3}[17.24x_3+0.28u_3]\approx 17.5x_3 \end{aligned}$$

最优点

$$u_3^*=x_3$$

k=2 时：

因为

$$x_3=0.7u_2+0.9(x_2-u_2)=0.9x_2-0.2u_2$$

所以

$$\begin{aligned} f_2(x_2) &= \max_{0\leqslant u_2\leqslant x_2}[8u_2+5(x_2-u_2)+f_3\ (x_3)] \\ &= \max_{0\leqslant u_2\leqslant x_2}[5x_2+3u_2+17.5(0.9x_2-0.2u_2)] \\ &= \max_{0\leqslant u_2\leqslant x_2}[20.75x_2-0.5u_2]\approx 20.8x_2 \end{aligned}$$

最优点

$$u_2^*=0$$

k=1 时：

因为

$$x_1=1000$$

$$x_2=0.7u_1+0.9(x_1-u_1)=0.9x_1-0.2u_1$$

所以

$$\begin{aligned} f_1(1000) &= \max_{0\leqslant u_1\leqslant x_1}[8u_1+5(x_1-u_1)+f_2(x_2)] \\ &= \max_{0\leqslant u_1\leqslant x_1}[5x_1+3u_1+20.8(0.9x_1-0.2u_1)] \\ &= \max_{0\leqslant u_1\leqslant x_1}[23.72x_1-1.16u_1] \\ &\approx 23.7x_1=23.7\times 1000=23\,700 \end{aligned}$$

最优点

$$u_1^* = 0$$

由此知 5 年最高总产量为 23 700。

再由上递推知

$$x_1 = 1000, \qquad u_1^* = 0$$

$$x_2 = 900, \qquad u_2^* = 0$$

$$x_3 = 810, \qquad u_3^* = 810$$

$$x_4 = 567, \qquad u_4^* = 567$$

$$x_5 = 396, \qquad u_5^* = 397$$

高负荷生产的完好机器的最优组合简记：

$$\{u_1^*, u_2^*, \cdots, u_5^*\} = \{0, 0, 810, 567, 396\}$$

这表明在前 2 年年初全部完好机器投入低负荷生产，后 3 年年初全部完好机器投入高负荷生产。

第 5 年末的完好机器数为

$$0.7 \times 396 \approx 277(台)$$

在此问题中，我们仅考虑最高产量，而未考虑五年计划后的完好机器数。

思考题：

(1) 若计划为 n 个年度，怎样决策？

(2) 若要求在第 5 年末完好的机器数为 500 台，如何决策使 5 年总产量最高？

由上讨论知，状态转移方程仍为

$$x_{k+1} = 0.7u_k + 0.9(x_k - u_k) = 0.9x_k - 0.2u_k \tag{5.3.1}$$

$f_k(x_k)$ 表示第 k 年初开始到第 5 年末的最高产量，称为最优值函数，其递推关系为

$$f_k(x_k) = \max_{0 \leqslant u_k \leqslant x_k} \{8u_k + 5(x_k - u_k) + f_{k+1}(0.9x_k - 0.2u_k)\} \quad (k = 1, 2, 3, 4, 5) \tag{5.3.2}$$

$$f_6(x_6) = 0$$

其中，$y_k(x_k, u_k) = 8u_k + 5(x_k - u_k)$ 为第 k 段的效益值，即第 k 年的产量。$f_6(x_6) = 0$ 表示第 6 年的产量不计算在总产量之内，故为零。

由假设 $x_6 = 500$，又根据式(5.3.1)得

$$x_6 = 0.9x_5 - 0.2u_5$$

一般地，当 x_5 确定后，选择 u_5 来确定 x_6，现在 x_6 已经给定，故 u_5 已经没有选择余地，它由 x_6 和 x_5 确定。

于是

$$u_5 = 4.5x_5 - 5x_6 = 4.5x_5 - 2500$$

由式(5.3.2)可知

$$f_5(x_5) = \max_{0\leqslant u_5\leqslant x_5}[5x_5 + 3u_5 + 0]$$
$$= 5x_5 + 3(4.5x_5 - 2500)$$
$$= 18.5x_5 - 7500$$

$$f_4(x_4) = \max_{0\leqslant u_4\leqslant x_4}[5x_4 + 3u_4 + f_5(0.9x_4 - 0.2u_4)]$$
$$= \max_{0\leqslant u_4\leqslant x_4}[5x_4 + 3u_4 + 18.5(0.9x_4 - 0.2u_4) - 7500]$$
$$= \max_{0\leqslant u_4\leqslant x_4}[21.65x_4 - 0.7u_4 - 7500]$$
$$= 21.7x_4 - 7500$$

最优值

$$u_4^* = 0$$

$$f_3(x_3) = \max_{0\leqslant u_3\leqslant x_3}[5x_3 + 3u_3 + 21.7(0.9x_3 - 0.2u_3) - 7500]$$
$$= 24.5x_3 - 7500$$

最优值

$$u_3^* = 0$$

类似地得到

$$f_2(x_2) = 21.7x_2 - 7500, \quad u_2^* = 0$$
$$f_1(x_1) = 29.4x_1 - 7500, \quad u_1^* = 0$$
$$f_1(1000) = 29\,400 - 7500 = 21\,900$$

这是 5 年最高产量。

这表明，如果限定 5 年后的完好机器数为 500 台，则总产量低于无限制的情况，最优策略也相应有所变化，由第 1 年到第 4 年全部完好机器投入低负荷生产。

为了计算第 5 年投入高负荷生产的完好机器数 u_5，先计算

$$x_2 = 0.9x_1 = 900$$
$$x_3 = 0.9x_2 = 810$$
$$x_4 = 0.9x_3 = 729$$
$$x_5 = 0.9x_4 = 656$$

所以

$$u_5 = 4.5x_5 - 2500 = 452$$

即第 5 年有 452 台机器投入高负荷生产，其余投入低负荷生产。

5.4　生产福利问题

利润用于扩大再生产，可望来年的利润更高，从而使职工来年的福利提高，但当年职工分的奖金少。如果利润用于提高职工当年的福利，职工眼前受益大，但来年因投资少而利润相对减少，又影响职工福利的长远增长。总之，在利润的分成中，投资与福利(眼

前的实惠)是矛盾统一的两个方面，我们应尽可能找到它们的“交会点”，使职工的眼前利益和长远利益在一定时期内的总和最大。

➢ **问题 5.14** 某厂有资产 5 亿元，年平均利润率 40%(除上交国家税收外)，试制订 10 年规划，确定利润中投资与福利的恰当比例，使职工在 10 年中总的受益最大。

模型建立

设工厂在时刻t的资产为x，则在t到$t+\Delta t$内的利润为$kx\Delta t$（k为利润率），设a为利润中用于扩大再生产的投资比例，则在t到$t+\Delta t$时刻资产的改变量为

$$x(t+\Delta t)-x(t)=akx\Delta t$$

所以资产增长方程为

$$\begin{cases}\dfrac{\mathrm{d}x}{\mathrm{d}t}=akx\\x(0)=5\end{cases}\tag{5.4.1}$$

其中，$k=0.4$。

设t时刻总福利为y，即$y=y(t)$，则在t到$t+\Delta t$时间内总福利的改变量为

$$y(t+\Delta t)-y(t)=(1-a)kx\Delta t$$

所以福利增长方程为

$$\begin{cases}\dfrac{\mathrm{d}y}{\mathrm{d}t}=(1-a)kx\\y(0)=0\end{cases}\tag{5.4.2}$$

方程(5.4.1)、方程(5.4.2)就是本问题的数学模型。

用分离变量法解方程(5.4.1)得特解

$$x=5\mathrm{e}^{0.4at}$$

而在 10 年内，用于职工福利的部分，可由方程(5.4.2)算出

$$y=\int_0^{10}(1-a)kx\mathrm{d}t=0.4(1-a)\int_0^{10}5\mathrm{e}^{0.4at}\mathrm{d}t=\left(\frac{1}{a}-1\right)(\mathrm{e}^{4a}-1)$$

为使福利y最大，可求y的极值。为此，先求出y对a的导数等于零的a值：

$$\frac{\mathrm{d}y}{\mathrm{d}a}=5\left[\frac{-1}{a^2}(\mathrm{e}^{4a}-1)+4\mathrm{e}^{4a}\left(\frac{1}{a}-1\right)\right]=0$$

约去常数因子 5，并用a^2乘两边得

$$-\mathrm{e}^{4a}+1+4\mathrm{e}^{4a}(a-a^2)=0$$

即

$$4a\mathrm{e}^{4a}(1-a)=\mathrm{e}^{4a}-1\tag{5.4.3}$$

式(5.4.3)可用牛顿-辛普森法作近似计算，求出$a_0=0.64$，这就是说，每年用 64%的利润扩大再生产，用$1-a_0=36\%$的利润作为职工福利是最恰当的、最优的。

5.5 存储模型

工厂为了连续生产，必须存储一些原材料，商店为了连续销售，必须存储一些商品，像这类的实际问题当然要考虑其经济效益。因此就必须考虑一个存储多少的问题。原料、商品存得太多，存储费用高，存得太少则无法满足需求。

➢ **问题 5.15**　寻求一个好的存储策略，即多长时间订一次货，每次订多少货才能使总费用最少？

模型一　不允许缺货的存储模型

解　在不允许缺货的情况下只考虑两种费用：订货时需付的一次性订货费和货物的存储费。至于货物本身的价格，与要讨论的优化问题无关。

建模目的

在单位时间的需求量为常数的情况下，制定最优存储策略，即多长时间订一次货，每次订多少货，使总费用最小。

模型假设

为了叙述方便，设时间以天为单位，货物以吨为单位，每隔 T 天订一次货(T 称为订货周期)，订货量为 Q(单位：t)，订货费、存储费及单位时间需求量均为已知常数。模型要以总费用为目标函数确定订货周期 T 和订货量 Q 的最优值，假设条件如下：

(1) 每次订货费为 c_1，每天每吨货物存储费为 c_2；

(2) 每天的货物需求量为 r(单位：t)；

(3) 每 T 天订货量 Q，当存储量降到零时，订货立即到达(即不允许缺货)。

对于假设(3)中订货可以瞬时完成，可解释为由于需求是确定和已知的，只要提前订货使得存储量为零时立即进货就行了，当然，存储量降到零不符合实际生产需要，应该有一个最低库存量，可以认为模型中的存储量是在这个最低存量之上计算的。

模型建立

订货周期 T、订货量 Q 与每天需求量 r 之间满足

$$Q=rT \tag{5.5.1}$$

订货后存储量由 Q 均匀地下降，记任意时刻 t 的存储量为 q，则 $q(t)$ 的变化规律如图 5.4 所示。

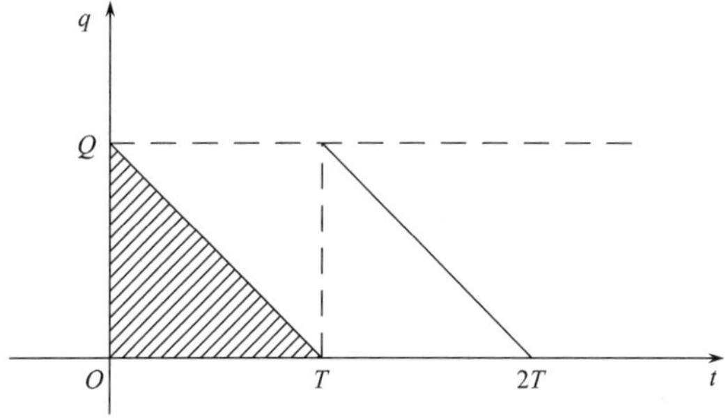

图 5.4　$q(t)$ 的变化规律(一)

考察一个订货周期的总费用：

(1) 订货费为 c_1；

(2) 存储费为 $c_1\int_0^T q(t)\mathrm{d}t$，因为积分值恰是图中阴影三角形面积 A，显然 $A=\frac{1}{2}QT$。

由式(5.5.1)可知一个订货周期 T 内的总费用为

$$\overline{c}=c_1+\frac{1}{2}c_2rT^2 \tag{5.5.2}$$

于是平均每天的费用为

$$c(T)=\frac{\overline{c}}{T}=\frac{c_1}{T}+\frac{1}{2}c_2rT \tag{5.5.3}$$

所以制定最优存储策略可归结为：求订货周期 T，使 $c(T)$ 最小。

> **思考题：**
> 为什么不用 $\overline{c}$ 作为目标函数？

模型求解

利用微分法，令 $\frac{\mathrm{d}c}{\mathrm{d}t}=0$，得

$$T=\sqrt{\frac{2c_1}{rc_2}} \tag{5.5.4}$$

再根据式(5.5.1)，有

$$Q=\sqrt{\frac{2c_1r}{c_2}} \tag{5.5.5}$$

式(5.5.5)是经济理论中著名的经济订货批量公式(简称 EOQ 公式)。

式(5.5.5)表明：订货费 c_1 越高，需求量 r 越大，订货批量 Q 应越大；存储费 c_2 越高，则每次订货批量应越小。这些当然符合常识，但公式中平方根关系是凭常识难以得到的。

说明　货物本身的价格不影响最优存储策略。因为若记每吨货物价格为 k，则一个周期 T 的总费用 $\overline{c}$ 中应添加一项 kQ，由于 $Q=rT$，所以式(5.5.3)中增加一常数项 kr 对求解结果式(5.5.4)、式(5.5.5)无影响。

例 5.1　某商店有甲商品出售，每单位甲商品价格 500 元，其存储费每年为价格的 20%，甲商品每次订购费需 20 元，顾客对甲商品的年需求量为 365 单位，而且需求率为常数(即顾客每天需求商品 1 单位)，在不缺货的条件下，求最优策略。

解　以年为单位，则 $r=365, c_1=20, c_2=500\times 20\%=100$，于是订货批量

$$Q=\sqrt{\frac{2c_1r}{c_2}}=\sqrt{\frac{2\times 20\times 365}{100}}\approx 12(\text{单位})$$

订货周期

$$T=\frac{Q}{r}=\frac{12}{365}(\text{年})=12(\text{天})$$

即每隔 12 天订一次货，每次订 12 单位为最优策略。

若按天为单位，则 $r=1, c_1=20, c_2=500\times 20\%\div 365=\dfrac{100}{365}$，所以

$$Q=\sqrt{\frac{2c_1 r}{c_2}}=\sqrt{\frac{2\times 20\times 1}{\frac{100}{365}}}\approx 12(\text{单位})$$

$$T=\frac{12}{1}=12(\text{天})$$

这与以年为单位结果相同。

模型二　允许缺货的存储模型

模型建立

允许缺货就是企业或商店可以在存储降到零后，还可以再等一段时间订货。缺货时因失去销售机会而使利润减少，减少的利润可以视为因缺货而付出的费用，称缺货费。于是此模型的假设(1)、假设(2)与不允许缺货的存储模型相同，而假设(3)改为：每隔 T 天订货 Q (单位：t)，允许缺货，每天每吨货物缺货费为 c_3。缺货时存储量视作负值，$q(t)$ 图形如图 5.5 所示。

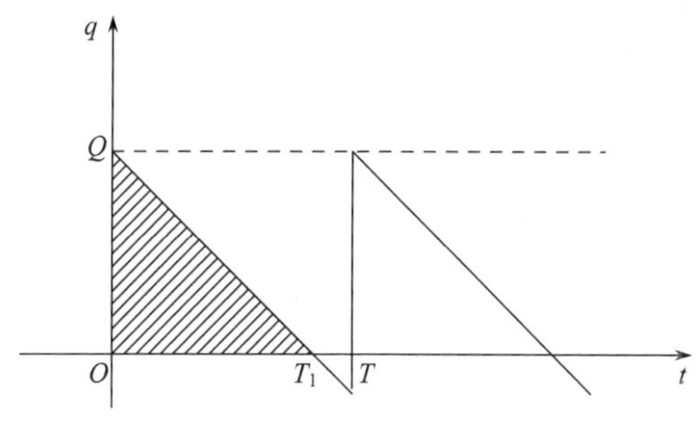

图 5.5　$q(t)$ 的变化规律(二)

货物在 $t=T_1$ 时售完，有一段时间缺货(这时需求量仍为 r)，在 $t=T$ 时下一次订货量 Q 到达。于是

$$Q=rT_1$$

一个订货周期 T 内的总费用计算：

(1) 订货费 c_1；

(2) 存储费 $c_2\int_0^{T_1} q(t)\mathrm{d}t$，由图 5.5 知 $\int_0^{T_1} q(t)\mathrm{d}t=A=\frac{1}{2}QT_1$；

(3) 缺货费 $c_3\int_{T_1}^{T} |q(t)|\mathrm{d}t$，由图 5.5 知 $\int_{T_1}^{T} |q(t)|\mathrm{d}t=B=\frac{1}{2}r(T-T_1)^2$。

所以总费用

$$\overline{c}=c_1+\frac{1}{2}c_2 QT_1+\frac{1}{2}c_3 r(T-T_1)^2$$

每天平均费用

$$c(T,Q)=\frac{\overline{c}}{T}=\frac{c_1}{T}+\frac{c_2QT_1}{2T}+\frac{c_3r(T-T_1)^2}{2T}$$
$$=\frac{c_1}{T}+\frac{c_2Q^2}{2rT}+\frac{c_3(rT-Q)^2}{2rT}$$

下面的问题是当T,Q为何值时，使$c(T,Q)$最小。

模型求解

利用微分法，令$\frac{\partial c}{\partial T}=0,\frac{\partial c}{\partial Q}=0$，求出$T,Q$的最优值，记为$T',Q'$，所以有

$$T'=\sqrt{\frac{2c_1}{rc_2}\frac{c_2+c_3}{c_3}}$$
$$Q'=\sqrt{\frac{2c_1r}{c_2}\frac{c_3}{c_2+c_3}}$$

若记

$$\mu=\sqrt{\frac{c_2+c_2}{c_3}}\qquad(>1)$$

则与不允许缺货的存储模型相比

$$T'=\mu T,\quad Q'=\frac{Q}{\mu}$$

显然

$$T'>T,Q'<Q$$

即允许缺货时订货周期应增大，而订货批量应减少。当缺货费c_3越大时(相对于c_2而言)，μ越小，T'和Q'越接近T和Q。特别地，当$c_3\to\infty$时，$\mu\to 1$，于是$T'\to T,Q'\to Q$。这个结果是合理的，因为$c_3\to\infty$，即缺货造成的损失无限变大，相当于不允许缺货。

5.6 森林救火的数学模型

➢ **问题 5.16** 森林失火了，消防站接到报警后应派多少消防队员前去救火？

派的队员越多，森林的损失越小，但是救援的开支会越大，所以需要综合考虑森林损失费和救援费与消防队员人数之间的关系，以总费用最小来决定派出队员的数目。

问题分析

森林损失费通常与森林烧毁的面积成正比，而烧毁的面积与失火、灭火(指火被扑灭)的时间有关，灭火的时间又取决于消防队员数目，即队员越多，灭火越快。

救援费除与消防队员人数有关外，也与消防队员灭火时间的长短有关。

记失火时刻为$t=0$，开始救火时刻为$t=t_1$，将火扑灭的时刻为$t=t_2$。设在时刻t森林烧毁面积为$B(t)$，则造成损失的森林烧毁面积为$B(t_2)$，建模时要对函数$B(t)$的形式做出合理的简单假设。

研究$\frac{\mathrm{d}B}{\mathrm{d}t}$比$B(t)$更为直接和方便。$\frac{\mathrm{d}B}{\mathrm{d}t}$是单位时间烧毁的面积，表示火势蔓延的程度。在消防队员到达之前，即$0 \leqslant t \leqslant t_1$火势越来越大，即$\frac{\mathrm{d}B}{\mathrm{d}t}$随$t$的增加而增加；开始救火以后，即$t_1 \leqslant t \leqslant t_2$，如果消防队员救火能力足够强，火势会越来越小，即$\frac{\mathrm{d}B}{\mathrm{d}t}$应减少，并且当$t = t_2$时，$\frac{\mathrm{d}B}{\mathrm{d}t}=0$。

救援费可分为两部分：一部分是灭火器材的消耗及消防队员的薪金等，与队员人数及灭火所用的时间均有关；另一部分是运送队员和器材等一次性支出，只与队员人数有关。

模型假设

需要对烧毁森林的损失费、救援费及火势蔓延程度$\frac{\mathrm{d}B}{\mathrm{d}t}$的形式作出假设：

(1) 森林损失费与森林烧毁面积$B(t_2)$成正比，比例系数c_1为烧毁单位面积的损失费。

(2) 从失火到开始救火这段时间（$0 \leqslant t \leqslant t_1$）内，火势蔓延程度$\frac{\mathrm{d}B}{\mathrm{d}t}$与时间$t$成正比，比例系数$\beta$称为火势蔓延速度。

(3) 派出消防队员x名，开始救火以后（$t \geqslant t_1$）火势蔓延速度降为$\beta - \lambda x$，其中λ可视为每个队员的平均灭火速度；显然应有$\beta < \lambda x$。

(4) 每个消防队员单位时间的费用为c_2，于是每个队员的救火费用是$c_2(t_2 - t_1)$；每个队员的一次性支出是c_3。

假设(2)可作如下解释：火势以失火点为中心，以均匀速度向四周呈圆形蔓延，所以蔓延的半径r与时间t成正比，又因为烧毁面积B与r^2成正比，故B与t^2成正比，从而$\frac{\mathrm{d}B}{\mathrm{d}t}$与$t$成正比。

模型建立

根据假设条件(1)、(3)、(4)，森林损失费为$c_1B(t_2)$，救援费为$c_2x(t_2 - t_1) + c_3x$，所以这个模型的目标函数即总费用（把它作为队员人数x的函数）为

$$c(x) = c_1B(t_2) + c_2x(t_2 - t_1) + c_3x \tag{5.6.1}$$

为求解$c(x)$的极值问题，必须确定$B(t)$的形式及t_2, t_1, x间的关系。

根据假设条件(2)、(3)，火势蔓延程度$\frac{\mathrm{d}B}{\mathrm{d}t}$在$0 \leqslant t \leqslant t_1$呈线性增加，在$t_1 \leqslant t \leqslant t_2$呈线性减少，$\frac{\mathrm{d}B}{\mathrm{d}t}$-$t$的图形如图 5.6 所示。

记$t = t_1$时，$\frac{\mathrm{d}B}{\mathrm{d}t} = b$，烧毁的面积$B(t_2) = \int_0^{t_2} \frac{\mathrm{d}B}{\mathrm{d}t}\mathrm{d}t$恰是图中三角形的面积，显然有

$$B(t_2) = \frac{1}{2}bt_2$$

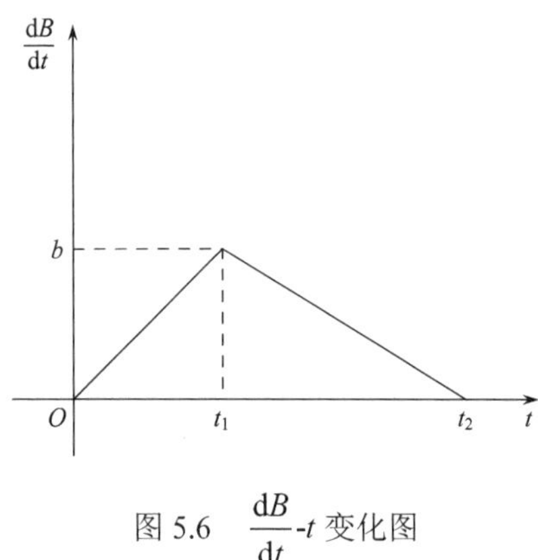

图 5.6 $\frac{\mathrm{d}B}{\mathrm{d}t}$-$t$ 变化图

而 t_2 满足

$$t_2 - t_1 = \frac{b}{\lambda x - \beta} \tag{5.6.2}$$

于是

$$B(t_2) = \frac{bt_1}{2} + \frac{b^2}{2(\lambda x - \beta)} \tag{5.6.3}$$

将式(5.6.2)、式(5.6.3)代入式(5.6.1)，所以救火总费用为

$$c(x) = \frac{c_1 b t_1}{2} + \frac{c_1 b^2}{2(\lambda x - \beta)} + \frac{c_2 b x}{\lambda x - \beta} + c_3 x \tag{5.6.4}$$

于是问题归结为求 x，使 $c(x)$ 达到最小。

模型求解

令

$$\frac{\mathrm{d}c}{\mathrm{d}x} = 0$$

可以得到应派出的队员人数

$$x = \frac{1}{\lambda}\sqrt{\frac{c_1 \lambda b^2 + 2c_2 \beta b}{2c_3}} + \frac{\beta}{\lambda} \tag{5.6.5}$$

结果解释

(1) 首先，应派出队员数目由两部分组成，其中一部分 $\frac{\beta}{\lambda}$ 是为了把火扑灭所必需的最低限度。因为 β 是火势蔓延速度，而 λ 是每个队员的平均灭火速度，所以这个结果是明显的。从图 5.6 中也可看出，只有当 $x > \frac{\beta}{\lambda}$ 时，斜率为 $\beta - \lambda x$ 的直线才会与 t 轴有交点 t_2。其次，派出的另一部分队员数，在最低限度之上的人数与问题的各个参数有关。当队员灭火速度 λ 和队员一次性支出 c_3 增大时，队员数减少；当火势蔓延速度 β、开始救火时的火势 b 及损失费用系数 c_1 增加时，队员数增加。这些结果与常识是一致的。式(5.6.5)

还表明：当救援费用系数 c_2 变大时，队员数也增加(思考：这个结果是否合理？)。

(2) 实际应用这个模型时，c_1, c_2, c_3 是已知常数，β, λ 由森林类型、消防队员素质等因素决定，可以预先制成表格以备查用，较难掌握的是开始救火时的火势 b，它可以由失火到救火的时间 t_1 按 $b = \beta t_1$ 算出，或根据现场情况估计。

说明　建立这个模型的关键是对 $\dfrac{\mathrm{d}B}{\mathrm{d}t}$ 的假设。比较合理而又简化的假设条件(2)、(3)只能符合无风的情况，有风时的影响应考虑另外的假设。再者，有人对队员灭火的平均速度 λ 是常数的假设提出异议，认为 λ 应与开始救火时的火势 b 有关，b 越大，λ 越小，这时要对函数 $\lambda(b)$ 作出合理的假设，再得到进一步的结果。

思考题：
在有风的情况下如何建立数学模型？

5.7　冰山运输的数学模型

➢ **问题 5.17**　在以盛产石油著称的波斯湾地区，浩瀚的沙漠覆盖着大地，水资源十分贫乏，不得不采用淡化海水的办法为国民提供用水，成本大约是每立方米淡水 0.1 英镑。有些专家提出从相距 9600km 之遥的南极用拖船运送冰山到波斯湾，以取代淡化海水的办法。这个模型要从经济角度研究冰山运输的可行性。

为了计算用拖船运送冰山获得每立方米水所花的费用，我们需要关于拖船的租金、运量、燃料消耗及冰山运输过程中融化速率等方面的数据，以此作为建模必需的准备工作。

模型准备

根据建模的需要搜集到以下数据：

(1) 3 种拖船的日租金和最大运量，见表 5.7。

表 5.7　日租金和最大运量

船型	小	中	大
日租金/英镑	4.0	6.2	8.0
最大运量/m^3	5×10^5	10^6	10^7

(2) 燃料消耗(单位：英镑/km)。主要依赖于船速和所运冰山的体积，船型的影响可以忽略。参见表 5.8。

表 5.8　燃料消耗　　(单位：英镑/km)

船速/(km/h)	冰山体积		
	$10^5\mathrm{m}^3$	$10^6\mathrm{m}^3$	$10^7\mathrm{m}^3$
1	8.4	10.5	12.6
3	10.8	13.5	16.2

(3) 冰山运输过程中的融化速率(单位：m/d)。冰山与海水、大气接触处每天融化的深度、融化速率除与船速有关外，还和运输过程中冰山与南极的距离有关，这是由于冰山要从南极运往赤道附近。参见表 5.9。

表 5.9　融化速率　(单位：m/d)

船速/(km/h)	与南极距离		
	0	1000km	>4000km
1	0	0.1	0.3
3	0	0.15	0.45

建立模型的目的是选择拖船的船型和船速，使冰山到达目的地后，可得到的每立方米所花的费用最低，并与海水淡化的费用相比较。

根据建模目的和搜集到的有限的资料，需要作如下的简化假设。

模型假设

(1) 拖船航行过程中船速不变，航行不考虑天气等任何因素的影响，总航行距离 9600km。

(2) 冰山形状为球形，球面各点的融化速率相同，这是相当无奈的假设，在冰山上各点融化速率相同的条件下，只有球形的形状不变，体积的变化才能简单地计算。

(3) 冰山到达目的地后，1m^3 冰可融化成 0.85m^3 水。

模型建立

首先需要知道冰山体积在运输过程中的变化情况，然后是计算航行中的燃料消耗，由此可以算出到达目的地后的冰山体积和运费，在计算过程中需要根据搜集到的数据拟合出经验公式。模型构成可分为以下几点。

1) 冰山融化规律

根据假设(2)先确定冰山球面半径的减小，就可以得到冰山体积的变化规律。

记冰山球面半径融化速率为 r（单位：m/d)，船速为 u（单位：km/h)，拖船与南极距离为 d（单位：km)。根据表 5.9 中融化速率的数据，可设 r 是船速 u 的线性函数，且当 $0 \leqslant d \leqslant 4000$ 时，r 与 d 成正比，而当 $d > 4000$ 时，r 与 d 无关，即设

$$r = \begin{cases} a_1 d(1+bu), & 0 \leqslant d \leqslant 4000 \\ a_2(1+bu), & d > 4000 \end{cases} \tag{5.7.1}$$

其中，a_1, a_2, b 为待定参数，这可以解释为 $0 \leqslant d \leqslant 4000$ 相当于从南极到赤道以南，海水温度随 d 增加而上升，使融化速率 r 也随 d 的增加而变大，而 $d > 4000$ 后海水温度变化较小，可以忽略。

利用表 5.9 所给数据确定出

$$a_1 = 6.5 \times 10^{-5}, \quad a_2 = 0.2, \quad b = 0.4 \tag{5.7.2}$$

当拖船从南极出发航行第 t 天时，与南极距离为

$$d = 24ut \tag{5.7.3}$$

记第t天冰山球面半径融化速率为r_t，将式(5.7.2)、式(5.7.3)代入式(5.7.1)得

$$r_t=\begin{cases}1.56\times10^{-3}u(1+0.4u)t, & 0\leqslant t\leqslant\dfrac{1000}{6u}\\ 0.2(1+0.4u), & t>\dfrac{1000}{6u}\end{cases}\tag{5.7.4}$$

记第t天冰山半径为R_t，体积为V_t，则

$$R_t=R_0-\sum_{k=1}^{t}r_k\tag{5.7.5}$$

$$V_t=\frac{4\pi}{3}R_t^3,\quad V_0=\frac{4\pi}{3}R_0^3\tag{5.7.6}$$

其中，R_0、V_0分别为从南极启运时冰山的初始半径和体积。由式(5.7.4)～式(5.7.6)可知冰山体积是船速u、初始体积V_0和航行天数t的函数，记作$V(u,V_0,t)$，有

$$V(u,V_0,t)=\frac{4\pi}{3}\left(\sqrt[3]{\frac{3V_0}{4\pi}}-\sum_{k=1}^{t}r_k\right)^3\tag{5.7.7}$$

其中，r_k由式(5.7.4)表示。

2) 燃料消耗费用

分析表 5.8 给出的燃料消耗(英镑/km，记作$\overline{q}$)的数据可以看出，$\overline{q}$对船速u和冰山体积V的对数$\lg V$均按线性关系变化，所以可设

$$\overline{q}=c_1(u+c_2)(\lg V+c_3)\tag{5.7.8}$$

其中，c_1,c_2,c_3为待定参数，利用表 5.8 所给数据可以确定

$$c_1=0.3,\quad c_2=6,\quad c_3=-1\tag{5.7.9}$$

由式(5.7.7)～式(5.7.9)可将拖船航行第t天的燃料消耗记作$q(u,V_0,t)$(英镑/d)，且有

$$\begin{aligned}q(u,V_0,t)&=24u\cdot c_1(u+c_2)[\lg V(u,V_0,t)+c_3]\\&=7.2u(u+6)\left[\lg\frac{4\pi}{3}\left(\sqrt[3]{\frac{3V_0}{4\pi}}-\sum_{k=1}^{t}r_k\right)^3-1\right]\\&=7.2u(u+6)\left[3\lg\left(\sqrt[3]{\frac{3V_0}{4\pi}}-\sum_{k=1}^{t}r_k\right)-0.378\right]\end{aligned}\tag{5.7.10}$$

3) 运送冰山费用

费用由拖船的租金和燃料消耗两部分组成，由表 5.7 知船的日租金取决于船型，船型又由冰山的初始体积V_0决定，记日租金为$f(V_0)$，显然有

$$f(V_0)=\begin{cases}4.0, & V_0\leqslant5\times10^5\\ 6.2, & 5\times10^5<V_0\leqslant10^6\\ 8.0, & 10^6<V_0\leqslant10^7\end{cases}\tag{5.7.11}$$

又因为当船速为u时冰山抵达目的地所需天数为$T=\dfrac{9600}{24u}=\dfrac{400}{u}$，所以租金费用为

$\dfrac{400f(V_0)}{u}$。而整个航程的燃料消耗为$\sum_{t=1}^{T}q(u,V_0,t)$，由式(5.7.10)得运送冰山的总费用为

$$S(u,V_0)=\frac{400f(V_0)}{u}+7.2u(u+6)\left[3\sum_{t=1}^{T}\lg\left(\sqrt[3]{\frac{3V_0}{4\pi}}-\sum_{k=1}^{t}r_k\right)-\frac{151}{u}\right] \tag{5.7.12}$$

4) 冰山运抵目的地后可获得水的体积

将$t=T$代入式(5.7.7)知，冰山运抵目的地后的体积为

$$V(u,V_0,T)=\frac{4\pi}{3}\left(\sqrt[3]{\frac{3V_0}{4\pi}}-\sum_{t=1}^{T}r_t\right)^3 \tag{5.7.13}$$

注意到假设(3)，则得到水的体积为

$$W(u,V_0)=\frac{3.4\pi}{3}\left(\sqrt[3]{\frac{3V_0}{4\pi}}-\sum_{t=1}^{T}r_t\right)^3 \tag{5.7.14}$$

5) 每立方米水所需费用

记冰山运抵目的地后每立方米所需费用为$y(u,V_0)$，由式(5.7.12)、式(5.7.14)显然有

$$y(u,V_0)=\frac{S(u,V_0)}{W(u,V_0)} \tag{5.7.15}$$

模型求解

这个模型归结为选择船速u和冰山初始体积V_0，使式(5.7.15)表示的费用$y(u,V_0)$最小，其中$S(u,V_0)$由式(5.7.12)、式(5.7.4)给出，$W(u,V_0)$由式(5.7.14)、式(5.7.4)给出。由于$f(V_0)$是分段函数，只能固定一系列V_0值对u求解。又因为由调查数据(表 5.7、表 5.8)得到的经验公式是非常粗糙的，船速u的选取也不用太精细，所以没有必要用微分法求解这个极值问题。表 5.10 是对几组(V_0,u)值的计算结果，可知若选取最大的冰山初始体积$V_0=10^7\ \mathrm{m}^3$(当然要租用大型拖船)，船速$u=4$ km/h，每立方米水的费用约 0.065 英镑。

表 5.10　不同V_0,u下每立方米水的费用　(单位：英镑)

V_0 /m^3	u				
	3km/h	3.5km/h	4km/h	4.5km/h	5km/h
10^7	0.0723	0.0683	0.0649	0.0663	0.0658
5×10^6	0.2251	0.2013	0.1834	0.1842	0.1790
10^6	78.9032	9.8220	6.2138	5.4647	4.5102

结果分析

得到的结果虽然小于海水淡化的费用(每立方米 0.1 英镑)，但是模型中未考虑影响航行的种种不利因素，会拖长航行时间致使冰山抵达目的地后的体积显著地小于模型中的$V(u,V_0,T)$，并且没有计算空船费等其他费用。专家们认为，只有当用这个模型计算出来的费用显著地小于海水淡化的费用时(譬如小一个数量级)，才有理由考虑采用冰山运输的办法获得淡水。

说明　这个模型的思路是简单的，建模方法有两点值得注意：一是根据有限的数据(表 5.7、表 5.8)建立了经验式(5.7.1)、式(5.7.2)、式(5.7.8)和式(5.7.9)，为整个计算过程提供了基础；二是假定冰山呈球形，简化了计算，读者可以考虑，如果假定冰山为其他规则的形状，将如何处理。

习题 5

1. 某造船厂 2～7 月按订单必须发付的船只数如习题表 5.1 所示。

习题表 5.1

月份	2	3	4	5	6	7
船只数	1	2	5	3	2	1

假设：

(1) 开始时无存货，7 月底要求所有造出的船全部发付；

(2) 每月至多造 5 条船；

(3) 船坞每月至多能存放 3 条船；

(4) 提前造出的船要支付间接费用 4 个单位；

(5) 每条船存放一个月要支付费用 1 个单位。

问如何安排造船计划?

2. 有 4 个工人，要指派他们分别完成 4 项工作，每人做各项工作所消耗的时间如习题表 5.2 所示。

习题表 5.2

工人	工作			
	A	B	C	D
甲	15	18	21	24
乙	19	23	22	18
丙	26	17	16	19
丁	19	21	23	17

问指派哪个人去完成哪项工作，可使总的消耗时间为最短？

3. 某战略轰炸机群奉命摧毁敌人军事目标。已知该目标有 4 个要害部位，只要摧毁其中一个即达到目的。为完成此项任务的汽油消耗量限制为 48 000L、重型炸弹 48 枚、轻型炸弹 32 枚。飞机携带重型炸弹时每升汽油可飞行 2km，携带轻型炸弹时每升汽油可飞行 3km。又知每架飞机每次只能装载一枚炸弹，每出发轰炸一次除来回路程汽油消耗(空载时每升汽油可飞行 4km)外，起飞和降落每次各消耗 100L。有关数据如习题表 5.3 所示。

为了使摧毁敌方军事目标的可能性最大，应如何确定飞机轰炸的方案，要求建立这个问题的线性规划模型。

习题表 5.3

要害部位	离机场距离/km	摧毁可能性	
		每枚重型弹	每枚轻型弹
1	450	0.10	0.08
2	480	0.20	0.16
3	540	0.15	0.12
4	600	0.25	0.20

4. 工厂生产某种产品，每千件的成本为 1000 元，每次开工的固定成本为 3000 元，工厂每季度的最大生产能力为 6000 件。经调查，市场对该产品的需求量第一、二、三、四季度分别为 2000 件、3000 件、2000 件、4000 件。如果工厂在第一、二季度将全年的需求都生产出来，自然可以降低成本(少付固定成本费)，但是对于第三、四季度才能上市的产品需付存储费，每季每千件的存储费为 500 元。还规定年初和年末这种产品均无库存。试制订一个生产计划，即安排每个季度的产量，使一年的总费用(生产成本和存储费)最少。

5. 某钻井队要从以下 10 个可供选择的井位中确定 5 个钻井探油，使总的钻探费用为最小。若 10 个井位的代号为 $s_1,s_2,\cdots,s_{10}$，相应的钻探费用为 $c_1,c_2,\cdots,c_{10}$，并且井位选择上要满足下列限制条件：

(1) 或选择 s_1 和 s_7，或选择 s_9；

(2) 选择了 s_3 或 s_4 就不能选 s_5，或反过来也一样；

(3) 在 s_5,s_6,s_7,s_8 中最多只能选两个。

试建立这个问题的整数规划模型。

6. 某工厂向用户提供发动机，按合同规定，其交货数量和日期是：第一季度末交 40 台，第二季度末交 60 台，第三季度末交 80 台。工厂的最大生产能力为每季度 100 台，每季度的生产费用是 $f(x)=50x+0.2x^2$ (元)，此处 x 为该季度生产发动机的台数。若工厂生产的多，多余的发动机可移到下季度向用户交货，这样，工厂就需支付存储费，每台发动机每季度的存储费为 4 元。问该厂每季度应生产多少台发动机，才能既满足交货合同，又使工厂所花费的费用最少(假定第一季度开始时发动机无存货)？

7. 某厂每天需要角钢 100t，目前每月订购一次，每次订购的费用为 2500 元，每天每吨角钢的存储费为 0.18 元。

(1) 如果不允许缺货，问是否应改变订货策略，改变后能节省多少费用；

(2) 如果允许缺货，每天每吨的缺货费为 0.4 元，试制定订货策略。

8. 饮料厂某种饮料生产能力为 5000L/d，需求为 2000L/d，每次生产准备费为 300 元，生产成本为 10 元/L，而资金为贷款，贷款年息为 3%，试制订生产计划。

第 6 章　数学建模范例

数学建模(mathematical modeling)是用数学的语言和方法，通过抽象、简化从而近似刻画并解决实际问题的一种强有力的数学工具。modeling 一词在英文中有“塑造艺术”的意思，从不同的角度去考察问题就会有不同的数学模型，这正是数学建模所具有的创造性和艺术性的魅力所在。同时，这也启示我们：在建模时，不应拘于一格，而应大胆创新。本章从各种实际背景中精选出来一些问题，每节均为一个完整的数学建模范例，希望通过这些范例，使读者进一步体会数学建模在解决实际问题中的重要性和艺术性，旨在为读者提供一个完整的数学建模过程，供读者学习。

6.1　圆板的切割问题

6.1.1　问题的提出

某人受聘向一家制造公司的生产经理提供合理方案。生产工序的一部分是从 1m×1m 的钢板上切割圆板。用圆板冲床从每块钢板上压切 16 块直径为 0.25m 的小圆板，问是否能重新安排切割方案以减少损耗？从相同的钢板上切割出直径为 0.1m 的圆板时，减少浪费的最佳方案又是什么？能否构建一个数学公式用于计算从给定尺寸的钢板上切半径为 r 的圆板的最大数量？

已知圆板、钢板的尺寸，求最有效的切割方案和一块钢板能切出的圆板的最大数量。

6.1.2　建立模型

列出相关因素如表 6.1 所示。

表 6.1　相关因素列表

对象	类型	符号	单位
钢板长度	输入参数	L	m
钢板宽度	输入参数	b	m
圆板半径	输入参数	r	m
圆板数量	输出变量	N	块
损耗	输出变量	w	%

假设

(1) 冲床能高精度地光滑切割，可让圆与圆彼此相切。

(2) 每个圆之间接触的形式(邻近钢板边缘的圆除外)为：①与四个圆相切(“四点相切”或“方形排列”)；②与六个圆相切(“六点相切”或“三角形排列”)。

求数学解

最简单的形式如图 6.1 所示，呈现四点接触的方形排列，如前所述，有 $L=b=1, r=0.125$ 和 $N=16$，损耗为

$$w=1-16\pi(0.125)^2 \approx 21.5\%$$

若 $r=0.05$，按同样的方式在 $L=b=1$ 的钢板上切割，则 $N=100$， $w=1-100\pi(0.05)^2 \approx 21.5\%$ 和 $r=0.125$ 时相同(奇怪吗？)。

对于这种切割方式，考虑参数值的变化。若 $b=2nr$ (图 6.2)能得到 n 列圆，若 b 增加到 $(2n+2)r$，还可增多一列。这说明 n 是 $b/2r$ 的整数部分，写成 $[b/2r]$，方括号表示“取整”。同理推出行数为 $[L/2r]$。所以圆盘总数为 $N=[b/2r][L/2r]$，损耗 $w=(Lb-[b/2r][L/2r]\pi r^2)/Lb$。

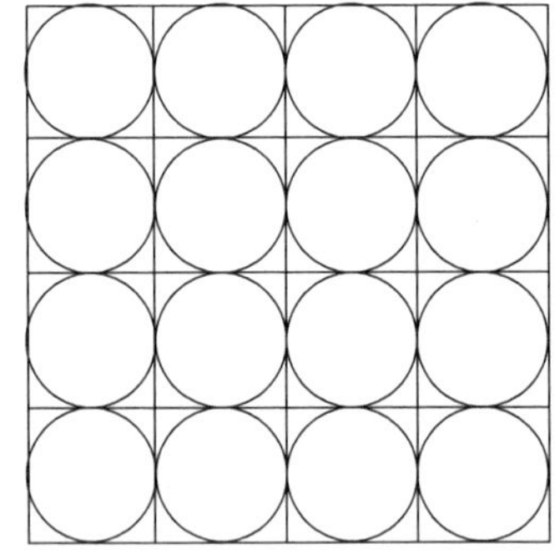

图 6.1　四点接触方形排列

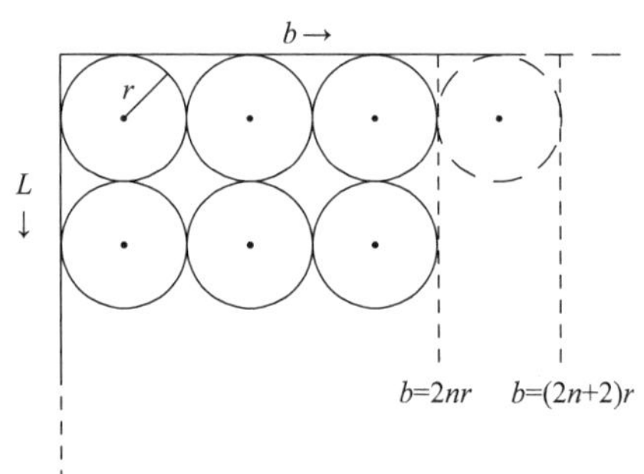

图 6.2　方形排列示意图

现对 L, b 和 r 的一般取值，讨论可能出现六点相切的情形。

按横行的形式考虑，如图 6.3 所示，当 b 是 r 的奇数倍(即 $(2n+1)r$)，那么直到 b 增加到 $(2n+2)r$ 足以再容纳一个圆板前，每行包括 n 个圆板。当 b 增大到 $(2n+2)r$ 时，各行交替为 $n+1$ 和 n 个，直到 b 增大到 $(2n+3)r$ 使每行都包含 $n+1$ 个圆板为止。

由图 6.3 所示的垂直边可见，若共有 x 行，则 x 必须满足 $2r+(x-1)r\sqrt{3}<L$，而 x 又为整数，所以 $x=[1+(1/\sqrt{3})(L/r-2)]$。在每行有 n 个圆板的情况下，总数 $N=nx$，由条件 $(2n+1)r \leqslant b<(2n+2)r$，得 $n=\dfrac{1}{2}\left(\left[\dfrac{b}{r}\right]-1\right)$。

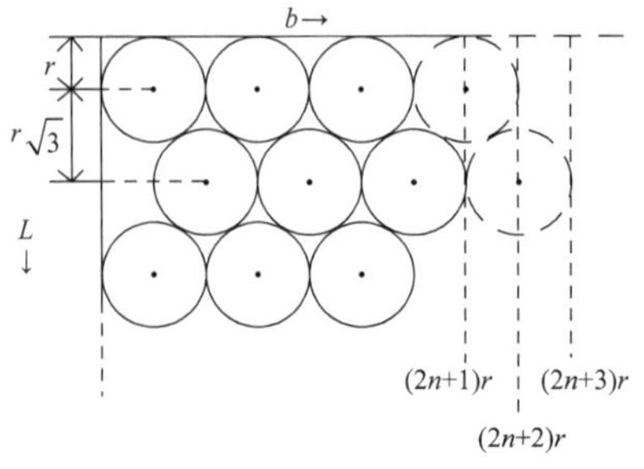

图 6.3　六点相切的情形

因此

$$N=\frac{1}{2}\left(\left[\frac{b}{r}\right]-1\right)\left[1+\frac{1}{\sqrt{3}}\left(\frac{L}{r}-2\right)\right]$$

在各行交替有 $n+1$ 个和 n 个圆板的情况下，当 x 为偶数时，长行(每行有 $n+1$ 个圆板)个数是 $\frac{x}{2}$，当 x 为奇数时，长行个数是 $\frac{x+1}{2}$，n 也必须满足 $(2n+2)r\leqslant b<(2n+3)r$，于是

$$n=\frac{1}{2}\left(\left[\frac{b}{r}\right]-2\right)$$

x 为偶数，总数

$$N=\frac{x}{2}(n+1)+\frac{x}{2}n=x\left(n+\frac{1}{2}\right)$$

x 为奇数，则

$$N=\frac{x+1}{2}(n+1)+\frac{x-1}{2}n=x\left(n+\frac{1}{2}\right)+\frac{1}{2}$$

结论如下：

当 $(2n+1)r\leqslant b<(2n+2)r$ 时，每行都含 n 个圆板，

$$N=\frac{x}{2}\left(\left[\frac{b}{r}\right]-1\right)$$

当 $(2n+2)r\leqslant b<(2n+3)r$ 时，每行交替含 $n+1$ 和 n 个圆板，

$$N=\begin{cases}\frac{x}{2}\left(\left[\frac{b}{r}\right]-1\right), & x\text{为偶数}\\ \frac{x}{2}\left(\left[\frac{b}{r}\right]-1\right)+\frac{1}{2}, & x\text{为奇数}\end{cases}$$

各种情况下，

$$x=\left[1+\frac{1}{\sqrt{3}}\left(\frac{L}{r}-2\right)\right]$$

6.1.3　模型说明

由以上不能说四点相切和六点相切哪种方法更佳，随着参数值的变化，两种方法都可能有效。应注意改变钢板宽度 b 和圆板半径 r 的大小，N 值可能不变但损耗会改变。

对 $L=b=1, r=0.05$ 的情况，引用上面六点相切式的方法得

$$x=\left[1+\frac{1}{\sqrt{3}}\left(\frac{1}{0.05}-2\right)\right]=[11.39\cdots]=11$$

和 $\frac{b}{r}=20$ (偶数)；所以用各行所含圆板数不等情况（$n=9, n+1=10$）下的公式得

$$N=\frac{11}{2}(20-1)+\frac{1}{2}=105$$

四点相切式显然为 100 个，所以四点相切的方案要差一些。

思考题：

(1) 数量 105 还能增加吗？若用相等行和不等行的混合方案，可求出各行圆板个数为 10, 9, 10, 9, 10, 9, 10, 9, 10, 10, 10，总数为 106 个！这种混合策略值得考虑。

(2) 四点相切式不必为方形排列，采用一种错开的形式如图 6.4 所示，研究一下这种形式的效率。

(3) 把模型扩展为在同一块钢板上切两种不同尺寸的圆板的情况，在什么条件下小圆板能嵌在大圆板缝隙之间呢？

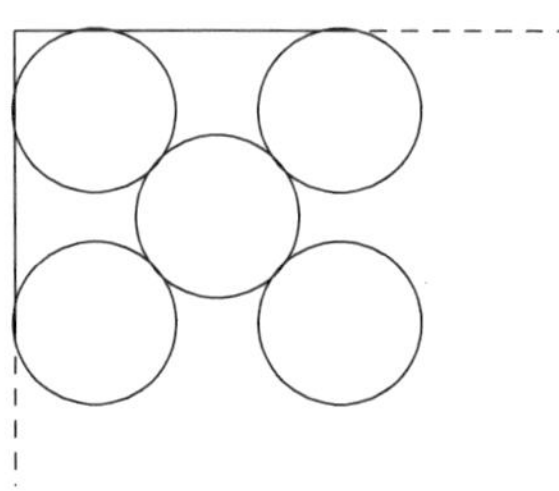

图 6.4　四点相切示意图

6.2　新种子的销售问题

6.2.1　问题的提出

某种子股份有限公司已经培育出一个新品种的作物，并且计划于明年首次出售其种子。虽然在初期种子量不足，但公司希望最终成为货源充足的大销售商。于是，公司每年生产出的种子中有一部分要留作再生产用。在公司发展的最初阶段必须考虑：保留较大份额的种子用作再生产仅出售小部分，还是只保留小部分。

要研究的问题是：以获得最大利润为目标，建立种子的保留量与出售量之间不同分配比例的经济关系。

6.2.2　问题说明

在问题中提出对销售来说要以获得最大利润为目标，也可以有其他的提法。例如，公司可设定关于种子的需求目标，要求在尽可能短的时间内达到这一目标。

此问题要求学生具备相当于大学入学资格的高水准的数学知识，并不需要生物学或经济学方面的专门知识。

6.2.3 用公式来表示这一模型

解决这类问题的一个有效的技巧是首先列出与建立公式有关的一些特征。下面列出的 13 项特征是可能提出的众多特征中的一部分，但对于解决所提的问题已足够。

1. 特征表

(1) 从播种到作物结籽，生产出种子的时间；
(2) 每株作物的种子产量；
(3) 作物是否是杂交品种；
(4) 在不好的生长季节，有效产量是多少；
(5) 种子的成本；
(6) 土地的价格，例如税与租金；
(7) 市场对种子的需求；
(8) 种子出售部分与留作播种部分之比；
(9) 土地的使用量；
(10) 管理费用，例如肥料、暖气等；
(11) 销售价格；
(12) 物价上涨的因素；
(13) 这类作物在市场上能畅销多久？
为减少建立模型的复杂性，我们要对上述这些特征作一些假设。
下面每条假设后面括号内标注了这条假设所对应的特征。

2. 假设

(1) 作物是一年生的植物，春天播种，秋天收割，不是杂交品种，每株作物(从一粒种子得到)可生产出 r 粒种子(特征(1)～特征(3))；

(2) 生长季节连续多年都很好，因而 r 可看作常量(特征(4))；

(3) 为进行生产仅培育和试验了少量种子，因而培育成本(即种子的最初成本)可以忽略不计(特征(5))；

(4) 土地的使用量不受限制，单位质量种子的生产成本与售价都是常数(这一假设似乎与物价涨落的事实有矛盾，但假设在考察的期间内利润是常量，因而成本的提高可以用提高售价来抵消)，每单位质量种子的生产成本及售价分别为 c 和 s (特征(6)、特征(9)～特征(12))；

(5) 在 m 年内对种子有一个恒定的需求量，它大于种子的生产量，m 年后，由于改良种子的出现，需求量将减少(特征(7)、特征(13))；

(6) 在一个生长季节内生产出来的种子全部用完(用于出售及下一年的再生产)，种子在第 $n+1$ 年的播种量是第 n 年收获量的 a 倍(特征(8))。

对上面的假设我们不作解释。把这些假设用于构造模型，那么它们必影响由该模型得出的解。

3. 一个简单模型

目标是研究不同的销售策略(即分配比例)，以获取最大利润。我们仅考虑前 m 年内的利润，因为此后的需求量开始下降。

考虑每年的播种量在前一年的收获量中占的份额是固定的这种策略，于是取 a 为常量。假设第 n 年的种子播种量 P_n，所以第一年的播种量是 P_1，第 n 年末的收获量是 rP_n (假设(1)、(2))。

因为种子播种是上一年收获量的 a 倍，于是第 $n+1$ 年种子的播种量为

$$P_{n+1}=arP_n$$

而出售量则是 $(1-a)rP_n$ (假定(6))。

第 n 年的利润 Y_n 是

$$Y_n=s(1-a)rP_n-cP_n=P_n[rs(1-a)-c]$$

到第 m 年年底总利润 T 是

$$T=[rs(1-a)-c][P_1+P_2+\cdots+P_n]$$

因为

$$\begin{aligned}P_2&=arP_1\\P_3&=arP_2=a^2r^2P_1\\P_4&=arP_3=a^3r^3P_1\\&\vdots\\P_m&=arP_{m-1}=a^{m-1}r^{m-1}P_1\end{aligned}$$

故

$$\sum_{i=1}^{m}P_i=P_1\sum_{i=1}^{m}a^{i-1}r^{i-1}=P_1\left(\frac{1-a^mr^m}{1-ar}\right)$$

到 m 年年底的总利润 T 由下式给出：

$$T=\frac{[rs(1-a)-c]P_1[1-a^mr^m]}{1-ar}$$

于是问题就是选取 a，以使 T 为最大。

4. 模型结论

(1) 当种子的供应量远低于需求量时，就要增加留作再生产用的种子量，以使得以后几年中有更多的种子可供出售。按此

$$P_{n+1}>P_n$$

即

$$arP_n>P_n$$

给出

$$a > \frac{1}{r} \tag{6.2.1}$$

当 $r > 1$ 与 $a < 1$ 时，收获量就大于播种量。

当 $a = \frac{1}{r}$ 时，种子的播种量恰到好处，即公司每年的出售量都相同，满足需求，这是平衡状态。当最初的种子量不能满足需求时，有几年就要提高留作再生产用的份额，这就要 $a > \frac{1}{r}$。然而，当在某年需求被满足了，那么以后几年中我们要取 $a = \frac{1}{r}$ 使得不会产生有卖不出去的种子。我们假定，在新的改良品种还未能上市这段时期内，供应量均不能满足需求，所以 $a > \frac{1}{r}$。

(2) 每年的利润应该是正的，于是第 n 年的利润

$$Y_n = P_n[rs(1-a) - c] > 0$$

得

$$a < 1 - \frac{c}{sr} \tag{6.2.2}$$

式(6.2.1)与式(6.2.2)给出了 a 的界，即

$$1 - \frac{c}{sr} > a > \frac{1}{r}$$

6.2.4　a 的一些解

我们选取 r, s 与 c 的某适当值，再对不同的 m 值(从第 1 年到需求量开始下降的这年之间的年数)来求使 T 为最大值的 a 值，并记这个 a 值为 a_c。

在这个问题中，一个重要的工作是收集数据。此模型适用于多种作物，但对于不同的作物，r, s 与 c 的值是不同的。例如对马铃薯 r 大致是 10，冬小麦 r 大约是 20，而卷心菜 r 可以是几百。

下面我们通过 r 与 $\frac{c}{s}$ 的不同数值对来找 a_c，当然求 a_c 的方法很多，不限于此法。

对某个品种的马铃薯，我们假定 $r = 8, \frac{c}{s} = 3$ (为什么假定 $\frac{c}{s} > 1$？)，记 $ar = x$，有

$$T = \frac{sP_1\left[r - x - \frac{c}{s}\right](1 - x^m)}{1 - x}$$

因为 $r - \frac{c}{s} = 8 - 3 = 5$，于是

$$T = sP_1\left[\frac{(5-x)(1-x^m)}{1-x}\right]$$

求使 $\frac{\mathrm{d}T}{\mathrm{d}x} = 0$ 的 x 值，记之为 x_c，于是 $a_c = \frac{x_c}{r}$。

表 6.2 为对不同的 m 值所求得的 a_c 的值。

表 6.2 不同的 m 值所求得的 a_c 的值

m	2	3	4	5	6	7
a_c	0.25	0.39	0.45	0.50	0.52	0.53

我们用 $m=6$ 来作解释。$m=6$，即在 6 年期限内使利润最大的经营策略是：公司应该把每年收获量的 52%用作下一年的播种，这样总利润是 $1377sP_1$。再考虑这 6 年的土地使用量。对 $a=0.52$，每年种子的播种量由表 6.3 查出，表中的数值是由 $P_{n+1}=arP_n$ 算得。

表 6.3 每年种子的播种量

	第 1 年	第 2 年	第 3 年	第 4 年	第 5 年	第 6 年
种子的播种量/t	P_1	$4.16P_1$	$17.3P_1$	$72P_1$	$300P_1$	$1246P_1$

当第 1 年马铃薯的种子量是 1t，那么第 6 年就要播种 1246t 马铃薯种子。每英亩①土地大致可种 1t，于是公司需要 1200 英亩以上的土地。在英国，农场的平均规模大致是 260 英亩。所以公司需要用相当于 5 个农场的土地来种马铃薯。在这个解中，土地的使用面积几乎每年都是前一年的 4 倍，这是一个很大的不足。我们可以用下面的方法来修正上面的经营策略；对用于播种的土地面积限制为 A 英亩，这样所需的种子量就是 A，即 $P_{n+1}=A$。公司每年只要留下 A t 的种子作播种用。这是一个稳定状态，在这个稳定状态中的 a 值就从最优值 a_c 减小成 $a=\dfrac{1}{r}$。例如，取 $A=300P_1$，由表 6.3 知，在第 5 年取这个值，那么在第 5 年可生产出马铃薯种子量为 $2400P_1$。保留其中的 $300P_1$ 作第 6 年的播种用，出售量从原来的 $1154P_1$ 变为 $2100P_1$。而第 6 年的收获量仍是 $2400P_1$，它远小于原计划的 $8\times1246P_1=9968P_1$。因此，该修正策略是无法达到最大利润这一目标的。

6.2.5 两个可选择的策略

(1) 设可供使用的土地能播种 A t 种子，当收获量不大于 A t 时就不出售，当收获量大于 A t 时，每年保留 A t，出售余下的部分。

(2) 不把 a 当成常量，把它看成是 n 的函数(可把 a 看作是增函数，也可把它看成是减函数)。

6.3 沙子的开采问题

6.3.1 背景

沙子是重要的建筑材料之一，一直有稳定的市场。沙子通常在海湾边形成，这里的气候及海浪的撞击使岩石破裂成碎块，这些碎块逐渐变小就形成了小沙子，同时也形成

① 1 英亩≈0.4047hm^2。

了海滩。随着时间的推移，海平面下降，在内陆就形成了一个大的沙矿床。这些沙子被其他物质覆盖着，在足够压力和热量作用下形成砂岩。这层覆盖物叫表土，非常薄，使砂岩能保持松散的结构形式。建筑业生产材料的公司就是要对这种类型的沙矿进行开采。

由于表土结构松散，沙子不能采用地下开采的方式，而只能露天开采。这就必须先将表土移至别处，然后才能将沙子挖出。因而这项工程的最大的投入是将表土移走的费用。

为了确定某个开采地将来可能获得的利润，必须要估计现存表土及沙子的数量。常用的方法是在待开采地区画一些网格，在网格交点处用一根空心管子垂直地钻入地下，利用进入管内表土和沙子的数量，测出该点处沙子和表土的厚度。再利用所有样本点(网格点)处表土和沙子的厚度及该地区的面积，可估算出表土及所蕴藏沙子的体积。

(1) 开采地的地图如图 6.5 所示，它是 400m×700m 的长方形区域，每个网格面积为 50m×50m，曲线与四边所围区域表示沼泽地。

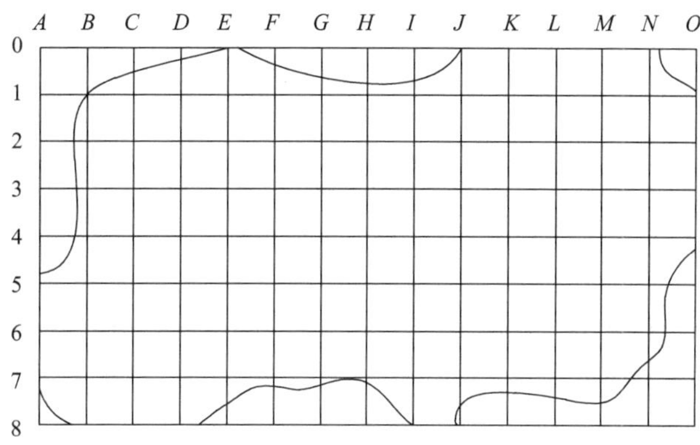

图 6.5　开采地的地图

(2) 探查的结果：

除去图中的沼泽地，在其他能钻进去的网点都可取到样本。在每个网点处得到 3 个数据(表 6.4)，最上面一项是地表高度，第二项是沙层顶部的高度，最下面一项是沙层底部高度。所有网点处的数据对应点在地图中的位置用表 6.4 中每一点对应的 3 个数据表示。

表 6.4　原始数据表

位置	*A*	*B*	*C*	*D*	*E*	*F*	*G*	*H*	*I*	*J*	*K*	*L*	*M*	*N*	*O*
	—	—	—	—	22.4	—	—	—	—	22.5	23.0	23.2	23.2	22.6	—
0	—	—	—	—	20.0	—	—	—	—	18.4	17.8	18.0	19.0	19.0	—
	—	—	—	—	5.8	—	—	—	—	0.5	0.4	0.4	0.2	0.2	—
	—	22.4	22.5	22.6	23.0	23.5	23.1	23.4	23.5	24.0	24.0	24.0	23.8	23.0	22.2
1	—	19.5	19.6	19.7	19.9	20.0	20.0	19.8	19.9	20.0	19.8	19.6	19.5	19.3	19.1
	—	10.6	8.4	6.0	6.0	30.2	1.6	1.0	1.1	1.0	0.8	0.9	0.8	0.3	6.0
	—	22.6	22.7	22.8	23.1	23.3	23.4	23.4	23.5	24.2	24.1	24.0	24.0	23.0	22.5
2	—	20.2	19.6	19.8	19.8	19.7	19.8	20.0	20.1	20.3	20.4	20.5	20.0	19.6	19.6
	—	8.2	4.3	2.1	2.2	1.4	0.6	0.5	0.3	−0.2	−0.1	0	0.7	0.4	0.5

续表

位置	A	B	C	D	E	F	G	H	I	J	K	L	M	N	O
	—	22.6	22.9	23.0	23.1	23.5	23.6	23.4	23.6	23.8	24.0	24.2	24.0	23.0	22.5
3	—	20.4	20.0	20.1	20.0	19.5	19.5	19.8	20.2	20.4	20.6	20.7	20.8	20.0	19.8
	—	6.1	3.6	1.8	1.8	1.4	0.7	0.6	0.4	0.1	0.1	0.1	0.9	1.3	6.0
	—	22.8	23.0	23.1	23.2	23.4	23.8	24.0	24.0	24.0	23.9	23.8	23.7	23.4	22.6
4	—	20.3	20.0	20.2	20.5	20.6	20.6	20.4	20.4	20.5	20.6	20.8	20.7	20.5	20.6
	—	1.2	3.0	1.6	1.4	1.2	1.0	0.8	0.8	0.3	0.5	0.6	1.4	5.0	6.2
	22.2	23.0	23.2	23.3	23.4	23.6	23.8	23.9	23.9	24.0	24.1	24.2	24.0	23.0	—
5	19.8	20.0	20.1	20.3	20.4	20.7	20.9	21.0	20.9	20.8	20.8	20.7	20.3	20.3	—
	3.6	3.5	3.0	2.0	1.5	1.1	1.0	0.9	0.6	0.6	0.9	7.1	8.3	8.9	—
	23.0	24.0	23.3	23.1	23.5	23.4	23.3	23.2	23.1	23.0	22.9	22.8	22.7	22.5	—
6	19.3	19.5	20.0	20.3	20.6	20.8	21.0	20.8	20.6	20.4	20.2	20.0	19.6	19.4	—
	2.8	2.6	2.0	1.5	1.4	1.2	1.1	0.8	0.7	1.2	4.1	8.0	10.2	11.4	—
	22.8	24.5	24.0	23.0	23.0	22.4	22.3	22.2	22.1	22.1	22.2	22.0	22.3	—	—
7	18.8	19.0	20.2	20.3	20.7	20.9	21.0	20.6	20.4	20.0	19.4	19.2	19.0	—	—
	1.0	0.8	0.7	0.7	1.2	1.2	1.5	2.3	2.4	3.0	7.0	10.2	14.0	—	—
	—	25.0	24.0	23.0	—	—	—	—	22.0	—	—	—	—	—	—
8	—	19.5	20.1	20.2	—	—	—	—	19.8	—	—	—	—	—	—
	—	0.9	0.9	1.2	—	—	—	—	4.7	—	—	—	—	—	—

6.3.2 问题的提出

蓝色隧道公司(B. T. I)专门生产建筑材料。沙子一直是需求量大且有稳定市场的产品。一个地质队调查了中部地区的一个庄园，给 B. T. I 公司关于该庄园某处有一个大沙矿的详细报告，庄园主也提交了一份索要报酬的清单。B. T. I 公司将这些材料连同有关他们资产的详细材料交给你，要你决定是否该对这项工程进行投资。

按解决问题的进程将问题分两步提出：

(1) B. T. I 为建筑业生产原材料，沙子是需求量最大且有稳定市场的产品。一个地质队探查了中部地区某庄园，发现该庄园内有一个大沙矿，并给 B. T. I 公司提供了一个详细报告。B. T. I 公司将这些材料交给你，并说：只要该矿含沙量超过 400 万 t，并且表土体积小于沙子体积 19%，则开采一定获利。他们希望知道是否应该对这项工程进行投资。

(2) B. T. I 公司已考虑你的报告，并要求你对工程做一个经济分析。

他们的工程人员已经研究了报告中的等高线图，并且计算出每月可能开采 1 万 t 沙子，与承包人的初次会谈已开始，有迹象表明，每月挖 10 万 t 的合同能被接受。

(1) 一些有关的数据：

表土的平均密度：1350kg/m^3；

沙子的平均密度：1620kg/m^3；

月贴现率：1%；

沙子的最大开采率：100 000t/月。

(2)庄园主的索赔清单：

补偿对现有农作物及房屋的损坏，一次性付 200 000 英镑；

开采 1t 沙子付地区使用费 0.5472 英镑；

倾倒表土要占用土地，每倾倒 1t 表土付 0.121 英镑；

沙子开采完后，该地区的修建和美化付 1 000 000 英镑。

(3)B. T. I 公司开采沙子的费用：

将表土挖出并运到附近每吨需 0.3672 英镑；

开采 1t 沙子并将其运到市场需 0.4592 英镑。

(4)B. T. I 公司所得利润：

沙子的销售单价：2.96 英镑/t。

6.3.3　问题的分析

分两步给出答案：

(1)先计算表土和沙子的体积，从而可得质量。

解这一步主要利用表 6.4 中给出的数据，由于区域边缘地区有沼泽地，在这些网格点处不可能取到数据，可利用不同的数学方法求出这些点相应数据。

(2)求出总支出和总收入，从而得到工程的利润值。

这部分要用到现金贴现方面的知识，即在进行工程预算时，对每个月(或年)的利润要经过现金贴现，得到净现值，再相加得总利润。如果要求工程开始后第 n 个月利润的净现值，则用公式

$$P_n = \frac{p}{(1+i)^n}$$

其中，i 是月贴现率；p 是这个月的利润值。

6.3.4　问题的解决

1. 填上表 6.4 中的空白数据

外推两个变量的函数有非常复杂的方法，我们给出两个简单的近似方法，它们产生的误差非常小，不会影响对体积的估计。作为一个典型的例子，我们给出填写空白网格点 $0I$ 处数据的计算过程。

第 1 种方法是利用线性插值公式，对相邻两网格点作线性外推。从表 6.4 中 $0J$ 和 $0K$ 点的对应项，可得

$$22.0$$

$$19.0$$

$$0.6$$

再利用表 6.4 中网格点 $1I$ 和 $2I$ 处对应项可求得

$$23.5$$
$$19.7$$
$$1.9$$

现在，得到两个同样有效的结果，对这两个结果取平均值，可得最终结果为

$$22.75$$
$$19.35$$
$$1.25$$

这些结果是足够好的。同样也可利用网格点 $1J$ 和 $2K$ ，或 $2G$ 和 $1H$ 处的对应项，用同样方法得到结果。

第 2 种方法是通过三个邻近点作一个平面(图 6.6)。当然，在点 $1A$ 和 $0B$ 处数据没得到之前，对于点 $0A$ 是不可能这样做的。公式将给出一个带正方形底的盒子的第四条棱的高度，这四条棱与底垂直，盒子顶部是一个平面但不一定与底面平行。用 h_1, h_2, h_3 表示已知三棱的高度，利用对称性有

$$h_1 + h_4 = h_2 + h_3$$

所以

$$h_4 = h_2 + h_3 - h_1$$

这个证明似乎有点随便，但这个公式利用立体几何方法是很容易得到的。利用表 6.4 中点 $0J$, $1I$ 和 $1J$ 处的数据和上面的公式，可得点 $0I$ 处结果为

$$22.0$$
$$18.3$$
$$0.6$$

这些数据比用第 1 种方法求得的数据相对好一些。

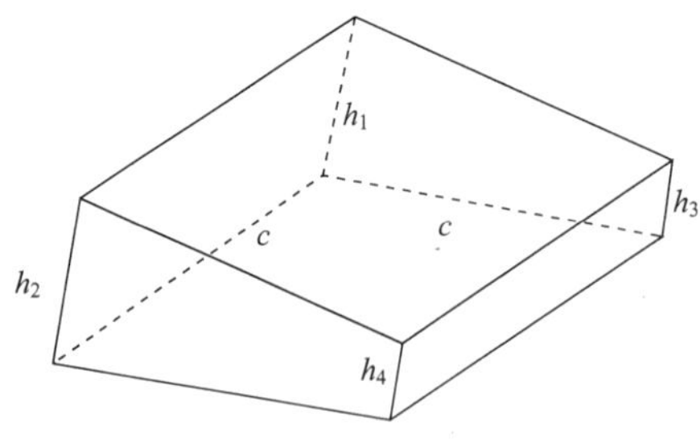

图 6.6 三个邻近点作一个平面

这两种方法都是利用直线进行外推。也可用二次外推法，其精度要高一些，但计算量有很大增加，与增加的精度相比是得不偿失的。

利用第 2 种方法补充表 6.4 中空白，可得表 6.5。

表 6.5　数据补充后各点数据表

	A	*B*	*C*	*D*	*E*	*F*	*G*	*H*	*I*	*J*	*K*	*L*	*M*	*N*	*O*
	21.0	21.8	21.9	22.0	22.4	22.0	21.7	21.9	22.0	22.5	23.0	23.2	23.2	22.6	21.8
0	19.4	19.6	19.7	19.8	20.0	19.5	18.0	18.2	18.3	18.4	17.8	18.0	19.0	19.0	18.8
	10.4	10.4	8.2	6.0	5.8	2.9	1.1	0.5	0.6	0.5	0.4	0.4	0.2	0.2	5.9
	21.6	22.4	22.5	22.6	23.0	23.5	23.1	23.4	23.5	24.0	24.0	24.0	23.8	23.0	22.2
1	19.3	19.5	19.6	19.7	19.9	20.0	20.0	19.8	19.9	20.0	19.8	19.6	19.5	19.3	19.1
	10.6	10.6	8.4	6.0	6.0	30.2	1.6	1.0	1.1	1.0	0.8	0.9	0.8	0.3	6.0
	21.8	22.6	22.7	22.8	23.1	23.3	23.4	23.4	23.5	24.2	24.1	24.1	24.0	23.0	22.5
2	20.0	20.2	19.6	19.8	19.8	19.7	19.8	20.0	20.1	20.3	20.4	20.5	20.0	19.6	19.6
	8.2	8.2	4.3	2.1	2.2	1.4	0.6	0.5	0.3	−0.2	−0.1	0.0	0.7	0.4	5.0
	21.8	22.6	22.9	23.0	23.1	23.5	23.6	23.4	23.6	23.8	24.0	24.2	24.0	23.0	22.5
3	20.0	20.4	20.0	20.1	20.0	19.5	19.5	19.8	20.2	20.4	20.6	20.7	20.8	20.0	19.8
	6.1	6.1	3.6	1.8	1.8	1.4	0.7	0.6	0.4	0.1	0.1	0.1	0.9	1.3	6.0
	22.0	22.8	23.0	23.1	23.2	23.4	23.8	24.0	24.0	24.0	23.9	23.8	23.7	23.4	22.6
4	20.1	20.3	20.0	20.2	20.5	20.6	20.6	20.4	20.4	20.5	20.6	20.8	20.7	20.5	20.6
	4.2	1.2	3.0	1.6	1.4	1.2	1.0	0.8	0.8	0.3	0.5	0.6	1.4	5.0	6.2
	22.2	23.0	23.2	23.3	23.4	23.6	23.8	23.9	23.9	24.0	24.1	24.2	24.0	23.0	22.2
5	19.8	20.0	20.1	20.3	20.4	20.7	20.9	21.0	20.9	20.8	20.8	20.7	20.3	20.3	20.4
	3.6	3.5	3.0	2.0	1.5	1.1	1.0	0.9	0.6	0.6	0.9	7.1	8.3	8.9	9.1
	23.0	24.0	23.3	23.1	23.5	23.4	23.3	23.2	23.1	23.0	22.9	22.8	22.7	22.5	21.7
6	19.3	19.5	20.2	20.3	20.6	20.8	21.0	20.8	20.6	20.4	20.2	20.0	19.6	19.4	19.5
	2.8	2.6	2.0	1.5	1.4	1.2	1.1	0.8	0.7	1.2	4.1	8.0	10.2	11.4	11.6
	22.8	24.5	24.0	23.0	23.0	22.4	22.3	22.2	22.1	22.1	22.2	22.0	22.3	22.1	21.3
7	18.8	19.0	20.2	20.3	20.7	20.9	21.0	20.6	20.4	20.0	19.4	19.2	19.0	18.8	18.9
	1.0	0.8	0.7	0.7	1.2	1.2	1.5	2.3	2.4	3.0	7.0	10.2	1.40	15.6	15.8
	23.3	25.0	24.0	23.0	23.0	22.4	22.3	22.1	22.0	22.0	22.1	22.1	22.2	22.0	21.2
8	19.3	19.5	20.1	20.2	20.6	20.8	20.6	20.0	19.8	19.4	18.8	18.6	18.4	18.2	18.3
	1.1	0.9	0.9	1.2	1.5	1.5	2.5	4.6	4.7	5.3	9.3	12.5	16.3	17.9	18.1

2. 计算体积

我们要一个计算两层之间体积的方法。对于高年级学生应了解二重积分对应的数值计算方法，这里我们首先看一个简单的近似方法。它可给出结果数量上的顺序，利用它能检验用更复杂方法得到的结果。

最基本的公式是这个体积公式：

$$\text{体积}=\text{面积}\times\text{每层的平均高度}$$

由表 6.5，在每个网格点处，用各层顶部高度减去底部高度，可得该层的厚度，见表 6.6。

在每个点处，上面一项是表土层的厚度，下面一项是沙层的厚度。一个简单快捷的方法是估计出各层平均厚度。从表 6.6 可看出，表土层平均厚度大约为 3m，沙层平均厚

度大约为 15m，因此，表土体积近似为

$$400\times700\times3=8.4\times10^{5}\,\mathrm{m}^{3}$$

而沙子体积近似为

$$400\times700\times15=4.2\times10^{6}\,\mathrm{m}^{3}$$

平均厚度用求平均值得到，将所有点上面一项数据相加再除以点数得表土层平均厚度，从而表土体积为

$$400\times700\times415.9/135=8.626\times10^{5}\,\mathrm{m}^{3}$$

类似地算出沙子体积为

$$400\times700\times2187.8/135=4.538\times10^{6}\,\mathrm{m}^{3}$$

表 6.6　计算体积数据列表

	A	*B*	*C*	*D*	*E*	*F*	*G*	*H*	*I*	*J*	*K*	*L*	*M*	*N*	*O*
0	1.6	2.2	2.2	2.2	2.4	2.5	3.7	3.7	3.7	4.1	5.2	5.2	4.2	3.6	3.0
	9.0	9.0	11.5	13.8	14.2	16.6	16.9	17.7	17.7	17.9	17.4	17.6	18.8	18.8	12.9
1	2.3	2.9	2.9	2.9	3.1	3.1	3.2	3.6	3.6	4.0	4.2	4.4	4.3	3.7	3.1
	8.7	8.9	11.2	13.5	13.9	16.8	18.4	18.8	18.8	19.0	19.0	18.7	18.7	19.0	13.1
2	1.8	2.4	3.1	3.0	3.3	3.6	3.6	3.4	3.4	3.9	3.7	3.6	4.0	3.4	2.9
	11.8	12.0	15.3	17.7	17.6	18.3	19.2	19.5	19.8	20.5	20.5	20.5	19.3	19.2	14.5
3	1.6	2.2	2.9	2.9	3.1	4.0	4.1	3.6	3.4	3.4	3.4	3.5	3.2	3.0	2.07
	14.1	14.3	16.4	18.3	18.2	18.1	18.8	19.2	19.8	20.3	20.5	20.6	19.9	18.7	13.3
4	1.9	2.5	3.0	2.9	2.7	2.8	3.2	3.6	3.6	3.5	3.3	3.0	3.0	2.9	2.0
	15.0	16.1	17.0	18.6	19.1	19.4	19.6	19.6	19.6	20.2	20.1	20.2	19.3	14.5	14.4
5	2.4	3.0	3.1	3.0	3.0	2.9	2.9	2.9	3.0	3.2	3.3	3.5	3.7	2.7	1.8
	16.2	16.4	17.1	18.3	18.9	19.6	19.9	20.1	20.3	20.2	19.9	13.6	12.0	11.4	11.3
6	3.7	4.5	3.1	2.8	2.9	2.6	2.3	2.4	2.5	2.6	2.7	2.8	3.1	3.1	2.2
	16.5	16.9	18.2	18.8	19.2	19.6	19.9	20.0	19.9	19.2	16.1	12.0	9.4	8.0	7.9
7	4.0	5.5	3.8	2.7	2.3	1.5	1.3	1.6	1.7	2.1	2.8	3.0	3.3	3.3	2.4
	17.8	18.2	19.5	19.6	19.5	19.7	19.5	18.3	18.0	17.0	12.4	9.0	5.0	3.2	3.1
8	4.0	5.5	3.9	2.8	2.4	1.6	1.7	2.1	2.2	2.6	3.3	3.5	3.8	3.8	2.9
	18.2	18.6	19.2	19.0	19.1	19.3	18.1	15.4	15.1	14.1	9.5	6.1	2.1	0.3	0.2

更进一步，如果考虑网点之间表面的形状，能得到更精确的体积近似值。连接现有直线各点，则每四点所决定的四个垂直面围成一个盒子(这四点是图中矩形网格的顶点)，其横断面是大小相同的正方形，四条棱是垂直的，顶部和底顶是经过四个已知点的曲面(图 6.7)。

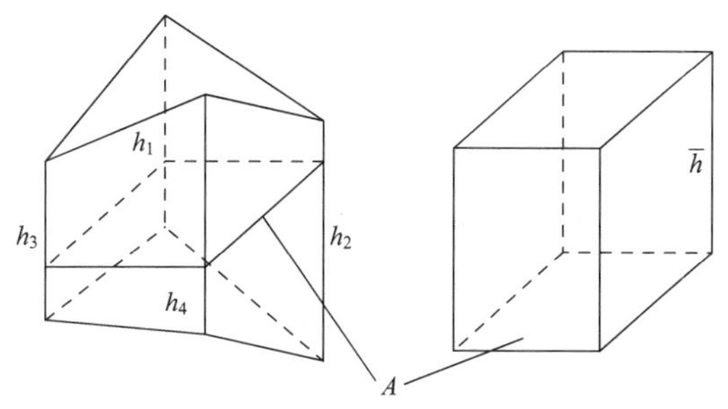

图 6.7　矩形网格示意图

这种盒子的体积可近似等于$V = A\bar{h}$，这里$\bar{h}$是盒子的平均高度，A是横断面面积。$\bar{h}$可近似取为

$$\bar{h} = (h_1 + h_2 + h_3 + h_4)/4$$

这里，$h_i (i = 1,2,3,4)$是盒子四条垂直棱的长度。于是有

$$V = A(h_1 + h_2 + h_3 + h_4)/4$$

将这个公式应用到所有盒子上，并将结果加起来，得到

$$V = A(\sum\text{角点处的厚度} + 2\sum\text{边界点的厚度}+4\sum\text{内点处的厚度})/4$$

利用这个公式和表 6.6，可得

$$\text{表土的体积} = 8.696\times10^5\text{m}^3$$

$$\text{沙子的体积} = 4.690\times10^6\text{m}^3$$

由辛普森公式可算出

$$\text{表土体积} = 8.732\times10^5\text{m}^3$$

$$\text{沙子体积} = 4.687\times10^6\text{m}^3$$

当然，如果先按列积分，再对所得一行数据按行积分也是同样的。

3. 利润分析

首先算出表土和沙子的质量，采用由辛普森公式算出的体积近似值，再由

$$\text{质量}=\text{体积}\times\text{密度}$$

得

$$\text{表土质量}=8.732\times10^5\times1.350\times10^3\text{kg}=1.179\times10^6\text{t}$$

$$\text{沙子质量}=4.689\times10^6\times1.620\times10^3\text{kg}=7.597\times10^6\text{t}$$

由于沙子按每月 10 万 t 的比率卖出，则工程可持续 $7.597\times10^6/10^5\approx76$ 个月。我们必须先确定表土的移走方案，可以采取一次将表土全部移走，然后再开采沙子的方法，显然这是一个昂贵的措施。但如果不移走沙子上的表土，开采沙子也是不可能的。因此，按照在开采某一数量沙子之前先移走同样数量的表土的方式计算似乎比较合理。每月开采 10 万 t 沙子，按比例应移走 $1.179\times10^6\times10^5/7.597\times10^6=1.55\times10^4$t 表土。

由于开采沙子的合同按月付酬，我们可设所有开支也按月付出，则月支出有

地区使用费：$10^5\times0.5472=54\ 720.00$（英镑）

堆积表土占地费：$1.55\times10^4\times0.121=1875.50$（英镑）

挖掘并运送表土费：$1.55\times10^4\times0.3672=5691.60$（英镑）

开采并运送沙子费：$10^5\times0.4593=45\ 930.00$（英镑）

总数：108 217.1 英镑）

卖沙的月收入为 $10^5\times2.69=296\ 000.00$（英镑）。因此，月利润为

$$296\ 000.00-108\ 217.1=187\ 782.9\text{（英镑）}$$

现在可将每月的利润加起来得到工程的总利润。但由于月利润必须先经过贴现，求出其净现值。因此，如果从工程开始算起的第 n 个月有 p 英镑利润，则其净现值为

$$\text{净现值} = p/(1+i)^n$$

其中，i 是月贴现率。因此经过贴现后的月利润之和应为

$$p/(1+i)+p/(1+i)^2+\cdots+p/(1+i)^{76}=\sum_{r=1}^{76}p/(1+i)^r$$

利用等比级数公式可得

$$\sum_{r=1}^{76}p/(1+i)^r=\frac{p}{(1+i)}\frac{1-(1+i)^{-75}}{1-(1+i)^{-1}}$$

当 $p=187\ 782.9$，$i=0.01$ 时，可求得贴现后利润总和为 9 874 948.94 英镑。

从这个数中，还应减去农作物和房屋赔偿费 20 万英镑以及工程结束后的地区建设美化费 100 万英镑，由于地区建设美化费直到工程结束才付，经贴现应为

$$1\ 000\ 000/1.01^{76}=469\ 447.00\text{（英镑）}$$

因此总利润为：9 874 948.94–200 000–469 447.00=9 205 501.94（英镑）

现在必须确定是否是最大的利润，我们不仅将它与显而易见的基本建设费用比较，有三个众所周知的衡量尺度：一是利润必须是正数；二是在某种意义上，初始支出应小；三是利润必须达到营业额的某个百分数。这里月营业额为 296 000 英镑，其利润达到月营业额的 60%。所以我们可以说，这项工程是可投资的。

6.3.5　说明

(1) 由于位于表土和沙子交界部分的沙子质量较差，所以还必须打点折扣。假设这层沙子厚度为 15cm，则其体积为

$$400\times700\times0.15=4.2\times10^4\,(\text{m}^3)$$

若设这层沙子的密度为 1620kg/m^3，则其质量为

$$4.2\times10^4\times1.62=6.8\times10^4\,(\text{t})$$

因而需要从 7.52×10^6t 好沙中减 6.8×10^4t 软沙。这样月支出要作相应调整。对这些次品沙有两种可能，一是按半价出售，二是作为表土弃掉。又因这两种情况，月收入要有所改变。

(2) 从沙层分布可看出，在区域的右下方有一部分沙层非常薄。值得研究一下，这部

分沙子是否应该全部开采。估计运走这部分表土的开支远超过期望从沙子上得到的收入。

6.4　流水线的设计

6.4.1　问题的提出

某缝纫机厂要设计一条生产流水线，它由两条直道和两条弯道构成(弯道呈半圆形，见图 6.8)。流水线上等距地安装随传送带运动的工作台，在工作台上安放工件，在流水作业中完成生产。设计者十分关心一个问题：如何设计弯道和布置工作台，使工件在流水线上运动时不会发生碰撞？

6.4.2　问题的分析与假设

工件的形状可能是比较复杂的，在流水线运动时可能会超出工作台的边缘，但从流水线上方俯视，它总是位于以工作台的中心为中心的一个矩形之内，于是我们可以假设：

(1) 工件的俯视图是长 $2a$ 、宽 $2b$ 的矩形，在流水线的直道上，矩形工件的边分别平行或垂直于流水线；

(2) 工件中心进入弯道后工件绕弯道中心做刚体运动，运动时，工件上每一点和弯道中心距离保持不变。

若引入 r 表示弯道半径，l 表示两相邻工作台中心的距离(保持不变，见图 6.9)。问题化为已知 a 和 b，如何选取 r 和 l，使得工件在流水线上运动时不碰撞。

显然应有 $l>2a$ ，此外若 $r<b$ ，必然发生碰撞，因此我们设

$$l > 2a,\ r > b \tag{6.4.1}$$

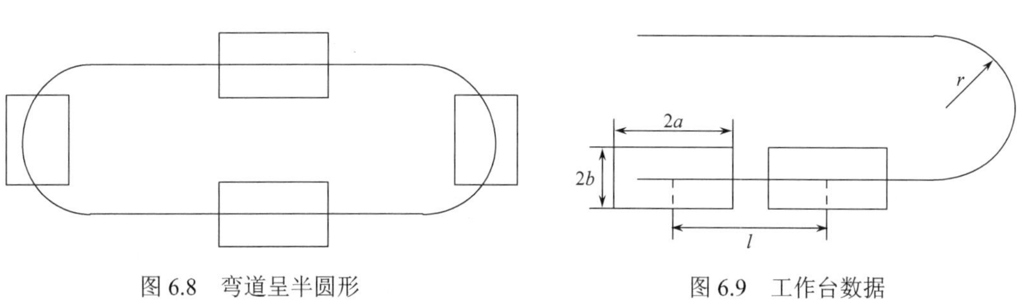

图 6.8　弯道呈半圆形　　图 6.9　工作台数据

6.4.3　模型的建立

只要满足式(6.4.1)，工件在直道上就不会发生碰撞。因此我们只需选取合适的 r 和 l，避免相邻两工件中心均在弯道上发生碰撞或一个进入弯道另一个在直道上发生碰撞，就可保证工件在任何时候都不碰撞。

设计时 r 和 l 是相互关联的，若工件中心距 l 给定，可以适当选择弯道半径 r ，使工件不发生碰撞，给定了 r 也可适当选取 l，使碰撞不发生，以下我们假设 r 给定，设法给定不碰撞的 l 应满足的条件。

1. 相邻两工件中心均在弯道上的情形

此时若相邻两工件发生了接触(图 6.10)，由于工件的形状与大小都相同，容易求得两工件中心 C_1,C_2 之间的轨道长：

$$L = L_1(r) = 2\alpha r \tag{6.4.2}$$

其中，α 为弯道中心与工件中心的连线 SC_1 和弯道中心与接触点 A 连线 SA 的夹角弧度，显然有

$$\tan\alpha = \frac{a}{r-b} \tag{6.4.3}$$

或

$$\alpha = \arctan\frac{a}{r-b} \tag{6.4.4}$$

易知，当 $l > L_1(r) = 2r\arctan\dfrac{a}{r-b}$ 时，相邻两工件中心同在弯道上时不会发生碰撞。

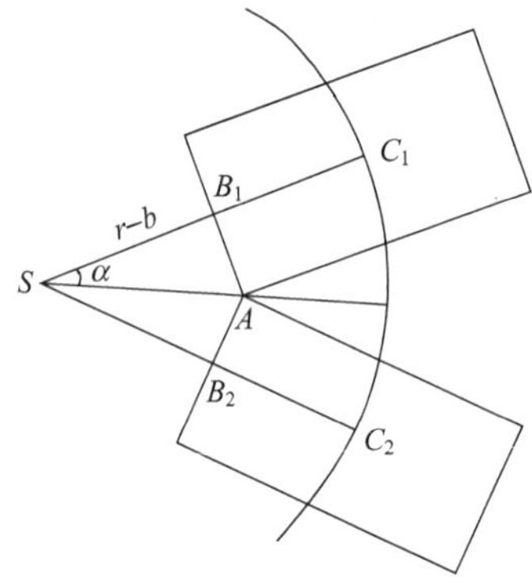

图 6.10　相邻两工件发生接触

2. 相邻两工件中心分别位于弯道和直道上的情形

设流水线是逆时针运行的。一个工件中心已进入弯道而相邻的后继工件尚未进入弯道的碰撞和一个工件已离开弯道进入直道但相邻的后继工件中心仍在弯道上的碰撞是对称的，我们仅就前者进行讨论。假设一个工件的中心已经进入弯道而相邻的后继工件的中心离弯道入口的距离为 d。下面分 3 个步骤讨论。

1) 碰撞的位置分析

不难列举出中心分别位于弯道和直道上的两工件发生碰撞时的所有相对位置。用假设(2)并根据初等几何排除明显不可能发生的情形后，尚有图 6.11 所示的六种可能。但稍加分析就可发现图 6.11(c)～(f) 都是不可能发生的。

例如，对图 6.11(c)，取弯道中心 S 为原点，设接触时弯道中心与进入弯道工件中心 C_1 的连线 SC_1 以及弯道中心与弯道入口 E 的连线 SE 夹角 θ(图 6.12)。容易得该工件左上角 D 的坐标为

$$x_D = -a\cos\theta + (r-b)\sin\theta$$
$$y_D = -a\sin\theta - (r-b)\cos\theta \tag{6.4.5}$$

若发生如图 6.11(c)的碰撞应有

$$x_D < a,\ y_D > -(r-b) \tag{6.4.6}$$

即

$$\begin{cases} -a\cos\theta + (r-b)\sin\theta < a \\ -a\sin\theta - (r-b)\cos\theta > -(r-b) \end{cases}$$

上式的第一式等价于

$$\frac{\sin\theta}{1+\cos\theta} < \frac{a}{r-b}，\ 即 \tan\frac{\theta}{2} < \frac{a}{r-b}$$

但第二式等价于

$$\frac{1-\cos\theta}{\sin\theta} > \frac{a}{r-b}，\ 即 \tan\frac{\theta}{2} > \frac{a}{r-b}$$

这就产生了矛盾，即图 6.11(c)的碰撞是不可能的。

图 6.11(d)~(f)亦可用类似的方法排除。

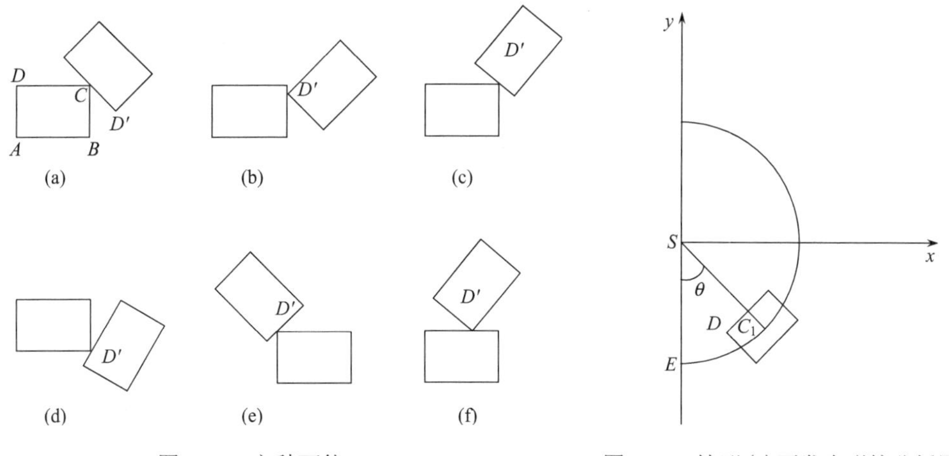

图 6.11　六种可能

图 6.12　情形(c)不发生碰撞分析图

2)情形(a)不发生碰撞的条件

设发生图 6.11(a)的碰撞时，位于直道的工件中心 C_2 距弯道入口的距离为 d。由于 $r>b$，当 $d>a$ 时此类碰撞不可能发生，而当 $d\leqslant 0$ 转化为两工件中心皆进入弯道的情形。因此只需考虑 $0<d<a$。

设此时两工件中心 C_1 与 C_2 间的轨道长 D，它是 d 的一个函数，记为 $D(d)$，为保证在任何情形下不发生碰撞，应取工件中心距满足

$$l > \sup_{0<d\leqslant a} D(d)$$

其中，sup 表示上确界，即 $D(d)$ 在区域 $(0,a]$ 内的最小上界。设两工件的接触点为 A，弯道中心 S 与工件中心 C_1 的连线和该工件的上侧交于 B，S 与弯道入口 E 的连线和直道

工件上侧交于 F，如图 6.13 所示。易知直角三角形 SBA 和三角形 SFA 全等。若记 $\beta=\angle FSA$，那么

$$\angle ASB=\angle FSA=\beta$$

易知

$$\beta=\arctan\frac{a-d}{r-b}$$

此时

$$D(d)=d+2r\arctan\frac{a-d}{r-b}$$

$$D'(d)=1-\frac{2r(r-b)}{(a-d)^2+(r-b)^2}$$

解得驻点 $d=a\pm\sqrt{r^2-b^2}$。因为 $a+\sqrt{r^2-b^2}>a$，所以取 $d_0=a-\sqrt{r^2-b^2}$。

当 $r<\sqrt{a^2+b^2}$ 时，$0<d_0<a$，由

$$D''(d)=\frac{-4r(r-b)(a-d)}{[(a-d)^2+(r-b)^2]^2}<0$$

可知

$$\max_{0\leqslant d\leqslant a}D(d)=D(d_0)=a-\sqrt{r^2-b^2}+2r\arctan\sqrt{\frac{r+b}{r-b}}$$

定义

$$L_2(r)=a-\sqrt{r^2-b^2}+2r\arctan\sqrt{\frac{r+b}{r-b}}\tag{6.4.7}$$

不发生碰撞的条件成为

$$l>L_2(r)$$

若 $r\geqslant\sqrt{a^2+b^2}$，则

$$\sup_{0<d\leqslant a}D(d)=D(0)=2r\arctan\frac{a}{r-b}=L_1(r)$$

此时不碰撞条件与相邻两工件中心均在弯道上时的条件完全相同。

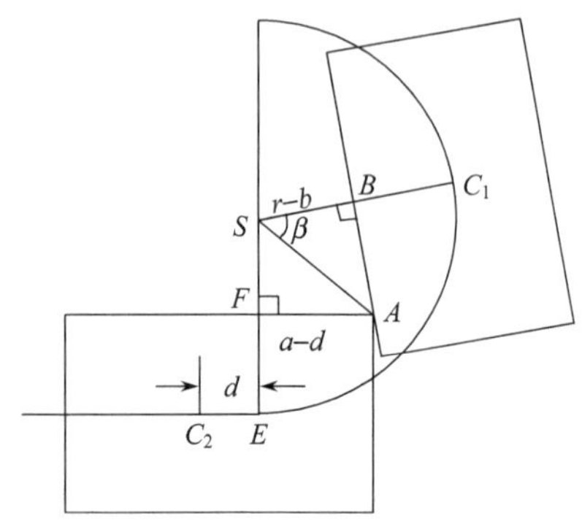

图 6.13　情形(a)不发生碰撞分析图

3) 情形(b)碰撞不发生的条件

同样记直道工件中心到弯道入口的距离为 d，如图 6.14 所示，接触时两工件中心间的轨道长

$$\overline{D} = \overline{D}(d) = d + r\delta$$

而

$$\delta \leqslant \frac{\pi}{2}$$

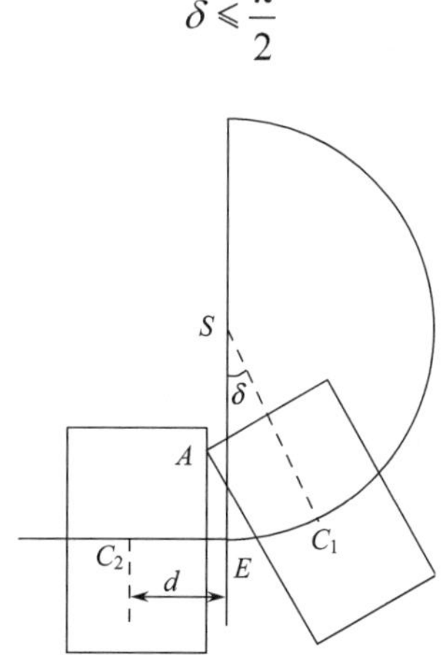

图 6.14　情形(b)不发生碰撞分析图

注意到图 6.11(a)中 $D(d)$ 的表达式可改写为

$$D(d) = d + \pi r - 2r\arctan\frac{r-b}{a-d}$$

以及

$$\arctan\frac{r-b}{a-d} = \frac{\pi}{2} - \beta \leqslant \frac{\pi}{4}$$

从而有 $D(d) \geqslant d + r\frac{\pi}{2}$，注意到 $\delta \leqslant \frac{\pi}{2}$，有

$$\overline{D}(d) \leqslant D(d)$$

所以只要不发生图 6.11(a)的碰撞，图 6.11(b)的碰撞就不可能发生。

6.4.4　综合各种情形建立模型

综合前面的讨论，我们有如下结论：

(1) 相邻两工件中心均在弯道上时，不发生碰撞的条件为 $l > L_1(r)$。

(2) 相邻两工件中心分别位于弯道和直道上时，不碰撞条件为：若 $b < r < \sqrt{a^2 + b^2}$，则 $l > L_2(r)$；若 $r \geqslant \sqrt{a^2 + b^2}$，则 $l > L_1(r)$。

不难证明，当 $r < \sqrt{a^2 + b^2}$ 时，$L_2(r) \geqslant L_1(r)$，于是结论(2)就成为在任何情况下均不碰撞的条件。引入

$$L(r)=\begin{cases}L_2(r),\ b<r<\sqrt{a^2+b^2}\\ L_1(r),\ r\geqslant\sqrt{a^2+b^2}\end{cases}$$

不碰撞条件简化为

$$l>L(r) \tag{6.4.8}$$

这就是我们需要的数学模型。

6.4.5 模型的求解及说明

若给定工件的长、宽分别为$2a$和$2b$，又给定了流水线弯道的半径r_0，那么容易用式(6.4.7)、式(6.4.8)、式(6.4.2)求出$l_0=L(r_0)$，只要取相邻工件中心间轨道长$l>l_0$，即可保证不发生碰撞。

而对于给定了相邻工件中心间轨道长$l=l_0$，决定弯道半径r_0就复杂一些。当然若r趋于无穷，弯道转化为直道，不会发生碰撞。原则上，只要r取得足够大，总能保证不碰撞。但由于流水线的费用和场地限制，一般都希望弯道半径不要过大，这样就有必要决定不发生碰撞的r的确切范围。此时需解不等式

$$l_0>L(r)$$

通常的做法是，先求(如用二分法)函数方程

$$f(r)=L(r)-l_0=0$$

的所有零点，将$(b,+\infty)$划分成若干区间，然后找出一切使$f(r)<0$成立的区间。

例如，对于$a=20,\ b=10,\ l_0=57$的情形，$\sqrt{a^2+b^2}\approx25.6$，可求得$f(r)$的零点$r_0\approx33.9$。$r>r_0$时，$l_0>L(r)$，工件不会相互碰撞，图6.15给出了$l=L(r)$与$l=57$的交点。

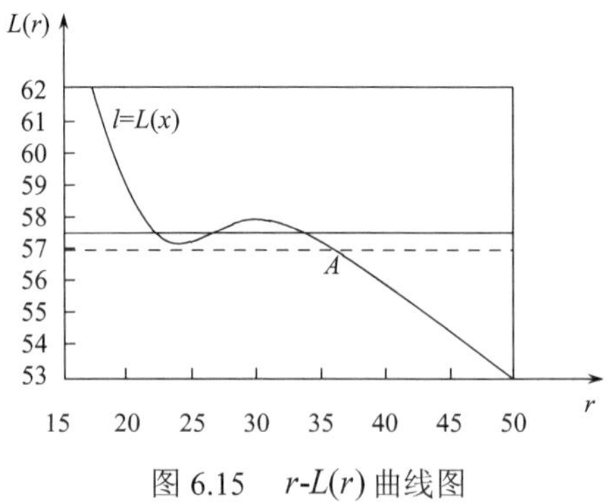

图6.15　r-$L(r)$曲线图

另一做法是先解不等式

$$l_0>L_1(r)$$

求得满足不等式的r的两个区间为$(16,25.6)$和$(33.9,+\infty)$，但因$r\in(16,25.6)$时，$r<\sqrt{a^2+b^2}$，应该用条件$l_0=L_2(r)$作为判据，但此时$L_2(r)>l_0$，$(16,25.6)$必须舍去。

注意到$l=L(r)$不是单调的，对某些特定的l_0可能会出现弯道半径r较小时，工件不碰撞，r增大反而会碰撞的有趣现象。如对$l_0=57.5$，r的不碰撞区间为$(21.30,25.33)$和$(30.94,+\infty)$（图 6.15），当$r=25$时工件不会碰撞，但取$r=27$时工件反而发生碰撞，当$r>30.94$又不会发生碰撞。

思考题：

如果取消假设(2)的“运动时，工件上每一点与弯道中心距离保持不变”的限制，如何讨论工件不会发生碰撞的条件？

6.5　紧急调兵问题

6.5.1　问题的提出

由于军事上的需要，需将甲地n名战斗人员(不包括驾驶员)紧急调运至乙地。但是由于运输车辆不足，m辆车无法保证每个战斗人员都能同时乘车。显然，部分战斗人员乘车，部分战斗人员急行军是可行的方案。设每辆车所载人员数目相同，只有一条道路，但足以允许车辆、人员同时行进。请制定一个调运方案，能最快地实现兵力调运，并证明方案的最优性。

这一问题中需加以说明：

(1)将这n名战斗人员中最后一名运到乙地算完成任务，以部队从甲地出发起，至第n名战斗人员到达乙地为止的运输时间为目标。不考虑先期到达战斗人员的军事价值。

(2)车速、人员行军速度均按最大速度计算。不考虑人员由于劳累而造成的行军速度减慢，不考虑车辆加油问题，也不考虑道路对车速、人员行军速度的影响，不考虑车辆满载、空载情况下最大速度的差别。

(3)战斗人员上下车时间可以忽略不计，假定因人员上下车造成车辆加速、减速而对车辆平均速度的影响也忽略不计(进一步研究时这一假设可以放宽)。

(4)每辆车载b人(不包括驾驶员)。

(5)车速是人员行军速度的k倍($k>1$)。

对这一问题的研究，可从简单情况入手，这是求解数学模型问题中常用的方法，非常重要。只有简化了，才容易发现其中的规律；只有简化了，复杂问题才有突破口。但简化了又不应使问题面目全非，失去原问题的主要特征，否则即使可以解决简化后的问题，对原问题的解决仍是无济于事，没有价值。因此，合理简化是建立数学模型的首要一点，希望读者不断细心体会、认真总结。

6.5.2　$n=mbj$，其中j是大于 1 的整数

$j=2$，显然n名战斗人员一分为二，一半的人乘车，一半的人行军，到了途中某一点，让乘车战斗人员全部下车，改由行军前进，车辆返回去接另一半人员，但是如果车辆在途中超过第一批乘车人员，显然还要回过来再用车辆运他们，故这一方案不好，如

果车辆在第一批乘车人员步行到达乙地之后到达乙地，显然也不是理想方案。

若$n=900,\ b=50,\ m=6,\ j=3$，最佳调运方案是什么？

结论 6.1　*满载车辆与其余行军人员同时到达乙地是最优方案的必要条件。*

证明　只要不是同时到达，无论哪部分人先到，无论分几次到达，由于他们出发时间相同，而到达时间有先后，故总用时不等。又因为甲地到乙地只有一条路，路程相同，所以他们的平均速度不等。可以让平均速度大的这部分战斗人员减少乘车里程(或乘车时间)，增加行军路程，降低平均速度，而让平均速度最小(即最后到达乙地)的那部分战斗人员多乘车，提高他们的平均速度，即n名战斗人员中最小平均速度增大，最迟到达乙地的时间可以提前。因此，满载车辆与其余行军人员同时到达乙地不一定是最优方案，所以满载车辆与其余行军人员同时到达乙地只是最优方案的必要条件。

结论 6.2　*车辆在前进时应满载，后退时应空载(驾驶员不计)。*

证明　因为车速大于人员行军的速度，根据结论 6.1，问题的目标是同时到达乙地的时间，而这又取决于平均速度(车速与人员行军速度的加权)，要提高平均速度一定要充分利用车辆的高速优势。由于满载、空载时车速相同，显然，前进时满载是充分利用车辆的高速优势。回退时，除驾驶员必须在车上外，如有其他人，对于车辆多载人员是不利的，不如让其行军向前。

对于一个复杂的实际问题，要一次性彻底解决它是不现实的，应该逐步深入，层层推进。但推进时应注意有稳定坚实的基础，否则进一步工作就成了无源之水、无本之木。那么怎样保证基础是坚实牢固的呢？把它用明确无误的语言来表达，并加以证明，如上面一样写成结论的形式。这样既便于理清头绪、找出规律，又因经过严格证明，不致发生错误；也有利于发现新情况、新问题。

1. 数学模型

设甲地到乙地距离为 1 个长度单位，人员行军速度为 1 个速度单位，车速为k。

设最优方案中，人员行军路程为y(因同时到达，每个人行军路程都是y)，则每个人乘车路程均为$1-y(0<y<1)$。

设最优调运方案中，车向前行走的路程为x(因m辆车同时到达，车速相同，每辆车前进路程均为x)，后退路程为$x-1\ (x>1)$。

最优方案中人与车同时到达乙地，所用时间相同，所以

$$y+\frac{1-y}{k}=\frac{2x-1}{k} \tag{6.5.1}$$

因为$n=mbj$，所以车向前时，mb个人乘车，车向后开时，无人乘车；而车向前开的时间为$\frac{x}{k}$，车向后开的时间为$\frac{x-1}{k}$，所以在最优调运方案中，平均乘车人数为

$$\left(\frac{x}{k}mb+0\times\frac{x-1}{k}\right)\Big/\frac{2x-1}{k}=\frac{xmb}{2x-1} \tag{6.5.2}$$

所以最优方案中最小平均速度的最大值函数的上界(在车、人同时到达乙地的方案可行时实现)为

$$\left(\frac{xmb}{2x-1}\times k+n-\frac{xmb}{2x-1}\right)\Big/n=1+\frac{(k-1)}{n(2x-1)}xmb=1+\frac{(k-1)x}{(2x-1)j} \tag{6.5.3}$$

由式(6.5.3)可见，平均速度大于人员行军速度，且k越大，平均速度越大，j越大(装备率越低)，平均速度越小，显然是合理的。

而根据式(6.5.1)，最优方案的平均速度为

$$\left(y+\frac{1-y}{k}\right)^{-1}=k/[1+(k-1)y]=\frac{k}{2x-1} \tag{6.5.4}$$

由此得到关于x,y的方程组

$$\begin{cases}1+\dfrac{(k-1)x}{(2x-1)j}=\dfrac{k}{1+(k-1)y}\\[2ex] 1+\dfrac{(k-1)x}{(2x-1)j}=\dfrac{k}{2x-1}\end{cases}$$

解此方程组，得

$$2x-2=(k-1)y$$

$$x=(k+1)j/(k-1+2j) \tag{6.5.5}$$

$$y=2(j-1)/(k-1+2j) \tag{6.5.6}$$

由式(6.5.6)可见，其余条件相同情况下，车速越快，战斗人员行军路程越短，这也说明该公式是正确的。

在达最大平均速度的情况下，人员行军路程与车辆行驶路程均已求出，下一步我们应考虑实现这一上界的方案。显然使平均速度满足式(6.5.3)的任一可行方案均为最优方案，但其中某方案人员上下车的次数越少，车辆调整方向次数越少，越方便，实际效果也越好。

那么实现最优调运方案的关键是什么呢？就是保证每位战斗人员行军路程恰符合式(6.5.6)。抓住这一点，再为每车制定方案就容易得多。

2. 实施方案

(1) 开始让车满载，车、人同时出发；

(2) 当车开到$1-y$处，让车上的战斗人员下车前行，车辆往回开；

(3) 当返回车辆遇到正在行军的战斗人员时，让其中任意mb个人乘车前进，余下的人继续行军前进；

(4) 当车辆遇到在前面行军的战斗人员时，停车，并让车上mb个人下车与这一批人一起行军前进，车辆再返回；

(5) 当车辆再返回途中遇到行军的人时，再用车载其中mb个人前进，余下的人继续行军前进，如此直至最后的mb个战斗人员也乘上车，并与其他战斗人员共同到达乙地。

这样在行进过程中，一前一后有两个集团，有时共有$(j-1)mb$个人行军前进，mb个人在这两个集团之间乘车由后往前赶。而当车辆返回时，两个集团共计n个人在行军前进。随着时间的推移，第一集团每次增加mb人，第二集团每次减少mb人，直至第二集

团消失，第一集团达$(j-1)mb$人，与最后乘车的mb人同时到达乙地。

由于$n=mbj$，显然这一方案是可行的。剩下的问题是证明这一方案的最优性。

前已计算最佳方案中每个人应步行的距离为y，应乘车前进的距离是$1-y$。因每个人不是乘车前进就是行军前进，故只要乘车距离达到$1-y$，即达理想的平均速度。由方案第一批乘车人恰好乘车前进$1-y$，余下行军，路程为y，应$y+\frac{1-y}{k}$时到达。第二批乘车的人后来赶上了第一批乘车的人，表明在出发至相遇这一段时间内平均速度相同。因行军速度与车速一定，故乘车时间相同，行军时间相同，因而乘车路程也为$1-y$，加上后来行军路程，总行军路程也是y，故实现了最优方案。类似地，前$(j-1)$批乘车的人都行军y、乘车$1-y$路程。

最后一批乘车的人在乘车时，车向前共行驶了$(j-1)(1-y)$，第一次车辆后退的距离为$k\left[1-y-\frac{1}{k}(1-y)\times 1\right]\Big/(k+1)=(k-1)(1-y)/(k+1)$，与最后一批人相遇共后退$(j-1)(k-1)(1-y)/(k+1)$，则实际前进了

$$(j-1)(1-y)-\frac{(j-1)(1-y)(k-1)}{k+1}=(j-1)(1-y)\left(1-\frac{k-1}{k+1}\right)$$
$$=(j-1)(1-y)\frac{2}{k+1}$$

将y用式(6.5.6)代入，得车辆在与最后一批人相遇时，离甲地距离为

$$(j-1)\left[1-\frac{2(j-1)}{k-1+2j}\right]\frac{2}{k+1}=(j-1)\frac{k-1+2j-2j+2}{k-1+2j}\frac{2}{k+1}$$
$$=(j-1)\frac{k+1}{k-1+2j}\cdot\frac{2}{k+1}=\frac{2(j-1)}{k-1+2j}=y$$

所以最后一批人乘车距离也是$1-y$，故n个人与车一起同时到达乙地，方案的确是最优的。

思考题：

已知甲乙两地相距100km，$n=900, b=50, m=6, j=3$，而人员每小时行军10km，车速为40km/h，求最佳的调运方案及最短的时间。

6.5.3 $n=lb$，但$n=mbj$，其中l为自然数，j是个分数

例如$n=1000, b=50, m=8, l=20, j=\frac{5}{2}$，如何求最佳调运方案？

虽然j不是整数，但在上段数学模型中建立的方程组及其解仍是最优方案的充分条件，因而只要有方案平均速度达到式(6.5.3)，每人行军路程为y(只是j不是整数而是分数罢了)，一定还是最优方案。故关键在于能否找到实施方案。

由题设$l>m$，若$2m>l$，$m/(l-m)=i$，i是自然数(作此假设仍是为了简化问题，以利找到实施方案)。

例如$n=600, b=50, m=9, l=12, i=3, j=\dfrac{4}{3}$的情况。

如前车队集体行动方案显然已无法实现，这时可将$l-m$辆车分为一组，每组联合行动。由于车相对较多，可以采用二阶段行走方法。

1. 实施方案

(1) i组车同时满载出发，另一组人行军前进；

(2) 车队行驶至$\dfrac{1-y}{i}$处，第一组车上的人下车行军向前，其余车辆继续前进，第一组车辆返回；

(3) 当第一组车辆与正在行军的一组人相遇时，让他们乘车直至乙地；

(4) 车队行驶至$\dfrac{2}{i}(1-y)$处，第二组的人下车行军前进，第二组车辆返回去接第一组人上车，直到乙地；

(5) 车队行驶至$\dfrac{3}{i}(1-y)$处，第三组人下车行军前进，第三组车辆返回接第二组人上车，直至乙地；

(6) 类似地，$1-y$处第i组人下车行军前进至乙地，第i组车辆返回接第$i-1$组人上车，直至乙地。

下面论证这一方案是否可行，是否最优。

显然每次返回的车辆在返回前始终向前，故处于领先位置，而要乘车的、正在行军的战斗人员因行军较慢，一定在其后边，故返回去接行军的战斗人员是可行的。

第i组人乘车路程$1-y$，行军路程是y，平均速度达到最大值式(6.5.3)(因y是根据式(6.5.3)建立的方程组的唯一解)。开始行军的一组战斗人员在与返回车辆相遇时行军路程推导如下：

车行驶距离　$\dfrac{1}{i}(1-y)$

人行军距离　$\dfrac{1}{k}\dfrac{1}{i}(1-y)$

车、人相距　$\left(1-\dfrac{1}{k}\right)(1-y)/i$

相遇前人继续行军前进　$\left(1-\dfrac{1}{k}\right)(1-y)/[i(k+1)]$

总共行军路程为

$$\frac{1}{i}(1-y)\left(\frac{1}{k}+\frac{1-\dfrac{1}{k}}{k+1}\right)=\frac{1}{i}(1-y)\frac{2k}{k(k+1)}=\frac{2}{i(k+1)}(1-y) \tag{6.5.7}$$

注意到这时$j=1+\dfrac{1}{i}$，代入式(6.5.6)，得

$$y = \frac{2}{i} \bigg/ \left(k - 1 + 2 + \frac{2}{i}\right) = \frac{2}{(k+1)i+2}$$

$$1 - y = \frac{(k+1)i}{(k+1)i+2}$$

再代入式(6.5.7)，得

$$\text{总共行军路程} = \frac{2}{(k+1)i+2} = y$$

乘车路程也是$1-y$。

其他各组总行军路程也是y，乘车也是$1-y$。这可以将第二组人下车作为时钟起点，第二组人变成行军组，第三组车相当于第一组车，路程也取$\frac{2}{i}(1-y)$，相当于甲地，仍是一组人行军，另一组车再行驶$\frac{1}{i}(1-y)$后返回接他们。同上推导，仍有第二组人总共行军路程为y，所以该方案是最优方案。

思考题：

已知甲乙两地相距 100km，$n=600$, $b=50$, $m=9$, $l=12$, $i=3$, $j=\frac{4}{3}$，而人员每小时行军 10km，车速为 40km/h，求最佳调运方案及最短的时间。

如果$n=1700, b=50, m=26$，怎样调运？一般讨论如下情况：

设$m<l<2m, m=a(l-m)+d, l-m=dh$，其中$a,d,h$为自然数，所以

$$m=(ah+1)d,\ n=lb=(ah+1+h)db$$

这时将战斗人员分为$[(a+1)h+1]$组，车分为$ah+1$组制定调运方案。

虽然 l 有变化，但最优行军路程y公式并未发生变化，这时$j=\frac{ah+1+h}{ah+1}$，代入式(6.5.5)、式(6.5.6)

$$\begin{aligned} x &= (k+1)\frac{ah+1+h}{ah+1} \bigg/ \left(k-1+2\frac{ah+1+h}{ah+1}\right) \\ &= (k+1)(ah+h+1)/[(k+1)(ah+1)+2h] \\ &= 1+\frac{(k-1)h}{(k+1)(ah+1)+2h} \end{aligned}$$

$$x-1=(k-1)h/[(k+1)(ah+1)+2h] \tag{6.5.8}$$

$$\begin{aligned} y &= 2\frac{h}{ah+1} \bigg/ \left(k-1+2\frac{ah+1+h}{ah+1}\right) \\ &= 2h/[(k+1)(ah+1)+2h] \end{aligned}$$

$$1-y=(k+1)(ah+1)/[(k+1)(ah+1)+2h] \tag{6.5.9}$$

2. 新情况的实施方案

(1) $(ah+1)$组车同时满载出发，另外h组人行军前进；

(2) 车行至 $\dfrac{1-y}{ah+1}$ 处，第一组人下车，改由行军前进，其余车辆继续前进，第一组车辆返回；

(3) 当第一组车与后面行军人员相遇时，让其中一组人上车前进，其余组继续行军前进；

(4) 第二组车行至 $\dfrac{2}{ah+1}(1-y)$ 处，第二组人下车改由行军前进，第二组车返回接行军组第二组人，其余车辆继续前进；

(5) 以此类推，车辆接完步行 h 组后，再去接乘车第一组，直至乘车 ah 组中最后一组第二次乘车，与乘车组中第 $(ah+1)$ 组行军同时到达乙地。

由于总有人在行军，且车总在被接的人前面，方案一定可行。至于最优性，如图 6.16 所示，阴影部分代表乘车，空白表示行军，这是实施方案示意图(本应为阶梯图，因组数不确定，表达不方便，画成直线)。可见每组乘车的路程和相同(乘车组先下车的先上车，行军组也是先上车的先下车)，当然行军路程和也相同，因此只要证明，乘车组与行军组乘车路程均为式(6.5.6)所指出的 $(1-y)$ 即可。

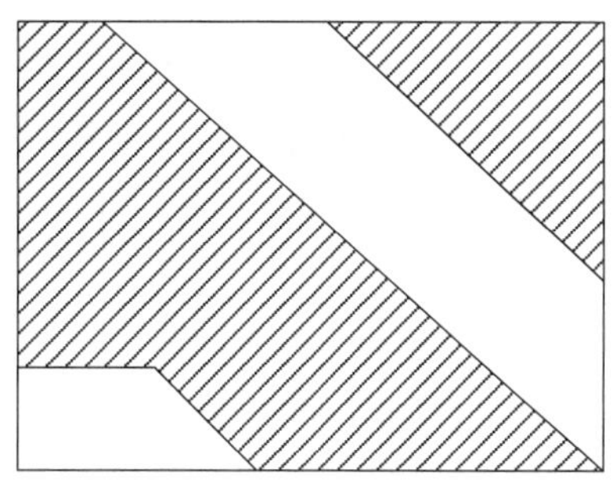

图 6.16　实施方案示意图(一)

行军第 h 组上车后直达乙地，首先计算上车前他们行军多远。因接他们的车是乘车组第 h 组的车，这组车行进至 $\dfrac{h}{ah+1}(1-y)$ 返回，这时行军第 h 组与其相距 $\left(1-\dfrac{1}{k}\right)\dfrac{h}{ah+1}(1-y)$，待乘车组第 h 组车与行军第 h 组相遇时，行军第 h 组又行军 $\dfrac{1}{k+1}\left(1-\dfrac{1}{k}\right)\dfrac{h}{ah+1}(1-y)$，前后一共行军 $\dfrac{2}{k+1}\dfrac{h}{ah+1}(1-y)$，将式(6.5.9)代入，可知行军第 h 组共行军 y 路程。

再看乘车第一组，自 $\dfrac{1-y}{ah+1}$ 处下车，至第 $(h+1)$ 组车开始返回，其间行军路程 $\dfrac{h}{ah+1}\dfrac{1-y}{k}$，第 $(h+1)$ 组车此时与乘车第一组人相距 $\dfrac{h}{ah+1}\left(1-\dfrac{1}{k}\right)(1-y)$，待车与人相遇时乘车第一组又行军 $\dfrac{1}{k+1}\left(1-\dfrac{1}{k}\right)\dfrac{h}{ah+1}(1-y)$，同上可知行军总路程为 y。当然乘车路程为 $1-y$。其余各组均类似可证行军路程为 y，故为最优调运方案。

思考题：

已知甲乙两地相距 100km，$n=1700, b=50, m=26, a=3, h=4, d=2$，而人员每小时行军 10km，车速为 40km/h，求最佳的调运方案及最短的时间。

至此若$m<l<2m$，m与l最大公约数为 1，也可以参照图 6.16 来实施调运。以每辆车为一个单位，开始满载前进。每前进$\frac{1-y}{m}$，则一辆车上的人下车行军前进，车返回先接行军组的人，再按下车先后接正在后面行军的一车人……，如此直至乘车第$(m-1)$组第二次乘车，乘车第m组下车后不再乘车而行军前进，同时到达乙地，即为最优方案。

若$l>2m$（$l=2m$属于已讨论过的情况），式(6.5.5)、式(6.5.6)成立仍是最优方案的充分条件，关键在于是否可实施。

$l>2m$情况可化成$m<l_1<2m$。这时有m辆车，可先运mb个战斗人员至$(1-y)$处，让他们继续行军至乙地，然后返回再接mb个战斗人员赶上在前面的行军队伍，并立即返回直至在后面未乘过车的行军人数小于$2mb$而大于mb。当返回车与他们相遇时，情况就与已讨论过的情况完全相同，可用前面方案对这最后一批少于$2mb$个的战斗人员进行调运。显然这一方案是可行的。至于第一批mb个人乘车路程为$1-y$，行军路程肯定为y。至于后来赶上去一同行军的几批人因为可以赶上去，而行军速度又一定，故可以肯定乘车路程相同，均为$1-y$，行军总路程也肯定为y，所以全达到最大平均速度式(6.5.4)。设前面已送走s批，每批军车前进$1-y$，接着后退$\left(1-\frac{1}{k}\right)(1-y)\frac{k}{k+1}$，实际前进$\frac{2}{k+1}(1-y)$，$s$批实际共前进$\frac{2s}{k+1}(1-y)$，若这时最后一批行军的战斗人员也到达这里，剩下路程为$1-\frac{2s}{k+1}(1-y)$，按$l<2m$时最优方案调运。设这时尚有$l_1 b$个战斗人员在行军，为利用前面推导再设这时离终点距离为 1，则按式(6.5.6)，这里战斗人员应乘车路程为

$$1-\overline{y}=\frac{k+1}{k-1+2j}=\frac{k+1}{k-1+\frac{2l_1}{m}}$$

折算到甲地到乙地距离为 1 情况，这$l_1 b$战斗人员应乘车路程为

$$\left[1-\frac{2s}{k+1}(1-y)\right]\cdot\frac{k+1}{k-1+\frac{2l_1}{m}}=\frac{(k+1)m-2ms(1-y)}{m(k-1)+2l_1}$$

其中，$(1-y)$用$\frac{k+1}{k-1+2s+\frac{2l_1}{m}}$代入，得最后$l_1 b$个战斗人员乘车路程为

$$(k+1)m\cdot\frac{1-\frac{2ms}{(k-1)m+2ms+2l_1}}{m(k-1)+2l_1}=\frac{(k+1)m}{m(k-1)+2ms+2l_1}$$

也是$1-y$，即与前s批战斗人员乘车路程相同，因而同时到达乙地，故该调运方案为最优方案。

6.5.4　$n=lb$，l 是分数

实施方案示意图如图 6.17 所示。

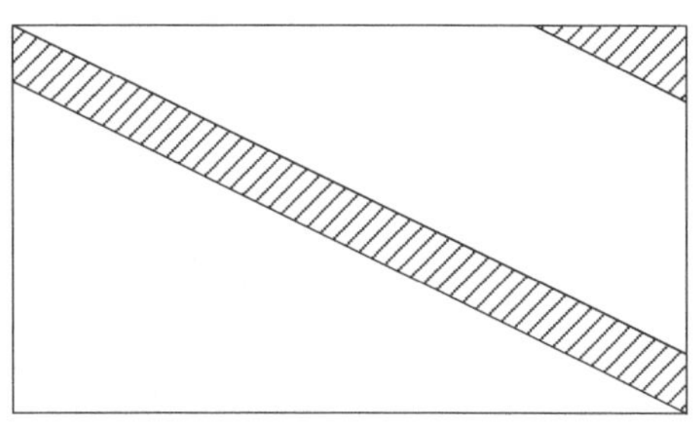

图 6.17　实施方案示意图(二)

l 是分数时，由于每辆车可载人数一定，故运输时一定会有乘不满的情况，这时不妨加上 l_2b-n 个虚设战斗人员，其中 l_2 是大于 l 的最小整数，则调运方案同前，前已证明方案最优性，因而对于 $n=lb$，l 是分数情况下也一定是最优方案。

至此题目获得圆满解决。我们之所以这样详细讨论问题，是想借此说明在建立数学模型过程中，具体问题具体分析是灵魂；区别情况对症下药是解决复杂问题的有效途径；不同的表达形式对于问题的理解、解决、证明是至关重要的；而好的表达方式要通过对问题几种表达方式的比较，尤其是进行创造性的思考后才能找到。

思考题：

本范例如果考虑运输车回程的速度变化及战斗人员上下车的时间，能否给出最优的调运方案？

6.6　煤矸石的堆积问题

6.6.1　问题的提出

煤矿采煤时，会产出废料——煤矸石。在平原地区，煤矿不得不征用土地堆放矸石。通常矸石的堆积方法如下所述。

架设一段与地面夹角约为 $\beta=25^\circ$ 的直线形上升轨道(角度过大，运矸车无法装满)，用在轨道上行驶的运矸车将矸石运到轨道顶端后向两侧倾倒，待矸石堆高后，再借助矸石堆延长轨道，这样逐渐堆起，如图 6.18 所示。

现给出下列数据：

(1)矸石自然堆放安息角(矸石自然堆积稳定后，其坡面与地面形成的夹角) $\alpha\leqslant 55^\circ$；

(2)矸石容量(碎矸石单位体积的质量)约 2t/m^3；

(3)运矸车所需电费为 0.50 元/(kW · h)(不变)；

(4)运矸车机械效率(只考虑堆积坡道上的运输)初始值(在地平面上)约 30%，坡道每延长 10m，效率在原有基础上约下降 2%；

(5) 土地征用费现值为 8 万元/亩[①]，预计地价年涨幅约 10%；
(6) 银行存、贷款利率均为 5%；
(7) 煤矿设计原煤产量为 300 万 t/年；
(8) 煤矿设计寿命为 20 年；
(9) 采矿出矸率(矸石占全部采出的百分比)一般为 7%~10%。

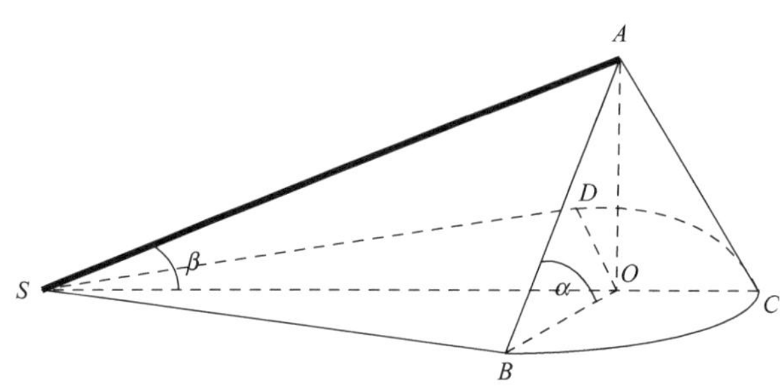

图 6.18　矸石堆示意图

另外，为保护耕地，煤矿堆矸石地应比实际占地多征用 10%。

现在煤矿设计中用于处理矸石的经费(只计征地费及运矸车用的电费)为 100 万元/年，这笔钱是否够用？试制订合理的年度征地计划，并对不同的出矸率预测处理矸石的最低费用。

6.6.2　模型假设

(1) 矸石山是棱锥和圆锥的嵌合体，棱锥和圆锥的侧面与地面形成的夹角均为 $\alpha = 55^\circ$ (安息角)，运矸车道 SA 与地面的夹角 $\beta = 25^\circ$；

(2) 矸石容重 $c = 2\times 10^3 \mathrm{kg/m^3}$；

(3) 原煤年产量理解为去掉矸石的净煤产量；

(4) 年度征地方案理解为最多于每年年初征地一次；

(5) 煤矿用于处理矸石的经费 100 万元/年理解为每年年初一次拨出；

(6) 银行利息为复利，煤矿使用银行资金存贷自由；

(7) 征地费于当时付出，电费于当年内付出不可拖欠；

(8) 20 年只堆积一个矸石山。

6.6.3　模型的建立

1. 矸石山的底面积和征地费

1) 矸石山的底面积、体积与高度的关系

在图 6.18 中 $A\text{-}SBOD$ 是棱锥部分，$A\text{-}BCD$ 是圆锥部分，$\triangle SOB$ 是直角三角形。记矸石山高 $h = AO, \gamma = \angle OSB$，可得

① 1 亩≈666.7m²。

$$\sin\gamma = \frac{OB}{OS} = \frac{h/\tan\alpha}{h/\tan\beta} = \frac{\tan\beta}{\tan\alpha} \Rightarrow \gamma = 19°$$

矸石山的底面积为△*SOB*、△*SOD* 与扇形 *OBCD* 面积之和，得

$$\begin{aligned}\overline{S} &= 2\times\frac{1}{2}SB\cdot BO + \frac{\pi+2\gamma}{2}\cdot OB^2 \\ &= h^2\left(\frac{\cos\gamma}{\tan\beta\tan\alpha} + \frac{\gamma+\pi/2}{\tan^2\alpha}\right) = 2.352h^2(\mathrm{m}^2)\end{aligned} \tag{6.6.1}$$

征地面积至少为

$$S(h) = 1.1\overline{S} = 2.587h^2(\mathrm{m}^2) \tag{6.6.2}$$

矸石山的体积为

$$V(h) = \overline{S}h/3 = 0.784h^3(\mathrm{m}^3) \tag{6.6.3}$$

2) 征地面积与采煤出矸率的关系

设出矸率为 p，记 $q = \dfrac{p}{1-p}$，则平均出矸量为 $300q(\times 10^7\mathrm{kg})$，按矸石容重 $c = 2(\times 10^3\,\mathrm{kg/m^3})$ 换算成体积为 $1.5q(\times 10^6\,\mathrm{m}^3)$，于是 t 年后矸石的体积为

$$V(t) = 1.5qt(\times 10^6\,\mathrm{m}^3) \tag{6.6.4}$$

由式(6.6.3)、式(6.6.4)可得矸石高度与 t 的关系

$$0.784h^3 = 1.5qt\times 10^6$$

即

$$h(t) = 124.1(qt)^{1/3}(\mathrm{m}) \tag{6.6.5}$$

将式(6.6.5)代入式(6.6.2)得 t 年后占地面积为

$$S(t) = 59.77(qt)^{2/3}(\text{亩}) \tag{6.6.6}$$

这样，可得 20 年后矸石山高与占地面积分别为

$$h(20) = 337.1q^{1/3}(\mathrm{m}),\ S(20) = 440.4q^{2/3}(\text{亩})$$

当 $p = 0.1$ 时，

$$h(20) = 162(\mathrm{m}),\ S(20) = 102(\text{亩})$$

3) 征地计划

因为地价年涨幅 10%高于贷款利率 5%，所以应在开始时一次性将用地全部购入，所缺经费向银行贷款。

当 $p = 0.1$ 时，征地费为 $Q = 8\times 102 = 816$(万元)。

2. 堆积矸石的电费

1) 运矸车机械效率

设运矸车坡道行程为 L，则 $L = \dfrac{x}{\sin\beta}$(x为高度)。由于坡道每延长 1m，效率与原来效率的百分比为 μ，$a = 0.02$ 为坡道每延长 10m，效率在原有基础上下降的百分比，所以有

$$\mu^{10}=1-a,\ \mu=(1-a)^{\frac{1}{10}}$$

故当坡道长为L，即当矸石山高$x=L\sin\beta$时运矸车机械效率为

$$\eta(x)=0.3\mu^{L}=0.3(1-0.02)^{L/10}=0.3\times0.98^{x/10\sin\beta}=0.3\mathrm{e}^{-0.00478x} \tag{6.6.7}$$

2) 运矸车机械功

由微元分析法可知，堆积到高度h的机械功为

$$J(h)=\int_0^h\frac{cxg}{\eta(x)}\mathrm{d}V(x) \tag{6.6.8}$$

以式(6.6.3)、式(6.6.7)和$g=9.8\ \mathrm{m/s^2}$代入，得

$$J(h)=1.537\int_0^h x^3\mathrm{e}^{0.00478x}\mathrm{d}x(\times10^5\ \mathrm{J}) \tag{6.6.9}$$

式(6.6.9)右端的积分可以算出：

$$\int_0^h x^3\mathrm{e}^{bx}\mathrm{d}x=[(h^3b^3-3h^2b^2+6hb-6)\mathrm{e}^{bh}+6]/b^4 \tag{6.6.10}$$

3) 电费

按照 1kW·h(电)=3.6×10^6J 和 0.5 元/(kW·h)的单价，可以由式(6.6.10)、式(6.6.5)算出从开始到t年的电费。当$p=0.1$时，$t=1$到$t=20$的电费$k(t)$见表 6.7。

表 6.7　$t=1$到$t=20$的电费$k(t)$　　(单位：万元)

t	1	2	3	4	5	6	7	8	9	10
$k(t)$	8.50	14.25	18.00	21.09	23.82	26.32	28.64	30.83	32.92	34.93
t	11	12	13	14	15	16	17	18	19	20
$k(t)$	36.86	38.73	40.55	42.33	44.07	45.77	47.44	49.08	50.69	52.28

为了与所给经费比较，将它们都按利率 5%折合成现值。20 年总电费K和总经费S分别为

$$K=\sum_{t=1}^{20}\frac{k(t)}{1.05^{t-1}}=404(\text{万元}),\quad S=100\sum_{t=1}^{20}\frac{1}{1.05^{t-1}}=1269(\text{万元}) \tag{6.6.11}$$

总电费K与征地费Q之和为 1220(万元)，未超过总经费S。

4) 直接将电费折合成现值的另一种方法

在式(6.6.8)、式(6.6.9)的积分中加入折扣因子$g(t)=1.05^{-t}=\mathrm{e}^{-0.049t}$，并用式(6.6.5)化为对$t$的积分，得总电费(折合成现值)为

$$\bar{K}=169q^4\int_0^{20}t^{1/3}\exp(0.59qt^{1/3}-0.049t)\mathrm{d}t(\text{万元}) \tag{6.6.12}$$

可用数值积分计算式(6.6.12)。对不同的出矸率，费用的计算结果见表 6.8。

表 6.8　费用的计算结果

出矸率 p	总电费/万元	征地费/万元	总费用/万元
0.07	218.6	628.2	846.8
0.08	271.9	691.7	963.6
0.09	330.8	753.7	1084.5
0.10	395.3	814.5	1209.8
0.11	465.7	874.4	1340.1

可以看出，$p=0.1$时，两种算法得到的结果相近。

3. 结论

开始时按 10%的出矸率为 20 年堆积矸石征地 102 亩，不足经费向银行贷款，以后每年用当年经费缴电费并还贷，20 年经费刚好够用。

若出矸率高于 10%，如 11%时，上述结果表明，经费已不足。

需要指出的是，上面的计算是基于 20 年只堆积一个矸石山的假设，若堆积多个矸石山，显然征地费将增加，而电费将减少，那么总费用如何呢？

若堆积两个矸石山，每个 10 年，不难算出，征地费为 513×2=1026(万元)，电费为 185×2=370(万元)，总费用 1396 万元，大于 1220 万元。

所以堆积一个矸石山是正确的。

6.7　洗衣机节水的数学模型

6.7.1　问题的提出

我国淡水资源有限，节约用水人人有责。洗衣用水在家庭用水中占有相当大的比例，目前洗衣机已非常普及，节约洗衣机用水十分重要，假设在放入衣物和洗涤剂后洗衣机的运行过程为：加水—漂洗—脱水—加水—漂洗—脱水—……—加水—漂洗—脱水(称“加水—漂洗—脱水”为运行一轮)。请为洗衣机设计一种程序(包括运行多少轮、每轮加水量等)，使得在满足一定洗涤效果的条件下，总用水量最少。选用合理的数据进行计算，并对照目前常用的洗衣机的运行情况，对模型和结果作出评价。

6.7.2　问题的分析

在实际生活中，衣服的洗涤是一个十分复杂的物理化学过程。洗衣机运行过程可以理解为洗涤剂溶解在水中，通过水进入衣物并与衣物中的脏物结合，这种结合物易溶于水中，但衣物对这种结合物也有一定的吸附作用，可以认为在经过一定时间的漂洗后，它在水与衣物中的分配达到平衡。经过脱水，去除了溶于水中的洗涤剂与结合物(统称为有害物)。然后再注入清水，开始一个新的洗涤轮回，吸附于衣物中的有害物逐渐减少。这种洗涤轮回循环下去直到衣物中残留的有害物含量达到满意程度(即满足一定的洗涤效果)为止。

6.7.3　模型建立与求解

为了建立衣物中的有害残留物与洗涤轮数及每轮的加水量之间的数学关系，根据目前洗衣机的有关情况，做出如下假设：

(1) 第一轮漂洗后，水与衣物中的残留洗涤剂及洗涤剂与衣物脏物结合物的质量之和，与洗衣开始加入的洗涤剂质量接近，设 D_0 为洗涤前加入的洗涤剂质量，因而可作为初始的有害物质量。建模求解时简单地用洗涤剂来代替有害物。

(2) 设在每轮漂洗后，洗涤剂(有害物)在水中和衣物的分配可达到平衡(即充分漂洗)，设 $G_{衣}$ 为被衣物吸附的有害物质量与衣物质量的百分比，它与衣物材料有关，$G_{水}$ 为在水中的有害物质量与水质量的百分比(即浓度)，它们代表了对有害物的亲和能力。设比例系数 $\alpha=\dfrac{G_{水}}{G_{衣}}$ 在每一轮洗涤过程中均保持不变，即在每一轮漂洗中：

$$\frac{\text{水中有害物的百分比}}{\text{衣物中有害物的百分比}}=\text{常数}$$

也就是水中与衣物中有害物百分比减少的程度一样，与残留有害物多少无关。

假设要洗的衣物质量为 W，开始洗涤前按要求加入洗涤剂 D_0 即可看作初始有害物，并设第 t 轮洗涤后剩余的洗涤剂质量为 D_t，第 t 轮加水量为 $V_t(t=1,2,\cdots)$。下面建立 t,D_t,V_t 之间的关系。

在第 1 轮洗涤中，用 V_1 水洗涤后，剩余有害物量为 D_1，则随水排出的有害物量为 D_0-D_1，这样

$$\alpha=\frac{G_{水}}{G_{衣}}=\frac{\dfrac{D_0-D_1}{V_1}}{\dfrac{D_1}{W}}$$

从而可得

$$D_1=D_0\left(\frac{W}{W+\alpha V_1}\right)$$

第 2 轮

$$\alpha=\frac{\dfrac{D_1-D_2}{V_2}}{\dfrac{D_2}{W}}$$

所以

$$D_2=D_1\left(\frac{W}{W+\alpha V_2}\right)=D_0\left(\frac{W}{W+\alpha V_1}\right)\left(\frac{W}{W+\alpha V_2}\right)$$

因为

$$\alpha = \frac{\dfrac{D_{t-1} - D_t}{V_t}}{\dfrac{D_t}{W}}$$

易见在第 t 轮洗涤后

$$D_t = D_{t-1} \frac{W}{W + \alpha V_t}$$

剩余剂量为

$$D_t = D_0 \prod_{i=1}^{t} \left(\frac{W}{W + \alpha V_i} \right)$$

我们把衣物中剩余的有害物质量与衣物的质量之比作为衡量衣物洗涤效果的标准，并设其为 $C_0 = \dfrac{D_t}{W}$ (其中 D_t 为 t 轮洗涤后剩余的有害物质量，W 为衣物重量)，则在一定的洗涤条件下，确定最佳的洗涤轮数与每轮加水量，用最少的水达到满意的洗涤效果的数学模型，转化为求解下式中的 t 与 $V_i (i = 1, 2, \cdots, t)$：

$$\sum_{i=1}^{t} V_i = \min$$

$$\frac{D_0 \prod\limits_{i=1}^{t} \left(\dfrac{W}{W + \alpha V_i} \right)}{W} \leqslant C_0$$

$$V_{\min} \leqslant V_i \leqslant V_{\max}$$

式中，$V_{\min}$ 和 $V_{\max}$ 分别为最小加水量与最大加水量。

为求解上述模型，先证明一个结论。

结论 6.3　*在总水量一定的条件下，平均分配每次加水量，实现的洗涤效果最好。*

证明　由算术平均数与几何平均数的关系可知

$$\frac{C}{n} = \frac{X_1 + X_2 + \cdots + X_n}{n} \geqslant \sqrt[n]{X_1 \times X_2 \times \cdots \times X_n}$$

其中，等号的成立条件为 $X_1 = X_2 = \cdots = X_n$，即有当 $X_1 + X_2 + \cdots + X_n = C$（$C$ 为常数)且当 $X_1 = X_2 = \cdots = X_n$ 时，乘积 $X_1 \times X_2 \times \cdots \times X_n$ 为最大。

对于 t 次洗涤的效果，它只与 $\prod\limits_{i=1}^{t} \left(\dfrac{W}{W + \alpha V_i} \right)$ 有关，而由于 $\sum\limits_{i=1}^{t} V_i$ 为定值，所以 $\sum\limits_{i=1}^{t} (W + \alpha V_i)$ 亦为定值，根据上述结论，只有 $V_1 = V_2 = \cdots = V_t$ 时，$\prod\limits_{i=1}^{t} (W + \alpha V_i)$ 最大，从而 $\prod\limits_{t=1}^{t} \left(\dfrac{W}{W + \alpha V_i} \right)$ 最小，C_0 亦最小。

这样，为达到最节省水的目的，每次加水量都必须相同，设为 V_0，则有

$\dfrac{D_0\left(\dfrac{W}{W+\alpha V_0}\right)^t}{W}\leqslant C_0$。当每次加水量都为最小量$V_{\min}$时，所需要的轮数为最多，设为$T_{\max}$，代入上式得

$$T_{\max}=\log_{\left(\frac{W}{W+\alpha V_{\min}}\right)}\frac{C_0\cdot W}{D_0}$$

当每次加水量都为最大量$V_{\max}$时(一般指加满水)，所需要轮数为最少，设为$T_{\min}$，得

$$T_{\min}=\log_{\left(\frac{W}{W+\alpha V_{\max}}\right)}\frac{C_0\cdot W}{D_0}$$

由于$T_{\max}$和$T_{\min}$均为整数，当上两式求得的$T_{\max}$和$T_{\min}$不为整数时，$T_{\max}$需取整加 1，$T_{\min}$需取整。由于每次加水量都必须相同，且满足$\dfrac{D_0\left(\dfrac{W}{W+\alpha V_0}\right)^t}{W}\leqslant C_0$，故可以通过计算机遍历$t$值（$t=T_{\min},T_{\min}+1,\cdots,T_{\max}$），得出最优的$T$值和每次加水量$V_T$。

6.7.4 计算机实现

根据以上建立的模型，当洗衣轮数一定时(设为T)，总的最优加水量

$$V_T=V_0\times T=T\times\frac{W\left(\dfrac{C_0\cdot W}{D_0}\right)^{\frac{1}{T}}-W}{\alpha}$$

可以设计计算机程序，先求出T的取值上下限$T_{\max}$和$T_{\min}$，然后遍历T从$T_{\min}$到$T_{\max}$的各整数值，求出各个T下的最小加水量V_T，从中选择最优解，包括需要洗涤多少轮，每轮应加多少水。

6.7.5 计算结果分析

不同的α,D_0,W的变化与最小用水量的关系：

(1)洗涤剂添加量D_0的变化对结果的影响，如表 6.9 所示。测试前提：衣物质量为 3kg；洗涤效果为 0.05g/kg；$\alpha=0.56$；最大用水量为 40L；最小用水量为 25L。

表 6.9 洗涤剂添加量 D_0 的变化对结果的影响

D_0/g	轮数/次	每轮用水量/L	最终用水量/L
20	3	25	75
25	3	25	75
30	3	26	78
35	3	28	84
40	3	30	90
45	3	31	93

结论：在其他条件一定的情况下，洗涤剂的添加量越少越省水。

(2) 分配比例 α 的变化对结果的影响，如表 6.10 所示。测试前提：衣物质量为 3kg；洗涤剂添加量为 30g；洗涤效果为 0.05g/kg；最大用水量为 40L；最小用水量为 20L。

表 6.10　分配比例 α 的变化对结果的影响

α	轮数/次	每轮用水量/L	最终用水量/L	α	轮数/次	每轮用水量/L	最终用水量/L
0.30	5	20	100	0.60	3	25	75
0.35	4	24	96	0.65	3	23	69
0.40	4	21	84	0.70	3	21	63
0.45	4	20	80	0.75	3	20	60
0.50	4	20	80	0.80	3	20	60
0.55	4	20	80				

结论：在洗衣机型号一定，其他条件一定的情况下，α 反映了洗涤剂的洗涤效果，洗涤剂的洗涤效果越好，α 的值越大，越省水。

(3) 衣物质量 W 的变化对结果的影响，如表 6.11 所示。测试前提：洗涤剂添加量为 30g；洗涤效果为 0.05 g/kg；$\alpha = 0.56$；最大用水量为 40L；最小用水量为 20L。

表 6.11　衣物质量 W 的变化对结果的影响

W/kg	轮数/次	每轮用水量/L	最终用水量/L
1	3	20	60
2	3	21	63
3	3	26	78
4	4	20	80
5	4	21	84

结论：在其他条件一定的情况下，衣物越多越费水。

6.7.6　模型应用

我们建立的模型可以广泛地应用到实际生产和生活中去。例如，我们可以依据节水思想设计一种节水洗衣机，洗衣物时，每轮的加水量都可以连续变化，它们全部由洗衣机上的单片机来自动控制。在实际应用中，洗衣机用户不会也不可能完全按照我们最优方案确切地设置参数来洗涤衣物，所以我们可以考虑在控制面板中给出几个模糊的可让用户确定的参数范围，以达到用户的满意度。

6.8　螺旋线与平面的交点问题

6.8.1　问题的提出

帮助一家生物技术公司解决问题：位于空间中一般位置的一个螺旋线和一个平面交

点的“实时”定位设计、证明、编程，并测试检验。类似的计算机辅助几何设计(CAGD)程序能使工程师看到他们设计的物体，如飞机喷气发动机、汽车悬挂物或医疗仪器的平面截面部分。此外，工程师还可以把诸如气流、压力或温度等物理量用颜色或等位线标码显示在该平面截面上。更进一步，工程师可以让这种平面截面迅速扫过整个物体来得到物体的三维成像以及物体对运动、力和热的反应。为取得这样的效果，计算机程序必须能以足够的速度和精度来定位所设计物体的每一部分和所观察平面的全部交点。

通过方程求解器(equation solver)可计算出这种交点。但对于特定的问题，已经证明特定的方法比通用的方法算得更快、更准确。特别就完成实时计算来说，计算机辅助几何设计的通用软件已被证明太慢了；而对由该公司研制的医疗仪器来说，该通用软件太大了(杀鸡用牛刀)。上面所说的情况导致该公司要考虑下列问题：设计、证明、编程并测试检验一种算法，用以计算处于一般位置(即处于任何地方、任何指向)的平面和螺旋线的全部交点。

螺旋线的一段可以通过仿真模拟，例如一段螺旋状的弹簧或化学仪器或医疗仪器中的一段管状物，如图 6.19 所示。

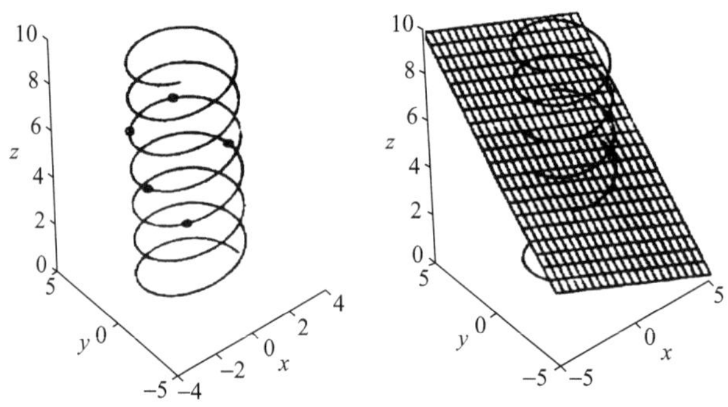

图 6.19　螺旋线与平面相交示意图

如题目所讲，对于特定的问题，特定的方法比通用的方法算得更快、更准确。这实际上体现了数学建模中具体问题具体分析的思想，增加了创造性。

本题难点在于：①求出全部交点，这实际上隐含了准确地计算出交点的个数，也隐含了交点的性质，如重根是否存在、重根有几个，还包含找到算法，并求出这些交点来；②实时求出来，要求算法快，特别在交点很多的情况下这似乎很难得到解决；③平面螺旋线处于空间任意位置，特别当问题的坐标系是给定的情况下，给求解带来困难，虽然经过坐标变换可以避免这一问题，但也增加了结果(也就是交点)再转为用原坐标系表达的问题。

6.8.2　数学模型

首先还是简化。坐标系先简化，取螺旋线的轴为 z 轴，x 轴取通过螺旋线上一点的直线，若螺旋线长度有限，取其起点为 x 轴上一点。这样，螺旋线与平面方程为

$$\begin{cases} x = r\cos\theta \\ y = r\sin\theta \\ z = h\theta \end{cases} \tag{6.8.1}$$

$$Ax + By + Cz + D = 0 \tag{6.8.2}$$

其中，r 为螺旋线半径；h是与螺距有关的常数，为螺距的$\dfrac{1}{2\pi}$；θ为向径与 x 轴夹角；A,B,C,D 为任意实数。理论上，式(6.8.1)与式(6.8.2)联立求解即可求出全部交点，但 4 个方程，4 个未知数(θ,x,y,z)，又是非线性方程，快速求解显然是困难的，所以还应根据具体问题作进一步简化。可否进一步简化？应向哪一个方向简化？这是具有创造性的问题。但是如果我们设想将螺旋线置于一个平行于其轴的平面 M 的前方，且让截面所在平面与平面 M 垂直，将螺旋线与截平面向平面 M 作投影，则螺旋线投影后为一曲线，截平面投影为直线，z 轴也投影为一直线，直线与曲线间可能会有交点，且这种交点和螺旋线与平面之间的交点是一一对应的。因为根据式(6.8.1)螺旋线上任意两点的 z 坐标不同，而向平面 M 作投影，z 坐标的值未发生变化。由平面 M 上曲线与直线交点可以很容易根据 z 坐标定出 θ，从而求出 x,y 坐标。这说明可以将上述求三维空间中螺旋线与平面交点问题等价转化为求平面上曲线与直线交点问题。这样既解决了可否简化的问题，又解决了向什么方向简化的问题。

根据上述分析，将式(6.8.1)代入式(6.8.2)，当 $A^2 + B^2 \neq 0$ 时得

$$Ar\cos\theta + Br\sin\theta + Ch\theta + D = 0$$

其中，有两个三角函数还可再化简为

$$\sqrt{A^2 + B^2}\, r(\cos\theta\cos\psi - \sin\theta\sin\psi) = -D - Ch\theta - Ch\psi + Ch\psi$$

其中，

$$\cos\psi = A / \sqrt{A^2 + B^2},\ \sin\psi = -B / \sqrt{A^2 + B^2}$$

所以

$$\cos(\theta + \psi) = \frac{-D + Ch\psi - Ch(\theta + \psi)}{r\sqrt{A^2 + B^2}}$$

令

$$\varphi = \theta + \psi, b = (-D + Ch\psi) / \left(r\sqrt{A^2 + B^2}\right)$$

$$a = -Ch / \left(r\sqrt{A^2 + B^2}\right)$$

则

$$\cos\varphi = a\varphi + b \tag{6.8.3}$$

不妨假设$a \geqslant 0$，则可令

$$\bar{\varphi} = -\varphi, \cos\bar{\varphi} = -a\bar{\varphi} - b, -a \leqslant 0$$

这样将求 4 个未知数方程组的解简化为求非线性方程的解，且φ的根与方程组中θ的解仅差一个已知的常数ψ。

当 $A^2+B^2=0$ 即 $A=0,B=0$ 时，由平面方程 $Cz+D=0$，可解出 $z=-D/C$，代入式(6.8.1)，得唯一交点 $(r\cos\frac{D}{Ch},-r\sin\frac{D}{Ch},-\frac{D}{C})$。

若 $a=0$时，即 $Ch=0$，则式(6.8.3)变为

$$\cos\varphi=b \tag{6.8.4}$$

当 $|b|\leqslant 1$ 时，有无穷多解，$\varphi=2k\pi\pm\arccos b$，$k$ 是一切整数。

当 $|b|>1$ 时，式(6.8.4)无解，即式(6.8.1)、式(6.8.2)无交点，这在螺旋线轴与截平面平行且螺旋线轴到截平面距离大于螺旋线半径 r 时发生。

下面讨论式(6.8.3)在 $a>0$ 时的情况。

6.8.3　关于交点个数的讨论

一个螺距范围内螺旋线与平面可能有两个交点，此外平面也有与螺旋线相切即重根的情况。那么上述结论是否肯定成立，需要什么条件？

结论 6.4　式(6.8.3)的重根一般是二重根，重根最多两个，若有重根一定是最大或最小的根。

证明　改写式(6.8.3)为 $\cos\varphi-a\varphi-b=0$。定义 $f(\varphi)=\cos\varphi-a\varphi-b$，则式(6.8.3)具有重根的充要条件是

$$\begin{cases}f(\varphi)=\cos\varphi-a\varphi-b=0\\ f'(\varphi)=-\sin\varphi-a=0\end{cases} \tag{6.8.5}$$

由式(6.8.5)可推知

$$\cos^2\varphi+\sin^2\varphi=(a\varphi+b)^2+a^2=1 \tag{6.8.6}$$

这是重根必要条件。而式(6.8.6)是 φ 的一元二次方程，可写为 $a^2\varphi^2+2ab\varphi+a^2+b^2-1=0$。根据代数知识，一元二次方程最多两个实根，故式(6.8.3)重根最多为两个。由一元二次方程求根判别式 $4a^2\times b^2-4a^2(a^2+b^2-1)=4a^2(1-a^2)$，当 $|a|>1$ 时，式(6.8.3)无重根，这显然是对的，因为 $\cos\varphi$ 的斜率不超过 ±1，a 是直线 $a\varphi+b$ 的斜率，斜率超过 ±1 的直线肯定与曲线无法相切。

若式(6.8.6)的根是式(6.8.3)的重根，那么重根的重数又是多少呢？若是三重根则应是

$$\begin{cases}f(\varphi)=\cos\varphi-a\varphi-b=0\\ f'(\varphi)=-\sin\varphi-a=0\\ f''(\varphi)=-\cos\varphi=0\end{cases}$$

的解，即

$$\begin{cases}\cos\varphi=0\\ a=1\\ b=k\pi+\dfrac{\pi}{2}\end{cases}$$

除这种极特殊情况外肯定无三重根，且这时根只有一个。下面再证明重根若存在，则一定是最大或最小的根。

不妨设直线在余弦线的上方，$\cos\varphi$ 的拐点是 $\cos\varphi=0$ 的点，故余弦线中轴上方的一个波形是凸函数。由凸函数的性质，余弦线全在切线的下方，包括这一波的最高点也在切线下方，即余弦在 $2k\pi$ 达到最大值 1，而在 $\varphi=2k\pi$ 点，直线函数值大于 1。由于直线的斜率 $a>0$，是严格单调上升的，故在余弦线的最高点之后，直线上各点函数值始终大于 1，而余弦线总在 ±1 范围内振荡，因而直线与余弦线不会再有交点，故切点即式(6.8.3)的重根是最大的根。类似可证切点处余弦处于直线的上方，则这个重根是式(6.8.3)最小的根。

结论 6.5 式(6.8.3)的根的个数一定是 $\left[\dfrac{2}{a\pi}\right]-2,\left[\dfrac{2}{a\pi}\right]-1,\left[\dfrac{2}{a\pi}\right],\left[\dfrac{2}{a\pi}\right]+1,\left[\dfrac{2}{a\pi}\right]+2$ 中的一个，其中 $\left[\dfrac{2}{a\pi}\right]$ 是按四舍五入原则对 $\dfrac{2}{a\pi}$ 取整后的结果。

证明 $\cos\varphi=a\varphi+b$ 是超越方程，要严格估计根的个数是困难的，直观上 a 做微小的变化或 b 做微小的移动都可能使根的个数即交点个数发生变化，尤其在 a 接近零的情况下，a 很小的变化可使交点个数发生很大的改变。

然而，当 $a=0$ 时，虽然有无穷多个根，但求解并不困难，这是因为周期函数求根非常方便。当 $a\neq0$ 时，显然不是周期函数，但是它可以借用周期函数来确定根的个数。

$a=0$ 时的这个周期函数就是 $f'(\varphi)$ 即 $\sin\varphi$。可以证明在 $f(\varphi)=0$ 有解的范围内，$f(\varphi)=0$ 的根与 $f'(\varphi)=0$ 的根是相间的，即任意两个 $f(\varphi)=0$ 的根之间一定有 $f'(\varphi)=0$ 的根，反之任意两个 $f'(\varphi)=0$ 的根之间一定有 $f(\varphi)=0$ 的根，因而 $f(\varphi)=0$ 与 $f'(\varphi)=0$ 的根的个数最多相差一个。这样由周期函数 $f'(\varphi)=0$ 的根的个数就可以准确估计 $\cos\varphi=a\varphi+b$ 的根的个数。

首先，设 φ_1,φ_2 是 $f(\varphi)=0$ 的任意两个不同的根，即 $f(\varphi_1)=f(\varphi_2)=0,\varphi_2-\varphi_1\neq0$，因为 $f(\varphi)$ 是连续可微函数，根据高等数学中的罗尔定理，一定存在 $\overline{\varphi}\in(\varphi_1,\varphi_2)$，满足

$$f(\varphi_2)-f(\varphi_1)=f'(\overline{\varphi})(\varphi_2-\varphi_1)$$

因为 $f(\varphi_1)-f(\varphi_2)=0$，而 $\varphi_2-\varphi_1\neq0$，所以一定有 $f'(\overline{\varphi})=0$，即在任意两个 $f(\varphi)=0$ 的根中间一定存在 $f'(\varphi)=0$ 的根。

反之，若 $f'(\varphi_3)=f'(\varphi_4)=0$，$\varphi_3,\varphi_4$ 是 $f'(\varphi)=0$ 的两个相邻的根，则 $\varphi_3=2k\pi+\arcsin(-a)$ 或 $(2k+1)\pi-\arcsin(-a)$，而从单位圆看，无论是从 $2k\pi+\arcsin(-a)$ 到 $(2k+1)\pi-\arcsin(-a)$，还是从 $(2k+1)\pi-\arcsin(-a)$ 到 $(2k+2)\pi+\arcsin(-a)$，$-\sin\varphi-a$ 始终保持同号，其中在上一区间保持负号，下一区间保持正号。因为 $-\sin\varphi-a=f'(\varphi)$ 保持正号(或负号)，所以 $f(\varphi)$ 严格单调上升(或下降)。若 $f(\varphi_3)\cdot f(\varphi_4)<0$，则在 (φ_3,φ_4) 之间一定有且只有一点 $\overline{\varphi}$ 满足 $f(\overline{\varphi})=0$；若 $f(\varphi_3)\cdot f(\varphi_4)>0$，表明 $f(\varphi_3)\cdot f(\varphi_4)$ 同号，这时 $f(\varphi)=0$ 在 (φ_3,φ_4) 之间一定无根。故在 $f(\varphi)=0$ 有根的范围内，$f'(\varphi)=0$ 的两个不同的根之间一定有 $f(\varphi)=0$ 的根，且 $f(\varphi)=0$ 与 $f'(\varphi)=0$ (周期函数)的根是相同的。

因为 $f'(\varphi)=0$，即 $\sin\varphi=-a$ 在 2π 之内有两个根，故 $f(\varphi)=0$ 有根的范围内，2π 的区间中一般也有两个根。因为余弦函数取值一定在 $[-1,+1]$ 之内，故方程(6.8.3)的根也一定适合 $a\varphi+b\in[-1,+1]$，φ 有根的区间长度最大为 $\dfrac{2}{a}$，因而在 a 确定之后可大致估计

$f'(\varphi)=0$ 的根个数为$\left[\dfrac{2}{a}\cdot\dfrac{2}{2\pi}\right]$左右([　]表示按四舍五入取成整数)，考虑到四舍五入可能造成的误差及 $f'(\varphi)=0$ 根的分布不均匀性，故 $f'(\varphi)=0$ 的根为$\left[\dfrac{2}{a\pi}\right]-1,\left[\dfrac{2}{a\pi}\right],\left[\dfrac{2}{a\pi}\right]+1$个连续非负整数中的一个。由于 $f(\varphi)=0$ 不是周期函数，加上区间端点可以取在根左或根右，所以 $f(\varphi)=0$ 的根的个数应为$\left[\dfrac{2}{a\pi}\right]-2,\left[\dfrac{2}{a\pi}\right]-1,\left[\dfrac{2}{a\pi}\right],\left[\dfrac{2}{a\pi}\right]+1,\left[\dfrac{2}{a\pi}\right]+2$五个连续整数中的一个，具体的值与 b 也有关系。

结论 6.6　*若重根按重数计，则在式(6.8.3)有根的情况下，根的个数一定为奇数。*

证明　先考虑一种简单的情况，设余弦线及其轴和直线三线共点，若直线与余弦线相切，此即结论 6.4 中讨论过的特殊情况，是三重根，只有一个，重数 3 是奇数。若直线余弦线仅此一个交点，1 也是奇数。若除此三线交点，以余弦轴及其过三线共点的垂直线为坐标轴，则直线及余弦线(这时变为正弦线)均是奇函数，若某点是余弦线与直线交点，则其关于三线公共点的对称点也在余弦线及直线上，也是 $f(\varphi)=0$ 的根，故这样对称的根一定为偶数个，加上三线交点这一个交点，共有奇数个交点，即 $f(\varphi)=0$ 有奇数个根。如果 a 保持不变，b 发生变化，则直线将发生平行移动，显然根也发生移动，但是中间根的个数不会发生变化，发生变化的只可能是最大或最小的根。在最大或最小根处，直线平移则会发生相切，由于是二重根，根的个数并无变化，但再平行移动，这一段余弦线与直线相离，则根少了两个；也可能相反，原来余弦线与直线相离经过平行移动变成相切，再平行移动变成相交，根多了两个。但不管什么情况，根总是增减偶数个。前已证明原来根的个数是奇数，当直线平行移动时，根的个数或保持不变，或增加两个，或减少两个，根的个数始终是奇数，即 $f(\varphi)=0$ 的根的个数一定是

$$\left[\frac{2}{a\pi}\right]-2,\left[\frac{2}{a\pi}\right]-1,\left[\frac{2}{a\pi}\right],\left[\frac{2}{a\pi}\right]+1,\left[\frac{2}{a\pi}\right]+2$$

中的奇数，至此 $f(\varphi)=0$ 的根的个数问题得到圆满解决。

6.8.4　根的求法

根据 6.8.2，在求根之前首先可以根据 $a\varphi+b\geqslant-1$ 及 $a\varphi+b\leqslant 1$ 得到根的存在范围$\left[\dfrac{-1-b}{a},\dfrac{1-b}{a}\right]$。不仅如此，还可以把上述根的存在区间用 $2k\pi+\arcsin(-a),(2k+1)\pi-\arcsin(-a)$ 这样的点分成若干段，在每段中我们已经知道肯定有一个根，并且只有一个根(含端点的两个区间可能没有根)，而且知道根的个数一定是奇数。因而当 $f'(\varphi)=0$ 在$\left[\dfrac{-1-b}{a},\dfrac{1-b}{a}\right]$中有偶数个根时，则含端点的两个区间或同时有根或同时无根，而当 $f'(\varphi)=0$ 在$\left[\dfrac{-1-b}{a},\dfrac{1-b}{a}\right]$中存在奇数个根，则含端点的两个区间一定有且只有一个有根。这些对于求根是十分有利的。除此之外，我们已经知道在这样每个含根区间中，$f(\varphi)$ 连续且严格单调，这在求根中也非常重要。

有鉴于此，求根方法可以比较灵活，如高等数学中我们熟悉的二分法，只要求一个中点就可以去掉函数值同号的半个区间，经过 10 次迭代，精度提高了 10^3 倍，这种方法肯定是收敛到根的，唯一的缺点是收敛速度较慢。

第二种方法是牛顿法，其迭代公式如下：

$$\varphi_{k+1} = \varphi_k - f(\varphi_k) / f'(\varphi_k)$$

牛顿法的收敛速度是二阶的，比二分法快得多，但牛顿法的收敛是有条件的，因此可以采用混合方法，先用二分法接近真正的根，当接近到一定程度时，再用牛顿法迅速地逼近真正解。这样二分法与牛顿法取长补短，效果很好。

但针对这个具体问题，我们又可以找到一个更简单的一次近似方法，将相邻的极大值点、极小值点用直线连接，这条线段与水平轴的交点就是余弦与直线交点的近似，如图 6.20 所示。令导数为零，可知 $f(\varphi)$ 的极大值点为

$$(2k\pi + \arcsin(-a), \sqrt{1-a^2} - a[2k\pi + \arcsin(-a)] - b)$$

极小值点为

$$((2k+1)\pi - \arcsin(-a), -\sqrt{1-a^2} - a[(2k+1)\pi - \arcsin(-a)] - b)$$

所以极大值点与相邻极小值点连线中上升线段的斜率为

$$a_1 = \frac{2\sqrt{1-a^2} - a\pi + 2a\arcsin a}{\pi - 2\arcsin a}$$

下降线段的斜率为

$$a_2 = \frac{-2\sqrt{1-a^2} - a\pi - 2a\arcsin a}{\pi + 2\arcsin a}$$

上升线段与水平轴交点横坐标为

$$(2k+1)\pi + \arcsin a + \frac{\sqrt{1-a^2} + a[(2k+1)\pi + \arcsin a] + b}{a_1}$$

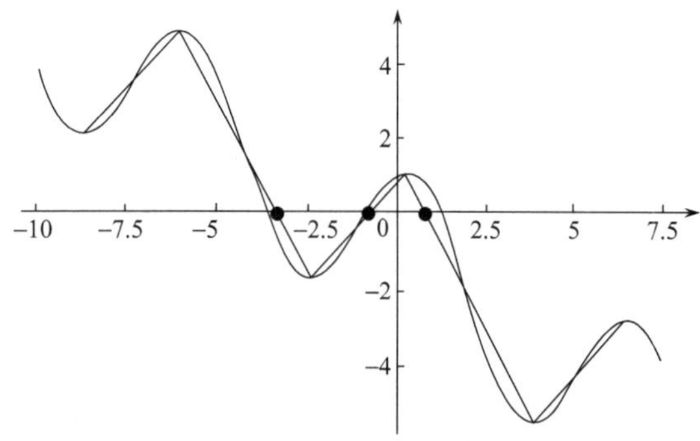

图 6.20　极值点连线求近似解示意图

下降线段与水平轴交点横坐标为

$$2k\pi - \arcsin a + \frac{\sqrt{1-a^2} - a[2k\pi - \arcsin a] - b}{-a_2}$$

有了上述公式，每个子区间上交点的一次近似就全部求出来了，它们是等间隔的，并且交点越多，一次近似的程度越好。

6.8.5 根的个数 $\to \infty$ 的“实时”求交点方法

在上一段中讨论了根的求法，指出了在每个子区间有且只有一个根，因而可用二分法、牛顿法、混合法求解。但这样每求一个根都要在不同子区间里去找，计算工作量与根的个数成正比，当根的个数 $\to \infty$ 时，无法实时应用。

这似乎是一个无法克服的矛盾，但是我们发现造成这一现象的原因是 $a \to 0_+$。然而 $a=0$ 时，$f(\varphi)=0$ 虽然有无穷多个根，但由于是周期函数我们并不感到困难。显然这种情况会有个逐渐发展的过程，即 $a \to 0_+$ 时，$f(\varphi)=0$ 的根是准周期的(相邻之间距离越来越近于 2 个常数)，且准周期性越来越强。而工程实际上对于根是有一定精度要求的，而且越是用于实时控制，精度要求越低。因为情况不断变化，再精确的值也会变成不精确了。在这种情况下，准周期性在一定精度要求之下成为周期性了，或者更准确一些说，在一段范围内，$f(\varphi)=0$ 的根在一定精度下是周期性的。因此，可以类似于周期三角函数求解一样，在每个周期段找 2 个代表，然后加上 $2k\pi$ 即可，当然由于 $a \ne 0, a \to 0_+$ 时，实际上 $f(\varphi)=0$ 根是准周期的，因而每个准周期段的长短与 a 有关；在给定 a 之后准周期长短与对根的精度要求有关，精度高则准周期段短，精度低则准周期段长，a 越趋向于 0_+，则准周期段在同样精度要求下也越长。

综上所述，可以得到以下结论：求根的工作量在根的精度一定的情况下，根的个数较少时，与根的个数成正比，但当 $a \to 0_+$ 过程中，只要根的精度要求不变，则求根工作量也几乎不变(准周期段数，每个准周期段中根的代表数不变)，根的精度越高则计算工作量也越大。这样，当实时应用对根精度要求不太高时，前述求根方法完全可行。

如果问题原来已经给定了坐标系并且希望求出的交点用原坐标表达，这样就又多了两个工作，一是将原坐标系换成新坐标系，二是将交点的新坐标还原成原坐标，具体讨论由读者完成。

6.9 基金最佳使用问题

6.9.1 问题的提出

某校基金会有一笔数额为 M 元的基金，打算将其存入银行或购买国库券。银行存款及各期国库券的利率见表 6.12。假设国库券每年至少发行一次，发行时间不定。

校基金会计划在 n 年内每年用部分本息奖励优秀师生，要求每年的奖金额大致相同，且在 n 年末仍保留原基金数额。校基金会希望获得最佳的基金使用计划，以提高每年的奖金额。请你帮助校基金会在如下情况下设计基金使用方案，并对 $M=5000$ 万元，$n=10$ 年给出具体结果：

(1) 只存款不购买国库券；

(2) 可存款也可购买国库券；

(3) 学校在基金到位后的第 3 年要举行百年校庆，基金会希望这一年的奖金比其他年度多 20%。

表 6.12　银行存款及各期国库券的利率

存款方式	银行存款税后年利率/%	国库券年利率/%
活期	0.792	
半年期	1.664	
一年期	1.800	
二年期	1.944	2.55
三年期	2.160	2.89
五年期	2.304	3.14

6.9.2　问题分析

分析情况(1)：参照存款年利率数据表可知，定期存款年限越长，存款税后年利率越大。因此，在不影响奖金发放的情况下，应尽可能存年限较长的定期存款，这样才能获得较高的利息。所以，此基金的最佳使用计划是：拿出一部分基金存入 1 年定期，1 年后的本息全部用于发放第 1 年的奖金，再拿出一部分基金存入 2 年定期，2 年后的本息全部用于发放第 2 年的奖金，以此类推，且每年发放奖金数额相同，最后 1 年存入银行的款项在发完奖金后仍然为基金总额 M。

分析情况(2)：研究题目所给的数据，我们可以发现，同期的国库券年利率明显高于银行存款的年利率，所以首先应考虑尽可能多地购买国库券，但由题意可知，国库券发行的时间不是固定的，若一味地追求高利率，有时反而会增加活期存款所占的比重，所得平均年利率不一定为最优。我们利用逐个分析法研究在每个年限中最佳的方案，然后归纳出总的公式，并针对具体数值，$M=5000$ 万元，$n=10$ 年，求出最佳存储方案，用情况(1)、情况(2)所归纳出的方案，我们只需把第三年的奖金增加 20%，再分别代入两个最优方案，就可以求出在两种不同情况下的最佳基金存款方案。

6.9.3　模型假设

(1) 每年发放奖学金一次，且均在年末发放。

(2) 银行发行国库券时间不固定。

(3) 由于近几年国库券销售市场很好，所以国库券可在发行当日购买。

(4) 国库券在没有到期之前，不得进行贴现。

6.9.4　模型建立

情况(1)：只存款不购买国库券

结论 6.7　一定数额的资金 H 先存定期 m 年再存定期 k 年和先存定期 k 年再存定期 m 年，本息和相等（$m,k\in(1,2,3,5)$）。

证明　设 L_m,L_k 分别为定期 m 年和 k 年的年利率，则一定数额的资金 H 先存定期 m 年再存定期 k 年的本息和为 $H(1+mL_m)(1+kL_k)$；先存定期 k 年再定期 m 年的本息和为 $H(1+kL_k)(1+mL_m)$，根据乘法交换律

$$H(1+mL_m)(1+kL_k)=H(1+kL_k)(1+mL_m)$$

结论 6.7 得证。

推论 6.1　若把一定数额的资金 H 存款年限 n 分成 j 个存期，$n=n_1+n_2+n_3+\cdots+n_j$，其中 $n_i\in(0.5,1,2,3,5)(i=1,2,\cdots,j)$，则 n 年后本息和与存期顺序无关。

结论 6.8　使一定数额的资金 H 存储 n 年后本息和最大的存款策略为

当 $n=1$ 时，存定期 1 年；

当 $n=2$ 时，存定期 2 年；

当 $n=3$ 时，存定期 3 年；

当 $n=4$ 时，先存定期 3 年，然后再存定期 1 年；

当 $n=5$ 时，存定期 5 年；

当 $n>5$ 时，首先存储 $\left[\dfrac{n}{5}\right]$ 个 5 年定期，剩余年限存储情况与 $n<5$ 时相同。

证明　表 6.13 中用形如 (i,j) 的形式表示存款策略，(i,j) 表示先存 i 年定期，再存 j 年定期。

表 6.13　银行存款各种存款策略年均利率

存款期限	存款策略	银行存款税后年均利率/%	最佳存款策略	银行存款税后最佳年均利率/%
一年期	(1)	1.800	(1)	1.800
二年期	(1,1)	1.816	(2)	1.944
	(2)	1.944		
三年期	(1,1,1)	1.833	(3)	2.164
	(2,1)	1.919		
	(3)	2.160		
四年期	(1,1,1,1)	1.849	(3,1)	2.099
	(2,2)	1.982		
	(3,1)	2.099		
五年期	(1,1,1,1,1)	1.866	(5)	2.304
	(2,2,1)	1.974		
	(3,2)	2.124		
	(5)	2.304		
六年期	(3,3)	2.230	(5,1)	2.255
	(5,1)	2.255		

由表 6.13 可得，任何最佳存款策略中不能存在以下的存款略(1,1), (2,1), (2,2), (3,2)和(3.3)。

由 1,2,3,5 四种定期能够组成的策略(5 年定期不重复)只能有(1), (2), (3), (3,1), (5), (5,1), (5,2), (5,3), (5,3,1)九种，它们分别对应 n=1 到 9 年的最优存款策略，当 n>9 时的最佳存款策略只能是首先重复存 $\left[\dfrac{n}{5}\right]$ 个定期 5 年，剩余年限 mod(n,5)只能是 1,2,3,4，当 mod(n,5)=3 时，再存 3 年定期；当 mod(n,5)=4 时，先存 3 年定期，再存 1 年定期。

结论 6.8 得证。

结论 6.9　基金 M 使用 n 年的情况，首先把 M 分成 n 份，其中第 $i(1\leqslant i\leqslant n)$ 份基金 x_i 存款期限为 i 年，那么只有当第 $i(1\leqslant i\leqslant n-1)$ 份基金 x_i 按最优存款策略存款 i 年后的本息和等于当年的奖学金数，并且第 n 份基金按最佳存款策略存款 n 年后的本息和等于原基金 M 与当年的奖学金数之和时，每年发放的奖学金才能达到最多。

证明　当 $n=1$ 时，即将基金存入银行 1 年后的所得利息全部用于发放奖学金，此种情况显然成立。

当 $n>1$ 时，首先需要证明：第一份基金 x_1 存入银行 1 年定期，到期后本息和正好等于奖学金数额 p，即 $x_1(1+1.8\%)=p, x_1=p/(1+1.8\%)$。

下面试用反证法予以证明。

假设 $x_1\neq p/(1+1.8\%)$，可分两种情况：

(1) 假设 $x_1<p/(1+1.8\%)$，那么基金 x_1 存入银行 1 年后，到期本息和小于奖学金数额 p，为了使每年的奖学金数额尽可能相同，所差资金只能从其他定期存款中按活期存款提前支取，这样的结果比按 $x_1=p/(1+1.8\%)$ 存入一年定期(即到期本息和正好等于奖学金数额)，比其他基金均按定期存款的总利息要少。为使奖学金数额最大，所以 $x_1\nless p/(1+1.8\%)$。

(2) 假设 $x_1>p/(1+1.8\%)$，那么基金 x_1 存入银行 1 年，到期后本息和大于奖学金数额 p，剩余资金再按最优存款策略存 k 年，这种情况所得利息显然不比在开始时多余部分资金直接最优存款策略存 $k+1$ 年后利息多，所以 $x_1\ngtr p/(1+1.8\%)$。

因此 $x_1=p/(1+1.8\%)$。

同理可证，为使奖学金数额最大，第 i 份基金 $x_i(1<i\leqslant n-1)$ 按最优存款策略存 i 年后本息和应正好等于奖学金数额。

第 n 份基金为 $M-\sum\limits_{i=1}^{n-1}x_i$ 存储 n 年应按最佳策略存款。根据问题条件，第 n 份基金按最优策略存 n 年后所得本息和应为 $M+p$。

结论 6.9 得证。

6.9.5　模型的求解

由结论 6.7、结论 6.8、结论 6.9 可得 n 年的最佳存款方案公式一如下(表 6.14)，其中 $x_i(1\leqslant i\leqslant n)$ 表示把基金 M 分成 n 份中的第 i 份基金，p 为每年的奖学金数额：

$$x_1(1+1.8\%)=p$$

$$x_2(1+1.944\%\times 2)=p$$
$$x_3(1+2.16\%\times 3)=p$$
$$x_4(1+2.16\%\times 3)(1+1.8\%)=p$$
$$x_5(1+2.304\%\times 5)=p$$

$$x_j\left(\frac{p}{x_5}\right)^{\left[\frac{j}{5}\right]}\left(\frac{p}{x_{\left(j-5\left[\frac{j}{5}\right]\right)}}\right)=p \quad \text{当} 6\leqslant j\leqslant n-1 \text{且} j-5\left[\frac{j}{5}\right]\neq 0$$

$$x_j\left(\frac{p}{x_5}\right)^{\left[\frac{j}{5}\right]}=p \quad \text{当 } j-5\left[\frac{j}{5}\right]=0$$

$$\left(M-\sum_{i=1}^{n-1}x_i\right)\left(\frac{p}{x_5}\right)^{\left[\frac{n}{5}\right]}\left(\frac{p}{x_{\left(n-5\left[\frac{n}{5}\right]\right)}}\right)=p+M$$

根据以上公式可用 MATLAB 求得 $n=10$ 年，M=5000 万元时基金使用的最佳方案（表 6.15）。

每年奖学金：

$$p=109.816947\ (\text{万元})$$

表 6.14　x_i 值及其存 i 年的最佳存款策略

x_i 值	资金数额/万元	最佳存款策略
x_1	107.875194	(1)
x_2	105.707057	(2)
x_3	103.133872	(3)
x_4	101.310287	(3,1)
x_5	98.472872	(5)
x_6	96.731702	(5,1)
x_7	94.787533	(5,2)
x_8	92.480158	(5,3)
x_9	90.844949	(5,3,1)
x_{10}	4108.656375	(5,5)

表 6.15　$M=5000$ 万元，$n=10$ 年基金使用最佳方案　　（单位：万元）

时间	存 1 年定期	存 2 年定期	存 3 年定期	存 5 年定期	取款数额	每年发放奖学金数额
第 1 年初	107.75194	105.707057	204.4444159	4581.97359		
第 1 年末					109.816947	109.816947
第 2 年末					109.816947	109.816947
第 3 年末	107.75194				217.692141	109.816947

续表

时间	存 1 年定期	存 2 年定期	存 3 年定期	存 5 年定期	取款数额	每年发放奖学金数额
第 4 年末					109.816947	109.816947
第 5 年末	107.75194	105.707057	204.4444159	4691.790281	5109.816947	109.816947
第 6 年末					109.816947	109.816947
第 7 年末					109.816947	109.816947
第 8 年末	107.75194				217.692141	109.816947
第 9 年末					109.816947	109.816947
第 10 年末					5109.816947	109.816947

情况(2)：可存款也可购买国库券

我们对可购买国库券也可存款这种情况，考虑到国库券发行日期不定，若准备购买它，则一般需要等待一段时间，因为一年内至少发行一次国库券，有可能上半年发行，也有可能下半年发行，所以我们首先把准备购买国库券的资金全部按半年定期存储，如果上半年末发行国券，7 月 1 日取出本息后再存半年定期，如果下半年的某日(比如 8 月 1 日)发行国库券，则取出资金购买国库券，但这部分资金未到期，只能按活期计息。如果是购买两年期国库券，则两年期国库券到期后，因未到期末，肯定面对继续采取怎样的存储策略的问题，或者存定期，或者存活期，或者等待购买国库券。如果等待购买国库券，因国库券发行时间未定，有可能还要等待将近一年的时间，如果准备存整年定期，那么等到基金使用最后一年的 8 月 1 日即可到期，剩下的 5 个月只能存活期。

根据结论 6.8 可得：

推论 6.2　*购买国库券时，需要存半年的定期和总共半年的活期。*

一定数量的资金存储 n 年，存期种类相同，任意改变顺序，本息保持不变，再加上以上分析，如果准备购买两年期国库券可以这样想象：先存半年定期，再存 1 个月的活期，在 8 月 1 日购买两年期的国库券，两年后的 8 月 1 日取出国库券本息后，再存 5 个月的活期，即需要存半年的定期和总共半年的活期。

单位资金购买两年期国库券、存入银行半年定期和半年活期后的本息为

$$(1+2.55\%\times 2)\times(1+0.792\%\times 0.5)\times(1+1.644\%\times 0.5)=1.0638$$

这种存款策略稍劣于存入银行的三年定期，其年利率为

$$(1.0638-1)/3\approx 0.0213=2.13\%$$

同理，单位资金购买三年期国库券、存入银行半年定期和半年活期后的本息为

$$(1+2.89\%\times 3)\times(1+0.792\%\times 0.5)\times(1+1.644\%\times 0.5)=1.09997$$

这种存储策略稍优于存入银行的四年定期，其年利率为

$$(1.09997-1)/4\approx 0.02499=2.499\%$$

单位资金购买五年期国库券、存入银行半年定期和半年活期后的本息为

$$(1+3.14\%\times 5)\times(1+0.792\%\times 0.5)\times(1+1.644\%\times 0.5)=1.1711$$

这种存储策略稍优于存入银行的六年定期，其年利率为

$$(1.1711-1)/6 \approx 0.02852 = 2.852\%$$

在上面的分析中，因购买国库券而带来的总共半年的两次活期存款，其本息是按一次半年活期计算的，它与按一次半年定期计算相比，其本息差别很小，可以忽略不计。所以，可以不考虑购买两年期国库券情况。

购买三年期国库券再加半年活期和半年定期共四年的平均年利率 2.499%大于先存三年定期再存一年定期存款最大的四年平均年利率 2.099%。所以，增加一项定期四年存款，其年利率为 2.499%。

购买五年期国库券再加半年活期和半年定期共六年的平均年利率 2.852%大于先存五年定期再存一年定期存款最大的六年平均年利率 2.255%。所以，增加一项定期六年存款，其年利率为 2.852%。

综上分析，可购买国库券的最优银行存款税后利率如表 6.16 所示。

表 6.16　银行存款税后年利率

存款期限	银行存款税后年利率/%
活期	0.792
半年期	1.644
一年期	1.800
二年期	1.944
三年期	2.160
四年期	2.499
六年期	2.852

当$n=1$时，因没有一年期国库券，基金只能存入银行，基金使用方案参照情况(1)。

当$n=2$时，可以购买国库券，但由于国库券发行日期正好在 1 月 1 日的概率非常小，因此，最终国库券到期日可能在第三年的某月，这样就影响了第二年末的奖学金发放，所以，也只能把基金存入两年定期，而不购买国库券。

根据以上的推理，可得n年的最优存储方案公式二为

$$x_1(1+1.8\%) = p$$
$$x_2(1+1.944\% \times 2) = p$$
$$x_3(1+2.16\% \times 3) = p$$
$$x_4(1+2.89\% \times 3)(1+0.792\% \times 0.5)(1+1.644\% \times 0.5) = p$$
$$x_5(1+2.89\% \times 3)(1+0.792\% \times 0.5)(1+1.644\% \times 0.5)(1+1.8\%) = p$$
$$x_6(1+3.14\% \times 5)(1+0.792\% \times 0.5)(1+1.644\% \times 0.5) = p$$
$$x_j\left(\frac{p}{x_6}\right)^{\left[\frac{j}{6}\right]}\left(\frac{p}{x_{\left(j-6\left[\frac{j}{6}\right]\right)}}\right) = p \qquad 当 7 \leqslant j \leqslant n-1 且 j-6\left[\frac{j}{6}\right] \neq 0$$

$$x_j\left(\frac{p}{x_6}\right)^{\left[\frac{j}{6}\right]}=p \quad \text{当} j-6\left[\frac{j}{6}\right]=0$$

$$\left(M-\sum_{i=1}^{n-1}x_i\right)\left(\frac{p}{x_6}\right)^{\left[\frac{n}{6}\right]}\left(\frac{p}{x_{\left(n-6\left[\frac{n}{6}\right]\right)}}\right)=p+M$$

根据以上公式，用 MATLAB 可以求得 $n=10$ 年，M=5000 万元时基金使用的最优方案。

每年奖学金：

$$p=127.423384$$

$$x_1=125.170318,\ x_2=122.654574,\ x_3=119.668843,\ x_4=115.842454$$

$$x_5=113.794159,\ x_6=108.803799,\ x_7=106.879959,\ x_8=104.731825$$

$$x_9=102.182380,\ x_{10}=3980.271687$$

情况(3)：学校在基金到位后的第 3 年要举行百年校庆，基金会希望这一年的奖金比其他年度多 20%

方案一：只存款不购买国库券

因学校要在基金到位后的第 3 年举行校庆，所以此年奖金应是其他年度的 1.2 倍，计算公式只需把公式一、公式二中 $x_3(1+2.16\%\times3)=p$ 改为 $x_3(1+2.16\%\times3)=1.2p$ 。

利用 MATLAB 软件求解(程序略)M=5000 万元，n=10年基金使用最佳方案(表 6.17)。

表 6.17　M=5000 万元，$n=10$ 年基金使用最佳方案　　(单位：万元)

存款期限	存 1 年定期	存 2 年定期	存 3 年定期	存 5 年定期	取款数额(到期本息和)	每年发放奖学金数额
第 1 年初	105.650679	103.527252	220.429705	4570.392364		
第 1 年末					107.552392	107.552392
第 2 年末					107.552392	107.552392
第 3 年末	105.650679				234.713549	129.062870
第 4 年末					107.552392	107.552392
第 5 年末	105.650679	103.527253	220.429705	4678.147602	5107.7552392	107.552392
第 6 年末					107.552392	107.552392
第 7 年末					107.552392	107.552392
第 8 年末	105.650679				213.203071	107.552392
第 9 年末					107.552392	107.552392
第 10 年末					5107.7552392	107.552392

方案二：既可存款又可购买国库券

当 $n=1,2$ 时，不涉及校庆问题，分配方案参照情况(2)。

当 $n=3$ 时，将钱直接存入银行，分配方案参照情况(1)。

当 $n=4$ 时，执行方案为购买三年期国库券、一个半年定期与一个半年的活期，策略为

$$x_1(1+0.018)=p_4$$

$$x_2(1+0.01944\times 2)=p_4$$

$$x_3(1+0.0216\times 3)=1.2p_4$$

$$(M-x_1-x_2-x_3)(1+0.0289\times 3)(1+0.01644\times 0.5)(1+0.00792\times 0.5)=M+p_4$$

解得 $x_1=115.291609, x_2=112.974413, x_3=132.269187, x_4=4639.464791,\ p_4=117.366858$

根据以上的求解，只需将情况(2)最优方案中第三年的奖学金数乘以 1.2，即可得到本方案的最佳使用情况。

利用 MATLAB 软件求解 $M=5000$ 万元，$n=10$ 年基金使用最优方案。

每年奖学金：　$p=124.754224$

$$x_1=122.548353,\ x_2=120.085307,\ x_3=140.594542,\ x_4=113.415882$$

$$x_5=111.410493,\ x_6=106.524666,\ x_7=104.641126,\ x_8=102.537989$$

$$x_9=100.041948,\ x_{10}=3978.199695$$

6.9.6　模型评价

本模型有以下优点：

(1)模型在建立过程中充分考虑到学校基金的特殊性，得出最佳的分配方案。

(2)利用 MATLAB 软件编程进行求解，所得结果误差小，数据准确合理。

(3)利用优化组合法，分组比较，得出一段年限内最大的平均利率。

(4)该模型实用性强，对现实有很强的指导意义。

(5)购买国库券时，证明了发行日期对利率的影响很小，可以忽略不计，使问题简化。

6.10　投资的收益和风险问题

6.10.1　问题的提出

市场上有 n 种资产 s_i $(i=1,2,\cdots,n)$ 可以选择，现用数额为 M 的相当大的资金作一个时期的投资。这 n 种资产在这一时期内购买 s_i 的平均收益率为 r_i，风险损失率为 q_i，投资越分散，总的风险越小，总体风险可用投资的 s_i 中最大的一个风险来度量。

购买 s_i 时要付交易费(费率 p_i)，当购买额不超过给定值 u_i 时，交易费按购买 u_i 计算。另外，假定同期银行存款利率是 r_0 (r_0=5%)，既无交易费又无风险。

已知 $n=4$ 时相关数据见表 6.18。

表 6.18　相关数据表

s_i	r_i /%	q_i /%	p_i /%	u_i
s_1	28	2.5	1	103
s_2	21	1.5	2	198

续表

s_i	r_i /%	q_i /%	p_i /%	u_i
s_3	23	5.5	4.5	52
s_4	25	2.6	6.5	40

试给该公司设计一种投资组合方案，即用给定资金 M，有选择地购买若干种资产或存银行生息，使净收益尽可能大，使总体风险尽可能小。

6.10.2　基本假设和符号规定

1. 基本假设

(1) 投资数额 M 相当大，为了便于计算，假设 $M=1$；
(2) 投资越分散，总的风险越小；
(3) 总体风险用投资项目 s_i 中最大的一个风险来度量；
(4) n 种资产 s_i 之间是相互独立的；
(5) 在投资的这一时期内，r_i，p_i，q_i，r_0 为定值，不受意外因素影响；
(6) 净收益和总体风险只受 r_i，p_i，q_i 影响，不受其他因素干扰。

2. 符号规定

(1) s_i：第 i 种投资项目，如股票、债券；
(2) r_i, p_i, q_i：分别为 s_i 的平均收益率、交易费率、风险损失率；
(3) u_i：s_i 的交易定额；
(4) r_0：同期银行利率；
(5) x_i：投资项目 s_i 的资金；
(6) a：投资风险度；
(7) Q：总体收益；
(8) ΔQ：总体收益的增量。

6.10.3　模型的建立与分析

(1) 总体风险用所投资的 s_i 中最大的一个风险来衡量，即

$$\max\{q_i x_i \mid i=1,2,\cdots,n\}$$

(2) 购买 s_i 所付交易费是一个分段函数，即

$$\text{交易费}=\begin{cases} p_i x_i, & x_i > u_i \\ p_i u_i, & x_i \leqslant u_i \end{cases}$$

而题目所给定的定值 u_i (单位：元) 相对总投资 M 很小，$p_i u_i$ 更小，可以忽略不计，这样购买 s_i 的净收益为 $(r_i - p_i)x_i$。

(3) 要使净收益尽可能大，总体风险尽可能小，这是一个多目标规划模型：

$$
\text{目标函数:}\begin{cases}\max\sum_{i=0}^{n}(r_i - p_i)x_i \\ \min\max\{q_i x_i\}\end{cases}
$$

$$
\text{约束条件:}\begin{cases}\sum_{i=0}^{n}(1+p_i)x_i = M \\ x_i \geqslant 0,\ i=0,1,\cdots,n\end{cases}
$$

(4)模型简化：

(a)在实际投资中，投资者承受风险的程度不一样，若给定风险一个界限a，使最大的一个风险$q_i x_i \leqslant Ma$，可找到相应的投资方案。这样把多目标规划变成一个目标的线性规划。

模型 1　固定风险水平，优化收益

$$
\text{目标函数:}\ Q=\max\sum_{i=0}^{n}(r_i - p_i)x_i
$$

$$
\text{约束条件:}\begin{cases}\sum_{i=1}^{n}(1+p_i)x_i = M \\ q_i x_i \leqslant Ma \\ x_i \geqslant 0,\ i=0,1,\cdots,n\end{cases}
$$

(b)若投资者希望总盈利至少达到水平k以上，在风险最小情况下寻找相应的投资组合。

模型 2　固定盈利水平，极小化风险

$$
\text{目标函数:}\ R=\min\{\max\{q_i x_i\}\}
$$

$$
\text{约束条件:}\begin{cases}\sum_{i=1}^{n}(r_i - p_i)x_i \geqslant k \\ \sum_{i=1}^{n}(1+p_i)x_i = M \\ x_i \geqslant 0,\ i=0,1,\cdots,n\end{cases}
$$

(c)投资者在权衡资产风险和预期收益两方面时，希望选择一个令自己满意的投资组合。

因此对风险、收益赋予权重$s(0<s\leqslant 1)$，s称为投资偏好系数。

模型 3

$$
\text{目标函数:}\ \min\left\{s\{\max\{q_i x_i\}\}-(1-s)\sum_{i=0}^{n}(r_i - p_i)x_i\right\}
$$

$$
\text{约束条件:}\begin{cases}\sum_{i=1}^{n}(1+p_i)x_i = M \\ x_i \geqslant 0,\ i=0,1,\cdots,n\end{cases}
$$

6.10.4　模型 1 的求解

模型 1 为

$$\min f=(-0.05,-0.27,-0.19,-0.185,-0.185)(x_0,x_1,x_2,x_3,x_4)^{\mathrm{T}}$$

$$\text{s.t.}\begin{cases}x_0+1.01x_1+1.02x_2+1.045x_3+1.06x_4=1\\0.025x_1\leqslant a\\0.015x_2\leqslant a\\0.055x_3\leqslant a\\0.026x_4\leqslant a\\x_i\geqslant 0,\ i=0,1,\cdots,4\end{cases}$$

由于 a 是任意给定的风险度，到底怎样给定没有一个准则，不同的投资者有不同的风险度。我们从 $a=0$ 开始，以步长 $\Delta a=0.001$ 进行循环搜索，编程用 MATLAB 软件求解，计算结果如图 6.21 所示。

部分计算结果：

$a=0.0030$	$x=0.4949$	0.1200	0.2000	0.0545	0.1154	$Q=0.1266$
$a=0.0060$	$x=0.0000$	0.2400	0.4000	0.1091	0.2212	$Q=0.2019$
$a=0.0080$	$x=0.0000$	0.3200	0.5333	0.1271	0.0000	$Q=0.2112$
$a=0.0100$	$x=0.0000$	0.4000	0.5843	0.0000	0.0000	$Q=0.2190$
$a=0.0200$	$x=0.0000$	0.8000	0.1882	0.0000	0.0000	$Q=0.2518$
$a=0.0400$	$x=0.0000$	0.9901	0.0000	0.0000	0.0000	$Q=0.2673$

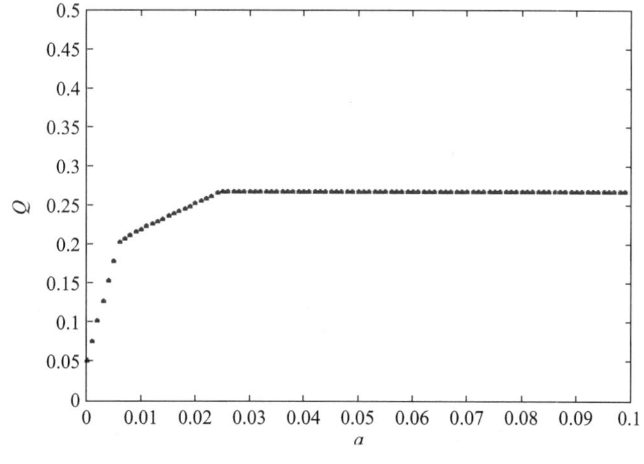

图 6.21　Q-a 变化曲线图

6.10.5　结果分析

(1) 风险大，收益也大。

(2) 当投资越分散时，投资者承担的风险越小，这与题意一致。即冒险的投资者会出现集中投资的情况，保守的投资者则尽量分散投资。

(3) 图 6.21 曲线上的任一点都表示该风险水平的最大可能收益和该收益要求的最小风险。对于不同风险的承受能力，选择该风险水平下的最优投资组合。

(4) 在 a=0.006 附近有一个转折点，在这一点左边，风险增加很少时，利润增长很快。在这一点右边，风险增加很大时，利润增长很缓慢。所以对于风险和收益没有特殊偏好的投资者来说，应该选择曲线的拐点作为最优投资组合，大约是 $a^* = 0.6\%$， $Q^* = 20\%$，所对应投资方案见表 6.19。

表 6.19 投资方案

风险度	收益	x_0	x_1	x_2	x_3	x_4
0.0060	0.2019	0	0.2400	0.4000	0.1091	0.2212

6.11 钢管订购和运输的优化模型

6.11.1 问题的提出

要铺设一条 $A_1 \to A_2 \to \cdots \to A_{15}$ 的输送天然气的主管道，如图 6.22 所示。经筛选后可以生产这种主管道钢管的钢厂有 $S_1, S_2, \cdots, S_7$。图 6.22 粗线表示铁路，单细线表示公路，

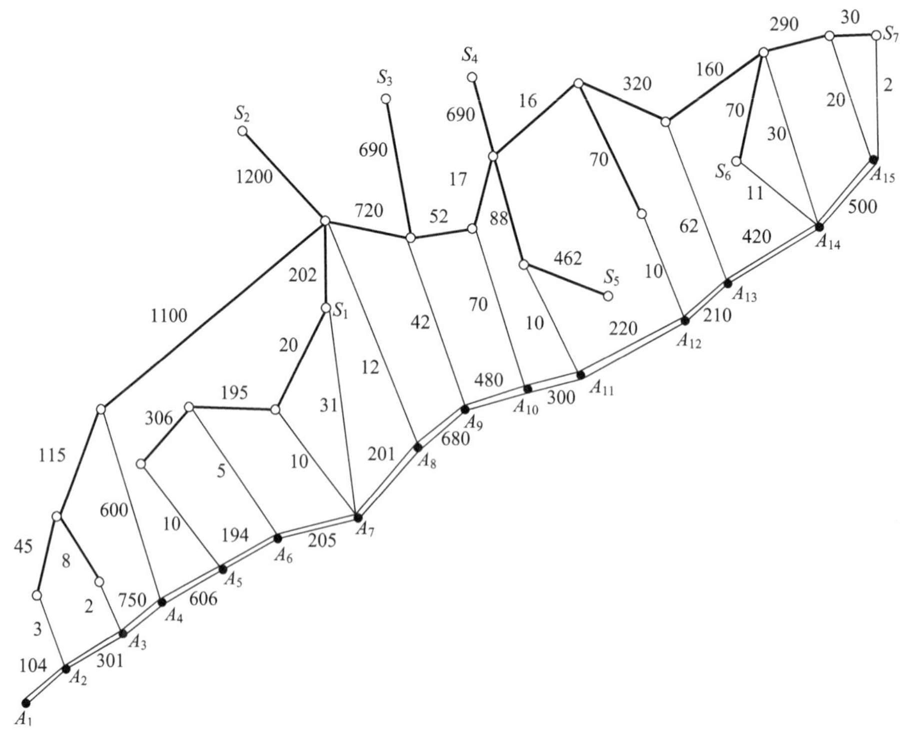

图 6.22 输送天然气的主管道示意图

双细线表示要铺设的管道(假设沿管道或者原来有公路，或者建有施工公路)，圆圈表示火车站，实心圆圈表示 A_1~A_{15} 的输送天然气的主管道的节点位置，每段铁路、公路和管道旁的阿拉伯数字表示里程(单位：km)。为方便计，1km 主管道钢管称为 1 单位钢管。

一个钢厂如果承担制造这种钢管，至少需要生产 500 个单位。钢厂 S_i 在指定期限内能生产该钢管的最大数量为 s_i 个单位，钢管出厂销价 1 单位钢管为 p_i 万元，见表 6.20。

表 6.20　s_i 和 p_i 列表

i	1	2	3	4	5	6	7
s_i	800	800	1000	2000	2000	2000	3000
p_i	160	155	155	160	155	150	160

1 单位钢管的铁路运价见表 6.21。

表 6.21　1 单位钢管的铁路运价表

里程/km	≤300	301～350	351～400	401～450	451～500
运价/万元	20	23	26	29	32
里程/km	501～600	601～700	701～800	801～900	901～1000
运价/万元	37	44	50	55	60

1000km 以上每增加 1~100km 运价增加 5 万元。

公路运输费用为 1 单位钢管每公里 0.1 万元(不足整千米部分按整千米计算)。钢管可由铁路、公路运往铺设地点(不只是运到点 $A_1, A_2, \cdots, A_{15}$，而是管道全线)。

请制定一个主管道钢管的订购和运输计划，使总费用最少(给出总费用)。

6.11.2　基本假设

(1) 沿铺设的主管道已有公路或者有施工公路。

(2) 在主管道上，每千米卸 1 单位的钢管。

(3) 公路运输费用为 1 单位钢管每公里 0.1 万元(不足整千米的按整千米计算)。

(4) 在计算总费用时，只考虑运输费和购买钢管的费用，而不考虑其他费用。

(5) 在计算钢厂的产量对购运计划影响时，只考虑钢厂的产量足够满足需要的情况，即钢厂的产量不受限制。

(6) 假设钢管在铁路运输路程超过 1000km 时，铁路每增加 1~100km，1 单位钢管运价增加 5 万元。

6.11.3　符号说明

S_i：第 i 个钢厂，$i=1,2,\cdots,7$。

s_i：第 i 个钢厂的最大产量，$i=1,2,\cdots,7$。

A_j：输送管道(主管道)上的第 j 个点，$j=1,2,\cdots,15$。

p_i：第 i 个钢厂 1 单位钢管的销价，$i=1,2,\cdots,7$。

x_{ij}：钢厂 S_i 向点 A_j 运输的钢管量，$i=1,2,\cdots,7$；$j=1,2,\cdots,15$。

t_j：在点 A_j 与点 A_{j+1} 之间的公路上，运输点 A_j 与点 A_{j+1} 方向铺设的钢管量，$j=1,2,\cdots,14$（$t_1=0$）。

a_{ij}：1 单位钢管从钢厂 S_i 运到结点 A_j 的最少总费用，即公路运费、铁路运费和钢管销价之和，$i=1,2,\cdots,7$；$j=1,2,\cdots,15$。

b_j：与点 A_j 相连的公路和铁路的相交点，$j=2,3,\cdots,15$。

$A_{j,j+1}$：相邻点 A_j 与 A_{j+1} 之间的距离，$j=1,2,\cdots,14$。

6.11.4　模型的建立与求解

问题：讨论如何调整主管道钢管的订购和运输方案使总费用最小。

由题意可知，钢管从钢厂 S_i 到运输结点 A_j 的费用 a_{ij} 包括钢管的销价、钢管的铁路运输费用和钢管的公路运输费用。在费用 a_{ij} 最小时，对钢管的订购和运输进行分配，可得出本问题的最佳方案。

1. 求钢管从钢厂 S_i 运到运输点 A_j 的最小费用

1) 将图 6.22 转换为一系列以单位钢管的运输费用为权的赋权图

由于钢管从钢厂 S_i 运到运输点 A_j 要通过铁路和公路运输，而铁路运输费用是分段函数，与全程运输总距离有关。又由于钢厂 S_i 直接与铁路相连，所以可先求出钢厂 S_i 到铁路与公路相交点 b_j 的最短路径，如图 6.23 所示。

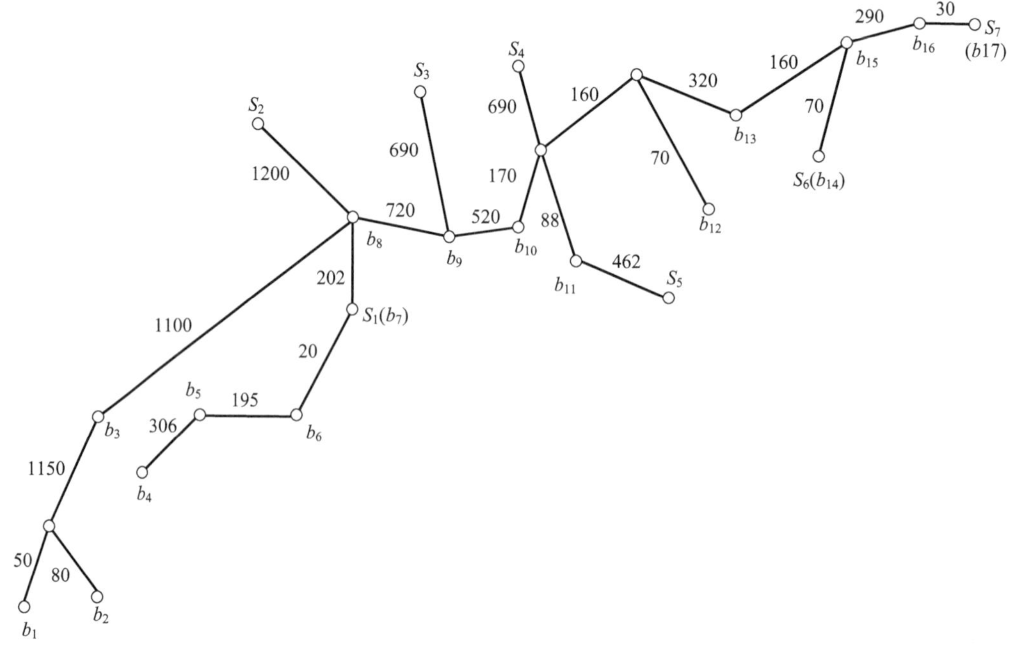

图 6.23　铁路网络图

依据钢管的铁路运价表，算出钢厂 S_i 到铁路与公路相交点 b_j 的最小铁路运输费用，并把费用作为边权赋给从钢厂 S_i 到 b_j 的边。再将与 b_j 相连的公路、运输点 A_i 及其与之相连的要铺设管道的线路(也是公路)添加到图上，根据单位钢管在公路上的运价规定，得出每一段公路的运费，并把此费用作为边权赋给相应的边。以 S_1 为例，钢管铁路运输与公路运输费用如图 6.24 所示。

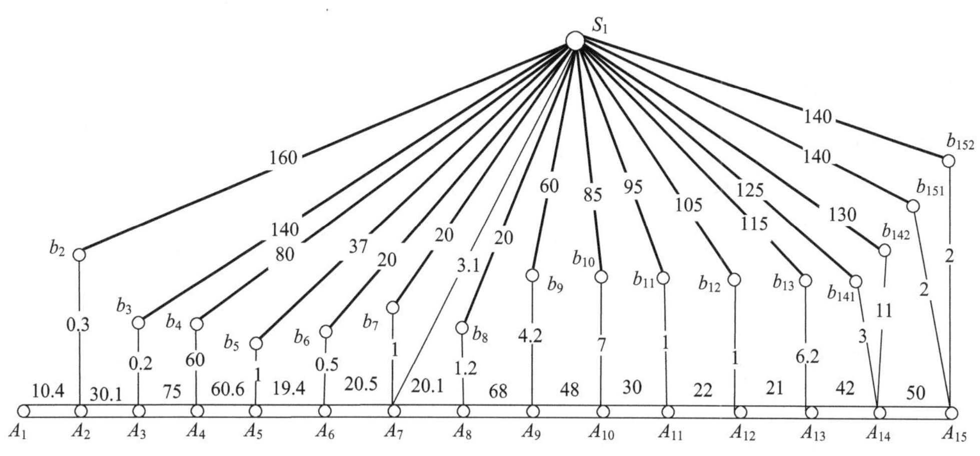

图 6.24　钢管从钢厂 S_1 运到各运输点 A_j 的铁路运输与公路运输费用权值图

2) 计算单位钢管从 S_1 到 A_j 的最少运输费用

根据图 6.24，借助图论软件包中求最短路的方法求出单位钢管从 S_1 到 A_j 的最少运输费用(单位：万元)依次为 170.7, 160.3, 140.2, 98.6, 38, 20.5, 3.1, 21.2, 64.2, 92, 96, 106, 121.2, 128, 142。加上单位钢管的销售价 p_i，得出从钢厂 S_1 购买单位钢管运输到点 A_j 的最小费用 a_{1j} (单位：万元)依次为 330.7, 320.3, 300.2, 258.6, 198, 180.5, 163.1, 181.2, 224.2, 252, 256, 266, 281.2, 288, 302。

同理，可用同样的方法求出钢厂 $S_2, S_3, S_4, S_5, S_6, S_7$ 到点 A_j 的最小费用，从而得出钢厂到各点的最小总费用，见表 6.22(由于钢管运到 A_1 必须经过 A_2，所以表中不考虑 A_1)。

表 6.22　S_i 到点 A_j 最小费用　　(单位：万元)

位置	A_2	A_3	A_4	A_5	A_6	A_7	A_8	A_9	A_{10}	A_{11}	A_{12}	A_{13}	A_{14}	A_{15}
S_1	320.3	300.2	258.6	198	180.5	163.1	181.2	224.2	252	256	266	281.2	288	302
S_2	360.3	345.2	326.6	266	250.5	241.1	226.2	269.2	297	301	311	326.2	333	347
S_3	375.3	355.2	336.6	276	260.5	251.1	241.2	203.2	237	241	251	266.2	273	287
S_4	410.3	395.2	376.6	316	300.5	291.1	276.2	244.2	222	211	221	236.2	243	257
S_5	400.3	380.2	361.6	301	285.5	276.1	266.2	234.2	212	188	206	226.2	228	242
S_6	405.3	385.2	366.6	306	290.5	281.1	271.2	234.2	212	201	195	176.2	161	178
S_7	425.3	405.2	386.6	326	310.5	301.1	291.2	259.2	237	226	216	198.2	186	162

2. 建立模型

运输总费用可分为两部分：

运输总费用=钢厂到各点的运输费用+铺设费用

运输费用　若运输点 A_j 向钢厂 S_i 订购 x_{ij} 单位钢管，则钢管从钢厂 S_i 运到运输点 A_j 所需的费用为 $a_{ij}x_{ij}$。由于钢管运到 A_1 必须经过 A_2，所以可不考虑 A_1，那么所有钢管从各钢厂运到各运输点上的总费用为 $\sum_{j=2}^{15}\sum_{i=1}^{7}x_{ij}a_{ij}$。

铺设费用　当钢管从钢厂 S_i 运到点 A_j 后，钢管就要向运输点 A_j 的两边 A_jA_{j+1} 段和 $A_{j-1}A_j$ 段运输(铺设)管道。设 A_j 向 A_jA_{j+1} 段铺设的管道长度为 t_j，则 A_j 向 A_jA_{j+1} 段的运输费用为 $0.1\times(1+2+\cdots+t_j)=\frac{t_j\left(t_j+1\right)}{20}$；由于相邻运输点 A_j 与 A_{j+1} 之间的距离为 $A_{j,j+1}$，那么 A_{j+1} 向 A_jA_{j+1} 段铺设的管道长为 $A_{j,j+1}-t_j$，所对应的铺设费用为 $\frac{\left(A_{j,j+1}-t_j+1\right)\left(A_{j,j+1}-t_j\right)}{20}$。所以，主管道上的铺设费用为

$$\sum_{j=1}^{14}\left[\frac{t_j\left(t_j+1\right)}{20}+\frac{\left(A_{j,j+1}-t_j+1\right)\left(A_{j,j+1}-t_j\right)}{20}\right]$$

总费用　$$f=\sum_{i=1}^{7}\sum_{j=2}^{15}x_{ij}a_{ij}+\sum_{j=1}^{14}\left[\frac{t_j\left(t_j+1\right)}{20}+\frac{\left(A_{j,j+1}-t_j+1\right)\left(A_{j,j+1}-t_j\right)}{20}\right]$$

若用 n_j 表示 A_j 需要的钢管总量，它等于点 A_j 向两边铺设钢管量总和，即

$$n_j=A_{j-1,j}-t_{j-1}+t_j,\quad j=2,3,\cdots,15(t_{15}=0)$$

又因为一个钢厂如果承担制造钢管任务，至少需要生产 500 个单位，钢厂 S_i 在指定期限内最大生产量为 s_i 个单位，故 $500\leqslant\sum_{j=2}^{15}x_{ij}\leqslant s_i$ 或 $\sum_{j=2}^{15}x_{ij}=0$。因此本问题可建立如下的非线性规划模型：

$$\min f=\sum_{j=1}^{14}\left[\frac{t_j(t_j+1)}{20}+\frac{(A_{j,j+1}-t_j)(A_{j,j+1}+1-t_j)}{20}\right]+\sum_{j=2}^{15}\sum_{i=1}^{7}x_{ij}\cdot a_{ij}$$

$$\text{s.t.}\begin{cases}\sum_{i=1}^{7}x_{ij}=n_j\quad(j=2,3,\cdots,15)\\500\leqslant\sum_{j=2}^{15}x_{ij}\leqslant s_i\ \text{或}\ \sum_{j=2}^{15}x_{ij}=0\\x_{ij}\geqslant 0\quad(i=1,\cdots,7;j=2,\cdots,15)\\0\leqslant t_j\leqslant A_{j,j+1}\end{cases}$$

3. 模型求解

由于 MATLAB 不能直接处理约束条件：$500 \leqslant \sum_{j=2}^{15} x_{ij} \leqslant s_i$ 或 $\sum_{j=2}^{15} x_{ij} = 0$，我们可先将此条件改为 $\sum_{j=2}^{15} x_{ij} \leqslant s_i$，得到如下模型：

$$\min f = \sum_{j=1}^{14}\left[\frac{t_j(t_j+1)}{20} + \frac{(A_{j,j+1}-t_j)(A_{j,j+1}+1-t_j)}{20}\right] + \sum_{j=2}^{15}\sum_{i=1}^{7} x_{ij}\cdot a_{ij}$$

$$\text{s.t.}\begin{cases}\sum_{i=1}^{7} x_{ij} = n_j \quad (j=2,3,\cdots,15) \\ \sum_{j=2}^{15} x_{ij} \leqslant s_i \\ x_{ij} \geqslant 0 \quad (i=1,\cdots,7;\ j=2,\cdots,15) \\ 0 \leqslant t_j \leqslant A_{j,j+1}\end{cases}$$

用 MATLAB 求解，分析结果后发现购运方案中钢厂 S_7 的生产量不足 500 单位，下面我们采用不让钢厂 S_7 生产和要求钢厂 S_7 的产量不小于 500 个单位两种方法计算。

(1) 不让钢厂 S_7 生产。

计算结果：$f_1 = 1\,278\,632$（万元）（此时每个钢厂的产量都满足条件）。

(2) 要求钢厂 S_7 的产量不小于 500 个单位。

计算结果：$f_2 = 1\,279\,664$（万元）（此时每个钢厂的产量都满足条件）。

比较这两种情况，得最优解为 $\min f = \min(f_1, f_2) = f_1 = 1\,278\,632$（万元），具体的购运计划，见表 6.23。

表 6.23　订购和调运方案

位置	订购量	A_2	A_3	A_4	A_5	A_6	A_7	A_8	A_9	A_{10}	A_{11}	A_{12}	A_{13}	A_{14}	A_{15}
S_1	800	0	201	133	200	266	0	0	0	0	0	0	0	0	0
S_2	800	179	11	14	295	0	0	300	0	0	0	0	0	0	0
S_3	1000	139	11	186	0	0	0	664	0	0	0	0	0	0	0
S_4	0	0	0	0	0	0	0	0	0	0	0	0	0	0	0
S_5	1015	0	358	242	0	0	0	0	0	0	415	0	0	0	0
S_6	1556	0	0	0	0	0	0	0	0	0	351	86	333	621	165
S_7	0	0	0	0	0	0	0	0	0	0	0	0	0	0	0

习题 6

有效提高数学建模能力的重要途径就是多做数学建模练习题。本部分给出了来自各种应用领域的数学建模问题，这里没有对它们加以分类，其难易程度各异，读者自己作出判断。实际上，站在不同的角度上看待同一个问题，问题的难易程度往往会大不相同。

建立数学模型的一个行之有效的方法是：首先尽可能简化问题，建立一个基本的框架性模型，然后针对问题的精度及要求逐步完善模型。

1. **降落伞的选择**　为向灾区空投救灾物资 2000kg，需选购一些降落伞。已知空投高度超过 500m，要求降落伞落地时的速度不能超过 20m/s。降落伞伞面为半径 r 的半球面，用每根长 l 共 16 根绳索连接的载重 m 位于球心正下方，如习题图 6.1 所示。

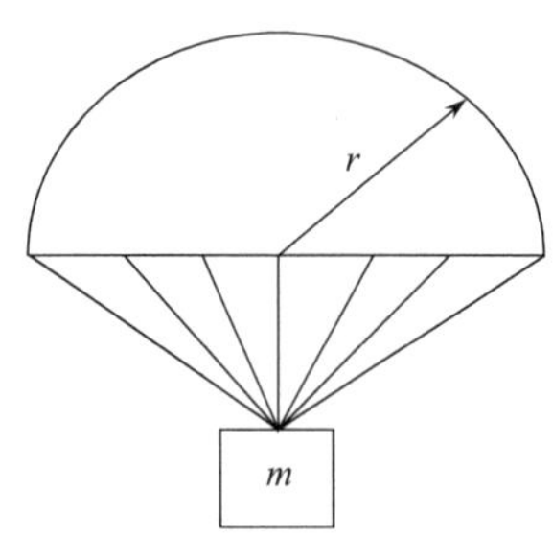

习题图 6.1

每个降落伞的价格由三部分组成。伞面费用 C_1 由伞的半径 r 决定，见习题表 6.1；绳索费用 C_2 由绳索总长度及单价 4 元/m 决定；固定费用 C_3 为 200 元。

习题表 6.1

r/m	2	2.5	3	3.5	4
C_1/元	65	170	350	660	1000

降落伞在降落过程中受到的空气阻力，可以认为与降落速度和伞面积的乘积成正比。为了确定阻力系数，用半径 $r=3\text{m}$、载重 $m=300\text{kg}$ 的降落伞从 500m 高度做降落试验，测得各时刻 t 的高度 x，见习题表 6.2。

习题表 6.2

t/s	0	3	6	9	12	15	18	21	24	27	30
x/m	500	470	425	372	317	264	215	160	108	55	1

试确定降落伞的选购方案，即共需多少个，每个伞的半径多大(在习题表 6.1 中选择)，在满足空投要求的条件下，使费用最低。

2. **舰艇会合时间的确定**　一艘航空母舰派出它的一艘护卫舰去寻找一名被击落的飞行员。当飞行员被救后航空母舰将通过电台报告自己的方位、航向和航速，并指使护卫舰尽快与其会合。假定航空母舰和护卫舰均沿着固定方向匀速前进，试建立数学模型确定护卫舰的航向、会合点及所需的时间。

若在上午 8 点，护卫舰位于航空母舰正南 50 海里，而航空母舰以匀速 20 节向东北方向行驶，若护卫舰以匀速 30 节沿直线向航空母舰靠近，求护卫舰的航向及所需的会合时间。

3. **卫星监视地球问题**　地球的表面几乎有 2/3 是海洋，其中只有很小一部分能够通过船只或陆地进行监视。为了更好地对海洋进行监视，某国政府在距地球表面 a 公里处沿圆形轨道发射了一颗卫星。这颗卫星携带的广角高分辨率摄像机直接将“视线”内地球上每一点的图像都返回地面接收站。

(1) 在任意时刻，卫星所监视的面积有多大？卫星绕地球旋转一周所能监视的总面积是多少？当 $a = 900$ km 时，给出具体结果。

(2) 卫星的高度要达到多少才能在绕地球旋转一周时，监视面积达到地球表面积的 40%？

(3) 假设我们希望在绕地球运行的一个周期内看到除两极之外的整个地球，设两极的地冠高为 500km，问高度 H 是多少？

(4) 若卫星轨道是一个椭圆，能否计算 t 时刻卫星监视面积及卫星绕地球一周所能监视的总面积？

4. **管材切割问题**　某些工业所面对的基本问题是如何最佳切割按固定尺寸供应的管材，使之既符合需求又尽可能少浪费。

这类问题的一个简单例子是确定需要多少根 10m 长管材来满足下列订货要求：

60 根，每根长 3m

49 根，每根长 4m

12 根，每根长 7m

应该如何切割它们？如果所供应管材的基本长度为 12m ，最优解答是什么？

一个类似的问题是按固定尺寸 10m×10m 供应的金属板材的切割问题。要满足下列订货要求：

60 张板，每张为 3m×3m

49 张板，每张为 4m×4m

12 张板，每张为 7m×7m

应该如何切割板材？如果板材是 12m×5m，情况将如何呢？

5. **赛程安排**　若你所在的年级有 5 个班，每班一支球队在同一块场地上进行单循环赛，共要进行 10 场比赛。如何安排赛程使对各队来说都尽量公平呢？下面是随便安排的一个赛程：记 5 支球队为 A, B, C, D, E，在习题表 6.3 左半部分的右上三角的 10 个空格中，随手填上 1,2,⋯,10，就得到一个赛程，即第 1 场 A 对 B，第 2 场 B 对 C，……，第 10 场 C 对 E。为方便起见，将这些数字沿对角线对称地填入左下三角。

这个赛程的公平性如何呢？不妨看看各队每两场比赛中间得到的休整时间是否均等。表的右半部分是各队每两场比赛间相隔的场次数，显然这个赛程对 A,E 有利，对 D 则不公平。

习题表 6.3

球	A	B	C	D	E	每两场比赛间相隔场次数
A	X	1	9	3	6	1, 2, 2
B	1	X	2	5	8	0, 2, 2
C	9	2	X	7	10	4, 1, 0
D	3	5	7	X	4	0, 0, 1
E	6	8	10	4	X	1, 1, 1

从上面的例子出发讨论以下问题：

(1)对 5 支球队的比赛，给出一个各队每两场比赛中间都至少相隔一场的赛程。

(2)当 n 支球队比赛时，各队每两场比赛中间相隔的场次数的上限是多少？

(3)在达到(2)的上限条件下，给出 $n=8$，$n=9$ 的赛程，并说明编制过程。

(4)除了每两场比赛间相隔场次数这一指标外，你还能给出哪些指标来衡量一个赛程的优劣，并说明(3)中给出的赛程达到这些指标的程度？

6. **姓氏问题** 请你就姓氏的延续和消失的社会学问题进行研究。

考虑一个在时刻 $t=0$ 由 K 个不同姓氏的 N 个人构成的封闭社会系统，假设所有结婚者的孩子随父姓。

为了回答下面的问题，请作出其他必要的假设并建立起一个模型。

(1) X 代以后姓氏的分布规律？

(2)某一姓氏消失的概率？

(3) 一个姓氏存在的平均时间？

7. **血型分布问题** 问题描述：在 A 型、B 型、O 型血系统中，各个民族的血型分布情况极不相同。例如，我国汉族 B 型血所占的比例大约是欧洲人的 3 倍。那么，血型分布有何规律？各个国家、地区、民族的极不相同的血型分布情况又为何能长期稳定存在？

血型遗传的简单常识：在 A 型、B 型、O 型血系统中有 A 基因、B 基因、O 基因 3 种血型基因。每个人都具有 2 个血型基因，分别取自父母。当然每个人都把自身上的血型基因遗传给子女。如果某人 2 个基因全是 O 型，则血型为 O 型。如果两个基因全 A(或全 B)或一个 A(或 B)另一个 O，则为 A(或 B)型。如果两个基因为一个 A，一个 B，则血型为 AB 型。习题表 6.4 是北京红十字中心血站提供的数据，试用此组数据验证你的模型的正确性。

习题表 6.4 各民族的血型分布

民族	R_O/%	R_A/%	R_B/%	R_{AB}/%
汉族	30.86	31.31	28.06	9.77
维吾尔族	27.50	29.22	31.92	11.36
壮族	47.28	21.25	27.57	3.90
回族	35.94	27.23	28.34	8.49
哈萨克族	37.97	22.82	29.83	9.38
锡伯族	24.42	25.00	40.12	10.46
乌孜别克族	25.58	25.58	38.76	10.08
柯尔克孜族	34.68	18.54	39.52	7.26
白族	31.40	34.00	23.40	11.20
傣族	40.44	22.08	29.59	7.89
景颇族	37.81	34.83	20.39	6.97

8. **列车上食品的定价问题** 长途列车由于时间漫长，需要提供一些车上的服务，如一天三餐是主要的服务之一。由于火车上各方面成本高，因此车上食物的价格也略高。以某哈尔滨到广州的列车为例，每天早餐为一碗粥、一个鸡蛋及些许咸菜，价格 10 元；中午及晚上为盒饭，价格一律 15 元。由

于价格偏贵，乘客一般自带食品如方便面、面包等。列车上也卖方便面及面包等食品，但价格也偏贵。如一般售价 3 元的方便面卖 5 元。当然，由于列车容量有限，因此提供的用餐量及食品是有限的，适当提高价格是正常的。但高出的价格应有一个限制，不能高得过分。假如车上有乘客 1000 人，其中 500 人有在车上买饭的要求，但车上盒饭每餐只能供给 200 人；另外，车上还可提供每餐 100 人的方便面。请你根据实际情况设计一个价格方案，使列车在用餐销售上效益最大。

9. **最佳投球距离的确定**　欧洲篮球协会组织了一次别开生面的投篮比赛。规则是：参赛队员按抽签顺序投篮，投篮距离由各队员自由选择。最后，在最远距离投球进篮的队员将获 10 000 美元的奖金。读者能否为每个参赛队员(投篮顺序已抽定)设计最佳的投球距离。

10. **几种查字典方式比较**　人们在学习外语的过程中经常使用字典，很多人各有大小两本字典，有将大小字典结合使用者，其方式有三种。

方法 A：总在大字典中找生字。

方法 B：先在小字典中查找生字，如查不到，再在大字典中查找。

方法 C：先对所查找的字是否在小字典中作出判断，如判断不是，则采用方式 A；如判断是，采用方式 B。

试评述上述方式的优劣，并从查找时间上进行定量的比较。

11. **最佳泄洪方案**　问题描述：有一条河流由于河床泥沙淤积，每当上游发生洪水时，就会破堤淹没两岸，造成人员和财产的损失，为减少总的损失，人们采取破堤泄洪方法。

习题图 6.2 是该河一岸区域的信息示意图。在该区域边界上有很高的山使该区域为封闭区域。区域内分为 15 个小区，每个小区内标有三个数字，分别表示该小区的海拔 h(单位：m)、面积 S(单位：km^2)和被完全淹没时的土地、房屋和财产等损失总数 k(单位：百万元)，我们假设：

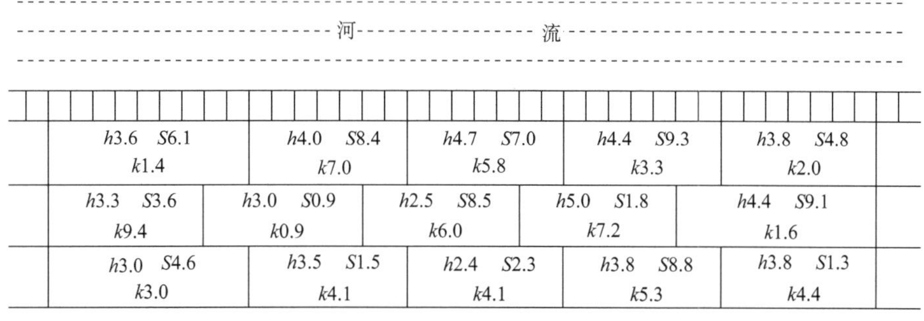

习题图 6.2　区域的信息示意图

(1) 各小区间有相对高度为 1.2m 的小堤相互隔离，例如左上方第一块和第二块小区间实际上有高度 5.2m 的小堤。

(2) 当洪水淹没一个小区且水位高于该小区高度 p(单位：m)时，该小区的损失为该小区的 k 和 p 的函数：

$$\text{损失}=\begin{cases} kp, & 0 \leqslant p \leqslant 1 \\ k, & 1 < p \end{cases}$$

(3) 假设决堤口可选在大堤和小堤的任何地方，决堤口数目不受限制。但一经决口，就不能再补合。从河流经大堤决口流入小区的洪水量按决口数比例分配。如在小区之间小堤开一决口，则假设该两小区之间的这段小堤不复存在。若水位高过小堤，则将自动向邻近最低的一个小区泄洪。若这样的小区有几块时，则平均泄洪。求：

(1) 整个区域全部受损失的最大泄洪量 Q_{max}。

(2) 当洪水量为 $Q_{max}/6$, $Q_{max}/3$ 时，分别制定泄洪方案，使总损失最小(在一种方案中，决堤同时进行)。需计算出该方案的损失数。

12. **优化装箱**　已知一个直径与高相等的圆柱体(直径 100)，试问：

(1) 里面放直径为 5 的小球，最多可放球的体积是多少？

(2) 若放直径为 5 和 3 的小球，结果又如何？如何堆放较好？

(3) 如果改变小球直径有何结果；如果圆柱的高增加或减小有无影响；如果再增加球的种类有何结果？

第 7 章　数学建模经典算法及 MATLAB 实例仿真

本章旨在介绍数学建模经典算法及相应实例的 MATLAB 的数值分析和仿真。涵盖的主题包括动态规划、层次分析法、插值与拟合、数据的统计描述和分析、回归分析、支持向量机以及现代优化算法。

7.1　动 态 规 划

动态规划(dynamic programming)是运筹学的一个分支，是求解决策过程(decision process)最优化的数学方法。20 世纪 50 年代初，R. E. Bellman 等在研究多阶段决策过程(multistage decision process)的优化问题时，提出了著名的最优性原理(principle of optimality)，把多阶段过程转化为一系列单阶段问题，逐个求解，创立了解决这类过程优化问题的新方法——动态规划。1957 年他出版了名著 *Dynamic Programming*，这是该领域的第一本著作。

动态规划自问世以来，在经济管理、生产调度、工程技术和最优控制等方面得到了广泛的应用。例如，最短路线、库存管理、资源分配、设备更新、排序、装载等问题，用动态规划方法比用其他方法求解更为方便。虽然动态规划主要用于求解以时间划分阶段的动态过程的优化问题，但是一些与时间无关的静态规划(如线性规划、非线性规划)，只要人为地引进时间因素，把它视为多阶段决策过程，也可以用动态规划方法方便地求解。

动态规划是求解某类问题的一种方法，是分析问题的一种途径，而不是一种特殊算法(如线性规划是一种算法)。因而，它不像线性规划那样有一个标准的数学表达式和明确定义的一组规则，而必须对具体问题进行具体分析处理。因此，在学习时，除了要对基本概念和方法正确理解外，应以丰富的想象力去建立模型，用创造性的技巧去求解。

➢ **问题 7.1　最短路线问题**　图 7.1 是一个线路网，连线上的数字表示两点之间的距离(或费用)。试寻求一条由 A 到 G 距离最短(或费用最省)的路线。

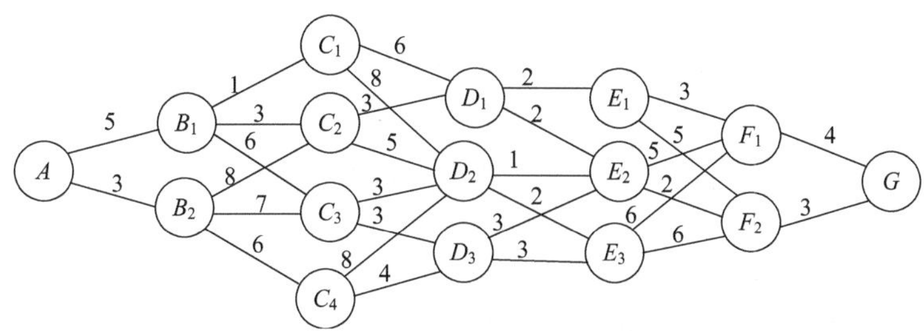

图 7.1　最短路线问题

7.1.1　基本概念、基本方程和计算方法

一个多阶段决策过程最优化问题的动态规划模型通常包含以下要素。

1) 阶段

阶段 (step) 是对整个过程的自然划分。通常根据时间顺序或空间顺序特征来划分阶段，以便按阶段的次序解优化问题。阶段变量一般用 $k=1,2,\cdots,n$ 表示。在问题 7.1 中，由 A 出发为 $k=1$，由 $B_i(i=1,2)$ 出发为 $k=2$，以此类推，从 $F_i(i=1,2)$ 出发为 $k=6$，共 $n=6$ 个阶段。

2) 状态

状态 (state) 表示每个阶段开始时过程所处的自然状况。它应能描述过程的特征并且无后效性，即当某阶段的状态变量给定时，这个阶段以后过程的演变与该阶段以前各阶段的状态无关。通常还要求状态是直接或间接可以观测的。

描述状态的变量称为状态变量 (state variable)。变量允许取值的范围称为允许状态集合 (set of admissible states)。用 x_k 表示第 k 阶段的状态变量，它可以是一个数或一个向量。用 x_k 表示第 k 阶段的允许状态集合。在问题 7.1 中，x_2 可取 B_1,B_2，或将 B_i 定义为 $i(i=1,2)$，则 $x_2=1$ 或 2，而 $X_2=\{1,2\}$。

n 个阶段的决策过程有 $n+1$ 个状态变量，x_{n+1} 表示 x_n 演变的结果。在问题 7.1 中，x_7 取 G，或定义为 1，即 $x_7=1$。

根据过程演变的具体情况，状态变量可以是离散的或连续的。为了计算方便，有时将连续变量离散化；为了分析方便，有时又将离散变量视为连续的。状态变量简称为状态。

3) 决策

当一个阶段的状态确定后，可以作出各种选择，从而演变到下一阶段的某个状态，这种选择手段称为决策 (decision)，在最优控制问题中也称为控制 (control)。

描述决策的变量称决策变量 (decision variable)，变量允许取值的范围称为允许决策集合 (set of admissible decisions)。用 $u_k(x_k)$ 表示第 k 阶段处于状态 x_k 时的决策变量，它是 x_k 的函数，用 $u_k(x_k)$ 表示 x_k 的允许决策集合。在问题 7.1 中，$u_2(B_1)$ 可取 C_1,C_2 或 C_3，可记作 $u_2(1)=1,2,3$，而 $U_2(1)=\{1,2,3\}$。决策变量简称为决策。

4) 策略

决策组成的序列称为策略 (policy)。由初始状态 x_1 开始的全过程的策略记作 $p_{1n}(x_1)$，即

$$p_{1n}(x_1)=\{u_1(x_1),u_2(x_2),\cdots,u_n(x_n)\}$$

由第 k 阶段的状态 x_k 开始到终止状态的后部子过程的策略记作 $p_{kn}(x_k)$，即

$$p_{kn}(x_k)=\{u_k(x_k),\cdots,u_n(x_n)\},\quad k=1,2,\cdots,n-1$$

类似地，由第 k 到第 j 阶段的子过程的策略记作

$$p_{kj}(x_k)=\{u_k(x_k),\cdots,u_j(x_j)\}$$

可供选择的策略有一定的范围，称为允许策略集合 (set of admissible policies)，用 $p_{1n}(x_1),p_{kn}(x_k),p_{kj}(x_k)$ 表示。

5) 状态转移方程

在确定性过程中，一旦某阶段的状态和决策为已知，下阶段的状态便完全确定。用状态转移方程(equation of state transition)表示这种演变规律，写作

$$x_{k+1}=T_k(x_k,u_k)\quad (k=1,2,\cdots,n) \tag{7.1.1}$$

在问题 7.1 中，状态转移方程为 $x_{k+1}=u_k(x_k)$。

6) 指标函数和最优值函数

指标函数(objective function)是衡量过程优劣的数量指标，它是定义在全过程和所有后部子过程上的数量函数，用 $V_{k,n}(x_k,u_k,x_{k+1},\cdots,x_{n+1}),k=1,2,\cdots,n$ 表示。指标函数应具有可分离性，即 $V_{k,n}$ 可表为 $x_k,u_k,V_{k+1,n}$ 的函数，记为

$$V_{k,n}(x_k,u_k,x_{k+1},\cdots,x_{n+1})=\varphi_k(x_k,u_k,V_{k+1,n}(x_{k+1},u_{k+1},\cdots,x_{n+1}))$$

并且函数 φ_k 对于变量 $V_{k+1,n}$ 是严格单调的。

过程在第 j 阶段的阶段指标取决于状态 x_j 和决策 u_j，用 $v_j(x_j,u_j)$ 表示。指标函数由 $v_j,j=1,2,\cdots,n$ 组成，常见的形式有：

阶段指标之和，即

$$V_{k,n}(x_k,u_k,x_{k+1},\cdots,x_{n+1})=\sum_{j=k}^{n}v_j(x_j,u_j)$$

阶段指标之积，即

$$V_{k,n}(x_k,u_k,x_{k+1},\cdots,x_{n+1})=\prod_{j=k}^{n}v_j(x_j,u_j)$$

阶段指标之极大(或极小)，即

$$V_{k,n}(x_k,u_k,x_{k+1},\cdots,x_{n+1})=\max_{k\leqslant j\leqslant n}(\min)v_j(x_j,u_j)$$

这些形式下第 k 到第 j 阶段子过程的指标函数为 $V_{k,j}(x_k,u_k,\cdots,x_{j+1})$。

根据状态转移方程，指标函数 $V_{k,n}$ 还可以表示为状态 x_k 和策略 p_{kn} 的函数，即 $V_{k,n}(x_k,p_{kn})$。在 x_k 给定时，指标函数 $V_{k,n}$ 对 p_{kn} 的最优值称为最优值函数(optimal value function)，记为 $f_k(x_k)$，即

$$f_k(x_k)=\underset{p_{kn}\in p_{kn}(x_k)}{\mathrm{opt}}V_{k,n}(x_k,p_{kn})$$

其中 opt 可根据具体情况取最大值或最小值。

7) 最优策略和最优轨线

使指标函数 $V_{k,n}$ 达到最优值的策略是从 k 开始的后部子过程的最优策略，记作 $p_{kn}^*(u_k^*,\cdots,u_n^*)$。$p_{1n}^*$ 是全过程的最优策略，简称最优策略(optimal policy)。从初始状态 $x_1(=x_1^*)$ 出发，过程按照 p_{1n}^* 和状态转移方程演变所经历的状态序列 $(x_1^*,x_2^*,\cdots,x_{n+1}^*)$ 称为最优轨线(optimal trajectory)。

8) 递归方程

如下方程称为递归方程：

$$f_{n+1}(x_{n+1}) = 0\text{或}1$$
$$f_k(x_k) = \underset{u_k \in U_k(x_k)}{\text{opt}} \{v_k(x_k, u_k) \otimes f_{k+1}(x_{k+1})\} \quad (k = n, \cdots, 1) \tag{7.1.2}$$

在方程(7.1.2)中，当⊗为加法时，取 $f_{n+1}(x_{n+1}) = 0$；当⊗为乘法时，取 $f_{n+1}(x_{n+1}) = 1$。动态规划递归方程是动态规划的最优性原理的基础，即最优策略的子策略，构成最优子策略。用状态转移方程(7.1.1)和递归方程(7.1.2)求解动态规划的过程，是由 $k = n+1$ 逆推至 $k = 1$，故这种解法称为逆序解法。当然，对某些动态规划问题，也可采用顺序解法。这时，状态转移方程和递归方程分别为

$$x_k = T_k^r(x_{k+1}, u_k) \quad (k = 1, 2, \cdots, n)$$
$$f_0(x_1) = 0\text{或}1$$
$$f_k(x_{k+1}) = \underset{u_k \in U_{k+1}^r(x_{k+1})}{\text{opt}} \{v_k(x_{k+1}, u_k) \otimes f_{k+1}(x_k)\} \quad (k = n, \cdots, 1)$$

例 7.1　用 LINGO 求解问题 7.1 最短路线问题。

```
model:
Title Dynamic Programming;
sets:
vertex/A,B1,B2,C1,C2,C3,C4,D1,D2,D3,E1,E2,E3,F1,F2,G/:L;
road(vertex,vertex)/A B1,A B2,B1 C1,B1 C2,B1 c3,B2 C2,B2 C3,B2 C4,
C1 D1,C1 D2,C2 D1,C2 D2,C3 D2,C3 D3,C4 D2,C4 D3,
D1 E1,D1 E2,D2 E2,D2 E3,D3 E2,D3 E3,
E1 F1,E1 F2,E2 F1,E2 F2,E3 F1,E3 F2,F1 G,F2 G/:D;
endsets
data:
D=5 3 1 3 6 8 7 6
6 8 3 5 3 3 8 4
2 2 1 2 3 3
3 5 5 2 6 6 4 3;
L=0;
enddata
@for(vertex(i)|i#GT#1:L(i)=@min(road(j,i):L(j)+D(j,i)));
end
```

综上所述，如果一个问题能用动态规划方法求解，那么，我们可以按下列步骤，首先建立起动态规划的数学模型：

(1)将过程划分成恰当的阶段。

(2)正确选择状态变量 x_k，使它既能描述过程的状态，又满足无后效性，同时确定允许状态集合 X_k。

(3)选择决策变量 u_k，确定允许决策集合 $U_k(x_k)$。

(4)写出状态转移方程。

(5) 确定阶段指标 $v_k(x_k,u_k)$ 及指标函数 $V_{k,n}$ 的形式(阶段指标之和、阶段指标之积、阶段指标之极大或极小等)。

(6) 写出基本方程即最优值函数满足的递归方程，以及端点条件。

7.1.2　逆序解法的计算框图

以自由终端、固定始端、指标函数取和形式的逆序解法为例给出计算框图，其他情况容易在这个基础上修改得到。一般化的自由终端条件为

$$f_{n+1}(x_{n+1,i})=\varphi(x_{n+1,i})\quad(i=1,2,\cdots,n_{n+1})\tag{7.1.3}$$

其中，φ 为已知。固定始端条件可表示为 $X_1=\{x_1\}=\{x_1^*\}$。

如果状态 x_k 和决策 u_k 是连续变量，用数值方法求解时需按照精度要求进行离散化。设状态 x_k 的允许集合为

$$X_k=\{x_{ki}\,|\,i=1,2,\cdots,n_k;k=1,2,\cdots,n\}$$

决策 $u_{ki}(x_{ki})$ 的允许集合为

$$U_{ki}=\{u_{ki}^{(j)}\,|\,j=1,2,\cdots,n_{ki};k=1,2,\cdots,n\}$$

状态转移方程和阶段指标应对 x_k 的每个取值 x_{ki} 和 u_{ki} 的每个取值 $u_{ki}^{(j)}$ 计算，即 $T_k=T_k(x_{ki},u_{ki}^{(j)})$，$v_k=v_k(x_{ki},u_{ki}^{(j)})$。最优值函数应对 x_k 的每个取值 x_{ki} 计算。基本方程可以表示为

$$\begin{gathered}f_k^{(j)}(x_{ki})=v_k(x_{ki},u_{ki}^{(j)})+f_{k+1}(T_k(x_{ki},u_{ki}^{(j)}))\\ f_k(x_{ki})=\underset{j}{\operatorname{opt}}\,f_k^{(j)}(x_{ki})\left(j=1,2,\cdots,n_{ki};i=1,2,\cdots,n_k;k=n,\cdots,2,1\right)\end{gathered}\tag{7.1.4}$$

按照式(7.1.3)和式(7.1.4)逆向计算出 $f_1(x_1^*)$，为全过程的最优值。记状态 x_{ki} 的最优决策为 $u_{ki}^*(x_{ki})$，由 x_1^* 和 $u_{ki}^*(x_{ki})$ 按照状态转移方程计算出最优状态，记作 x_k^*；并得到相应的最优决策，记作 $u_k^*(x_k)$。于是最优策略为 $\{u_1^*(x_1^*),u_2^*(x_2^*),\cdots,u_n^*(x_n^*)\}$。

算法程序的框图如图 7.2 所示。

图 7.2 的左边部分是函数序列的递推计算，可输出全过程最优值 $f_1(x_1^*)$，如果需要还可以输出后部子过程最优值函数序列 $f_{k-1}(x_{ki})$ 和最优决策序列 $u_k^*(x_{ki})$。计算过程中存 $f_k(x_{ki})$ 是备计算 f_{k-1} 之用，在 f_{k-1} 算完后可用 f_{k-1} 将 f_k 替换掉；存 $u_k^*(x_{ki})$ 是备右边部分读 $u_k^*(x_k)$ 之用。

图 7.2 的右边部分是最优状态和最优决策序列的正向计算，可输出最优策略 $\{u_1^*(x_1^*),u_2^*(x_2^*),\cdots,u_n^*(x_n^*)\}$ 和最优轨线 $\{x_1^*,x_2^*,\cdots,x_n^*\}$。

7.1.3　动态规划与静态规划的关系

动态规划与静态规划(线性规划和非线性规划)研究对象本质上都是在若干约束条件下的函数极值问题。两种规划在很多情况下是可以相互转换的。

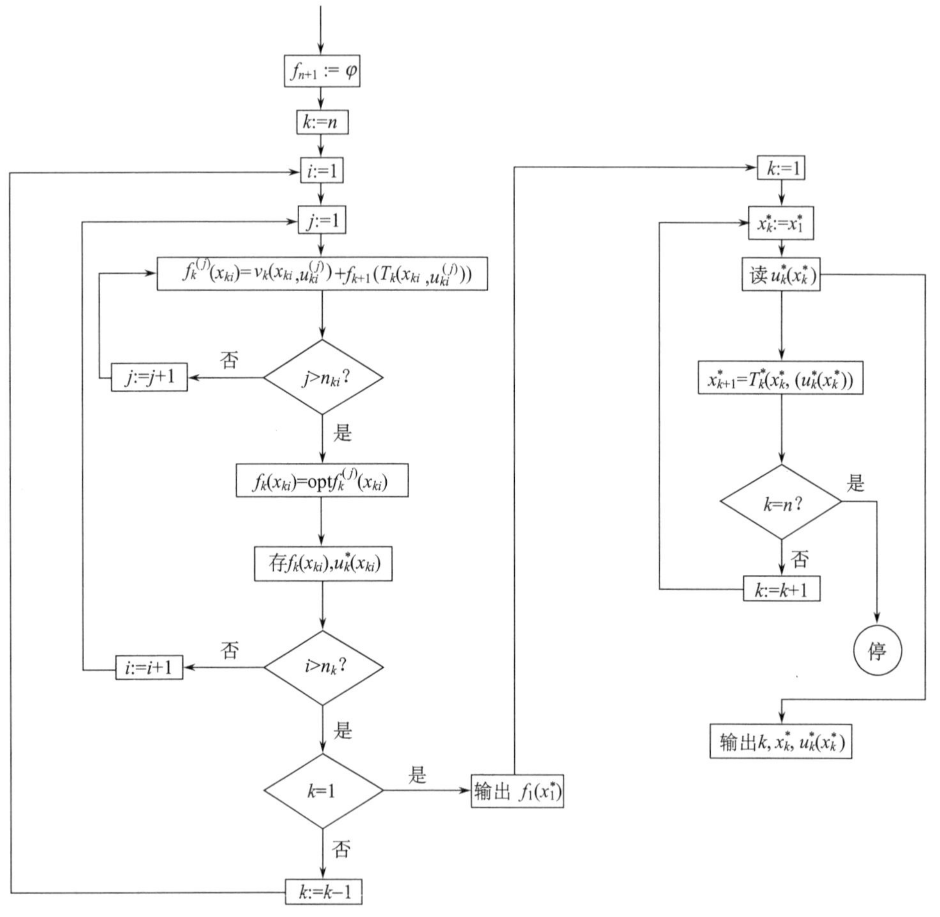

图 7.2　解法框图

动态规划可以看作求决策$u_1,u_2,\cdots,u_n$使指标函数$V_{1n}(x_1,u_1,u_2,\cdots,u_n)$达到最优(最大或最小)的极值问题，状态转移方程、端点条件以及允许状态集、允许决策集等是约束条件，原则上可以用非线性规划方法求解。

一些静态规划只要适当引入阶段变量、状态、决策等，就可以用动态规划方法求解。下面用例子说明。

例 7.2　用动态规划解下列非线性规划：

$$\max \sum_{k=1}^{n} g_k(u_k)$$

$$\text{s.t.} \quad \sum_{k=1}^{n} u_k = a,\ u_k \geqslant 0$$

其中，$g_k(u_k)$为任意的已知函数。

解　按变量u_k的序号划分阶段，看作n段决策过程。设状态为$x_1,x_2,\cdots,x_{n+1}$，取问题中的变量$u_1,u_2,\cdots,u_n$为决策。状态转移方程为

$$x_1 = a, x_{k+1} = x_k - u_k \quad (k = 1, 2, \cdots, n)$$

取 $g_k(u_k)$ 为阶段指标，最优值函数的基本方程为(注意到 $x_{n+1} = 0$)

$$f_k(x_k) = \max_{0 \leqslant u_k \leqslant x_k} [g_k(x_k) + f_{k+1}(x_{k+1})]$$

$$0 \leqslant x_k \leqslant a \quad (k = n, n-1, \cdots, 2, 1)$$

$$f_{k+1}(0) = 0$$

按照逆序解法求出对应于 x_k 每个取值的最优决策 $u_k^*(x_k)$，计算至 $f_1(a)$ 后即可利用状态转移方程得到最优状态序列 $\{x_k^*\}$ 和最优决策序列 $\{u_k^*(x_k^*)\}$。

与静态规划相比，动态规划的优越性在于：

(1) 能够得到全局最优解。由于约束条件确定的约束集合往往很复杂，即使指标函数较简单，用非线性规划的方法也很难求出全局最优解。而动态规划方法把全过程化为一系列结构相似的子问题，每个子问题的变量个数大大减少，约束集合也简单得多，易于得到全局最优解。特别是对于约束集合、状态转移和指标函数不能用分析方式给出的优化问题，可以对每个子过程用枚举法求解。一般约束条件越多，决策的搜索范围越小，求解也越容易。对于这类问题，动态规划通常是求全局最优解的唯一方法。

(2) 可以得到一族最优解。与非线性规划只能得到全过程的一个最优解不同，动态规划得到的是全过程及所有后部子过程的各个状态的一族最优解。有些实际问题需要这样的解族，即使不需要，它们在分析最优策略和最优值对于状态的稳定性时也是很有用的。当最优策略由于某些原因不能实现时，这样的解族可以用来寻找次优策略。

(3) 能够利用经验提高求解效率。如果实际问题本身就是动态的，由于动态规划方法反映了过程逐段演变的前后联系和动态特征，在计算中可以利用实际知识和经验提高求解效率。如在策略迭代法中，实际经验能够帮助选择较好的初始策略，提高收敛速度。

动态规划的主要缺点是：

(1) 没有统一的标准模型，也没有构造模型的通用方法，甚至还没有判断一个问题能否构造动态规划模型的准则。这样就只能对每类问题进行具体分析，构造具体的模型。对于较复杂的问题在选择状态、决策、确定状态转移规律等方面需要丰富的想象力和灵活的技巧性，这就带来了应用上的局限性。

(2) 用数值方法求解时存在维数灾难(curse of dimensionality)。若一维状态变量有 m 个取值，那么对于 n 维问题，状态 x_k 就有 m^n 个值，对于每个状态值都要计算、存储函数 $f_k(x_k)$，对于 n 稍大的实际问题的计算往往是不现实的。目前还没有克服维数灾难的有效方法。

例 7.3　用动态规划模型求解最短路线问题。

解　对于问题 7.1 一类最短路线问题，阶段按过程的演变划分，状态由各段的初始位置确定，决策为从各个状态出发的走向，即有 $x_{k+1} = u_k(x_k)$，阶段指标为相邻两段状态间的距离 $d_k(x_k, u_k(x_k))$，指标函数为阶段指标之和，最优值函数 $f_k(x_k)$ 是由 x_k 出发到终点的最短距离(或最小费用)，基本方程为

$$f_k(x_k) = \min_{u_k(x_k)} [d_k(x_k, u_k(x_k)) + f_{k+1}(x_{k+1})] \quad (k = n, \cdots, 1)$$

$$f_{n+1}(x_{n+1})=0$$

利用这个模型可以算出问题 7.1 的最短路线为 $AB_1C_2D_1E_2F_2G$，最短距离为 18。

例 7.4 求解下面问题

$$\max z=u_1u_2^2u_3$$
$$u_1+u_2+u_3=c,\quad c>0$$
$$u_i\geqslant 0,\quad i=1,2,3$$

解 按问题的变量个数划分阶段，把它看作一个三阶段决策问题。设状态变量为 x_1,x_2,x_3,x_4，并记 $x_1=c$；取问题中的变量 u_1,u_2,u_3 为决策变量；各阶段指标函数按乘积方式结合。令最优值函数 $f_k(x_k)$ 表示从第 k 阶段开始到第 3 阶段所得到的最大值。

设 $x_3=u_3,x_3+u_2=u_2,x_2+u_1=x_1=c$，则有 $u_3=x_3,0\leqslant u_2\leqslant x_2,0\leqslant u_1\leqslant x_1$。用逆推解法，从后向前依次有

$$f_3(x_3)=\max_{u_3(x_3)}(u_3)=x_3 \text{ 及最优解 } u_3^*=x_3$$

$$f_2(x_2)=\max_{0\leqslant u_2\leqslant x_2}\{u_2^2f_3(x_3)\}=\max_{0\leqslant u_2\leqslant x_2}\{u_2^2(x_2-u_2)\}=\max_{0\leqslant u_2\leqslant x_2}h_2(u_2,x_2)$$

由 $\dfrac{\mathrm{d}h_2}{\mathrm{d}u_2}=2u_2x_2-3u_2^2=0$，得

$$u_2=\frac{2}{3}x_2 \text{ 和 } u_2=0\text{（舍去）}$$

又 $\dfrac{\mathrm{d}^2h_2}{\mathrm{d}^2u_2^2}=2x_2-6u_2$，而 $\dfrac{\mathrm{d}^2h_2}{\mathrm{d}^2u_2^2}=-2x_2<0$，故 $u_2=\dfrac{2}{3}x_2$ 为极大值点。

所以 $f_2(x_2)=\dfrac{4}{27}x_2^3$，最优解 $u_2^*=\dfrac{2}{3}x_2$。

$$f_1(x_1)=\max_{0\leqslant u_1\leqslant x_1}\{u_1f_2(x_2)\}=\max_{0\leqslant u_1\leqslant x_1}\{u_1\frac{4}{27}(x_1-u_1)^3\}$$

同样利用微分法易知 $f_1(x_1)=\dfrac{1}{64}x_1^4$，最优解 $u_1^*=\dfrac{1}{4}x_1$。

由于 x_1 已知，按计算的顺序反推算，可得各阶段的最优决策和最优值。即

$$u_1^*=\frac{1}{4}c,\quad f_1(x_1)=\frac{1}{64}c^4$$

由 $x_2=x_1-u_1^*=c-\dfrac{1}{4}c=\dfrac{3}{4}c$，所以 $u_2^*=\dfrac{2}{3}x_2=\dfrac{1}{2}c,\ f_2(x_2)=\dfrac{1}{16}c^3$。

由 $x_3=x_2-u_2^*=\dfrac{3}{4}c-\dfrac{1}{2}c=\dfrac{1}{4}c$，所以 $u_3^*=\dfrac{1}{4}c,\ f_3(x_3)=\dfrac{1}{4}c$。

因此得到最优解为 $u_1^*=\dfrac{1}{4}c,\ u_2^*=\dfrac{1}{2}c,\ u_3^*=\dfrac{1}{4}c$，最大值为 $\max z=f_1(c)=\dfrac{1}{64}c^4$。

7.2　层次分析法

层次分析法(analytic hierarchy process，AHP)是对一些较为复杂、较为模糊的问题作出决策的简易方法，它特别适用于那些难以完全定量分析的问题。它是美国运筹学家 T. L. Saaty 教授于 20 世纪 70 年代初期提出的一种简便、灵活而又实用的多准则决策方法。

7.2.1　层次分析法的基本原理与步骤

人们在进行社会、经济以及科学管理领域问题的系统分析时，面临的常常是一个由相互关联、相互制约的众多因素构成的复杂而往往缺少定量数据的系统。层次分析法为这类问题的决策和排序提供了一种新的、简洁而实用的建模方法。运用层次分析法建模，大体上可按下面四个步骤进行：①建立递阶层次结构模型；②构造出各层次中的所有判断矩阵；③层次单排序及一致性检验；④层次总排序及一致性检验。

下面分别说明这四个步骤的实现过程。

1. 递阶层次结构的建立与特点

应用 AHP 分析决策问题时，首先要把问题条理化、层次化，构造出一个有层次的结构模型。在这个模型下，复杂问题被分解为元素的组成部分。这些元素又按其属性及关系形成若干层次。上一层次的元素作为准则对下一层次有关元素起支配作用。这些层次可以分为三类：

(1) 最高层。这一层次中只有一个元素，一般它是分析问题的预定目标或理想结果，因此也称为目标层。

(2) 中间层。这一层次包含了为实现目标所涉及的中间环节，它可以由若干个层次组成，包括所需考虑的准则、子准则，因此也称为准则层。

(3) 最底层。这一层次包括了为实现目标可供选择的各种措施、决策方案等，因此也称为措施层或方案层。

递阶层次结构中的层次数与问题的复杂程度及需要分析的详尽程度有关，一般层次数不受限制。每一层次中各元素所支配的元素一般不要超过 9 个。这是因为支配的元素过多会给两两比较判断带来困难。

下面结合一个实例来说明递阶层次结构的建立。

➢ **问题 7.2**　假期旅游有 p_1, p_2, p_3 三个旅游胜地供你选择，试确定一个最佳地点。

在此问题中，你会根据诸如景色、费用、居住、饮食和旅途条件等一些准则去反复比较三个候选地点。可以建立如图 7.3 的层次结构模型。

2. 构造判断矩阵

层次结构反映了因素之间的关系，但准则层中的各准则在目标衡量中所占的比重并不一定相同，在决策者的心目中，它们各占有一定的比例。

在确定影响某因素的诸因子在该因素中所占的比重时，遇到的主要困难是这些比重常常不易定量化。此外，当影响某因素的因子较多时，直接考虑各因子对该因素有多大程度的影响时，常常会因考虑不周全、顾此失彼而使决策者提出与他实际认为的重要性程度不一致的数据，甚至有可能提出一组隐含矛盾的数据。为看清这一点，作如下假设：将一块重为 1kg 的石块砸成 n 小块，你可以精确称出它们的质量，设为 $w_1,\cdots,w_n$。现在，请人估计这 n 小块的质量占总质量的比例(不能让他知道各小石块的质量)，此人不仅很难给出精确的比值，而且完全可能因顾此失彼而提供彼此矛盾的数据。

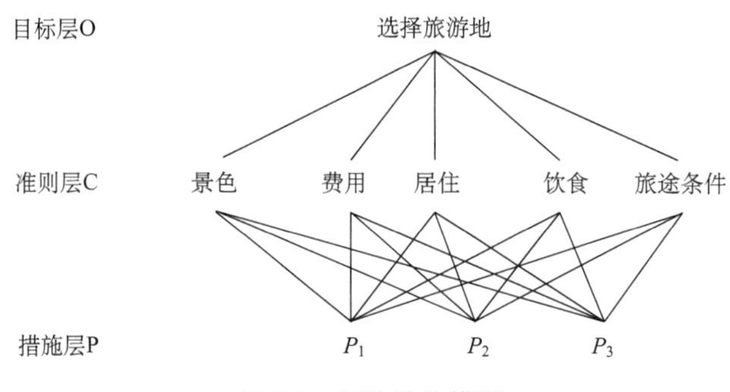

图 7.3 层次结构模型

设现在要比较 n 个因子 $X=\{x_1,\cdots,x_n\}$ 对某因素 Z 的影响，怎样比较才能提供可信的数据呢？Saaty 等建议可以采取对因子进行两两比较建立成对比较矩阵的办法，即每次取两个因子 x_i 和 x_j，以 a_{ij} 表示 x_i 和 x_j 对 Z 的影响大小之比，全部比较结果用矩阵 $\boldsymbol{A}=(a_{ij})_{n\times n}$ 表示，称 $\boldsymbol{A}$ 为 Z - X 之间的成对比较判断矩阵(简称判断矩阵)。容易看出，若 x_i 和 x_j 对 Z 的影响之比为 a_{ij}，则 x_j 和 x_i 对 Z 的影响之比应为 $a_{ji}=\dfrac{1}{a_{ij}}$。

定义 7.1 若矩阵 $\boldsymbol{A}=(a_{ij})_{n\times n}$ 满足

(1) $a_{ij}>0$；

(2) $a_{ji}=\dfrac{1}{a_{ij}}(i,j=1,2,\cdots,n)$，

则称之为正互反矩阵(易见 $a_{ii}=1,i=1,2,\cdots,n$)。

关于如何确定 a_{ij} 的值，Saaty 等建议引用数字 1~9 及其倒数作为标度。表 7.1 列出了 1~9 标度的含义。

表 7.1 标度的含义

标度	含义
1	表示两个因素相比，具有相同重要性
3	表示两个因素相比，前者比后者稍重要
5	表示两个因素相比，前者比后者明显重要
7	表示两个因素相比，前者比后者强烈重要
9	表示两个因素相比，前者比后者极端重要
2,4,6,8	表示上述相邻判断的中间值
倒数	若因素 i 与因素 j 的重要性之比为 a_{ij}，那么因素 j 与因素 i 重要性之比为 $a_{ji}=\frac{1}{a_{ij}}$

从心理学观点来看，分级太多会超越人们的判断能力，既增加了判断的难度，又容易因此而提供虚假数据。Saaty 等还用实验方法比较了在各种不同标度下人们判断结果的正确性，实验结果也表明，采用 1~9 标度最为合适。

最后应该指出，一般地做 $\frac{n(n-1)}{2}$ 次两两判断是必要的。有人认为把所有元素都和某个元素比较，即只做 $n-1$ 次比较就可以了。这种做法的弊病在于，任何一个判断的失误均可导致不合理的排序，而个别判断的失误对于难以定量的系统往往是难以避免的。进行 $\frac{n(n-1)}{2}$ 次比较可以提供更多的信息，通过各种不同角度的反复比较，从而导出一个合理的排序。

3. 层次单排序及一致性检验

判断矩阵 $\boldsymbol{A}$ 对应于最大特征值 $\lambda_{\max}$ 的特征向量 $\boldsymbol{W}$，经归一化后即为同一层次相应因素对于上一层次某因素相对重要性的排序权值，这一过程称为层次单排序。

上述构造成对比较判断矩阵的办法虽能减少其他因素的干扰，较客观地反映出一对因子影响力的差别。但综合全部比较结果时，其中难免包含一定程度的非一致性。如果比较结果是前后完全一致的，则矩阵 $\boldsymbol{A}$ 的元素还应当满足：

$$a_{ij}a_{jk} = a_{ik}, \quad \forall i, j, k = 1, 2, \cdots, n$$

定义 7.2　满足 $a_{ij} > 0$ 的正互反矩阵称为一致矩阵。

需要检验构造出来的(正互反)判断矩阵 $\boldsymbol{A}$ 是否严重地非一致，以便确定是否接受 $\boldsymbol{A}$。

定理 7.1　正互反矩阵 $\boldsymbol{A}$ 的最大特征根 $\lambda_{\max}$ 必为正实数，其对应特征向量的所有分量均为正实数。$\boldsymbol{A}$ 的其余特征值的模均严格小于 $\lambda_{\max}$。

定理 7.2　若 $\boldsymbol{A}$ 为一致矩阵，则

(1) $\boldsymbol{A}$ 必为正互反矩阵。

(2) $\boldsymbol{A}$ 的转置矩阵 $\boldsymbol{A}^{\mathrm{T}}$ 也是一致矩阵。

(3) $\boldsymbol{A}$ 的任意两行成比例，比例因子大于零，从而 $\mathrm{rank}(\boldsymbol{A}) = 1$（同样，$\boldsymbol{A}$ 的任意两列也成比例）。

(4) $\boldsymbol{A}$ 的最大特征值 $\lambda_{\max} = n$，其中 n 为矩阵 $\boldsymbol{A}$ 的阶。$\boldsymbol{A}$ 的其余特征根均为零。

(5) 若 $\boldsymbol{A}$ 的最大特征值 $\lambda_{\max}$ 对应的特征向量为 $\boldsymbol{W} = (w_1, \cdots, w_n)^{\mathrm{T}}$，则 $a_{ij} = \frac{w_i}{w_j}$，$\forall i, j = 1, 2, \cdots, n$。即

$$\boldsymbol{A} = \begin{pmatrix} \frac{w_1}{w_1} & \frac{w_1}{w_2} & \cdots & \frac{w_1}{w_n} \\ \frac{w_2}{w_1} & \frac{w_2}{w_2} & \cdots & \frac{w_2}{w_n} \\ \vdots & \vdots & & \vdots \\ \frac{w_n}{w_1} & \frac{w_n}{w_2} & \cdots & \frac{w_n}{w_n} \end{pmatrix}$$

定理 7.3　n 阶正互反矩阵 $\boldsymbol{A}$ 为一致矩阵当且仅当其最大特征根 $\lambda_{\max}=n$，且当正互反矩阵 $\boldsymbol{A}$ 非一致时，必有 $\lambda_{\max}>n$。

根据定理 7.3，我们可以由 $\lambda_{\max}$ 是否等于 n 来检验判断矩阵 $\boldsymbol{A}$ 是否为一致矩阵。由于特征根连续地依赖于 a_{ij}，故 $\lambda_{\max}$ 比 n 大得越多，$\boldsymbol{A}$ 的非一致性程度也就越严重，$\lambda_{\max}$ 对应的标准化特征向量也就越不能真实地反映出 $\boldsymbol{X}=(x_1,\cdots,x_n)$ 在对因素 Z 的影响中所占的比重。因此，对决策者提供的判断矩阵有必要做一次一致性检验，以决定是否能接受它。

对判断矩阵的一致性检验的步骤如下：

(1) 计算一致性指标 CI：

$$\mathrm{CI}=\frac{\lambda_{\max}-n}{n-1}$$

(2) 查找相应的平均随机一致性指标 RI。对 $n=1,2,\cdots,9$，Saaty 给出了 RI 的值，如表 7.2 所示。

表 7.2　标度的含义

n	1	2	3	4	5	6	7	8	9
RI	0	0	0.58	0.90	1.12	1.24	1.32	1.41	1.45

RI 的值是这样得到的：用随机方法构造 500 个样本矩阵，随机地从 1~9 及其倒数中抽取数字构造正互反矩阵，求得最大特征根的平均值 $\lambda'_{\max}$，并定义

$$\mathrm{RI}=\frac{\lambda'_{\max}-n}{n-1}$$

(3) 计算一致性比例 CR：

$$\mathrm{CR}=\frac{\mathrm{CI}}{\mathrm{RI}}$$

当 $\mathrm{CR}<0.1$ 时，判断矩阵的一致性是可以接受的，否则应对判断矩阵做适当修正。

4. *层次总排序及一致性检验*

上面我们得到的是一组元素对其上一层中某元素的权重向量。我们最终要得到各元素，特别是最底层中各方案对于目标的排序权重，从而进行方案选择。总排序权重要自上而下地将单准则下的权重进行合成。

设上一层次（A 层）包含 $A_1,\cdots,A_m$，共 m 个因素，它们的层次总排序权重分别为 $a_1,\cdots,a_m$。又设其后的下一层次（B 层）包含 n 个因素 $B_1,\cdots,B_n$，它们关于 A_j 的层次单排序权重分别为 $b_{1j},\cdots,b_{nj}$（当 B_i 与 A_j 无关联时，$b_{ij}=0$）。现求 B 层中各因素关于总目标的权重，即求 B 层各因素的层次总排序权重 $b_1,\cdots,b_n$，计算按表 7.3 所示方式进行，即 $b_i=\sum\limits_{j=1}^{m}b_{ij}a_j\ (i=1,2,\cdots,n)$。

表 7.3　层次总排序合成表

层 A / 层 B	A_1 a_1	A_2 a_2	…	A_m a_m	B 层总排序权值
B_1	b_{11}	b_{12}	…	b_{1m}	$\sum_{j=1}^{m} b_{1j}a_j$
B_2	b_{21}	b_{22}	…	b_{2m}	$\sum_{j=1}^{m} b_{2j}a_j$
⋮	⋮	⋮		⋮	⋮
B_n	b_{n1}	b_{n2}	…	b_{nm}	$\sum_{j=1}^{m} b_{nj}a_j$

对层次总排序也需作一致性检验，检验仍像层次总排序那样由高层到低层逐层进行。这是因为虽然各层次均已经过层次单排序的一致性检验，各成对比较判断矩阵都已具有较为满意的一致性。但当综合考察时，各层次的非一致性仍有可能积累起来，引起最终分析结果较严重的非一致性。

设 B 层中与 A_j 相关的因素的成对比较判断矩阵在单排序中经一致性检验，求得单排序一致性指标为 $\mathrm{CI}(j)(j=1,2,\cdots,m)$，相应的平均随机一致性指标为 $\mathrm{RI}(j)$（$\mathrm{CI}(j),\mathrm{RI}(j)$ 已在层次单排序时求得），则 B 层总排序随机一致性比例为

$$\mathrm{CR}=\frac{\sum_{j=1}^{m}\mathrm{CI}(j)a_j}{\sum_{j=1}^{m}\mathrm{RI}(j)a_j}$$

当 $\mathrm{CR}<0.1$ 时，认为层次总排序结果具有较满意的一致性并接受该分析结果。

7.2.2　层次分析法的应用

在应用层次分析法研究问题时，遇到的主要困难有两个：①如何根据实际情况抽象出较为贴切的层次结构；②如何将某些定性的量进行定量化处理。层次分析法对人们的思维过程进行了加工整理，提出了一套系统分析问题的方法，为科学管理和决策提供了较有说服力的依据。但层次分析法也有其局限性，主要表现在：

(1) 它在很大程度上依赖于人们的经验，主观因素的影响很大，它至多只能排除思维过程中的严重非一致性，却无法排除决策者个人可能存在的严重片面性。

(2) 比较、判断过程较为粗糙，不能用于精度要求较高的决策问题。AHP 至多只能算是一种半定量(或定性与定量结合)的方法。

在应用层次分析法时，建立层次结构模型是十分关键的一步。现再分析一个实例，以便说明如何从实际问题中抽象出相应的层次结构。

例 7.5　挑选合适的工作。经与各单位双方恳谈，已有 3 个单位表示愿意录用某毕业生。该生根据已有信息建立了一个层次结构模型，如图 7.4 所示。

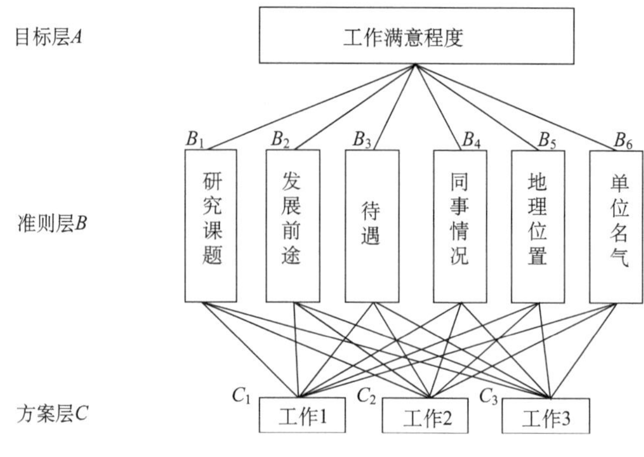

图 7.4　层次结构模型

准则层的判断矩阵如表 7.4 所示。

表 7.4　准则层的判断矩阵

A	B_1	B_2	B_3	B_4	B_5	B_6
B_1	1	1	1	4	1	1/2
B_2	1	1	2	4	1	1/2
B_3	1	1/2	1	5	3	1/2
B_4	1/4	1/4	1/5	1	1/3	1/3
B_5	1	1	1/3	3	1	1
B_6	2	2	2	3	3	1

方案层的判断矩阵如表 7.5 所示。

表 7.5　方案层的判断矩阵

B_1	C_1	C_2	C_3	B_2	C_1	C_2	C_3	B_3	C_1	C_2	C_3
C_1	1	1/4	1/2	C_1	1	1/4	1/5	C_1	1	3	1/3
C_2	4	1	3	C_2	4	1	1/2	C_2	1/3	1	1/7
C_3	2	1/3	1	C_3	5	2	1	C_3	3	1	1
B_4	C_1	C_2	C_3	B_5	C_1	C_2	C_3	B_6	C_1	C_2	C_3
C_1	1	1/3	5	C_1	1	1	7	C_1	1	7	9
C_2	3	1	7	C_2	1	1	7	C_2	1/7	1	1
C_3	1/5	1/7	1	C_3	1/7	1/7	1	C_3	1/9	1	1

层次总排序的结果如表 7.6 所示。

根据层次总排序权值，该生最满意的工作为工作 1。

表 7.6　方案层的判断矩阵

准则		研究课题	发展前途	待遇	同事情况	地理位置	单位名气	总排序权值
准则层权值		0.1507	0.1792	0.1886	0.0472	0.1464	0.2879	
方案层	工作 1	0.1365	0.0974	0.2426	0.2790	0.4667	0.7986	0.3952
单排序	工作 2	0.6250	0.3331	0.0879	0.6491	0.4667	0.1049	0.2996
权值	工作 3	0.2385	0.5695	0.6694	0.0719	0.0667	0.0965	0.3052

计算的 MATLAB 程序如下：

```
clc,clear
fid=fopen('txt3.txt','r');
n1=6;n2=3;
a=[];
for i=1:n1
tmp=str2num(fgetl(fid));
a=[a;tmp]; %读准则层判断矩阵
end
for i=1:n1
str1=char(['b',int2str(i),'=[];']);
str2=char(['b',int2str(i),'=[b',int2str(i),';tmp];']);
eval(str1);
for j=1:n2
tmp=str2num(fgetl(fid));
eval(str2); %读方案层的判断矩阵
end
end
ri=[0,0,0.58,0.90,1.12,1.24,1.32,1.41,1.45]; %一致性指标
[x,y]=eig(a);
lamda=max(diag(y));
num=find(diag(y)==lamda);
w0=x(:,num)/sum(x(:,num));
cr0=(lamda-n1)/(n1-1)/ri(n1)
for i=1:n1
[x,y]=eig(eval(char(['b',int2str(i)])));
lamda=max(diag(y));
num=find(diag(y)==lamda);
w1(:,i)=x(:,num)/sum(x(:,num));
cr1(i)=(lamda-n2)/(n2-1)/ri(n2);
end
```

```
cr1, ts=w1*w0, cr=cr1*w0
```

纯文本文件 txt3.txt 中的数据格式如下：

```
1 1 1 4 1 1/2
1 1 2 4 1 1/2
1 1/2 1 5 3 1/2
1/4 1/4 1/5 1 1/3 1/3
1 1 1/3 3 1 1
2 2 2 3 3 1
1 1/4 1/2
4 1 3
2 1/3 1
1 1/4 1/5
4 1 1/2
5 2 1
1 3 1/3
1/3 1 1/7
3 7 1
1 1/3 5
3 1 7
1/5 1/7 1
1 1 7
1 1 7
1/7 1/7 1
1 7 9
1/7 1 1
1/9 1 1
```

7.3　插值与拟合

插值：求过已知有限个数据点的近似函数。

拟合：已知有限个数据点，求近似函数，不要求过已知数据点，只要求在某种意义下它在这些点上的总偏差最小。

插值和拟合都是要根据一组数据构造一个函数作为近似，由于近似的要求不同，二者在数学方法上是完全不同的。而面对一个实际问题，究竟应该用插值还是拟合，有时容易确定，有时则并不明显。

下面介绍几种基本的、常用的插值：拉格朗日多项式插值、牛顿插值、分段线性插值、埃尔米特插值、样条插值和二维插值。

7.3.1　拉格朗日多项式插值

1. 插值多项式

用多项式作为研究插值的工具，称为代数插值。其基本问题是：已知函数 $f(x)$ 在区间 $[a,b]$ 上 $n+1$ 个不同点 $x_0,x_1,\cdots,x_n$ 处的函数值 $y_i=f(x_i)(i=0,1,2,\cdots,n)$，求一个至多 n 次多项式

$$\varphi_n(x)=a_0+a_1x+\cdots+a_nx^n \tag{7.3.1}$$

使其在给定点处与 $f(x)$ 同值，即满足插值条件

$$\varphi_n(x_i)=f(x_i)=y_i \quad (i=0,1,2,\cdots,n) \tag{7.3.2}$$

其中，$\varphi_n(x)$ 称为插值多项式；$x_i\left(i=0,1,2,\cdots,n\right)$ 称为插值节点，简称节点；$[a,b]$ 称为插值区间。从几何上看，n 次多项式插值就是过 $n+1$ 个点 $(x_i,f(x_i))(i=0,1,2,\cdots,n)$，作一条多项式曲线 $y=\varphi_n(x)$ 近似曲线 $y=f(x)$。

n 次多项式(7.3.1)有 $n+1$ 个待定系数，由插值条件(7.3.2)恰好给出 $n+1$ 个方程

$$\begin{cases} a_0+a_1x_0+a_2x_0^2+\cdots+a_nx_0^n=y_0 \\ a_0+a_1x_1+a_2x_1^2+\cdots+a_nx_1^n=y_1 \\ \qquad\vdots \\ a_0+a_1x_n+a_2x_n^2+\cdots+a_nx_n^n=y_n \end{cases} \tag{7.3.3}$$

记此方程组的系数矩阵为 $\boldsymbol{A}$，则

$$\det(\boldsymbol{A})=\begin{vmatrix} 1 & x_0 & x_0^2 & \cdots & x_0^n \\ 1 & x_1 & x_1^2 & \cdots & x_1^n \\ \vdots & \vdots & \vdots & & \vdots \\ 1 & x_n & x_n^2 & \cdots & x_n^n \end{vmatrix}$$

是范德蒙德(Vandermonde)行列式。当 $x_0,x_1,\cdots,x_n$ 互不相同时，此行列式值不为零。因此方程组(7.3.3)有唯一解。这表明，只要 $n+1$ 个节点互不相同，满足插值要求式(7.3.2)的插值多项式(7.3.1)是唯一的。

插值多项式与被插函数之间的差

$$R_n(x)=f(x)-\varphi_n(x)$$

称为截断误差，又称为插值余项。当 $f(x)$ 充分光滑时，

$$R_n(x)=f(x)-L_n(x)=\frac{f^{n+1}(\xi)}{(n+1)!}\omega_{n+1}(x),\quad \xi\in(a,b)$$

其中，$\omega_{n+1}(x)=\prod_{j=0}^{n}(x-x_j)$。

2. 拉格朗日插值多项式

实际上比较方便的做法不是解方程组(7.3.3)求待定系数，而是先构造一组基函数

$$L_i(x) = \frac{(x-x_0)\cdots(x-x_{i-1})(x-x_{i+1})(x-x_n)}{(x_i-x_0)\cdots(x_i-x_{i-1})(x_i-x_{i+1})(x_i-x_n)}$$
$$= \prod_{j=0,j\neq i}^{n} \frac{x-x_j}{x_i-x_j}, \quad (i=0,1,2,\cdots,n)$$

$L_i(x)$是n次多项式，满足

$$L_i(x_j) = \begin{cases} 0, & j \neq i \\ 1, & j = i \end{cases}$$

令

$$L_n(x) = \sum_{i=0}^{n} y_i L_i(x) = \sum_{i=0}^{n} y_i \prod_{j=0,j\neq i}^{n} \frac{x-x_j}{x_i-x_j} \tag{7.3.4}$$

上式称为n次拉格朗日插值多项式，由方程组(7.3.3)解的唯一性，$n+1$个节点的n次拉格朗日插值多项式存在唯一。

3. 用 MATLAB 作拉格朗日插值

MATLAB 中没有现成的拉格朗日插值函数，必须编写一个 M 文件实现拉格朗日插值。设n个节点数据以数组x_0,y_0输入(注意 MATLAB 的数组下标从 1 开始)，m个插值点以数组x输入，输出数组y为m个插值。编写一个名为 lagrange.m 的 M 文件：

```
function y=lagrange(x0,y0,x);
n=length(x0);m=length(x);
for i=1:m
z=x(i);
s=0.0;
for k=1:n
p=1.0;
for j=1:n
if j~=k
p=p*(z-x0(j))/(x0(k)-x0(j));
end
end
s=p*y0(k)+s;
end
y(i)=s;
end
```

7.3.2　牛顿插值

在导出牛顿公式前，先介绍公式表示中所需要用到的差商、差分的概念及性质。

1. 差商

设有函数 $f(x)$， $x_0,x_1,x_2,\cdots$ 为一系列互不相等的点，称 $\dfrac{f(x_i)-f(x_j)}{x_i-x_j}(i\neq j)$ 为 $f(x)$ 关于点 x_i,x_j 的一阶差商(也称均差)记为 $f[x_i,x_j]$，即

$$f[x_i,x_j]=\frac{f(x_i)-f(x_j)}{x_i-x_j}$$

称一阶差商的差商 $\dfrac{f[x_i,x_j]-f[x_j,x_k]}{x_i-x_k}$ 为 $f(x)$ 关于点 x_i,x_j,x_k 的二阶差商，记为 $f[x_i,x_j,i_k]$。一般地，称

$$\frac{f(x_0,x_1,\cdots,x_{k-1})-f(x_1,x_2,\cdots,x_k)}{x_0-x_k}$$

为 $f(x)$ 关于点 $x_0,x_1,\cdots,x_k$ 的 k 阶差商，记为

$$f[x_0,x_1,\cdots,x_k]=\frac{f(x_0,x_1,\cdots,x_{k-1})-f(x_1,x_2,\cdots,x_k)}{x_0-x_k}$$

容易证明，差商具有下述性质：

$$f[x_i,x_j]=f[x_j,x_i]$$
$$f[x_i,x_j,i_k]=f[x_i,x_k,i_j]=f[x_j,x_i,i_k]$$

2. 牛顿插值公式

线性插值公式可表示成

$$\varphi_1(x)=f(x_0)+(x-x_0)f[x_0,x_1]$$

称为一次牛顿插值多项式。一般地，由各阶差商的定义，依次可得

$$f(x)=f(x_0)+(x-x_0)f[x,x_1]$$
$$f[x,x_0]=f[x_0,x_1]+(x-x_1)f[x,x_0,x_1]$$
$$f[x,x_0,x_1]=f[x_0,x_1,x_2]+(x-x_2)f[x,x_0,x_1,x_2]$$
$$\vdots$$
$$f[x,x_0,\cdots,x_{n-1}]=f[x_0,x_1,\cdots,x_n]+(x-x_n)f[x,x_0,x_1,\cdots,x_n]$$

将以上各式分别乘以 $1,(x-x_0),(x-x_0)(x-x_1),\cdots,(x-x_0)(x-x_1)\cdots(x-x_{n-1})$，然后相加并消去两边相等的部分，即得

$$\begin{aligned}f(x)=&f(x_0)+(x-x_0)f[x_0,x_1]+\cdots+(x-x_0)(x-x_1)\cdots(x-x_{n-1})f[x_0,x_1,\cdots,x_n]\\&+(x-x_0)(x-x_1)\cdots(x-x_n)f[x,x_0,x_1,\cdots,x_n]\end{aligned}$$

记

$$N_n(x)=f(x_0)+(x-x_0)f[x_0,x_1]+\cdots+(x-x_0)(x-x_1)\cdots(x-x_{n-1})f[x_0,x_1,\cdots,x_n]$$
$$R_n(x)=(x-x_0)(x-x_1)\cdots(x-x_{n-1})f[x,x_0,x_1,\cdots,x_n]\omega_{n+1}(x)f[x,x_0,x_1,\cdots,x_n]$$

显然，$N_n(x)$是至多 n 次的多项式，且满足插值条件，因而它是 $f(x)$ 的 n 次插值多项式。这种形式的插值多项式称为牛顿插值多项式。$R_n(x)$ 称为牛顿插值余项。

牛顿插值的优点是：每增加一个节点，插值多项式只增加一项 f，即

$$N_{n+1}(x)=N_n(x)+\cdots+(x-x_0)(x-x_1)\cdots(x-x_n)f[x,x_0,x_1,\cdots,x_{n+1}]$$

因而便于递推运算。而且牛顿插值的计算量小于拉格朗日插值。

由插值多项式的唯一性可知，牛顿插值余项与拉格朗日余项是相等的，即

$$R_n(x)=\omega_{n+1}(x)f[x,x_0,x_1,\cdots,x_n]=\frac{f^{(n+1)}(\xi)}{(n+1)!}\omega_{n+1}(x),\quad \xi\in(a,b)$$

由此可得差商与导数的关系

$$f[x,x_0,x_1,\cdots,x_n]=\frac{f^{(n+1)}(\xi)}{(n+1)!}$$

其中，$\xi\in(\alpha,\beta),\ \alpha=\min\limits_{0\leqslant i\leqslant n}(x_i),\ \beta=\max\limits_{0\leqslant i\leqslant n}(x_i)$。

3. *差分*

当节点等距时，即相邻两个节点之差(称为步长)为常数，牛顿插值公式的形式会更简单。此时关于节点间函数的平均变化率(差商)可用函数值之差(差分)来表示。

设有等距节点 $x_k=x_0+kh(k=0,1,\cdots,n)$，步长$h$为常数，$f_k=f(x_k)$。称相邻两个节点 x_k,x_{k+1} 处的函数值的增量 $f_{k+1}-f_k(k=0,1,\cdots,n-1)$ 为函数 $f(x)$ 在点 x_k 处以 h 为步长的一阶差分，记为 Δf_k，即

$$\Delta f_k=f_{k+1}-f_k\ (k=0,1,\cdots,n-1)$$

类似地，定义差分的差分为高阶差分。如二阶差分为

$$\Delta^2 f_k=\Delta f_{k+1}-\Delta f_k\ (k=0,1,\cdots,n-2)$$

一般地，m 阶差分为

$$\Delta^m f_k=\Delta^{m-1}f_{k+1}-\Delta^{m-1}f_k\ (k=2,3,\cdots)$$

上面定义的各阶差分又称为向前差分。常用的差分还有两种：

$$\Delta f_k=f_k-f_{k-1}$$

称为 $f(x)$ 在点 x_k 处以 h 为步长的向后差分；

$$\delta f_k=f\left(x_k+\frac{h}{2}\right)-f\left(x_k-\frac{h}{2}\right)$$

称为 $f(x)$ 在 x_k 处以 h 为步长的中心差分。一般地，m 阶向后差分与 m 阶中心差分公式为

$$\nabla^m f_k=\nabla^{m-1}f_k-\nabla^{m-1}f_{k-1}$$

$$\delta^m f_k=\delta^{m-1}f_{k+\frac{1}{2}}-\delta^{m-1}f_{k-\frac{1}{2}}$$

差分具有以下性质：

(1) 各阶差分均可表成函数值的线性组合，例如，

$$\nabla^m f_k = \sum_{j=0}^{m} (-1)^j \binom{m}{j} f_{k+m-j}$$

$$\nabla^m f_k = \sum_{j=0}^{m} (-1)^j \binom{m}{j} f_{k-j}$$

(2) 各种差分之间可以互化。向后差分与中心差分化成向前差分的公式如下：

$$\nabla^m f_k = \nabla^m f_{k-m}$$

$$\delta^m f_k = \delta^m f_{k-\frac{m}{2}}$$

4. 等距节点插值公式

若插值节点等距，则插值公式可用差分表示。设已知节点 $x_k = x_0 + kh(k = 0,1,\cdots,n)$，则有

$$\begin{aligned} N_n(x) &= f(x_0) + (x-x_0)f[x_0,x_1] + \cdots + (x-x_0)(x-x_1)\cdots(x-x_{n-1})f[x_0,x_1,\cdots,x_n] \\ &= f_0 + \frac{\Delta f_0}{h}(x-x_0) + \cdots + \frac{\Delta^n f_0}{n!h^n}(x-x_0)(x-x_1)\cdots(x-x_{n-1}) \end{aligned}$$

若令 $x = x_0 + th$，则上式又可变形为

$$N_n(x_0+th) = f_0 + t\Delta f_0 + \cdots + \frac{t(t-1)\cdots(t-n+1)\Delta^n f_0}{n!}$$

上式称为牛顿向前插值公式。

7.3.3　分段线性插值

1. 插值多项式的振荡

用拉格朗日插值多项式 $L_n(x)$ 近似 $f(x)(a \leqslant x \leqslant b)$，虽然随着节点个数的增加，$L_n(x)$ 的次数 n 变大，多数情况下误差 $|R_n(x)|$ 会变小。但是 n 增大时，$L_n(x)$ 的光滑性变差，有时会出现很大的振荡。理论上，当 $n \to \infty$，在 $[a,b]$ 内并不能保证 $L_n(x)$ 处处收敛于 $f(x)$。Runge 给出了一个有名的例子：

$$f(x) = \frac{1}{1+x^2},\quad x \in [-5,5]$$

对于较大的 $|x|$，随着 n 的增大，$L_n(x)$ 振荡越来越大，事实上可以证明，仅当 $|x| \leqslant 3.63$ 时，才有 $\lim\limits_{n\to\infty} L_n(x) = f(x)$，而在此区间外，$L_n(x)$ 是发散的。

高次插值多项式的这些缺陷促使人们转而寻求简单的低次多项式插值。

2. 分段线性插值的基本原理

简单地说，将每两个相邻的节点用直线连起来，如此形成的一条折线就是分段线性插值函数，记作 $I_n(x)$，它满足 $I_n(x_i) = y_i$，且 $I_n(x)$ 在每个小区间 $[x_i, x_{i+1}](i = 0,1,\cdots,n)$ 上是线性函数。

$I_n(x)$ 可以表示为

$$I_n(x)=\sum_{i=0}^{n} y_i l_i(x)$$

$$l_i(x)=\begin{cases}\dfrac{x-x_{i-1}}{x_i-x_{i-1}}, & x\in[x_{i-1},x_i](i=0\text{时舍去})\\ \dfrac{x-x_{i+1}}{x_i-x_{i+1}}, & x\in[x_i,x_{i+1}](i=n\text{时舍去})\\ 0, & \text{其他}\end{cases}$$

$I_n(x)$ 有良好的收敛性，即对于 $x\in[a,b]$，有 $\lim\limits_{n\to\infty} I_n(x)=f(x)$。

用 $I_n(x)$ 计算 x 点的插值时，只用到 x 左右的两个节点，计算量与节点个数 n 无关。但 n 越大，分段越多，插值误差越小。实际上用函数表作插值计算时，分段线性插值就足够了，如数学、物理中用的特殊函数表，数理统计中用的概率分布表等。

3. 用 MATLAB 实现分段线性插值

用 MATLAB 实现分段线性插值不需要编制函数程序，MATLAB 中有现成的一维插值函数 interp1。

```
y=interp1(x0,y0,x,'method')
```

method 指定插值的方法，默认为线性插值。其值可为：

'nearest'最近项插值

'linear'线性插值

'spline'逐段三次样条插值

'cubic'保凹凸性三次插值

所有的插值方法要求 x_0 是单调的。

当 x_0 为等距时可以用快速插值法，使用快速插值法的格式为'*nearest'、'*linear'、'*spline'、'*cubic'。

7.3.4　埃尔米特插值

1. 埃尔米特插值多项式

如果对插值函数，不仅要求它在节点处与函数同值，而且要求它与函数有相同的一阶、二阶甚至更高阶的导数值，这就是埃尔米特插值问题。本节主要讨论在节点处插值函数与函数的值及一阶导数值均相等的埃尔米特插值。

设已知函数 $y=f(x)$ 在 $n+1$ 个互异节点 $x_0,x_1,\cdots,x_n$ 上的函数值 $y_i=f(x_i)$ 和导数值 $y_i'=f'(x_i)(i=0,1,\cdots,n)$，要求一个至多 $2n+1$ 次的多项式 $H(x)$，使得

$$y_i=H(x_i),\ y_i'=H'(x_i)\quad(i=0,1,\cdots,n)$$

满足上述条件的多项式 $H(x)$ 称为埃尔米特插值多项式。埃尔米特插值多项式为

$$H(x)=\sum_{i=0}^{n}h_i[(x_i-x)(2a_iy_i-y_i')+y_i]$$

其中，$h_i=\prod_{j=0,j\neq i}^{n}\left(\dfrac{x-x_j}{x_i-x_j}\right)^2$，$a_i=\prod_{j=0,j\neq i}^{n}\left(\dfrac{1}{x_i-x_j}\right)$。

2. 用 MATLAB 实现埃尔米特插值

MATLAB 中没有现成的埃尔米特插值函数，必须编写一个 M 文件实现插值。

设 n 个节点的数据以数组 x_0(已知点的横坐标)、y_0(函数值)、y_1(导数值)输入(注意 MATLAB 的数组下标从 1 开始)，m 个插值点以数组 x 输入，输出数组 y 为 m 个插值。编写一个名为 hermite.m 的 M 文件：

```
function y=hermite(x0,y0,y1,x);
n=length(x0);m=length(x);
for k=1:m
  yy=0.0;
  for i=1:n
    h=1.0;
    a=0.0;
    for j=1:n
      if j~=i
        h=h*((x(k)-x0(j))/(x0(i)-x0(j)))^2;
        a=1/(x0(i)-x0(j))+a;
      end
    end
    yy=yy+h*((x0(i)-x(k))*(2*a*y0(i)-y1(i))+y0(i));
  end
    y(k)=yy;
end
```

7.3.5　样条插值

许多工程技术中提出的计算问题对插值函数的光滑性有较高要求，如飞机的机翼外形，内燃机的进、排气门的凸轮曲线，都要求曲线具有较高的光滑程度，不仅要连续，而且要有连续的曲率，这就导致了样条插值的产生。

1. 样条函数的概念

所谓样条(spline)本来是工程设计中使用的一种绘图工具，它是富有弹性的曲线，并使连接点处有连续的曲率。

数学上将具有一定光滑性的分段多项式称为样条函数。具体地说，给定区间 $[a,b]$ 的

一个分划

$$\Delta: a = x_0 < x_1 < x_2 < \cdots < x_n = b$$

如果函数 $s(x)$ 满足：

(1) 在每个小区间 $[x_i, x_{i+1}](i = 0,1,\cdots,n)$ 上 $s(x)$ 是 k 次多项式；

(2) $s(x)$ 在 $[a,b]$ 上具有 $k-1$ 阶连续导数，

则称 $s(x)$ 为关于分划 Δ 的 k 次样条函数，其图形称为 k 次样条曲线。$x_0, x_1, x_2, \cdots, x_n$ 称为样条节点；$x_1, x_2, \cdots, x_{n-1}$ 称为内节点；x_0, x_n 称为边界点；这类样条函数的全体记做 $S_p(\Delta, k)$，称为 k 次样条函数空间。

显然，折线是一次样条曲线。

若 $s(x) \in S_p(\Delta, k)$，则 $s(x)$ 是关于分划 Δ 的 k 次多项式样条函数。k 次多项式样条函数的一般形式为

$$s(x) = \sum_{i=0}^{k} \frac{\alpha_i x^i}{i!} + \sum_{j=1}^{n-1} \frac{\beta_j}{k!}(x - x_j)_+^k$$

其中，$\alpha_i (i = 0,1,\cdots,k)$ 和 $\beta_j (j = 1,2,\cdots,n-1)$ 均为任意常数，而

$$(x - x_j)_+^k = \begin{cases} (x - x_j)^k, & x \geqslant x_j \\ 0, & x < x_j \end{cases} \quad (j = 1,2,\cdots,n-1)$$

在实际中最常用的是 $k=2$ 和 $k=3$ 的情况，即为二次样条函数和三次样条函数。

二次样条函数：对于 $[a,b]$ 上的分划 $\Delta: a = x_0 < x_1 < x_2 < \cdots < x_n = b$，则

$$s_2(x) = \alpha_0 + \alpha_1 x + \frac{\alpha_2}{2} x^2 + \sum_{j=1}^{n-1} \frac{\beta_j}{2!}(x - x_j)_+^2 \in S_p(\Delta, 2) \tag{7.3.5}$$

其中，$(x - x_j)_+^2 = \begin{cases} (x - x_j)^2, & x \geqslant x_j \\ 0, & x < x_j \end{cases} \quad (j = 1,2,\cdots,n-1)$。

三次样条函数：对于 $[a,b]$ 上的分划 $\Delta: a = x_0 < x_1 < x_2 < \cdots < x_n = b$，则

$$s_3(x) = \alpha_0 + \alpha_1 x + \frac{\alpha_2}{2} x^2 + \frac{\alpha_3}{3!} x^3 + \sum_{j=1}^{n-1} \frac{\beta_j}{3!}(x - x_j)_+^3 \in S_p(\Delta, 3) \tag{7.3.6}$$

其中，$(x - x_j)_+^3 = \begin{cases} (x - x_j)^3, & x \geqslant x_j \\ 0, & x < x_j \end{cases} \quad (j = 1,2,\cdots,n-1)$。

利用样条函数进行插值，即取插值函数为样条函数，称为样条插值。例如分段线性插值是一次样条插值。下面我们介绍二次、三次样条插值。

2. 二次样条函数插值

首先，我们注意到 $s_2(x) \in S_p(\Delta, 2)$ 中含有 $n+2$ 个特定常数，故应需要 $n+2$ 个插值条件，因此，二次样条插值问题可分为两类。

第一类问题：

已知插值节点 x_i 和相应的函数值 $y_i (i = 0,1,\cdots,n)$ 以及端点 x_0（或 x_n）处的导数值 y_0'

（或 y_n'），求 $s_2(x)\in S_p(\Delta,2)$，使得

$$\begin{cases} s_2(x_i)=y_i & (i=0,1,\cdots,n) \\ s_2'(x_0)=y_0' & (s_n'(x_n)=y_n') \end{cases} \tag{7.3.7}$$

第二类问题：

已知插值节点 x_i 和相应的导数值 $y_i'(i=0,1,\cdots,n)$ 以及端点 x_0（或 x_n）处的函数值 y_0（或 y_n），求 $s_2(x)\in S_p(\Delta,2)$，使得

$$\begin{cases} s_2'(x_i)=y_i' & (i=0,1,\cdots,n) \\ s_2'(x_0)=y_0 & (s_n(x_n)=y_n) \end{cases} \tag{7.3.8}$$

事实上，可以证明这两类插值问题都是唯一可解的。

对于第一类问题，由条件(7.3.7)

$$\begin{cases} s_2(x_0)=\alpha_0+\alpha_1x_0+\dfrac{\alpha_2}{2}x_0^2=y_0 \\ s_2(x_1)=\alpha_0+\alpha_1x_1+\dfrac{\alpha_2}{2}x_1^2=y_1 \\ \qquad\vdots \\ s_2(x_j)=\alpha_0+\alpha_1x_j+\dfrac{\alpha_2}{2}x_j^2+\dfrac{1}{2}\sum\limits_{i=1}^{j-1}\beta_i(x_j-x_i)^2=y_j \\ s_2'(x_0)=\alpha_1+\alpha_2x_0=y_0' \end{cases}$$

引入记号 $\boldsymbol{X}=(\alpha_0,\alpha_1,\alpha_2,\beta_1,\cdots,\beta_{n-1})^{\mathrm{T}}$ 为未知向量，$\boldsymbol{C}=(y_0,y_1,\cdots,y_n,y_0')^{\mathrm{T}}$ 为已知向量。

$$\boldsymbol{A}=\begin{pmatrix} 1 & x_0 & \frac{1}{2}x_0^2 & 0 & \cdots & 0 \\ 1 & x_1 & \frac{1}{2}x_1^2 & 0 & \cdots & 0 \\ 1 & x_2 & \frac{1}{2}x_2^2 & \frac{1}{2}(x_2-x_1)^2 & \cdots & 0 \\ \vdots & \vdots & \vdots & \vdots & & \vdots \\ 1 & x_n & \frac{1}{2}x_n^2 & \frac{1}{2}(x_n-x_1)^2 & \cdots & \frac{1}{2}(x_n-x_{n-1})^2 \\ 0 & 1 & x_0 & 0 & \cdots & 0 \end{pmatrix}$$

于是，问题转化为求方程组 $\boldsymbol{AX}=\boldsymbol{C}$ 的解 $\boldsymbol{X}=(\alpha_0,\alpha_1,\alpha_2,\beta_1,\cdots,\beta_{n-1})^{\mathrm{T}}$ 的问题，即可得到二次样条函数 $s_2(x)$ 的表达式。

对于第二类问题的情况类似。

3. 三次样条函数插值

由于 $s_3(x)\in S_p(\Delta,3)$ 中含有 $n+3$ 个待定系数，故应需要 $n+3$ 个插值条件，已知插值节点 x_i 和相应的函数值 $y_i=f(x_i)(i=0,1,\cdots,n)$，这里提供了 $n+1$ 个条件，还需要 2 个边界条件。常用的三次样条函数的边界条件有 3 种类型：

(1) $s_3'(a)=y_0'$，$s_3'(b)=y_n'$。由这种边界条件建立的样条插值函数称为 $f(x)$ 的完备三次样条插值函数。

特别地，$y_0'=y_n'=0$ 时，样条曲线在端点处呈水平状态。

如果 $f'(x)$ 不知道，我们可以要求 $s_3'(x)$ 与 $f'(x)$ 在端点处近似相等。这时以 x_0,x_1,x_2,x_3 为节点作一个三次牛顿插值多项式 $N_a(x)$，以 $x_n,x_{n-1},x_{n-2},x_{n-3}$ 作一个三次牛顿插值多项式 $N_b(x)$，要求

$$s'(a)=N_a'(a),\quad s'(b)=N_a'(b)$$

由这种边界条件建立的三次样条称为 $f(x)$ 的拉格朗日三次样条插值函数。

(2) $s_a''(a)=y_0''$，$s_3''(b)=y_3''$。特别地，$y_0''=y_n''=0$ 时，称为自然边界条件。

(3) $s_3'(a+0)=s_3'(b-0)$，$s_3''(a+0)=s_3''(b-0)$（这里要求 $s_3(a+0)=s_3(b-0)$），此条件称为周期条件。

4. 三次样条插值在 MATLAB 中的实现

在 MATLAB 中数据点称为断点。如果三次样条插值没有边界条件，最常用的方法，就是采用非扭结(not-a-knot)条件。这个条件强迫第 1 个和第 2 个三次多项式的三阶导数相等。对最后 1 个和倒数第 2 个三次多项式也做同样的处理。

MATLAB 中三次样条插值也有现成的函数：

```
y=interp1(x0,y0,x,'spline')
y=spline(x0,y0,x)
pp=csape(x0,y0,conds), y=ppval(pp,x)
```

其中，x_0, y_0 是已知数据点，x 是插值点，y 是插值点的函数值。

对于三次样条插值，我们提倡使用函数 csape，csape 的返回值是 pp 形式，要求插值点的函数值，必须调用函数 ppval。

```
pp=csape(x0,y0)：使用默认的边界条件，即拉格朗日边界条件。
pp=csape(x0,y0,conds)中的conds指定插值的边界条件，其值可为：
'complete'：边界为一阶导数，即默认的边界条件
'not-a-knot'：非扭结条件
'periodic'：周期条件
'second'：边界为二阶导数，二阶导数的值[0,0]
'variational'：设置边界的二阶导数值为[0,0]
```

对于一些特殊的边界条件，可以通过 conds 的一个 1×2 矩阵来表示，conds 元素的取值为 1, 2。此时，使用命令

```
pp=csape(x0,y0_ext,conds)
```

其中，y0_ext=[left,y0,right]，这里 left 表示左边界的取值，right 表示右边界的取值。

conds(i)=j 的含义是给定端点 i 的 j 阶导数，即 conds 的第一个元素表示左边界的条件，第二个元素表示右边界的条件，conds=[2,1]表示左边界是二阶导数，右边界是一阶导数，对应的值由 left 和 right 给出。

详细情况请使用帮助 help csape。

例 7.6　机床待加工零件的外形根据工艺要求由一组数据 (x,y) 给出（在平面情况下），用程控铣床加工时每一刀只能沿 x 方向和 y 方向走非常小的一步，这就需要从已知数据得到加工所要求的步长很小的 (x,y) 坐标。

表 7.7 中给出的 x,y 数据位于机翼断面的下轮廓线上，假设需要得到 x 坐标每改变 0.1 时的 y 坐标。试完成加工所需数据，画出曲线，并求出 $x=0$ 处的曲线斜率和 $13\leqslant x\leqslant 15$ 范围内 y 的最小值。

表 7.7　x,y 数据

x	0	3	5	7	9	11	12	13	14	15
y	0	1.2	1.7	2.0	2.1	2.0	1.8	1.2	1.0	1.6

要求用拉格朗日插值、分段线性插值和三次样条插值三种插值方法计算。

解　编写以下程序：

```
clc,clear
x0=[0 3 5 7 9 11 12 13 14 15];
y0=[0 1.2 1.7 2.0 2.1 2.0 1.8 1.2 1.0 1.6];
x=0:0.1:15;
y1=lagrange(x0,y0,x); %调用前面编写的拉格朗日插值函数
y2=interp1(x0,y0,x);
y3=interp1(x0,y0,x,'spline');
pp1=csape(x0,y0); y4=ppval(pp1,x);
pp2=csape(x0,y0,'second'); y5=ppval(pp2,x);
fprintf('比较不同插值方法和边界条件的结果:\n')
fprintf('x y1 y2 y3 y4 y5\n')
xianshi=[x',y1',y2',y3',y4',y5'];
fprintf('%f\t%f\t%f\t%f\t%f\t%f\n','xianshi')
subplot(2,2,1), plot(x0,y0,'+',x,y1), title('Lagrange')
subplot(2,2,2), plot(x0,y0,'+',x,y2), title('Piecewise linear')
subplot(2,2,3), plot(x0,y0,'+',x,y3), title('Spline1')
subplot(2,2,4), plot(x0,y0,'+',x,y4), title('Spline2')
dyx0=ppval(fnder(pp1),x0(1))%求x=0处的导数
ytemp=y3(131:151);
index=find(ytemp==min(ytemp));
xymin=[x(130+index),ytemp(index)]
```

计算结果略。

就这种类型的插值问题来讲，拉格朗日插值的结果不能应用，分段线性插值的光滑性较差，建议选用三次样条插值的结果。

7.3.6　B 样条函数插值方法

1. 磨光函数

许多实际问题，往往是既要求近似函数(曲线或曲面)有足够的光滑性，又要求与实际函数有相同的凹凸性，一般插值函数和样条函数都不具有这种性质。如果对于一个特殊函数进行磨光处理生成磨光函数(多项式)，则用磨光函数构造出样条函数作为插值函数，既有足够的光滑性，而且也具有较好的保凹凸性，因此磨光函数在一维插值(曲线)和二维插值(曲面)问题中有着广泛的应用。

由积分理论可知，对于可积函数通过积分会提高函数的光滑度，因此，我们可以利用积分方法对函数进行磨光处理。

定义 7.3　若 $f(x)$ 为可积函数，对于 $h>0$，则称积分

$$f_{1,h}(x)=\frac{1}{h}\int_{x-\frac{h}{2}}^{x+\frac{h}{2}} f(t)\mathrm{d}t$$

为 $f(x)$ 的一次磨光函数，h 称为磨光宽度。

同样地，可以定义 $f(x)$ 的 k 次磨光函数为

$$f_{k,h}(x)=\frac{1}{h}\int_{x-\frac{h}{2}}^{x+\frac{h}{2}} f_{k-1,h}(t)\mathrm{d}t \qquad (k>1)$$

事实上，磨光函数 $f_{k,h}(x)$ 比 $f(x)$ 的光滑程度要高，且当磨光宽度 h 很小时，$f_{k,h}(x)$ 很接近于 $f(x)$。

2. 等距 B 样条函数

对于任意的函数 $f(x)$，定义其步长为 1 的中心差分算子 δ 如下：

$$\delta f(x)=f\left(x+\frac{1}{2}\right)-f\left(x-\frac{1}{2}\right)$$

在此取 $f(x)=0_+$，则

$$\delta 0_+^0=\left(x+\frac{1}{2}\right)_+^0-\left(x-\frac{1}{2}\right)_+^0$$

是一个单位方波函数(图 7.5)，记 $\Omega_0(x)=\delta 0_+^0$。并取 $h=1$，对 $\Omega_0(x)$ 进行一次磨光得

$$\Omega_1(x)=\int_{\left(x-\frac{1}{2}\right)}^{\left(x+\frac{1}{2}\right)}\Omega_0(t)\mathrm{d}t=\int_{\left(x-\frac{1}{2}\right)}^{\left(x+\frac{1}{2}\right)}\left[\left(t+\frac{1}{2}\right)_+^0-\left(t-\frac{1}{2}\right)_+^0\right]\mathrm{d}t$$

显然，$\Omega_1(x)$ 是连续的(图 7.5)。

类似地，可得到 k 次磨光函数为

$$\Omega_k(x)=\sum_{j=0}^{k+1}(-1)^j\frac{C_{k+1}^j}{k!}\left(x+\frac{k+1}{2}-j\right)_+^0$$

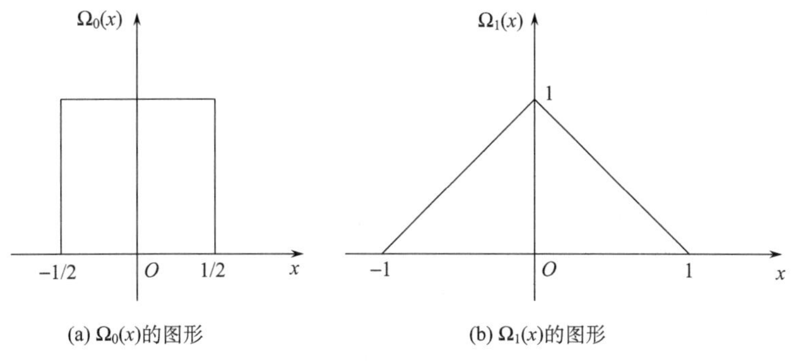

(a) $\Omega_0(x)$的图形　　(b) $\Omega_1(x)$的图形

图 7.5　$\Omega_0(x)$和$\Omega_1(x)$的图形

实际上，可以证明：$\Omega_k(x)$是分段k次多项式，且具有$k-1$阶连续导数，其k阶导数有$k+1$个间断点，记为$x_j = j-\dfrac{k+1}{2}(j=0,1,2,\cdots,k+1)$。从而可知$\Omega_k(x)$是对应于分划$\Delta:-\infty < x_0 < x_1 < x_2 < \cdots < x_{k+1} < +\infty$的$k$次多项式样条函数，称之为基本样条函数，简称为$k$次 B 样条。由于样条节点为$x_j = j-\dfrac{k+1}{2}(j=0,1,2,\cdots,k+1)$是等距的，故$\Omega_k(x)$又称为$k$次等距 B 样条函数。

对于任意函数$f(x)$的k次磨光函数，由归纳法可以得到

$$f_{k,h}(x)=\frac{1}{h}\int_{-\infty}^{+\infty}\Omega_{k-1}\left(\frac{x-t}{h}\right)f(t)\mathrm{d}t \qquad \left(x-\frac{h}{2}\leqslant t\leqslant x+\frac{h}{2}\right)$$

特别地，当$f(x)=1$时，有$\dfrac{1}{h}\displaystyle\int_{-\infty}^{+\infty}\Omega_{k-1}\left(\frac{x-t}{h}\right)f(t)\mathrm{d}t=1$，从而$\displaystyle\int_{-\infty}^{+\infty}\Omega_k(x)\mathrm{d}x=1$，且当$k\geqslant 1$时，有递推关系

$$\Omega_k(x)=\frac{1}{k}\left[\left(x+\frac{k+1}{2}\right)\Omega_{k-1}\left(x+\frac{1}{2}\right)-\left(\frac{k-1}{2}-x\right)\Omega_{k-1}\left(x-\frac{1}{2}\right)\right]$$

3. 一维等距 B 样条函数插值

等距 B 样条函数与通常的样条有如下的关系：

定理 7.4　设有区间$[a,b]$的均匀分划$\Delta: x_j = x_0 + jh(j=0,1,2,\cdots,n)$，$h=\dfrac{b-a}{n}$，则对任意$k$次样条函数$s_k(x)\in S_p(\Delta,k)$，都可以表示为 B 样条函数族

$$\left\{\Omega_k\left(\frac{x-x_0}{h}-j-\frac{k+1}{2}\right)\right\}_{j=-k}^{j=n-1}$$

的线性组合。

根据定理 7.4，如果已知曲线上一组点(x_j, y_j)，其中$x_j = x_0 + jh(h>0)$ $(j=0,1,\cdots,n)$，则可以构造出一条样条磨光曲线(即为 B 样条函数族的线性组合)

$$s_k(x)=\sum_{j=-k}^{n-1}c_j\Omega_k\left(\frac{x-x_0}{h}-j\right)$$

其中，$c_j(j=-k,-k+1,\cdots,n-1)$为待定常数。用它来逼近曲线，既有较好的精度，又有良好的保凸性。

实际中，最常用的是$k=3$的情况，即一般形式为

$$s_3(x)=\sum_{j=-1}^{n-1}c_j\Omega_3\left(\frac{x-x_0}{h}-j\right)$$

其中，$n+3$个待定系数$c_j(j=-1,0,\cdots,n+1)$可以由插值条件确定。

对于插值条件

$$\begin{cases}s_3(x_j)=y_j & (i=0,1,\cdots,n)\\ s_3'(x_j)=y_j' & (i=0,n)\end{cases}$$

有

$$\begin{cases}s_3'(x_0)=\dfrac{1}{h}\displaystyle\sum_{j=-1}^{n+1}c_j\Omega_3'(-j)=y_0'\\ s_3(x_i)=\displaystyle\sum_{j=-1}^{n+1}c_j\Omega_3(i-j)=y_i \qquad (i=0,1,2,\cdots,n)\\ s_3'(x_n)=\dfrac{1}{h}\displaystyle\sum_{j=-1}^{n+1}c_j\Omega_3'(n-j)=y_n'\end{cases} \tag{7.3.9}$$

注意到$\Omega_3(x)$的局部非零性及其函数值：$\Omega_3(0)=\dfrac{2}{3}$，$\Omega_3(\pm1)=\dfrac{1}{6}$。当$|x|\geqslant 2$时，$\Omega_3(x)=0$；且由$\Omega_3'(x)=\Omega_2\left(x+\dfrac{1}{2}\right)-\Omega_2\left(x-\dfrac{1}{2}\right)$知，$\Omega_3'(0)=0$，$\Omega_3'(\pm1)=\mp\dfrac{1}{2}$，当$|x|\geqslant 2$时，$\Omega_3(x)=0$。则式(7.3.9)的每个方程只有3个非零系数，具体为

$$\begin{cases}-c_{-1}+c_1=2hy_0'\\ c_{i-1}+4c_i+c_{i+1}=6y_i \quad (i=0,1,\cdots,n)\\ -c_{n-1}+c_{n+1}=2hy_n'\end{cases} \tag{7.3.10}$$

由方程组(7.3.10)容易求解出$c_j(j=-1,0,\cdots,n+1)$，即可得到三次样条函数$s_3(x)$表达式。

设有空间曲面$z=f(x,y)$（未知），如果已知二维等距节点$(x_i,y_j)=(x_0+ih,y_0+j\tau)$ $(h,\tau>0)$上的值为$z_{ij}(i=0,1,\cdots,n;j=0,1,\cdots,m)$，则相应的B样条磨光曲面的一般形式为

$$s(x,y)=\sum_{i=-k}^{n-1}\sum_{j=-l}^{m-1}c_{ij}\Omega_k\left(\frac{x-x_0}{h}-i\right)\Omega_l\left(\frac{y-y_0}{\tau}-j\right)$$

其中，$c_{ij}(i=0,1,\cdots,n;j=0,1,\cdots,m)$为待定常数，$k,l$可以取不同值，常用的也是$k,l=2$和3的情形。这是一种具有良好保凸性的光滑曲面(函数)，在工程设计中是常用的，但只能使用于均匀划分或近似均匀划分的情况。

7.3.7　二维插值

前面讲述的都是一维插值，即节点为一维变量，插值函数是一元函数(曲线)。若节点是二维的，插值函数就是二元函数，即曲面。如在某区域测量了若干点(节点)的高程(节点值)，为了画出较精确的等高线图，就要先插入更多的点(插值点)，计算这些点的高程(插值)。

1. 插值节点为网格节点

已知 $m \times n$ 个节点 $(x_i, y_j, z_{ij})(i = 0,1,\cdots,m; j = 0,1,\cdots,n)$，且 $x_1 < \cdots < x_m$，$y_1 < \cdots < y_n$。求点 (x, y) 处的插值 z。

MATLAB 中有一些计算二维插值的程序。如

```
z=interp2(x0,y0,z0,x,y,'method')
```

其中，x_0, y_0 分别为 m 维和 n 维向量，表示节点；z_0 为 $n \times m$ 维矩阵，表示节点值；x,y 为一维数组，表示插值点，x 与 y 应是方向不同的向量，即一个是行向量，另一个是列向量；z 为矩阵，它的行数为 y 的维数，列数为 x 的维数，表示得到的插值；'method'的用法同上面的一维插值。

如果是三次样条插值，可以使用命令

```
pp=csape({x0,y0},z0,conds,valconds),z=fnval(pp,{x,y})
```

其中，x_0, y_0 分别为 m 维和 n 维向量；z_0 为 $m \times n$ 维矩阵；z 为矩阵，它的行数为 x 的维数，列数为 y 的维数，表示得到的插值，具体使用方法同一维插值。

例 7.7　在一丘陵地带测量高程，x 和 y 方向每隔 100m 测一个点，测得高程如表 7.8 所示，试插值一曲面，确定合适的模型，并由此找出最高点和该点的高程。

表 7.8　高程数据

y	x				
	100	200	300	400	500
100	636	697	624	478	450
200	698	712	630	478	420
300	680	674	598	412	400
400	662	626	552	334	310

解　编写程序如下：

```
clear,clc
x=100:100:500;
y=100:100:400;
z=[636 697 624 478 450
   698 712 630 478 420
   680 674 598 412 400
```

```
    662 626 552 334 310];
pp=csape({x,y},z)
xi=100:10:500;yi=100:10:400
cz1=fnval(pp,{xi,yi})
cz2=interp2(x,y,z,xi,yi,'spline')
[i,j]=find(cz1==max(max(cz1)))
x=xi(i),y=yi(j),zmax=cz1(i,j)
```

2. 插值节点为散乱节点

已知n个节点：$(x_i,y_j,z_i)(i=0,1,\cdots,n)$，求点$(x,y)$处的插值$z$。

对上述问题，MATLAB 中提供了插值函数 griddata，其格式为

```
ZI=GRIDDATA(X,Y,Z,XI,YI)
```

其中，X,Y,Z均为n维向量，指明所给数据点的横坐标、纵坐标和竖坐标。向量 XI,YI 是给定的网格点的横坐标和纵坐标，返回值 ZI 为网格(XI,YI)处的函数值。XI 与 YI 应是方向不同的向量，即一个是行向量，另一个是列向量。

例 7.8　在某海域测得一些点(x,y)处的水深z由表 7.9 给出，在矩形区域$(75,200)\times(-50,150)$内画出海底曲面的图形。

表 7.9　点(x,y)处的水深z数据

x	129	140	103.5	88	185.5	195	105	157.5	107.5	77	81	162	162	117.5
y	7.5	141.5	23	147	22.5	137.5	85.5	–6.5	–81	3	56.5	–66.5	84	–33.5
z	4	8	6	8	6	8	8	9	9	8	8	9	4	9

解　编写程序如下：

```
x=[129 140 103.5 88 185.5 195 105 157.5 107.5 77 81 162 162 117.5];
y=[7.5 141.5 23 147 22.5 137.5 85.5 -6.5 -81 3 56.5 -66.5 84 -33.5];
z=-[4 8 6 8 6 8 8 9 9 8 8 9 4 9];
xi=75:1:200;
yi=-50:1:150;
zi=griddata(x,y,z,xi,yi,'cubic')
subplot(1,2,1), plot(x,y,'*')
subplot(1,2,2), mesh(xi,yi,zi)
```

7.4　曲线拟合的线性最小二乘法

7.4.1　线性最小二乘法

曲线拟合问题的提法是，已知一组(二维)数据，即平面上的n个点$(x_i,y_j)(i=1,\cdots,n)$，

x_i 互不相同，寻求一个函数(曲线) $y=f(x)$，使 $f(x)$ 在某种准则下与所有数据点最为接近，即曲线拟合得最好。

线性最小二乘法是解决曲线拟合最常用的方法，基本思路是，令

$$f(x)=a_1r_1(x)+a_2r_2(x)+\cdots+a_mr_m(x) \tag{7.4.1}$$

其中，$r_k(x)$ 是事先选定的一组线性无关的函数，a_k 是待定系数，$k=1,2,\cdots,m(m<n)$。

拟合准则是使 $y_j(i=1,2,\cdots,n)$ 与 $f(x_i)$ 的距离 δ_i 的平方和最小，称为最小二乘准则。

1. 系数 a_k 的确定

记

$$J(a_1,\cdots,a_m)=\sum_{i=1}^{n}\delta_i^2=\sum_{i=1}^{n}[f(x_i)-y_i]^2 \tag{7.4.2}$$

为求 $a_1,\cdots,a_m$ 使 J 达到最小，只需利用极值的必要条件 $\dfrac{\partial J}{\partial a_k}(k=1,2,\cdots,m)$，得到关于 $a_1,\cdots,a_m$ 的线性方程组

$$\sum_{i=1}^{n}r_j(x_i)\left[\sum_{k=1}^{m}a_kr_k(x_i)-y_i\right]=0 \quad (j=1,2,\cdots,m)$$

即

$$\sum_{k=1}^{m}a_k\left[\sum_{i=1}^{n}r_j(x_i)r_k(x_i)\right]=\sum_{i=1}^{n}r_j(x_i)y_i \quad (j=1,2,\cdots,m) \tag{7.4.3}$$

记

$$\boldsymbol{R}=\begin{pmatrix} r_1(x_1) & \cdots & r_m(x_1) \\ \vdots & \ddots & \vdots \\ r_1(x_n) & \cdots & r_m(x_n) \end{pmatrix}_{n\times m}$$

$$\boldsymbol{A}=(a_1,\cdots,a_m)^{\mathrm{T}},\quad \boldsymbol{Y}=(y_1,\cdots,y_n)^{\mathrm{T}}$$

方程组(7.4.3)可表为

$$\boldsymbol{R}^{\mathrm{T}}\boldsymbol{R}\boldsymbol{A}=\boldsymbol{R}^{\mathrm{T}}\boldsymbol{Y} \tag{7.4.4}$$

当 $\{r_1(x),\cdots,r_m(x)\}$ 线性无关时，$\boldsymbol{R}$ 列满秩，$\boldsymbol{R}^{\mathrm{T}}\boldsymbol{R}$ 可逆，于是方程组(7.4.4)有唯一解

$$\boldsymbol{A}=(\boldsymbol{R}^{\mathrm{T}}\boldsymbol{R})^{-1}\boldsymbol{R}^{\mathrm{T}}\boldsymbol{Y}$$

2. 函数 $r_k(x)$ 的选取

面对一组数据 $(x_i,y_j)(i=1,\cdots,n)$，用线性最小二乘法作曲线拟合时，首要的，也是关键的一步是恰当地选取 $r_1(x),\cdots,r_m(x)$。如果通过分析，能够知道 y 与 x 之间应该有什么样的函数关系，则 $r_1(x),\cdots,r_m(x)$ 容易确定。若无法知道 y 与 x 之间的关系，通常可以将数据 $(x_i,y_j)(i=1,\cdots,n)$ 作图，直观地判断应该用什么样的曲线去作拟合。常用的曲线有：

(1) 直线：$y=a_1x+a_2$；

(2) 多项式：$y=a_1x^m+\cdots+a_mx+a_{m+1}$（一般 $m=2$ 或 3，不宜太高）；

(3) 双曲线(一支)： $y=\frac{a_1}{x}+a_2$；

(4) 指数曲线： $y=a_1\mathrm{e}^{a_2 x}$。

对于指数曲线，拟合前需作变量代换，化为 a_1,a_2 的线性函数。

已知一组数据，用什么样的曲线拟合最好，可以在直观判断的基础上，选几种曲线分别拟合，然后比较，看哪条曲线的最小二乘指标 J 最小。

7.4.2 最小二乘法的 MATLAB 实现

1. 解方程组方法

在上面的记号下，

$$J(a_1,\cdots,a_m)=\|\boldsymbol{RA}-\boldsymbol{Y}\|^2$$

MATLAB 中的线性最小二乘法的标准型为

$$a_m \min_{\boldsymbol{A}}=\|\boldsymbol{RA}-\boldsymbol{Y}\|_2^2$$

命令为 $\boldsymbol{A}=\frac{\boldsymbol{R}}{\boldsymbol{Y}}$。

例 7.9 用最小二乘法求一个形如 $y=a_1+bx^2$ 的经验公式，使它与表 7.10 所示的数据拟合。

表 7.10 数据表

x	19	25	31	38	44
y	19.0	32.3	49.0	73.3	97.8

解 编写程序如下：

```
x=[19 25 31 38 44]';
y=[19.0 32.3 49.0 73.3 97.8]';
r=[ones(5,1),x.^2];
ab=r\y
x0=19:0.1:44;
y0=ab(1)+ab(2)*x0.^2;
plot(x,y,'o',x0,y0,'r')
```

2. 多项式拟合方法

如果取 $\{r_1(x),\cdots,r_{m+1}(x)\}=\{1,x,\cdots,x^m\}$，即用 m 次多项式拟合给定数据，MATLAB 中有现成的函数

```
a=polyfit(x0,y0,m)
```

其中，输入参数 x_0, y_0 为要拟合的数据，m 为拟合多项式的次数，输出参数 a 为拟合多项

式 $y = a_m x^m + \cdots + a_1 x + a_0$ 的系数，$a = [a_m, \cdots, a_1, a_0]$。

多项式在 x 处的值 y 可用下面的函数计算：

```
y=polyval(a,x)
```

例 7.10　某乡镇企业 1990～1996 年的生产利润如表 7.11 所示。

表 7.11　某乡镇企业 1990～1996 年的生产利润

年份	1990	1991	1992	1993	1994	1995	1996
利润/万元	70	122	144	152	174	196	202

试预测 1997 年和 1998 年的利润。

解　作已知数据的散点图：

```
x0=[1990 1991 1992 1993 1994 1995 1996];
y0=[70 122 144 152 174 196 202];
plot(x0,y0,'*')
```

发现该乡镇企业的年生产利润几乎直线上升。因此，我们可以用 $y = a_1 x + a_0$ 作为拟合函数来预测该乡镇企业未来的年利润。编写程序如下：

```
x0=[1990 1991 1992 1993 1994 1995 1996];
y0=[70 122 144 152 174 196 202];
a=polyfit(x0,y0,1)
y97=polyval(a,1997)
y98=polyval(a,1998)
```

求得 $a_1 = 20, a_0 = -4.0705 \times 10^4$，1997 年的生产利润 y97=233.4286(万元)，1998 年的生产利润 y98=253.9286(万元)。

7.4.3　最小二乘优化

在无约束最优化问题中，有些重要的特殊情形，比如目标函数由若干个函数的平方和构成。这类函数一般可以写成：

$$F(x) = \sum_{i=1}^{m} f_i^2(x), \quad x \in \mathbf{R}^n$$

其中，$\boldsymbol{x} = (x_1, \cdots, x_n)^{\mathrm{T}}$，一般假设 $m \geqslant n$。我们把极小化这类函数的问题：

$$\min F(x) = \sum_{i=1}^{m} f_i^2(x), \quad x \in \mathbf{R}^n$$

称为最小二乘优化问题。

最小二乘优化是一类比较特殊的优化问题，在处理这类问题时，MATLAB 也提供了一些强大的函数。在 MATLAB 优化工具箱中，用于求解最小二乘优化问题的函数有：lsqlin、lsqcurvefit、lsqnonlin、lsqnonneg，用法介绍如下。

1. lsqlin 函数

求解

$$\min_{x} \frac{1}{2}\|\boldsymbol{Cx}-\boldsymbol{d}\|_2^2$$

$$\text{s.t.} \quad \boldsymbol{b}\begin{cases} \boldsymbol{A}^*\boldsymbol{x} \leqslant \boldsymbol{b} \\ \text{Aeq}^*\boldsymbol{x} = \text{beq} \\ \text{lb} \leqslant \boldsymbol{x} \leqslant \text{ub} \end{cases}$$

其中，$\boldsymbol{C}, \boldsymbol{A}, \text{Aeq}$ 为矩阵，$\boldsymbol{d}, \boldsymbol{b}, \text{beq}, \text{lb}, \text{ub}, \boldsymbol{x}$ 为向量。

MATLAB 中的函数为

```
x=lsqlin(C,d,A,b,Aeq,beq,lb,ub,x0)
```

例 7.11　用 lsqlin 命令求解例 7.9。

解　编写程序如下：

```
x=[19 25 31 38 44]';
y=[19.0 32.3 49.0 73.3 97.8]';
r=[ones(5,1),x.^2];
ab=lsqlin(r,y)
x0=19:0.1:44;
y0=ab(1)+ab(2)*x0.^2;
plot(x,y,'o',x0,y0,'r')
```

2. lsqcurvefit 函数

给定输入输出数列 $y$data、$x$data，求参量 x，使得

$$\min_{x} \frac{1}{2}\|F(x, x\text{data}) - y\text{data} - d\|_2^2 = \frac{1}{2}\sum_{i}(F(x, x\text{data}_i) - y\text{data}_i)^2$$

MATLAB 中的函数为

```
X=LSQCURVEFIT(FUN,X0,XDATA,YDATA,LB,UB,OPTIONS)
```

其中，FUN 是定义函数 $F(x, x\text{data})$ 的 M 文件。

例 7.12　用表 7.12 中的数据拟合函数 $c(t) = a + b\text{e}^{-0.02kt}$ 中的参数 a, b, k。其中 t_j 代表第一行中的数；c_j 代表第二行中对应于相应的 t_j 的数。

表 7.12　t 和 c 的数据表

t_j	100	200	300	400	500	600	700	800	900	1000
c_j	4.54	4.99	5.35	5.65	5.90	6.10	6.26	6.39	6.50	6.59

解　该问题即解最优化问题：

$$\min F(a,b,k) = \sum_{j=1}^{10}(a + b\text{e}^{-0.02kt_j} - c_j)^2$$

(1) 编写 M 文件 fun1.m 定义函数 $F(x, xdata)$：

```
function f=fun1(x,tdata);
f=x(1)+x(2)*exp(-0.02*x(3)*tdata); %其中x(1)=a,x(2)=b,x(3)=k
```

(2) 调用函数 lsqcurvefit，编写程序如下：

```
tj=100:100:1000;
cj=[4.54 4.99 5.35 5.65 5.90 6.10 6.26 6.39 6.50 6.59];
x0=[0.2 0.05 0.05];
x=lsqcurvefit(@fun1,x0,tj,cj)
```

3. lsqnonlin 函数

已知函数向量 $\boldsymbol{F}(x)=[f_1(x),\cdots,f_k(x)]^{\mathrm{T}}$，求 x 使得

$$\min_x \frac{1}{2}\|\boldsymbol{F}(x)\|_2^2$$

MATLAB 中的函数为

```
X=LSQNONLIN(FUN,X0,LB,UB,OPTIONS)
```

其中，FUN 是定义向量函数 $\boldsymbol{F}(x)$ 的 M 文件。

例 7.13　用 lsqnonlin 函数求解例 7.12。

解　这里

$$\boldsymbol{F}(x)=\boldsymbol{F}(x,t)=[a+b\mathrm{e}^{-0.02kt_1}-c_1,\cdots,a+b\mathrm{e}^{-0.02kt_{10}}-c_{10}]^{\mathrm{T}}$$

(1) 编写 M 文件 fun2.m 如下：

```
function f=fun2(x);
tj=100:100:1000;
cj=[4.54 4.99 5.35 5.65 5.90 6.10 6.26 6.39 6.50 6.59];
f=x(1)+x(2)*exp(-0.02*x(3)*tj)-cj;
```

(2) 调用函数 lsqnonlin，编写程序如下：

```
x0=[0.2 0.05 0.05]; %初始值是任意取的
x=lsqnonlin(@fun2,x0)
```

4. lsqnonneg 函数

求解非负的 x，使得满足 $\min\limits_x \frac{1}{2}\|\boldsymbol{C}\boldsymbol{x}-\boldsymbol{d}\|_2^2$。

MATLAB 中的函数为

```
X=LSQNONNEG(C,d,X0,OPTIONS)
```

例 7.14　已知 $\boldsymbol{C}=\begin{pmatrix}0.0372 & 0.2869\\ 0.6861 & 0.7071\\ 0.6233 & 0.6245\\ 0.6344 & 0.6170\end{pmatrix}$，$\boldsymbol{d}=\begin{pmatrix}0.8587\\ 0.1781\\ 0.0747\\ 0.8405\end{pmatrix}$，求 $x(x\geqslant 0)$，使 $\min\limits_x \frac{1}{2}\|\boldsymbol{C}\boldsymbol{x}-\boldsymbol{d}\|_2^2$ 最小。

解　编写程序如下：

```
c=[0.0372 0.2869;0.6861 0.7071;0.6233 0.6245;0.6344 0.6170];
d=[0.8587;0.1781;0.0747;0.8405];
x=lsqnonneg(c,d)
```

5. 曲线拟合的用户图形界面求法

MATLAB 工具箱提供了命令 cftool，该命令给出了一维数据拟合的交互式环境。具体执行步骤如下：

(1) 把数据导入工作空间；

(2) 运行 cftool，打开用户图形界面窗口；

(3) 对数据进行预处理；

(4) 选择适当的模型进行拟合；

(5) 生成一些相关的统计量，并进行预测。

可以通过帮助(运行 doc cftool)熟悉该命令的使用细节。

7.4.4　曲线拟合与函数逼近

前面讲的曲线拟合是已知一组离散数，据 $\{(x_i, y_i)(i=1,2,\cdots,n)\}$，选择一个较简单的函数 $f(x)$，如多项式，在一定准则如最小二乘准则下，最接近这些数据。

如果已知一个较为复杂的连续函数 $y(x), x\in[a,b]$，要求选择一个较简单的函数 $f(x)$，在一定准则下最接近 $f(x)$，就是所谓函数逼近。

与曲线拟合的最小二乘准则相对应，函数逼近常用的一种准则是最小平方逼近，即

$$J=\int_a^b [f(x)-y(x)]^2 \mathrm{d}x \tag{7.4.5}$$

达到最小。与曲线拟合一样，选一组函数 $r_k(x), k=1,2,\cdots,m$，构造 $f(x)$，即令

$$f(x)=a_1r_1(x)+a_2r_2(x)+\cdots+a_mr_m(x)$$

代入式(7.4.5)，求 $a_1,a_2,\cdots,a_m$，使 J 达到极小。利用极值必要条件可得

$$\begin{pmatrix} (r_1,r_1) & \cdots & (r_1,r_m) \\ \vdots & & \vdots \\ (r_m,r_1) & \cdots & (r_m,r_m) \end{pmatrix}\begin{pmatrix} a_1 \\ \vdots \\ a_m \end{pmatrix} \geqslant \begin{pmatrix} (y,r_1) \\ \vdots \\ (y,r_m) \end{pmatrix} \tag{7.4.6}$$

这里，$(g,h)=\int_a^b g(x)h(x)\mathrm{d}x$。当方程组(7.4.6)的系数矩阵非奇异时，有唯一解。

最简单的当然是用多项式逼近函数，即选 $r_1(x)=1, r_2(x)=x, r_3(x)=x^2,\cdots$。并且如果能使 $\int_a^b r_i(x)r_j(x)\mathrm{d}x=0\ (i\neq j)$，方程组(7.4.6)的系数矩阵将是对角阵，计算大大简化。满足这种性质的多项式称正交多项式。

勒让德(Legendre)多项式是在 $[-1,1]$ 区间上的正交多项式，它的表达式为

$$P_0(x)=1,\ P_k(x)=\frac{1}{2^k k!}\frac{\mathrm{d}^k}{\mathrm{d}x^k}(x^2-1)^k,\ k=1,2$$

可以证明

$$\int_{-1}^{1} P_i(x)P_j(x)\mathrm{d}x = \begin{cases} 0, i \neq j \\ \dfrac{2}{2i+1}, i = j \end{cases}$$

常用的正交多项式还有第一类切比雪夫(Chebyshev)多项式

$$T_n(x) = \cos(n\arccos x), (x \in [-1,1], n = 0,1,2)$$

和拉盖尔(Laguerre)多项式。

例 7.15　求 $f(x) = \cos x\left(x \in \left[-\dfrac{\pi}{2}, \dfrac{\pi}{2}\right]\right)$，在 $H = \mathrm{span}\{1, x^2, x^4\}$ 中的最佳平方逼近多项式。

解　编写程序如下：

```
syms x
base=[1,x^2,x^4];
y1=base.'*base
y2=cos(x)*base.'
r1=int(y1,-pi/2,pi/2)
r2=int(y2,-pi/2,pi/2)
a=r1\r2
xishu1=double(a)
digits(8),xishu2=vpa(a)
```

求得 xishu1=0.9996-0.4964+0.0372，即所求的最佳平方逼近多项式为

$$y = 0.9996 - 0.4964x^2 + 0.0372x^4$$

7.5　数据的统计描述和分析

数理统计(以下简称统计)研究的对象是受随机因素影响的数据，统计是以概率论为基础的一门应用学科。数据样本少则几个，多则成千上万，人们希望能用少数几个包含最多相关信息的数值来体现数据样本总体的规律。描述性统计就是搜集、整理、加工和分析统计数据，使之系统化、条理化，以显示出数据资料的趋势、特征和数量关系。它是统计推断的基础，实用性较强，在统计工作中经常使用。

面对一批数据如何进行描述与分析，需要掌握参数估计法和假设检验法这两个数理统计的最基本方法。我们将用 MATLAB 的统计工具箱(Statistics Toolbox)来实现数据的统计描述和分析。

7.5.1　统计的基本概念

1. 总体和样本

总体是人们研究对象的全体，又称母体，如工厂一天生产的全部产品(按合格品及废

品分类)，学校全体学生的身高。

总体中的每一个基本单位称为个体，个体的特征用一个变量(如 x)来表示，如一件产品是合格品记 $x=0$，是废品记 $x=1$；一个身高 170cm 的学生记 $x=170$。从总体中随机产生的若干个个体的集合称为样本，或子样，如 n 件产品，100 名学生的身高，或者一根轴直径的 10 次测量值。实际上这就是从总体中随机取得的一批数据，不妨记作 $x_1,x_2,\cdots,x_n$，n 称为样本容量。

简单地说，统计的任务是由样本推断总体。

2. 频数表和直方图

一组数据(样本)往往是杂乱无章的，作出它的频数表和直方图，可以看作是对这组数据的一个初步整理和直观描述。

将数据的取值范围划分为若干个区间，然后统计这组数据在每个区间中出现的次数，称为频数，由此得到一个频数表。以数据的取值为横坐标、频数为纵坐标，画出一个阶梯形的图，称为直方图，或频数分布图。

若样本容量不大，能够手工作出频数表和直方图，当样本容量较大时，则可以借助 MATLAB 这样的软件了。我们以下面的例子为例，介绍频数表和直方图的作法。

例 7.16　学生的身高和体重的频数表和直方图的作法。

学校随机抽取 100 名学生，测量他们的身高和体重，所得数据如表 7.13 所示。

表 7.13　身高体重数据

身高/cm	体重/kg	身高/cm	体重/kg	身高/cm	体重/kg	身高/cm	体重/kg	身高/cm	体重/kg
172	75	169	55	169	64	171	65	167	47
171	62	168	67	165	52	169	62	168	65
166	62	168	65	164	59	170	58	165	64
160	55	175	67	173	74	172	64	168	57
155	57	176	64	172	69	169	58	176	57
173	58	168	50	169	52	167	72	170	57
166	55	161	49	173	57	175	76	158	51
170	63	169	63	173	61	164	59	165	62
167	53	171	61	166	70	166	63	172	53
173	60	178	64	163	57	169	54	169	66
178	60	177	66	170	56	167	54	169	58
173	73	170	58	160	65	179	62	172	50
163	47	173	67	165	58	176	63	162	52
165	66	172	59	177	66	182	69	175	75
170	60	170	62	169	63	186	77	174	66
163	50	172	59	176	60	166	76	167	63
172	57	177	58	177	67	169	72	166	50
182	63	176	68	172	56	173	59	174	64

续表

身高/cm	体重/kg	身高/cm	体重/kg	身高/cm	体重/kg	身高/cm	体重/kg	身高/cm	体重/kg
171	59	175	68	165	56	169	65	168	62
177	64	184	70	166	49	171	71	170	59

解　(1)数据输入：数据输入通常有两种方法，一种是在交互环境中直接输入，如果在统计中数据量比较大，这样做不太方便；另一种办法是先把数据写入一个纯文本数据文件 data.txt 中，格式如例 7.16 的表 7.13，有 20 行、10 列，数据列之间用空格键或 Tab 键分割，该数据文件 data.txt 存放在 MATLAB\work 子目录下，在 MATLAB 中用 load 命令读入数据，具体作法是

```
load data.txt
```

这样在内存中建立了一个变量 data，它是一个包含有 20×10 个数据的矩阵。为了得到我们需要的 100 个身高和体重各为一列的矩阵，应作如下的改变：

```
high=data(:,1:2:9);high=high(:)
weight=data(:,2:2:10);
weight=weight(:)
```

(2)作频数表及直方图：求频数用 hist 命令实现，其用法是

```
[N,X]=hist(Y,M)
```

得到数组(行、列均可)Y 的频数表。它将区间[min(Y),max(Y)]等分为 M 份(缺省时 M 设定为 10)，N 返回 M 个小区间的频数，X 返回 M 个小区间的中点。

命令

```
hist(Y,M)
```

画出数组 Y 的直方图。

对于例 7.16 的数据，编写程序如下：

```
load data.txt;
high=data(:,1:2:9);high=high(:);
weight=data(:,2:2:10);weight=weight(:);
[n1,x1]=hist(high)
%下面语句与hist命令等价
%n1=[length(find(high<158.1)),...
% length(find(high>=158.1&high<161.2)),...
% length(find(high>=161.2&high<164.5)),...
% length(find(high>=164.5&high<167.6)),...
% length(find(high>=167.6&high<170.7)),...
% length(find(high>=170.7&high<173.8)),...
% length(find(high>=173.8&high<176.9)),...
% length(find(high>=176.9&high<180)),...
% length(find(high>=180&high<183.1)),...
```

```
% length(find(high>=183.1))]
[n2,x2]=hist(weight)
subplot(1,2,1), hist(high)
subplot(1,2,2), hist(weight)
```

计算结果略，直方图如图 7.6 所示。

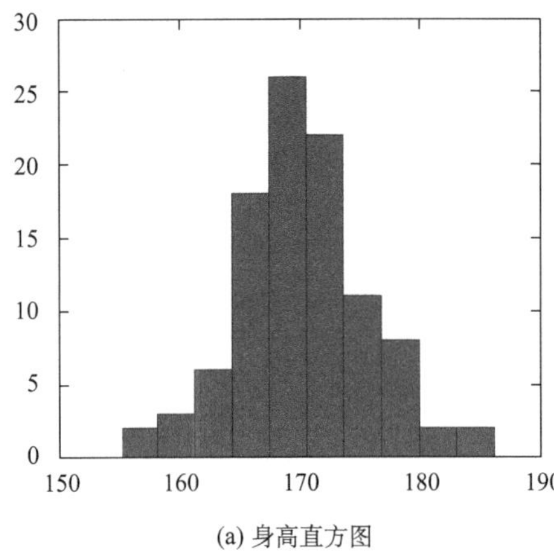

(a) 身高直方图

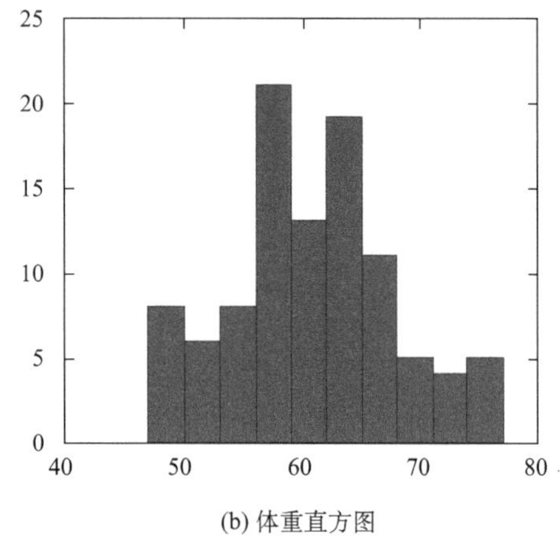

(b) 体重直方图

图 7.6　身高和体重直方图

从直方图上可以看出，身高的分布大致呈中间高、两端低的钟形；而体重则看不出什么规律。要想从数值上给出更确切的描述，需要进一步研究反映数据特征的所谓“统计量”。直方图所展示的身高的分布形状可看作正态分布，当然也可以用这组数据对分布作假设检验。

例 7.17　统计下列五行字符串中字符 a,g,c,t 出现的频数。

(1) aggcacggaaaaacgggaataacggaggaggacttggcacggcattacacggagg

(2) cggaggacaaacgggatggcggtattggaggtggcggactgttcgggga

(3) gggacggatacggattctggccacggacggaaaggaggacacggcggacataca

(4) atggataacggaaacaaaccagacaaacttcggtagaaatacagaagctta

(5) cggctggcggacaacggactggcggattccaaaaacggaggaggcggacggaggc

解　把上述五行复制到一个纯文本数据文件 shuju.txt 中，放在 MATLAB\work 子目录下，编写如下程序：

```
clc
fid1=fopen('shuju.txt','r');
i=1;
while(~feof(fid1))
data=fgetl(fid1);
a=length(find(data==97));
b=length(find(data==99));
c=length(find(data==103));
```

```
d=length(find(data==116));
e=length(find(data>=97&data<=122));
f(i,:)=[a b c d e a+b+c+d];
i=i+1;
end
f,he=sum(f)
dlmwrite('pinshu.txt',f); dlmwrite('pinshu.txt',he,'-append');
fclose(fid1);
```

我们把统计结果最后写到一个纯文本文件 pinshu.txt 中，在程序中多引进了几个变量，是为了检验字符串是否只包含 a,g,c,t 四个字符。

3. 统计量

假设有一个容量为 n 的样本(即一组数据)，记作 $x_1,x_2,\cdots,x_n$，需要对它进行一定的加工，才能提出有用的信息，用作对总体(分布)参数的估计和检验。统计量就是加工出来的、反映样本数量特征的函数，它不含任何未知量。

下面我们介绍几种常用的统计量。

1) 表示位置的统计量——算术平均值和中位数

算术平均值(简称均值)描述数据取值的平均位置，记作 $\bar{x}$，

$$\bar{x}=\frac{1}{n}\sum_{i=1}^{n}x_i \tag{7.5.1}$$

中位数是将数据由小到大排序后位于中间位置的那个数值。MATLAB 中 mean(x) 返回 x 的均值，median(x) 返回中位数。

2) 表示变异程度的统计量——标准差、方差和极差

标准差 s 定义为

$$s=\left[\frac{1}{n-1}\sum_{i=1}^{n}(x_i-\bar{x})^2\right]^{\frac{1}{2}} \tag{7.5.2}$$

它是各个数据与均值偏离程度的度量，这种偏离不妨称为变异。

方差是标准差的平方 s^2。

极差是 $x_1,x_2,\cdots,x_n$ 的最大值与最小值之差。

MATLAB 中 std(x) 返回 x 的标准差，var(x) 返回方差，range(x) 返回极差。

你可能注意到标准差 s 的定义式(7.5.2)中，对 n 个 $x_i-\bar{x}$ 的平方求和，却被 $n-1$ 除，这是出于无偏估计的要求。若需要改为被 n 除，MATLAB 可用 std(x,1) 和 var(x,1) 来实现。

3) 中心矩、表示分布形状的统计量——偏度和峰度

随机变量 x 的 r 阶中心矩为 $E(x-Ex)^r$。

随机变量 x 的偏度和峰度指的是 x 的标准化变量 $x-\dfrac{Ex}{\sqrt{D(x)}}$ 的三阶中心矩和四阶中心矩：

$$v_1 = E\left[\left(\frac{x-Ex}{\sqrt{D(x)}}\right)^3\right] = \frac{E[(x-Ex)^3]}{(D(x))^{\frac{3}{2}}}$$

$$v_2 = E\left[\left(\frac{x-Ex}{\sqrt{D(x)}}\right)^4\right] = \frac{E[(x-Ex)^4]}{(D(x))^2}$$

偏度反映分布的对称性，$v_1 > 0$ 称为右偏态，此时数据位于均值右边的比位于左边的多；$v_1 < 0$ 称为左偏态，情况相反；而 v_1 接近 0 则可认为分布是对称的。

峰度是分布形状的另一种度量，正态分布的峰度为 3，若 v_2 比 3 大得多，表示分布有沉重的尾巴，说明样本中含有较多远离均值的数据，因而峰度可以用作衡量偏离正态分布的尺度之一。

MATLAB 中 moment$(x$,order) 返回 x 的 order 阶中心矩，order 为中心矩的阶数。skewness(x) 返回 x 的偏度，kurtosis(x) 返回峰度。

在以上用 MATLAB 计算各个统计量的命令中，若 x 为矩阵，则作用于 x 的列，返回一个行向量。

对例 7.16 给出的学生身高和体重，用 MATLAB 计算这些统计量，程序如下：

```
clc
load data.txt;
high=data(:,1:2:9);high=high(:);
weight=data(:,2:2:10);weight=weight(:);
shuju=[high weight];
jun_zhi=mean(shuju)
zhong_wei_shu=median(shuju)
biao_zhun_cha=std(shuju)
ji_cha=range(shuju)
pian_du=skewness(shuju)
feng_du=kurtosis(shuju)
```

统计量中最重要、最常用的是均值和标准差，由于样本是随机变量，它们作为样本的函数自然也是随机变量，当用它们去推断总体时，有多大的可靠性就与统计量的概率分布有关，因此我们需要知道几个重要分布的简单性质。

4. 统计重要的概率分布

1) 分布函数、密度函数和分位数

随机变量的特性完全由它的(概率)分布函数或(概率)密度函数来描述。设有随机变量 X，其分布函数定义为 $X \leqslant x$ 的概率，即 $F(x) = P\{X \leqslant x\}$。若 X 是连续型随机变量，则其密度函数 $p(x)$ 与 $F(x)$ 的关系为

$$F(x) = \int_{-\infty}^{x} p(x)\mathrm{d}x$$

上 α 分位数是下面常用的一个概念，其定义为：对于 $0<\alpha<1$，使某分布函数 $F(x)=1-\alpha$ 的 x，称为这个分布的上 α 分位数，记作 x_α。

我们前面画过的直方图是频数分布图，频数除以样本容量 n，称为频率，n 充分大时，频率是概率的近似，因此直方图可以看作密度函数图形的(离散化)近似。

2)统计中几个重要的概率分布

(1)正态分布：正态分布随机变量 X 的密度函数曲线呈中间高两边低、对称的钟形，期望(均值) $EX=\mu$，方差 $DX=\sigma^2$，记作 $X\sim N(\mu,\sigma^2)$，σ 称均方差或标准差，当 $\mu=0,\sigma=1$ 时，称为标准正态分布，记作 $X\sim N(0,1)$。正态分布完全由均值 μ 和方差 σ^2 决定，它的偏度为 0，峰度为 3。

正态分布可以说是最常见的(连续型)概率分布，成批生产时零件的尺寸、射击中弹着点的位置、仪器反复量测的结果、自然界中一种生物的数量特征等，多数情况下都服从正态分布，这不仅是观察和经验的总结，而且有着深刻的理论依据，即在大量相互独立的、作用差不多大的随机因素影响下形成的随机变量，其极限分布为正态分布。鉴于正态分布的随机变量在实际生活中如此常见，记住下面 3 个数字是有用的：

68%的数值落在距均值左右 1 个标准差的范围内，即

$$P\{\mu-\sigma\leqslant X\leqslant\mu+\sigma\}=0.68$$

95%的数值落在距均值左右 2 个标准差的范围内，即

$$P\{\mu-2\sigma\leqslant X\leqslant\mu+2\sigma\}=0.95$$

99.7%的数值落在距均值左右 3 个标准差的范围内，即

$$P\{\mu-3\sigma\leqslant X\leqslant\mu+3\sigma\}=0.997$$

(2) χ^2 分布(chi square)：若 $X_1,X_2,\cdots,X_n$ 为相互独立的、服从标准正态分布 $N(0,1)$ 的随机变量，则它们的平方和 $Y=\sum\limits_{i=0}^{n}X_i^2$ 服从 χ^2 分布，记作 $Y\sim\chi^2(n)$，n 称自由度，它的期望 $EY=n$，方差 $DY=2n$。

(3) t 分布：若 $X\sim N(0,1)$，$Y\sim\chi^2(n)$，且相互独立，则 $T=\dfrac{X}{\sqrt{Y/n}}$ 服从 t 分布，记作 $T\sim t(n)$，n 称自由度。t 分布又称学生(Student)分布。

t 分布的密度函数曲线和 $X\sim N(0,1)$ 曲线形状相似。理论上 $n\to\infty$ 时，$T\sim t(n)\to N(0,1)$，实际上当 $n>30$ 时，它与 $X\sim N(0,1)$ 就相差无几了。

(4) F 分布：若 $X\sim\chi^2(n_1),Y\sim\chi^2(n_2)$，且相互独立，则 $F=\dfrac{X/n_1}{Y/n_2}$ 服从 F 分布，记作 $F(n_1,n_2)$，(n_1,n_2) 称自由度。

3)MATLAB 统计工具箱(Toolbox\Stats)中的概率分布

MATLAB 统计工具箱中有 27 种概率分布，这里只对上面所述 4 种分布列出命令的字符：

norm：正态分布

chi2：χ^2 分布

t：t 分布

f：F 分布

工具箱对每一种分布都提供 5 类函数，其命令的字符是：

pdf：概率密度

cdf：分布函数

inv：分布函数的反函数

stat：均值与方差

rnd：随机数生成

当需要一种分布的某一类函数时，将以上所列的分布命令字符与函数命令字符接起来，并输入自变量(可以是标量、数组或矩阵)和参数就行了，如：

p=normpdf(x,mu,sigma)：均值 mu、标准差 sigma 的正态分布在 x 的密度函数(mu=0，sigma=1 时可缺省)

p=tcdf(x,n)：t 分布(自由度 n)在 x 的分布函数

x=chi2inv(p,n)：χ^2 分布(自由度 n)使分布函数 $F(x)=p$ 的 x(即 p 分位数)

[m,v]=fstat(n1,n2)：F 分布(自由度 n_1,n_2)的均值 m 和方差 v

几个分布的密度函数图形就可以用这些命令作出，如：

```
x=-6:0.01:6;y=normpdf(x);z=normpdf(x,0,2);
plot(x,y,x,z),gtext('N(0,1)'),gtext('N(0,2^2)')
```

分布函数的反函数的意义从下例看出：

```
x=chi2inv(0.9,10)
x=
15.9872
```

如果反过来计算，则

```
P=chi2cdf(15.9872,10)
P=
0.9000
```

5. 正态总体统计量的分布

用样本来推断总体，需要知道样本统计量的分布，而样本又是一组与总体同分布的随机变量，所以样本统计量的分布依赖于总体的分布。当总体服从一般的分布时，求某个样本统计量的分布是很困难的，只有在总体服从正态分布时，一些重要的样本统计量(均值、标准差)的分布才有便于使用的结果。另一方面，现实生活中需要进行统计推断的总体，多数可以认为服从(或近似服从)正态分布，所以统计中人们在正态总体的假定下研究统计量的分布，是必要且合理的。

设总体 $X\sim N(\mu,\sigma^2)$，$x_1,x_2,\cdots,x_n$ 为一容量 n 的样本，其均值 x 和标准差 s 由式(7.5.1)、式(7.5.2)确定，则用 x 和 s 构造的下面几个分布在统计中是非常有用的。

$$\overline{x}\sim N(\mu,\frac{\sigma^2}{n})\text{ 或 }\frac{\overline{x}-\mu}{\sigma/\sqrt{n}}\sim N(0,1) \tag{7.5.3}$$

$$\frac{(n-1)s^2}{\sigma^2} \sim \chi^2(n-1) \tag{7.5.4}$$

$$\frac{\overline{x}-\mu}{s/\sqrt{n}} \sim t(n-1) \tag{7.5.5}$$

设有两个总体 $X \sim N(\mu_1,\sigma_1^2)$ 和 $Y \sim N(\mu_2,\sigma_2^2)$，及由容量分别为 n_1,n_2 的两个样本确定的均值 $\overline{x},\overline{y}$ 和标准差 s_1,s_2，则

$$\frac{(\overline{x}-\overline{y})-(\mu_1-\mu_2)}{\sqrt{\sigma_1^2/n_1+\sigma_2^2/n_2}} \sim N(0,1) \tag{7.5.6}$$

$$\frac{(\overline{x}-\overline{y})-(\mu_1-\mu_2)}{s_{\mathrm{w}}\sqrt{1/n_1+1/n_2}} \sim t(n_1+n_2-2) \tag{7.5.7}$$

其中，

$$s_{\mathrm{w}} = \frac{(n_1-1)s_1^2+(n_2-1)s_2^2}{n_1+n_2-2}$$

$$\frac{s_1^2/\sigma_1^2}{s_2^2/\sigma_2^2} \sim F(n_1-1,n_2-1) \tag{7.5.8}$$

对于式(7.5.7)，假定 $\sigma_1^2=\sigma_2^2$，但它们未知，于是用 s 代替。在下面的统计推断中我们要反复用到这些分布。

7.5.2　参数估计

利用样本对总体进行统计推断的一类问题是参数估计，即假定已知总体的分布，通常是 $X \sim N(\mu,\sigma^2)$，估计有关的参数，如 μ,σ^2。参数估计分点估计和区间估计两种。

1. 点估计

点估计是用样本统计量确定总体参数的一个数值。评价估计优劣的标准有无偏性、最小方差性、有效性等，估计的方法有矩法、极大似然法等。

最常用的是对总体均值 μ 和方差 σ^2（或标准差 σ）作点估计。让我们暂时抛开评价标准，当从一个样本按照式(7.5.1)、式(7.5.2)算出样本均值 $\overline{x}$ 和方差 s^2 后，对 μ 和方差 σ^2（或标准差 σ）一个自然、合理的点估计显然是(在字母上加“^”表示它的估计值)

$$\hat{\mu}=\overline{x},\ \hat{\sigma}^2=s^2,\ \hat{\sigma}=s \tag{7.5.9}$$

2. 区间估计

点估计虽然给出了待估参数的一个数值，却没有告诉我们这个估计值的精度和可信程度。一般地，总体的待估参数记作 θ（如 μ,σ^2），由样本算出的 θ 的估计量记作 $\hat{\theta}$，人们常希望给出一个区间 $[\hat{\theta}_1,\hat{\theta}_2]$，使 θ 以一定的概率落在此区间内。若有

$$P=\{\hat{\theta}_1 \leqslant \theta \leqslant \hat{\theta}_2\}=1-\alpha,0<\alpha<1 \tag{7.5.10}$$

则$[\hat{\theta}_1,\hat{\theta}_2]$称为$\theta$的置信区间，$\hat{\theta}_1,\hat{\theta}_2$分别称为置信下限和置信上限，$1-\alpha$称为置信概率或置信水平，$\alpha$ 称为显著性水平。

给出的置信水平为$1-\alpha$的置信区间$[\hat{\theta}_1,\hat{\theta}_2]$，称为$\theta$的区间估计。置信区间越小，估计的精度越高；置信水平越大，估计的可信程度越高。但是这两个指标显然是矛盾的，通常是在一定的置信水平下使置信区间尽量小。通俗地说，区间估计给出了点估计的误差范围。

3. 参数估计的 MATLAB 实现

MATLAB 统计工具箱中，有专门计算总体均值、标准差的点估计和区间估计的函数。对于正态总体，命令是

```
[mu,sigma,muci,sigmaci]=normfit(x,alpha)
```

其中，x 为样本(数组或矩阵)；alpha 为显著性水平α（alpha 缺省时设定为 0.05)；返回总体均值μ 和标准差σ 的点估计 mu 和 sigma，及总体均值μ 和标准差σ 的区间估计 muci 和 sigmaci。当x为矩阵时，x的每一列作为一个样本。

MATLAB 统计工具箱中还提供了一些具有特定分布总体的区间估计的命令，如 expfit, poissfit, gamfit，你可以从这些字头猜出它们用于哪个分布，具体用法参见帮助系统。

7.5.3　假设检验

统计推断的另一类重要问题是假设检验问题。在总体的分布函数完全未知或只知其形式但不知其参数的情况下，为了推断总体的某些性质，提出某些关于总体的假设。例如，提出总体服从泊松分布的假设，又如，对于正态总体提出数学期望等于μ_0的假设等。假设检验就是根据样本对所提出的假设做出判断：是接受还是拒绝。这就是所谓的假设检验问题。

1. 单个总体 $N(\mu,\sigma^2)$ 均值μ 的检验

假设检验有三种：

双边检验：$H_0:\mu=\mu_0,H_1:\mu\neq\mu_0$

右边检验：$H_0:\mu\leqslant\mu_0,H_1:\mu>\mu_0$

左边检验：$H_0:\mu\geqslant\mu_0,H_1:\mu<\mu_0$

1) σ^2 已知，关于μ 的检验(Z 检验)

在 MATLAB 中 Z 检验法由函数 ztest 来实现，命令为

```
[h,p,ci]=ztest(x,mu,sigma,alpha,tail)
```

其中，输入参数x是样本；mu 是H_0中的μ_0；sigma 是总体标准差σ；alpha 是显著性水平α（alpha 缺省时设定为 0.05)；tail 是对备选假设H_1的选择：H_1为$\mu\neq\mu_0$时用 tail=0(可缺省)；H_1为$\mu>\mu_0$时用 tail=1；H_1为$\mu<\mu_0$时用 tail= –1。输出参数 h=0 表示接受H_0，h=1 表示拒绝H_0，p 表示在假设 H_0下样本均值出现的概率，p 越小 H_0越值得怀疑，ci 是μ_0的置信区间。

例 7.18　某车间用一台包装机包装糖果。包得的袋装糖重是一个随机变量，它服从正态分布。当机器正常时，其均值为 0.5kg，标准差为 0.015kg。某日开工后为检验包装机是否正常，随机地抽取它所包装的糖 9 袋，称得净重(单位：kg)为

0.497　0.506　0.518　0.524　0.498　0.511　0.520　0.515　0.512

问机器是否正常?

解　总体σ 已知，$x \sim N(\mu, 0.015^2)$，μ 未知。于是提出假设：$H_0: \mu = \mu_0 = 0.5$ 和 $H_1: \mu \neq 0.5$。MATLAB 实现如下：

```
x=[0.497 0.506 0.518 0.524 0.498 ...
0.511 0.520 0.515 0.512];
[h,p,ci]=ztest(x,0.5,0.015)
```

求得 h=1，p=0.0248，说明在 0.05 的水平下，可拒绝原假设，即认为这天包装机工作不正常。

2) σ^2 未知，关于μ 的检验(t 检验)

在 MATLAB 中 t 检验法由函数 ttest 来实现，命令为

```
[h,p,ci]=ttest(x,mu,alpha,tail)
```

例 7.19　某种电子元件的寿命 x (单位：h)服从正态分布，μ, σ^2 均未知。现得 16 只元件的寿命如下：

159　280　101　212　224　379　179　264

222　362　168　250　149　260　485　170

问是否有理由认为元件的平均寿命大于 225h?

解　按题意需检验

$$H_0: \mu \leqslant \mu_0 = 225, H_1: \mu > 225$$

取 $\alpha = 0.05$。MATLAB 实现如下：

```
x=[159 280 101 212 224 379 179 264 ...
222 362 168 250 149 260 485 170];
[h,p,ci]=ttest(x,225,0.05,1)
```

求得 h=0，p=0.2570，说明在显著水平为 0.05 的情况下，不能拒绝原假设，认为元件的平均寿命不大于 225h。

2. 两个正态总体均值差的检验(t 检验)

还可以用 t 检验法检验具有相同方差的 2 个正态总体均值差的假设。在 MATLAB 中由函数 ttest2 实现，命令为

```
[h,p,ci]=ttest2(x,y,alpha,tail)
```

与上面的 ttest 相比，不同之处在于输入的是两个样本 x, y(长度不一定相同)，而不是一个样本和它的总体均值；tail 的用法与 ttest 相似，可参看帮助系统。

例 7.20　在平炉上进行一项试验以确定改变操作方法的建议是否会提高钢的得率，试验是在同一平炉上进行的。每炼一炉钢时除操作方法外，其他条件都可能做到相同。

先用标准方法炼一炉，然后用建议的新方法炼一炉，以后交换进行，各炼了 10 炉，其得率分别为

(1) 标准方法：78.1，72.4，76.2，74.3，77.4，78.4，76.0，75.6，76.7，77.3；

(2) 新方法：79.1，81.0，77.3，79.1，80.0，79.1，79.1，77.3，80.2，82.1。

设这两个样本相互独立且分别来自正态总体 $N(\mu_1,\sigma^2)$ 和 $N(\mu_2,\sigma^2)$，μ_1,μ_2,σ^2 均未知，问建议的新方法能否提高得率?(取 $\alpha=0.05$)

解　(1) 需要检验假设

$$H_0:\mu_1-\mu_2\geqslant 0, H_1:\mu_1-\mu_2<0$$

(2) MATLAB 实现

```
x=[78.1 72.4 76.2 74.3 77.4 78.4 76.0 75.6 76.7 77.3];
y=[79.1 81.0 77.3 79.1 80.0 79.1 79.1 77.3 80.2 82.1];
[h,p,ci]=ttest2(x,y,0.05,-1)
```

求得 h=1，p=2.2126×10^{-4}。表明在 $\alpha=0.05$ 的显著水平下，可以拒绝原假设，即认为建议的新操作方法较原方法优。

3. 分布拟合检验

在实际问题中，有时不能预知总体服从什么类型的分布，这时就需要根据样本来检验关于分布的假设。下面介绍 χ^2 检验法和专用于检验分布是否为正态的“偏峰、峰度检验法”。

H_0：总体 x 的分布函数为 $F(x)$，H_1：总体 x 的分布函数不是 $F(x)$。

在用下述 χ^2 检验法检验假设 H_0 时，若在假设 H_0 下 $F(x)$ 的形式已知，但其参数值未知，这时需要先用极大似然估计法估计参数，然后作检验。

χ^2 检验法的基本思想如下：将随机试验可能结果的全体 Ω 分为 k 个互不相容的事件 $A_1,A_2,A_3,\cdots,A_k(\sum\limits_{i=1}^{k}A_k=\Omega;A_iA_j=\varnothing;i\neq j;i,j=1,2,\cdots,k)$。于是在假设 H_0 下，我们可以计算 $p_i=P(A_i)$（或 $\hat{p}_i=\hat{P}(A_i)$），$(i=1,2,\cdots,k)$。在 n 次试验中，事件 A_i 出现的频率 f_i/n 与 $p_i(\hat{p}_i)$ 往往有差异，但一般来说，若 H_0 为真，且试验的次数又甚多时，则这种差异不应该很大。基于这种想法，皮尔逊使用

$$\chi^2=\sum_{i=1}^{k}\frac{(f_i-np_i)^2}{np_i}\ \left(\text{或 }\chi^2=\sum_{i=1}^{k}\frac{(f_i-n\hat{p}_i)^2}{n\hat{p}_i}\right) \tag{7.5.11}$$

作为检验假设 H_0 的统计量，并证明了以下定理。

定理 7.5　若 n 充分大，则当 H_0 为真时（不论 $s(t)$ 中的分布属什么分布），统计量(7.5.11)总是近似地服从自由度为 $k-r-1$ 的 χ^2 分布，其中 r 是被估计的参数的个数。

于是，若在假设 H_0 下算得统计量(7.5.11)有

$$\chi^2\geqslant\chi^2_\alpha(k-r-1)$$

则在显著性水平 α 下拒绝 $s(t)$，否则就接受。

注意：在使用 χ^2 检验法时，要求样本容量 n 不小于 50，以及每个 np_i 都不小于 5。

否则应适当地合并 A_i，以满足这个要求。

例 7.21　下面列出了 84 个伊特鲁里亚人(Etruscans)男子的头颅的最大宽度(单位：mm)，试检验这些数据是否来自正态总体(取 $\alpha = 0.1$)。

141 148 132 138 154 142 150 146 155 158
150 140 147 148 144 150 149 145 149 158
143 141 144 144 126 140 144 142 141 140
145 135 147 146 141 136 140 146 142 137
148 154 137 139 143 140 131 143 141 149
148 135 148 152 143 144 141 143 147 146
150 132 142 142 143 153 149 146 149 138
142 149 142 137 134 144 146 147 140 142
140 137 152 145

解　编写 MATLAB 程序如下：

```
clc
x=[141 148 132 138 154 142 150 146 155 158 ...
150 140 147 148 144 150 149 145 149 158 ...
143 141 144 144 126 140 144 142 141 140 ...
145 135 147 146 141 136 140 146 142 137 ...
148 154 137 139 143 140 131 143 141 149 ...
148 135 148 152 143 144 141 143 147 146 ...
150 132 142 142 143 153 149 146 149 138 ...
142 149 142 137 134 144 146 147 140 142 ...
140 137 152 145];
mm=minmax(x) %求数据中的最小数和最大数
hist(x,8) %画直方图
fi=[length(find(x<135)),...
length(find(x>=135&x<138)),...
length(find(x>=138&x<142)),...
length(find(x>=142&x<146)),...
length(find(x>=146&x<150)),...
length(find(x>=150&x<154)),...
length(find(x>=154))] %各区间上出现的频数
mu=mean(x),sigma=std(x) %均值和标准差
fendian=[135,138,142,146,150,154] %区间的分点
p0=normcdf(fendian,mu,sigma) %分点处分布函数的值
p1=diff(p0) %中间各区间的概率
p=[p0(1),p1,1-p0(6)] %所有区间的概率
chi=(fi-84*p).^2./(84*p)
```

```
chisum=sum(chi) %皮尔逊统计量的值
x_a=chi2inv(0.9,4) %chi2分布的0.9分位数
```

求得皮尔逊统计量 chisum=2.2654，$\chi^2_{0.1}(7-2-1)=\chi^2_{0.1}(4)=7.7794$，故在水平 0.1 下接受 H_0，即认为数据来自正态分布总体。

4. 其他非参数检验

MATLAB 还提供了一些非参数方法。

在 MATLAB 中，秩和检验由函数 ranksum 实现。命令为

```
[p,h]=ranksum(x,y,alpha)
```

其中，*x, y* 可为不等长向量；alpha 为给定的显著水平，它必须为 0 和 1 之间的数量；*p* 返回产生两独立样本的总体是否相同的显著性概率；*h* 返回假设检验的结果。如果 *x* 和 *y* 的总体差别不显著，则 *h* 为零；如果 *x* 和 *y* 的总体差别显著，则 *h* 为 1。如果 *p* 接近于零，则可对原假设质疑。

例 7.22 某商店为了确定向公司 A 或公司 B 购买某种产品，将从公司 A、B 以往各次进货的次品率进行比较，数据如下所示，设两样本独立。问两公司的商品的质量有无显著差异。设两公司的商品中次品的密度最多只差一个平移，取 $\alpha=0.05$。

A：7.0　3.5　9.6　8.1　6.2　5.1　10.4　4.0　2.0　10.5

B：5.7　3.2　4.2　11.0　9.7　6.9　3.6　4.8　5.6　8.4　10.1　5.5　12.3

解 分别以 μ_A,μ_B 记公司 A、B 的商品次品率总体的均值。检验假设是

$$H_0:\mu_A=\mu_B, H_1:\mu_A\neq\mu_B$$

MATLAB 实现如下：

```
a=[7.0 3.5 9.6 8.1 6.2 5.1 10.4 4.0 2.0 10.5];
b=[5.7 3.2 4.2 11.0 9.7 6.9 3.6 4.8 5.6 8.4 10.1 5.5 12.3];
[p,h]=ranksum(a,b)
```

求得 *p*=0.8041，*h*=0，表明两样本总体均值相等的概率为 0.8041，并不很接近于零，且 *h*=0 说明可以接受原假设，即认为两个公司的商品的质量无明显差异。

5. 中位数检验

在假设检验中还有一种检验方法为中位数检验，在一般的教学中不一定介绍，但在实际中也是被广泛应用到的。在 MATLAB 中提供了这种检验的函数。函数的使用方法简单，下面只给出函数介绍。

1) signrank 函数

signrank Wilcoxon 符号秩检验

```
[p,h]=signrank(x,y,alpha)
```

其中，*p* 给出两个配对样本 *x* 和 *y* 的中位数相等的假设的显著性概率；向量 *x, y* 的长度必须相同；alpha 为给出的显著性水平，取值为 0 和 1 之间的数；*h* 返回假设检验的结果。如果这两个样本的中位数之差几乎为 0，则 *h*=0；若有显著差异，则 *h*=1。

2) signtest 函数

signtest 符号检验

```
[p,h]=signtest(x,y,alpha)
```

其中，p 给出两个配对样本 x 和 y 的中位数相等的假设的显著性概率；x 和 y 若为向量，二者的长度必须相同；y 亦可为标量，在此情况下，计算 x 的中位数与常数 y 之间的差异。alpha 和 h 同上。

7.6　模拟退火算法

7.6.1　算法简介

模拟退火算法得益于材料统计力学的研究成果。统计力学表明材料中粒子的不同结构对应于粒子的不同能量水平。在高温条件下，粒子的能量较高，可以自由运动和重新排列。在低温条件下，粒子能量较低。如果从高温开始，非常缓慢地降温(这个过程被称为退火)，粒子就可以在每个温度下达到热平衡。当系统完全冷却时，最终形成处于低能状态的晶体。

如果用粒子的能量定义材料的状态，Metropolis 算法用一个简单的数学模型描述了退火过程。假设材料在状态 i 之下的能量为 $E(i)$，那么材料在温度 T 时从状态 i 进入状态 j 就遵循如下规律：

(1) 如果 $E(j) \leqslant E(i)$，接受该状态被转换。

(2) 如果 $E(j) > E(i)$，则状态转换以如下概率被接受：$\mathrm{e}^{\frac{E(i)-E(j)}{KT}}$，其中 K 是物理学中的玻尔兹曼常数，T 是材料温度。

在某一个特定温度下，进行充分的转换之后，材料将达到热平衡。这时材料处于状态 i 的概率满足玻尔兹曼分布：

$$P_T(x=i)=\frac{\mathrm{e}^{-\frac{E(i)}{KT}}}{\sum\limits_{j\in S}\mathrm{e}^{-\frac{E(j)}{KT}}}$$

其中，x 表示材料当前状态的随机变量；S 表示状态空间集合。

$$\lim_{T\to\infty}\frac{\mathrm{e}^{-\frac{E(i)}{KT}}}{\sum\limits_{j\in S}\mathrm{e}^{-\frac{E(j)}{KT}}}=\frac{1}{|S|}$$

其中，$|S|$ 表示集合 S 中状态的数量。这表明所有状态在高温下具有相同的概率。而当温度下降时，

$$\lim_{T\to 0}\frac{e^{-\frac{E(i)-E_{\min}}{KT}}}{\sum\limits_{j\in S}e^{-\frac{E(j)-E_{\min}}{KT}}}=\lim_{T\to 0}\frac{e^{-\frac{E(i)-E_{\min}}{KT}}}{\sum\limits_{j\in S_{\min}}e^{-\frac{E(j)-E_{\min}}{KT}}+\sum\limits_{j\notin S_{\min}}e^{-\frac{E(j)-E_{\min}}{KT}}}$$

$$=\lim_{T\to 0}\frac{e^{-\frac{E(i)-E_{\min}}{KT}}}{\sum\limits_{j\in S_{\min}}e^{-\frac{E(j)-E_{\min}}{KT}}}=\begin{cases}\dfrac{1}{|S_{\min}|}, i\in S_{\min}\\ 0, 其他\end{cases}$$

其中，$E_{\min}=\min\limits_{j\in S}E(j)$ 且 $S_{\min}=\{i\mid E(i)=E_{\min}\}$。

上式表明当温度降至很低时，材料会以很大概率进入最小能量状态。

假定我们要解决的问题是一个寻找最小值的优化问题。将物理学中模拟退火的思想应用于优化问题就可以得到模拟退火寻优方法。

考虑这样一个组合优化问题：优化函数为 $f:x\to \mathbf{R}^+$，其中 $x\in S$，它表示优化问题的一个可行解，$\mathbf{R}^+=\{y\mid y\in \mathbf{R}, y>0\}$，$S$表示函数的定义域。$N(x)\subseteq S$ 表示 x 的一个邻域集合。

首先给定一个初始温度 T_0 和该优化问题的一个初始解 $x(0)$，并由 $x(0)$ 生成下一个解 $x'\in N(x(0))$，是否接受 x' 作为一个新解 $x(1)$ 依赖于下面概率：

$$P(x(0)\to x')=\begin{cases}1, & f(x')<f(x(0))\\ e^{-\frac{f(x')-f(x(0))}{T_0}}, & 其他\end{cases}$$

换句话说，如果生成的解 x' 的函数值比前一个解的函数值更小，则接受 $x'=x(1)$ 作为一个新解。否则以概率 $e^{-\frac{f(x')-f(x(0))}{T_0}}$ 接受 x' 作为一个新解。

对于某一个温度 T_i 和该优化问题的一个解 $x(k)$，可以生成 x'。接受 x' 作为下一个新解 $x(k+1)$ 的概率为

$$P(x(k)\to x')=\begin{cases}1, & f(x')<f(x(k))\\ e^{-\frac{f(x')-f(x(k))}{T_0}}, & 其他\end{cases}\tag{7.6.1}$$

在温度 T_i 下，经过很多次的转移之后，降低温度 T_i，得到 $T_{i+1}<T_i$。在 T_{i+1} 下重复上述过程。因此整个优化过程就是不断寻找新解和缓慢降温的交替过程。最终的解是对该问题寻优的结果。

我们注意到，在每个 T_i 下，所得到的一个新状态 $x(k+1)$ 完全依赖于前一个状态 $x(k)$，可以和前面的状态 $x(0),\cdots,x(k-1)$ 无关，因此这是一个马尔可夫过程。使用马尔可夫过程对上述模拟退火的步骤进行分析，结果表明：从任何一个状态 $x(k)$ 生成 x' 的概率，在 $N(x(k))$ 中是均匀分布的，且新状态 x' 被接受的概率满足式(7.6.1)，那么经过有限次的转换，在温度 T_i 下的平衡态 x_i 的分布由下式给出：

$$P_i(T_i)=\frac{\mathrm{e}^{-\frac{f(x_i)}{T}}}{\sum\limits_{j\in S}\mathrm{e}^{-\frac{f(x_i)}{T_i}}} \tag{7.6.2}$$

当温度T降为 0 时，x_i 的分布为

$$P_i^*=\begin{cases}\dfrac{1}{|S_{\min}|}, & x_i\in S_{\min}\\ 0, & 其他\end{cases}$$

并且

$$\sum_{x_i\in S_{\min}} P_i^*=1$$

这说明如果温度下降十分缓慢，而在每个温度都有足够多次的状态转移，使之在每一个温度下达到热平衡，则全局最优解将以概率 1 被找到。因此可以说模拟退火算法可以找到全局最优解。

在模拟退火算法中应注意以下问题：

(1) 理论上，降温过程要足够缓慢，要使得在每一温度下达到热平衡。但在计算机实现中，如果降温速度过缓，所得到的解的性能会较为令人满意，但是算法速度会太慢，相对于简单的搜索算法不具有明显优势。如果降温速度过快，很可能最终得不到全局最优解。因此使用时要综合考虑解的性能和算法速度，在两者之间采取一种折中。

(2) 要确定在每一温度下状态转换的结束准则。实际操作可以考虑当连续 m 次的转换过程没有使状态发生变化时结束该温度下的状态转换。最终温度的确定可以提前定为一个较小的值T_e，或连续几个温度下转换过程没有使状态发生变化，算法就结束。

(3) 选择初始温度和确定某个可行解的邻域的方法也要恰当。

7.6.2　应用举例

已知敌方 100 个目标的经度、纬度如表 7.14 所示。

表 7.14　经度和纬度数据表

经度	纬度	经度	纬度	经度	纬度	经度	纬度
53.7121	15.3046	51.1758	0.0322	46.3253	28.2753	30.3313	6.9348
56.5432	21.4188	10.8198	16.2529	22.7891	23.1045	10.1584	12.4819
20.1050	15.4562	1.9451	0.2057	26.4951	22.1221	31.4847	8.9640
26.2418	18.1760	44.0356	13.5401	28.9836	25.9879	38.4722	20.1731
28.2694	29.0011	32.1910	5.8699	36.4863	29.7284	0.9718	28.1477
8.9586	24.6635	16.5618	23.6143	10.5597	15.1178	50.2111	10.2944
8.1519	9.5325	22.1075	18.5569	0.1215	18.8726	48.2077	16.8889
31.9499	17.6309	0.7732	0.4656	47.4134	23.7783	41.8671	3.5667
43.5474	3.9061	53.3524	26.7256	30.8165	13.4595	27.7133	5.0706
23.9222	7.6306	51.9612	22.8511	12.7938	15.7307	4.9568	8.3669

续表

经度	纬度	经度	纬度	经度	纬度	经度	纬度
21.5051	24.0909	15.2548	27.2111	6.2070	5.1442	49.2430	16.7044
17.1168	20.0354	34.1688	22.7571	9.4402	3.9200	11.5812	14.5677
52.1181	0.4088	9.5559	11.4219	24.4509	6.5634	26.7213	28.5667
37.5848	16.8474	35.6619	9.9333	24.4654	3.1644	0.7775	6.9576
14.4703	13.6368	19.8660	15.1224	3.1616	4.2428	18.5245	14.3598
58.6849	27.1485	39.5168	16.9371	56.5089	13.7090	52.5211	15.7957
38.4300	8.4648	51.8181	23.0159	8.9983	23.6440	50.1156	23.7816
13.7909	1.9510	34.0574	23.3960	23.0624	8.4319	19.9857	5.7902
40.8801	14.2978	58.8289	14.5229	18.6635	6.7436	52.8423	27.2880
39.9494	29.5114	47.5099	24.0664	10.1121	27.2662	28.7812	27.6659
8.0831	27.6705	9.1556	14.1304	53.7989	0.2199	33.6490	0.3980
1.3496	16.8359	49.9816	6.0828	19.3635	17.6622	36.9545	23.0265
15.7320	19.5697	11.5118	17.3884	44.0398	16.2635	39.7139	28.4203
6.9909	23.1804	38.3392	19.9950	24.6543	19.6057	36.9980	24.3992
4.1591	3.1853	40.1400	20.3030	23.9876	9.4030	41.1084	27.7149

我方有一个基地，经度和纬度为(70,40)。假设我方飞机的速度为 1000km/h。我方派一架飞机从基地出发，侦察完敌方所有目标，再返回原来的基地。在敌方每一目标点的侦察时间不计，求该架飞机所花费的时间(假设我方飞机巡航时间可以无限长)。

这是一个旅行商问题。我们依次给基地编号为 1，敌方目标依次编号为 2,3,⋯,101，最后我方基地再重复编号为 102(便于程序中计算)。距离矩阵 $\boldsymbol{D}=(d_{ij})_{102\times102}$，其中 d_{ij} 表示 i,j 两点的距离 $(i,j=1,2,\cdots,102)$，这里 $\boldsymbol{D}$ 为实对称矩阵。则问题是求一个从点 1 出发，走遍所有中间点，到达点 102 的最短路径。

上面问题中给定的是地理坐标(经度和纬度)，我们必须求两点间的实际距离。设 A,B 两点的地理坐标分别为 $(x_1,y_1),(x_2,y_2)$，过 A,B 两点的大圆的劣弧长即为两点的实际距离。以地心为坐标原点 O，以赤道平面为 XOY 平面，以 0°经线圈所在的平面为 XOZ 平面建立三维直角坐标系。则 A,B 两点的直角坐标分别为

$$A(R\cos x_1\cos y_1, R\sin x_1\cos y_1, R\sin y_1)$$

$$B(R\cos x_2\cos y_2, R\sin x_2\cos y_2, R\sin y_2)$$

其中，$R=6370$ 为地球半径。

A,B 两点的实际距离

$$d=R\arccos\left(\frac{OA\cdot OB}{|OA|\cdot|OB|}\right)$$

化简得

$$d=R\arccos[\cos(x_1-x_2)\cos y_1\cos y_2+\sin y_1\sin y_2]$$

求解的模拟退火算法描述如下所述。

1) 解空间

解空间 S 可表示为 $\{1,2,\cdots,101,102\}$ 的所有固定起点和终点的循环排列集合，即

$$S=\{(\pi_1,\pi_2,\cdots,\pi_{102})\mid \pi_1=1,(\pi_2,\cdots,\pi_{101})\text{为}\{2,3,\cdots,101\}\text{的循环排列，}\ \pi_{102}=102\}$$

其中，每一个循环排列表示侦察 100 个目标的一个回路，$\pi_i=j$ 表示在第 i 次侦察 j 点，初始解可选为 $(1,2,\cdots,102)$，本书中我们使用蒙特卡罗方法求得一个较好的初始解。

2) 目标函数

此时的目标函数为侦察所有目标的路径长度或称代价函数。我们要求

$$\min f\{(\pi_1,\pi_2,\cdots,\pi_{102})=\sum_{i=1}^{101}d_{\pi_i\pi_{i+1}}$$

由下面的步骤构成。

3) 新解的产生

(1) 2 变换法：

任选序号 $u,v(u<v)$ 交换 u 与 v 之间的顺序，此时的新路径为

$$\pi_1\cdots\pi_{u-1}\pi_v\pi_{v+1}\cdots\pi_{u+1}\pi_u\pi_{v+1}\cdots\pi_{102}$$

(2) 3 变换法：

任选序号 u,v 和 w，将 u 和 v 之间的路径插到 w 之后，对应的新路径为(设 $u<v<w$)

$$\pi_1\cdots\pi_{u-1}\pi_{v+1}\cdots\pi_w\pi_u\cdots\pi_v\pi_{w+1}\cdots\pi_{102}$$

4) 代价函数差

对于 2 变换法，路径差可表示为

$$\Delta f=(d_{\pi_{u-1}\pi_v}+d_{\pi_u\pi_{v+1}})-(d_{\pi_{u-1}\pi_u}+d_{\pi_v\pi_{v+1}})$$

5) 接受准则

$$P=\begin{cases}1, \Delta f<0\\ \exp(-\Delta f/T), \Delta f\geqslant 0\end{cases}$$

如果 $\Delta f<0$，则接受新的路径。否则，以概率 $\exp(-\Delta f/T)$ 接受新的路径，即若 $\exp(-\Delta f/T)$ 为 0 到 1 之间的随机数则接受。

6) 降温

利用选定的降温系数 α 进行降温，即 $T\to\alpha T$，得到新的温度，这里我们取 $\alpha=0.999$。

7) 结束条件

用选定的终止温度 $e=10^{-30}$，判断退火过程是否结束。若 $T<e$，算法结束，输出当前状态。我们编写如下的 MATLAB 程序如下：

```
clc,clear
load sj.txt %加载敌方100个目标的数据，数据按照表格中的位置保存在纯文本文件
        sj.txt中
x=sj(:,1:2:8);x=x(:);
y=sj(:,2:2:8);y=y(:);
sj=[x y];
d1=[70,40];
sj=[d1;sj;d1];
```

```
sj=sj*pi/180;
%距离矩阵d
d=zeros(102);
for i=1:101
for j=i+1:102
temp=cos(sj(i,1)-sj(j,1))*cos(sj(i,2))*cos(sj(j,2))+sin(sj(i,2))*sin
        (sj(j,2));
d(i,j)=6370*acos(temp);
end
end
d=d+d';
S0=[];Sum=inf;
rand('state',sum(clock));
for j=1:1000
S=[1 1+randperm(100),102];
temp=0;
-276-
for i=1:101
temp=temp+d(S(i),S(i+1));
end
if temp<Sum
S0=S;Sum=temp;
end
end
e=0.1^30;L=20000;at=0.999;T=1;
%退火过程
for k=1:L
%产生新解
c=2+floor(100*rand(1,2));
c=sort(c);
c1=c(1);c2=c(2);
%计算代价函数值
df=d(S0(c1-1),S0(c2))+d(S0(c1),S0(c2+1))-d(S0(c1-1),S0(c1))-d(S0(c2),
        S0(c2+1));
%接受准则
if df<0
S0=[S0(1:c1-1),S0(c2:-1:c1),S0(c2+1:102)];
Sum=Sum+df;
```

```
elseif exp(-df/T)>rand(1)
S0=[S0(1:c1-1),S0(c2:-1:c1),S0(c2+1:102)];
Sum=Sum+df;
end
T=T*at;
if T<e
break;
end
end
% 输出巡航路径及路径长度
S0,Sum
```

计算结果为 44h 左右。其中的一个巡航路径如图 7.7 所示。

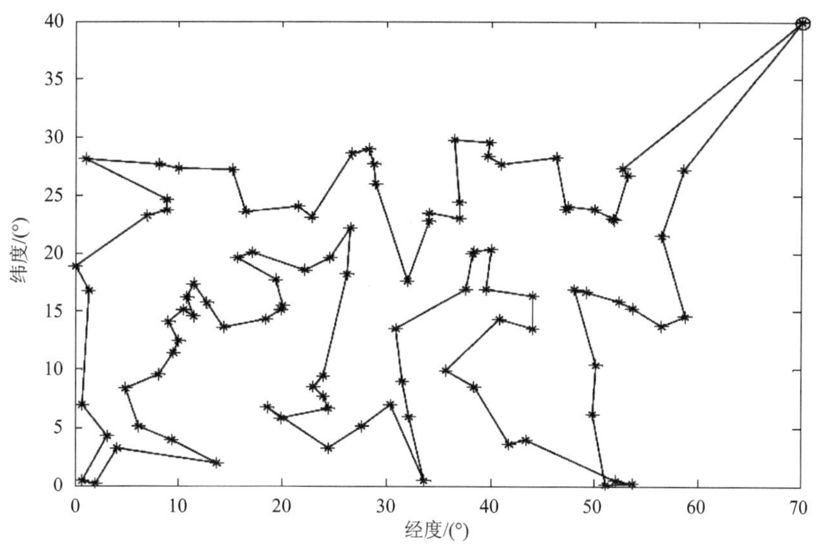

图 7.7　模拟退火算法求得的巡航路径示意图

7.7　遗 传 算 法

7.7.1　遗传算法简介

遗传算法(genetic algorithm，GA)是一种基于自然选择原理和自然遗传机制的搜索(寻优)算法，它是模拟自然界中的生命进化机制，在人工系统中实现特定目标的优化。遗传算法的实质是通过群体搜索技术，根据适者生存的原则逐代进化，最终得到最优解或准最优解。它必须做以下操作：初始群体的产生，求每一个体的适应度，根据适者生存的原则选择优良个体，被选出的优良个体两两配对，通过随机交叉其染色体的基因并随机变异某些染色体的基因后生成下一代群体，按此方法使群体逐代进化，直到满足进化终止条件。其实现方法如下：

(1) 根据具体问题确定可行解域，确定一种编码方法，能用数值串或字符串表示可行解域的每一解。

(2) 对每一解应有一个度量好坏的依据，用一函数表示，叫做适应度函数，适应度函数应为非负函数。

(3) 确定进化参数群体规模 M、交叉概率 p_c、变异概率 p_m、进化终止条件。为便于计算，一般来说，每一代群体的个体数目都取相等。群体规模越大，越容易找到最优解，但由于受到计算机运算能力的限制，群体规模越大，计算所需要的时间也相应地增加。进化终止条件指的是当进化到什么时候结束，它可以设定到某一代进化结束，也可能根据找出近似最优是否满足精度要求来确定。表 7.15 列出了生物遗传概念在遗传算法中的对应关系。

表 7.15　生物遗传概念在遗传算法中的对应关系

生物遗传概念	遗传算法中的作用
适者生存	算法停止时，最优目标值的解有最大的可能被留住
个体	解
染色体	解的编码
基因	解中每一分量的特征
适应性	适应度函数值
种群	根据适应度函数值选取的一组解
交配	通过交配原则产生一组新解的过程
变异	编码的某一分量发生变化的过程

7.7.2　模型及算法

我们用遗传算法研究 7.6.2 节中的问题。

求解的遗传算法的参数设定如下：

种群大小：$M=50$；

最大代数：$G=1000$；

交叉率：$p_c=1$，交叉概率为 1 能保证种群的充分进化；

变异率：$p_m=0.1$，一般而言，变异发生的可能性较小。

1) 编码策略

采用十进制编码，用随机数列 $\omega_1,\omega_2,\cdots,\omega_{102}$ 作为染色体，其中 $0<\omega_i<1$ ($i=2,3,\cdots,101$)，$\omega_1=0$，$\omega_{102}=1$；每一个随机序列都和种群中的一个个体相对应，例如 9 城市问题的一个染色体为

$$[0.23，0.82，0.45，0.74，0.87，0.11，0.56，0.69，0.78]$$

其中，编码位置 i 代表城市 i，位置 i 的随机数表示城市 i 在巡回中的顺序，我们将这些随机数按升序排列，得到如下巡回：

$$6-1-3-7-8-4-9-2-5$$

2) 初始种群

先用经典的近似算法——改良圈算法求得一个较好的初始种群。即对于初始圈 $C=\pi_1\cdots\pi_{u-1}\pi_u\pi_{u+1}\cdots\pi_{v-1}\pi_v\pi_{v+1}\cdots\pi_{102}, 2\leqslant u<v\leqslant 101, 2\leqslant \pi_u<\pi_v\leqslant 101$，交换 u 与 v 之间的顺序，此时的新路径为

$$C=\pi_1\cdots\pi_{u-1}\pi_v\pi_{v-1}\cdots\pi_{u+1}\pi_u\pi_{v+1}\cdots\pi_{102}$$

记 $\Delta f=(d_{\pi_{u-1}\pi_v}+d_{\pi_u\pi_{v+1}})-(d_{\pi_{u-1}\pi_u}+d_{\pi_v\pi_{v+1}})$，若 $\Delta f<0$，则以新的路径修改旧的路径，直到不能修改为止。

3) 目标函数

目标函数为侦察所有目标的路径长度，适应度函数就取为目标函数。要求

$$\min f(\pi_1,\pi_2,\cdots,\pi_{102})=\sum_{i=1}^{101} d_{\pi_i\pi_{i+1}}$$

4) 交叉操作

交叉操作采用单点交叉。设计如下，对于选定的两个父代个体 $f_1(\pi_1,\pi_2,\cdots,\pi_{102})$，$f_2(\pi_1',\pi_2',\cdots,\pi_{102}')$，随机地选取第 t 个基因处为交叉点，则经过交叉运算后得到的子代编码为 s_1 和 s_2，s_1 的基因由 f_1 的前 t 个基因和 f_2 的后 $(102-t)$ 个基因构成，s_2 的基因由 f_2 的前 t 个基因和 f_1 的后 $(102-t)$ 个基因构成，例如：

$$f_1=[0,0.14,0.25,0.27\,|\,0.29,0.54,\cdots,0.19,1]$$
$$f_2=[0,0.23,0.44,0.56\,|\,0.74,0.21,\cdots,0.24,1]$$

设交叉点为第 4 个基因处，则

$$s_1=[0,0.14,0.25,0.27\,|\,0.74,0.21,\cdots,0.24,1]$$
$$s_2=[0,0.23,0.44,0.56\,|\,0.29,0.54,\cdots,0.19,1]$$

交叉操作的方式有很多种选择，我们应该尽可能选取好的交叉方式，保证子代能继承父代的优良特性。同时这里的交叉操作也蕴含了变异操作。

5) 变异操作

变异也是实现群体多样性的一种手段，同时也是全局寻优的保证。具体设计如下，按照给定的变异率，对选定变异的个体，随机地取 3 个整数，满足 $1<u<v<w<102$，把 u,v 之间(包括 u 和 v)的基因段插到 w 后面。

6) 选择

采用确定性的选择策略，也就是说选择目标函数值最小的 M 个个体进化到下一代，这样可以保证父代的优良特性被保存下来。

7.7.3　模型求解及结论

编写 MATLAB 程序如下：

```
tic
clc,clear
load sj.txt %加载敌方100个目标的数据
```

```
x=sj(:,1:2:8);x=x(:);
y=sj(:,2:2:8);y=y(:);
sj=[x y];
d1=[70,40];
sj0=[d1;sj;d1];
%距离矩阵d
sj=sj0*pi/180;
d=zeros(102);
for i=1:101
for j=i+1:102
temp=cos(sj(i,1)-sj(j,1))*cos(sj(i,2))*cos(sj(j,2))+sin(sj
         (i,2))*sin(sj(j,2));
d(i,j)=6370*acos(temp);
end
end
d=d+d';L=102;w=50;dai=100;
%通过改良圈算法选取优良父代A
for k=1:w
c=randperm(100);
c1=[1,c+1,102];
flag=1;
while flag>0
flag=0;
for m=1:L-3
for n=m+2:L-1
if
d(c1(m),c1(n))+d(c1(m+1),c1(n+1))<d(c1(m),c1(m+1))+d(c1(n), c1(n+1))
flag=1;
c1(m+1:n)=c1(n:-1:m+1);
end
end
end
end
J(k,c1)=1:102;
end
J=J/102;
J(:,1)=0;J(:,102)=1;
rand('state',sum(clock));
```

```
%遗传算法实现过程
A=J;
for k=1:dai %产生0～1 间随机数列进行编码
B=A;
c=randperm(w);
%交配产生子代B
for i=1:2:w
F=2+floor(100*rand(1));
temp=B(c(i),F:102);
B(c(i),F:102)=B(c(i+1),F:102);
B(c(i+1),F:102)=temp;
end
%变异产生子代C
by=find(rand(1,w)<0.1);
if length(by)==0
by=floor(w*rand(1))+1;
end
C=A(by,:);
L3=length(by);
for j=1:L3
bw=2+floor(100*rand(1,3));
bw=sort(bw);
C(j,:)=C(j,[1:bw(1)-1,bw(2)+1:bw(3),bw(1):bw(2),bw(3)+1:102]);
end
G=[A;B;C];
TL=size(G,1);
%在父代和子代中选择优良品种作为新的父代
[dd,IX]=sort(G,2);temp(1:TL)=0;
for j=1:TL
for i=1:101
temp(j)=temp(j)+d(IX(j,i),IX(j,i+1));
end
end
[DZ,IZ]=sort(temp);
A=G(IZ(1:w),:);
end
path=IX(IZ(1),:)
long=DZ(1)
```

```
toc
xx=sj0(path,1);yy=sj0(path,2);
plot(xx,yy,'-o')
```

计算结果为 44h 左右。其中的一个巡航路径如图 7.8 所示。

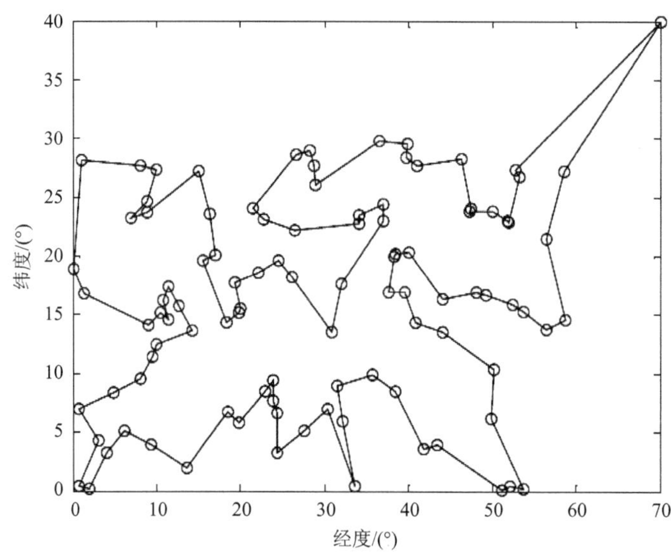

图 7.8　遗传算法求得的巡航路径示意图

7.7.4　改进的遗传算法

下面我们研究 7.6.2 节中同样的问题。

1) 模型及算法

与标准的遗传算法相比，我们做了如下的两点改进。

(1) 交叉操作：

交叉操作采用改进型交叉。具体设计如下：首先以“门当户对”为原则，对父代个体进行配对，即对父代以适应度函数(目标函数)值进行排序，目标函数小的与小的配对，目标函数大的与大的配对。然后利用混沌序列确定交叉点的位置，最后对确定的交叉项进行交叉。例如 (Ω_1,Ω_2) 配对，染色体分别是 $\Omega_1=\omega_1^1\omega_2^1\cdots\omega_{102}^1,\Omega_2=\omega_1^2\omega_2^2\cdots\omega_{102}^2$，用 Logistic 混沌序列 $x(n+1)=4x(n)(1-x(n))$ 产生一个 2 到 101 之间的正整数，具体步骤如下所述。

取一个 $(0,1)$ 随机初始值，然后利用 $x(n+1)=4x(n)(1-x(n))$ 迭代一次产生 1 个 $(0,1)$ 上的混沌值，保存以上混沌值作为产生下一代交叉项的混沌迭代初值，再把这个值分别乘以 100 并加上 2，最后取整即可。假如这个数为 33，那么我们对 (Ω_1,Ω_2) 染色体中相应的基因进行交叉，得到新的染色体 (Ω_1',Ω_2')

$$\Omega_1'=\omega_1^1\omega_2^1\omega_3^1\omega_4^1\omega_5^1\cdots\omega_{33}^1\omega_{34}^1\cdots\omega_{60}^1\omega_{61}^1\cdots$$

$$\Omega_2'=\omega_1^2\omega_2^2\omega_3^2\omega_4^2\omega_5^2\cdots\omega_{33}^2\omega_{34}^2\cdots\omega_{60}^2\omega_{61}^2\cdots$$

这种单点交叉对原来的解改动很小，这可以削弱避免遗传算法在组合优化应用中产生的寻优抖振问题，可以提高算法收敛精度。

(2) 变异操作：

变异也是实现群体多样性的一种手段，是跳出局部最优，达到全局寻优的重要保证。具体变异算子设计如下：首先根据给定的变异率(如选为 0.02)，随机地取两个在 2 到 101 之间的整数，对这两个数对应位置的基因进行变异，具体变异以当前的基因值为初值，利用混沌序列 $x(n+1)=4x(n)(1-x(n))$ 进行适当次数的迭代，得到变异后新的基因值，从而得到新的染色体。

2) 仿真结果对比及算法性能分析

计算的 MATLAB 程序如下：

```
tic
clc,clear
load sj.txt %加载敌方100个目标的数据
x=sj(:,1:2:8);x=x(:);
y=sj(:,2:2:8);y=y(:);
sj=[x y];
d1=[70,40];
sj=[d1;sj;d1];
%距离矩阵d
sj=sj*pi/180;
d=zeros(102);
for i=1:101
for j=i+1:102
temp=cos(sj(i,1)-sj(j,1))*cos(sj(i,2))*cos(sj(j,2))+sin(sj
        (i,2))*sin(sj(j,2));
d(i,j)=6370*acos(temp);
end
end
d=d+d';L=102;w=50;dai=100;
%通过改良圈算法选取优良父代A
for k=1:w
c=randperm(100);
c1=[1,c+1,102];
flag=1;
while flag>0
flag=0;
for m=1:L-3
for n=m+2:L-1
if
```

```
d(c1(m),c1(n))+d(c1(m+1),c1(n+1))<d(c1(m),c1(m+1))+d(c1(n), c1(n+1))
flag=1;
c1(m+1:n)=c1(n:-1:m+1);
end
end
end
end
J(k,c1)=1:102;
end
J=J/102;
J(:,1)=0;J(:,102)=1;
rand('state',sum(clock));
%遗传算法实现过程
A=J;
for k=1:dai %产生0～1间随机数列进行编码
B=A;
%交配产生子代B
for i=1:2:w
ch0=rand;ch(1)=4*ch0*(1-ch0);
for j=2:50
ch(j)=4*ch(j-1)*(1-ch(j-1));
end
ch=2+floor(100*ch);
temp=B(i,ch);
B(i,ch)=B(i+1,ch);
B(i+1,ch)=temp;
end
%变异产生子代C
by=find(rand(1,w)<0.1);
if length(by)==0
by=floor(w*rand(1))+1;
end
C=A(by,:);
L3=length(by);
for j=1:L3
bw=2+floor(100*rand(1,3));
bw=sort(bw);
C(j,:)=C(j,[1:bw(1)-1,bw(2)+1:bw(3),bw(1):bw(2),bw(3)+1:102]);
```

```
end
G=[A;B;C];
TL=size(G,1);
%在父代和子代中选择优良品种作为新的父代
[dd,IX]=sort(G,2);temp(1:TL)=0;
for j=1:TL
for i=1:101
temp(j)=temp(j)+d(IX(j,i),IX(j,i+1));
end
end
[DZ,IZ]=sort(temp);
A=G(IZ(1:w),:);
end
path=IX(IZ(1),:)
long=DZ(1)
toc
```

7.8 蚁群算法

蚁群算法(ant colony optimization algorithm, ACO)是模拟蚂蚁觅食的原理设计出的一种群集智能算法。蚂蚁在觅食过程中能够在其经过的路径上留下一种被称为信息素的物质，并在觅食过程中能够感知这种物质的强度，从而指导自己行动方向，它们总是朝着该物质强度高的方向移动，因此大量蚂蚁组成的集体觅食就表现为一种对信息素的正反馈现象。某一条路径越短，路径上经过的蚂蚁越多，其信息素遗留的也就越多，信息素的浓度也就越高，蚂蚁选择这条路径的概率也就越高，由此构成正反馈过程，从而逐渐地逼近最优路径，找到最优路径。

蚂蚁在觅食过程时，是以信息素作为媒介而间接进行信息交流，当蚂蚁从食物源走到蚁穴，或者从蚁穴走到食物源时，都会在经过的路径上释放信息素，从而形成了一条含有信息素的路径，蚂蚁可以感觉出路径上信息素浓度的大小，并且以较高的概率选择信息素浓度较高的路径。

人工蚂蚁的搜索主要包括 3 种智能行为：

(1)蚂蚁的记忆行为。一只蚂蚁搜索过的路径在下次搜索时就不再被该蚂蚁选择，因此在蚁群算法中建立禁忌表进行模拟。

(2)蚂蚁利用信息素进行相互通信。蚂蚁在所选择的路径上会释放一种信息素的物质，当其他蚂蚁进行路径选择时，会根据路径上的信息素浓度进行选择，这样信息素就成为蚂蚁之间进行通信的媒介。

(3)蚂蚁的集群活动。通过一只蚂蚁的运动很难达到食物源，但整个蚁群进行搜索就完全不同。当某些路径上通过的蚂蚁越来越多时，路径上留下的信息素数量也就越多，导致信息素强度增大，蚂蚁选择该路径的概率随之增加，从而进一步增加该路径的信息素强度，而通过的蚂蚁比较少的路径上的信息素会随着时间的推移而挥发，从而变得越来越少。

7.8.1　蚂蚁系统

蚂蚁系统(ant system, AS)是最早的蚁群算法。其搜索过程大致如下：

在初始时刻，m 只蚂蚁随机放置于城市中，各条路径上的信息素初始值相等，设 $\tau_{ij}(0)=\tau_0$ 为信息素初始值，可设 $\tau_0 = m/L_m$，L_m 是由最近邻启发式方法构建的路径长度。其次，蚂蚁 $k(k=1,2,\cdots,m)$ 按照随机比例规则选择下一步要转移的城市，其选择概率为

$$p_{ij}^k(t)=\begin{cases}\dfrac{[\tau_{ij}(t)]^\alpha[\eta_{ij}(t)]^\beta}{\sum\limits_{s\in \text{allowed}_k}[\tau_{is}(t)]^\alpha[\eta_{is}(t)]^\beta}, & j\in \text{allowed}_k \\ 0, & \text{其他}\end{cases} \tag{7.8.1}$$

其中，τ_{ij} 为边 (i,j) 上的信息素；$\eta_{ij}=1/d_{ij}$ 为从城市 i 转移到城市 j 的启发式因子；allowed_k 为蚂蚁 k 下一步被允许访问的城市集合。

为了不让蚂蚁选择已经访问过的城市，采用禁忌表 tabu_k 来记录蚂蚁 k 当前所走过的城市。经过 t 时刻，所有蚂蚁都完成一次周游，计算每只蚂蚁所走过的路径长度，并保存最短的路径长度，同时，更新各边上的信息素。首先是信息素挥发，其次是蚂蚁在它们所经过的边上释放信息素，其公式如下：

$$\tau_{ij}=(1-\rho)\tau_{ij}$$

其中，ρ 为信息素挥发系数，且 $0<\rho\leqslant 1$。

$$\tau_{ij}=\tau_{ij}+\sum_{k=1}^{m}\Delta\tau_{ij}^k$$

其中，$\Delta\tau_{ij}^k$ 是第 k 只蚂蚁向它经过的边释放的信息素，定义为

$$\Delta_{ij}^k=\begin{cases}\dfrac{1}{d_{ij}}, & \text{如果边}(i,j)\text{在路径}T^k\text{上} \\ 0, & \text{其他}\end{cases} \tag{7.8.2}$$

根据式(7.8.2)可知，蚂蚁构建的路径长度 d_{ij} 越小，则路径上各条边就会获得更多的信息素，则在以后的迭代中就更有可能被其他的蚂蚁选择。

蚂蚁完成一次循环后，清空禁忌表，重新回到初始城市，准备下一次周游。

大量的仿真实验发现，蚂蚁系统在解决小规模旅行商(traveling salesman problem, TSP)时性能尚可，能较快地发现最优解，但随着测试问题规模的扩大，AS 算法的性能下降得比较严重，容易出现停滞现象。因此，出现了大量针对其缺点的改进算法。

7.8.2　精英蚂蚁系统

精英蚂蚁系统是对基本 AS 算法的第一次改进，它首先由 Dorigo 等提出，它的设计思想是对算法每次循环之后给予最优路径额外的信息素量。找出这个解的蚂蚁称为精英

蚂蚁。

将这条最优路径记为 T^{bs} (best-so-far tour)。针对路径 T^{bs} 的额外强化是通过向 T^{bs} 中的每一条边增加 e/L^{bs} 大小的信息素得到的,其中 e 是一个参数,它定义了最优路径 T^{bs} 的权值大小， L^{bs} 代表了 T^{bs} 的长度。这样相应的信息素的更新公式为

$$\tau_{ij}(t+1)=(1-\rho)\tau_{ij}(t)+\sum_{k=1}^{m}\Delta\tau_{ij}^{k}(t)+e\Delta\tau_{ij}^{bs}(t) \tag{7.8.3}$$

其中， $\Delta\tau_{ij}^{k}(t)$ 的定义方法跟以前的相同， $\Delta\tau_{ij}^{bs}(t)$ 的定义为

$$\Delta\tau_{ij}^{bs}(t)=\begin{cases}\dfrac{1}{L^{bs}}, & (i,j)\in T^{bs}\\ 0, & 其他\end{cases} \tag{7.8.4}$$

Dorigo 等发表文章的计算结果表明,使用精英策略并选取一个适当的 e 值将使得 AS 算法不但可以得到更好的解，而且能够在更少的迭代次数下得到一些更好的解。

7.8.3　最大-最小蚂蚁系统

最大-最小蚂蚁系统(max-min ant system, MMAS)是到目前为止解决 TSP 问题最好的 ACO 算法方案之一。MMAS 算法是在 AS 算法的基础之上，主要作了如下的改进:

(1) 为避免算法过早收敛于局部最优解，将各条路径可能的外激素浓度限制于 $[\tau_{\min},\tau_{\max}]$，超出这个范围的值被强制设为 $\tau_{\min}$ 或者是 $\tau_{\max}$，可以有效地避免某条路径上的信息量远大于其余路径，避免所有蚂蚁都集中到同一条路径上。

(2) 强调对最优解的利用。每次迭代结束后，只有最优解所属路径上的信息被更新，从而更好地利用了历史信息。

(3) 信息素的初始值被设定为其取值范围的上界。在算法的初始时刻， ρ 取较小的值时，算法有更好的发现较好解的能力。所有蚂蚁完成一次迭代后，按式(7.8.5)对路径上的信息作全局更新:

$$\tau_{ij}(t+1)=(1-\rho)\tau_{ij}(t)+\Delta\tau_{ij}^{\text{best}}(t),\ \rho\in(0,1) \tag{7.8.5}$$

$$\Delta\tau_{ij}^{\text{best}}=\begin{cases}\dfrac{1}{L^{\text{best}}}, & 如果边(i,j)包含在最优路径中\\ 0, & 其他\end{cases} \tag{7.8.6}$$

允许更新的路径可以是全局最优解或本次迭代的最优解。实践证明，逐渐增加全局最优解的使用频率，会使该算法获得较好的性能。

7.8.4　基于排序的蚁群算法

基于排序的蚂蚁系统(ASrank)是对 AS 算法的一种改进。其改进思想是：在每次迭代完成后，蚂蚁所经路径将按从小到大的顺序排列，即 $L^1(t)\leqslant L^2(t)\leqslant\cdots\leqslant L^m(t)$。算法根据路径长度赋予不同的权重，路径长度越短权重越大。全局最优解的权重为 w ，第 r 个最优解的权重为 $\max\{0,w-r\}$ ，则 ASrank 的信息素更新规则为

$$\tau_{ij}(t+1)=(1-\rho)\cdot\tau_{ij}(t)+\sum_{r=1}^{w-1}(w-r)\cdot\Delta\tau_{ij}^{r}(t)+w\cdot\Delta\tau_{ij}^{gb}(t),\quad \rho\in(0,1) \tag{7.8.7}$$

其中，$\Delta\tau_{ij}^{r}(t)=1/L^{r}(t)$，$\Delta\tau_{ij}^{gb}(t)=1/L^{gb}$。

7.8.5　蚁群系统

蚁群系统(ant colony system, ACS)是由 Dorigo 等提出来的改进蚁群算法，它与 AS 的不同之处主要体现在三个方面：

(1)采用不同的路径选择规则，能更好地利用蚂蚁所积累的搜索经验。

(2)信息素挥发和信息素释放动作只在当前最优路径上执行，即每次迭代之后只有至今最优蚂蚁被允许释放信息素。

(3)除了全局信息素更新规则外，还采用了局部信息素更新规则。

在 ACS 中，位于城市 i 的蚂蚁 k，根据伪随机比例规则选择城市 j 作为下一个访问的城市。路径选择规则由下面式子给出：

$$j=\begin{cases}\arg\max\limits_{l\in \text{allowed}_k}\{\tau_{il}[\eta_{il}]^{\beta}\}, & q\leqslant q_0\\ J, & \text{其他}\end{cases} \tag{7.8.8}$$

$$p_{ij}^{k}(t)=\begin{cases}\dfrac{[\tau_{ij}(t)]^{\alpha}[\eta_{ij}(t)]^{\beta}}{\sum\limits_{s\in\text{allowed}_k}[\tau_{is}(t)]^{\alpha}[\eta_{is}(t)]^{\beta}}, & j\in\text{allowed}_k\\ 0, & \text{其他}\end{cases} \tag{7.8.9}$$

其中，q 是均匀分布在区间[0,1]中的一个随机变量，$q_0(0\leqslant q_0\leqslant 1)$ 是一个参数，J 是根据式(7.8.9)给出的概率分布产生出来的一个随机变量(其中 $\alpha=1$)。

ACS 的全局信息素更新规则为

$$\tau_{ij}=(1-\rho)\tau_{ij}+\rho\Delta\tau_{ij}^{bs},\forall(i,j)\in T^{bs} \tag{7.8.10}$$

$$\Delta\tau_{ij}^{bs}=1/C^{bs} \tag{7.8.11}$$

ACS 的局部信息素更新规则方式定义：

在路径构建过程中，蚂蚁每经过一条边 (i,j)，都将立刻调用这条规则更新该边上的信息素

$$\tau_{ij}=(1-\rho)\tau_{ij}+\xi\tau_0 \tag{7.8.12}$$

其中，ξ 和 τ_0 是两个参数，ξ 满足 $0<\xi<1$；τ_0 是信息素量的初始值。局部更新的作用在于，蚂蚁每一次经过边 (i,j)，该边的信息素 τ_{ij} 将会减少，从而使得其他蚂蚁选中该边的概率相对减少。

7.8.6　TSP 问题蚁群算法 MATLAB 程序举例

```
function
[R_best,L_best,L_ave,Shortest_Route,Shortest_Length]=ACATSP(C,NC_max,
m,Alpha,Beta,Rho,Q)
```

```
%%------
%% 主要符号说明
%% C n个城市的坐标，n×2的矩阵
%% NC_max 最大迭代次数
%% m 蚂蚁个数
%% Alpha 表征信息素重要程度的参数
%% Beta 表征启发式因子重要程度的参数
%% Rho 信息素蒸发系数
%% Q 信息素增加强度系数
%% R_best 各代最佳路线
%% L_best 各代最佳路线的长度

%%第一步：变量初始化
n=size(C,1);    %n表示问题的规模(城市个数)
D=zeros(n,n);    %D表示完全图的赋权邻接矩阵
for i=1:n
for j=1:n
if i~=j
D(i,j)=((C(i,1)-C(j,1))^2+(C(i,2)-C(j,2))^2)^0.5;
else
D(i,j)=eps;  %i=j时不计算，应该为0，但后面的启发因子要取倒数，用eps(浮点相对
        精度)表示
end
D(j,i)=D(i,j);    %对称矩阵
end
end
Eta=1./D;             %Eta为启发因子，这里设为距离的倒数
Tau=ones(n,n);        %Tau为信息素矩阵
Tabu=zeros(m,n);      %存储并记录路径的生成
NC=1;                 %迭代计数器，记录迭代次数
R_best=zeros(NC_max,n);          %各代最佳路线
L_best=inf.*ones(NC_max,1);     %各代最佳路线的长度
L_ave=zeros(NC_max,1);          %各代路线的平均长度
while NC<=NC_max          %停止条件之一：达到最大迭代次数，停止

%%第二步：将m只蚂蚁放到n个城市上
Randpos=[];    %随即存取
for i=1:(ceil(m/n))
```

```
Randpos=[Randpos,randperm(n)];
end
Tabu(:,1)=(Randpos(1,1:m))';

%%第三步：m只蚂蚁按概率函数选择下一座城市，完成各自的周游
for j=2:n     %所在城市不计算
for i=1:m
visited=Tabu(i,1:(j-1));    %记录已访问的城市，避免重复访问
J=zeros(1,(n-j+1));         %待访问的城市
P=J;                        %待访问城市的选择概率分布
Jc=1;
for k=1:n
if length(find(visited==k))==0    %开始时置0
J(Jc)=k;
Jc=Jc+1;                          %访问的城市个数自加1
end
end
%下面计算待选城市的概率分布
for k=1:length(J)
P(k)=(Tau(visited(end),J(k))^Alpha)*(Eta(visited(end),J(k))^Beta);
end
P=P/(sum(P));
%按概率原则选取下一个城市
Pcum=cumsum(P);     %cumsum，元素累加即求和
Select=find(Pcum>=rand); %若计算的概率大于原来的就选择这条路线
to_visit=J(Select(1));
Tabu(i,j)=to_visit;
end
end
if NC>=2
Tabu(1,:)=R_best(NC-1,:);
end
%%第四步：记录本次迭代最佳路线
L=zeros(m,1);     %开始距离为0，m×1的列向量
for i=1:m
R=Tabu(i,:);
for j=1:(n-1)
L(i)=L(i)+D(R(j),R(j+1));     %原距离加上第j个城市到第j+1个城市的距离
```

```
end
L(i)=L(i)+D(R(1),R(n));        %一轮下来后走过的距离
end
L_best(NC)=min(L);             %最佳距离取最小
pos=find(L==L_best(NC));
R_best(NC,:)=Tabu(pos(1),:);   %此轮迭代后的最佳路线
L_ave(NC)=mean(L);             %此轮迭代后的平均距离
NC=NC+1                        %迭代继续

%%第五步：更新信息素
Delta_Tau=zeros(n,n);          %开始时信息素为n×n的0矩阵
for i=1:m
for j=1:(n-1)
Delta_Tau(Tabu(i,j),Tabu(i,j+1))=Delta_Tau(Tabu(i,j),Tabu
        (i,j+1))+Q/L(i);
%此次循环在路径(i,j)上的信息素增量
end
Delta_Tau(Tabu(i,n),Tabu(i,1))=Delta_Tau(Tabu(i,n),Tabu(i,1))+Q/L(i)
        ;
%此次循环在整个路径上的信息素增量
end
Tau=(1-Rho).*Tau+Delta_Tau;    %考虑信息素挥发，更新后的信息素

%%第六步：禁忌表清零
Tabu=zeros(m,n);               %%直到最大迭代次数
end

%%第七步：输出结果
Pos=find(L_best==min(L_best));      %找到最佳路径(非0为真)
Shortest_Route=R_best(Pos(1),:)     %最大迭代次数后最佳路径
Shortest_Length=L_best(Pos(1))      %最大迭代次数后最短距离
subplot(1,2,1)                      %绘制第一个子图形
DrawRoute(C,Shortest_Route)         %画路线图的子函数
subplot(1,2,2)                      %绘制第二个子图形
plot(L_best)
hold on                             %保持图形
plot(L_ave,'r')
title('平均距离和最短距离')          %标题
```

```
function DrawRoute(C,R)
%%==
%% DrawRoute.m
%% 画路线图的子函数
%%-----------------------------------------------------------------
---------
%% C Coordinate 节点坐标，由一个N×2的矩阵存储
%% R Route 路线
%%====
N=length(R);
scatter(C(:,1),C(:,2));
hold on
plot([C(R(1),1),C(R(N),1)],[C(R(1),2),C(R(N),2)],'g')
hold on
for ii=2:N
plot([C(R(ii-1),1),C(R(ii),1)],[C(R(ii-1),2),C(R(ii),2)],'g')
hold on
end
title('旅行商问题优化结果')
```

7.9 灰 色 预 测

7.9.1 灰色预测的基本概念

1. 灰色系统、白色系统和黑色系统

(1) 白色系统：指一个系统的内部特征是完全已知的，即系统的信息是完全充分的。

(2) 黑色系统：指一个系统的内部信息对外界来说是一无所知的，只能通过它与外界的联系来加以观测研究。

(3) 灰色系统：指系统内的一部分信息是已知的，另一部分信息是未知的，系统内各因素间有不确定的关系。

2. 灰色预测法

灰色预测法是一种对既含有已知信息又含有不确定信息的灰色系统进行预测的方法，也即对在一定范围内变化的、与时间有关的灰色过程进行预测。灰色预测通过鉴别系统因素之间发展趋势的相异程度对原始数据进行生成处理来寻找系统变动的规律。灰色预测法首先生成有较强规律性的数据序列，然后根据数据之间的关系，建立相应的微分方程模型，从而预测事物未来的发展趋势。

3. 灰色预测的四种常见类型

(1) 灰色时间序列预测：即用观察到的反映预测对象特征的时间序列来构造灰色预测模型，预测未来某一时刻的特征量，或达到某一特征量的时间。

(2) 畸变预测：即通过灰色模型预测异常值出现的时刻，预测异常值什么时候出现在特定时区内。

(3) 系统预测：即通过对系统行为特征指标建立一组相互关联的灰色预测模型，预测系统中众多变量间的相互协调关系的变化。

(4) 拓扑预测：即将原始数据描绘成曲线，在曲线上按定值寻找该定值发生的所有时点，并以该定值为框架构成时点数列，然后建立模型预测该定值所发生的时点。

7.9.2　灰色预测的基本原理

灰色系统理论认为系统的行为现象尽管是朦胧的，数据是复杂的，但它毕竟是有序的，是有整体功能的，因此必然蕴含某种内在规律，关键在于如何选择适当的方式去挖掘和利用它。在建立灰色预测模型之前，需先对原始时间序列进行数据处理，经过数据预处理后的序列称为生成列。对原始数据进行预处理，不是寻求它的统计规律和概率分布，而是将杂乱无章的原始数据通过一定的方法处理，变成有规律的时间序列数据，即以数找数的规律，再建立动态模型。灰色系统常用的数据处理方式有累加和累减两种，通常用累加方法。

灰色预测通过鉴别系统因素之间发展趋势的相异程度，并对原始数据进行生成处理得到有较强规律性的数据序列，然后建立相应的微分方程模型，从而预测事物的未来发展趋势。灰色预测的数据是通过生成数据的模型所得到预测值的逆处理结果。灰色预测是以灰色模型为基础的，在诸多的灰色模型中，以灰色系统中单序列一阶线性微分方程模型 GM(1,1) 最为常用。

1. GM(1,1) 灰微分方程模型

设有原始数据列 $x^{(0)}=(x^{(0)}(1),x^{(0)}(2),\cdots,x^{(0)}(n))$，根据 $x^{(0)}$ 数据列建立 GM(1,1) 模型来实现预测功能。对原始数据累加以便弱化随机序列的波动性和随机性，得到新数据序列 $x^{(1)}=(x^{(1)}(1),x^{(1)}(2),\cdots,x^{(1)}(n))$，其中

$$x^{(1)}(k)=\sum_{i=1}^{k}x^{(0)}(i),\qquad k=1,2,\cdots,n \tag{7.9.1}$$

定义 $x^{(1)}$ 的灰导数为

$$\mathrm{d}(k)=x^{(0)}(k)=x^{(1)}(k)-x^{(1)}(k-1) \tag{7.9.2}$$

令 $z^{(1)}$ 为新数据序列 $x^{(1)}$ 的邻值生成数据序列，即

$$z^{(1)}(k)=\alpha x^{(1)}(k)+(1-\alpha)x^{(1)}(k-1) \tag{7.9.3}$$

定义 GM(1,1) 的灰微分方程模型为

$$\mathrm{d}(k)+az^{(1)}(k)=b \tag{7.9.4}$$

即

$$x^{(0)}(k)+az^{(1)}(k)=b \tag{7.9.5}$$

其中，$x^{(0)}(k)$ 称为灰导数；a 称为发展系数；$z^{(1)}(k)$ 称为白化背景值；b 称为灰作用量。

将 $k=2,\cdots,n$ 代入式(7.9.5)有

$$\begin{cases} x^{(0)}(2)+az^{(1)}(2)=b \\ x^{(0)}(3)+az^{(1)}(3)=b \\ \quad\vdots \\ x^{(0)}(n)+az^{(1)}(n)=b \end{cases} \tag{7.9.6}$$

令

$$u=\begin{bmatrix} a \\ b \end{bmatrix},\quad Y=\begin{bmatrix} x^{(1)}(2) \\ x^{(1)}(3) \\ \vdots \\ x^{(1)}(n) \end{bmatrix},\quad B=\begin{bmatrix} -z^{(1)}(2) & 1 \\ -z^{(1)}(3) & 1 \\ \vdots & \vdots \\ -z^{(1)}(n) & 1 \end{bmatrix} \tag{7.9.7}$$

于是 GM(1,1) 灰微分方程模型可表示为 $Y=Bu$，问题可归结为求灰参数 u 的值。用最小二乘法求 u 的估计值 $\hat{u}$ 为

$$\hat{u}=(B^{\mathrm{T}}B)^{-1}B^{\mathrm{T}}Y \tag{7.9.8}$$

2. GM(1,1) 的白化型

对于 GM(1,1) 灰微分方程模型，如果将灰导数 $x^{(0)}(k)$ 的时刻 $k=1,2,\cdots,n$ 视为连续变量 t，则 $x^{(1)}$ 视为时间 t 函数 $x^{(1)}(t)$，于是 $x^{(0)}(k)$ 对应于导数 $\dfrac{\mathrm{d}x^{(1)}(t)}{\mathrm{d}t}$，白化背景值 $z^{(1)}(k)$ 对应于函数 $z^{(1)}(t)$。于是 GM(1,1) 灰微分方程对应的白微分方程为

$$\frac{\mathrm{d}x^{(1)}(t)}{\mathrm{d}t}+ax^{(1)}(t)=b \tag{7.9.9}$$

将灰参数 u 的估计值 $\hat{u}$ 代入白微分方程进行求解，得

$$\hat{x}^{(1)}(t)=\left(x^{(0)}(1)-\frac{b}{a}\right)\mathrm{e}^{-a(t-1)}+\frac{b}{a} \tag{7.9.10}$$

由于 $\hat{u}$ 是通过最小二乘法求出的 u 估计值，所以 $\hat{x}^{(1)}(t)$ 是一个近似表达式，为了与原数据序列 $x^{(1)}(t)$ 区分开来，故记为 $\hat{x}^{(1)}(t)$。

对函数表达式 $\hat{x}^{(1)}(t+1)$ 及 $\hat{x}^{(1)}(t)$ 进行离散，并将二者作差以便还原 $\hat{x}^{(0)}$ 原数据序列，得到近似数据序列 $\hat{x}^{(0)}(t+1)$，即

$$\hat{x}^{(0)}(k+1)=\hat{x}^{(1)}(k+1)-\hat{x}^{(1)}(k),\qquad k=1,2,\cdots,n \tag{7.9.11}$$

可以利用模型进行拟合和预测

$$\hat{x}^{(0)} = \left[\underbrace{\hat{x}^{(0)}(0), \hat{x}^{(0)}(1), \cdots, \hat{x}^{(0)}(n)}_{\text{原}n\text{个数据的拟合}}, \underbrace{\hat{x}^{(0)}(n+1), \cdots, \hat{x}^{(0)}(n+m)}_{\text{未来}m\text{个数据的预测}} \right] \tag{7.9.12}$$

3. 对建立的 GM(1,1) 模型进行检验

(1) 计算 $x^{(0)}$ 与 $\hat{x}^{(0)}$ 之间的残差 $\varepsilon(k)$ 和相对误差 $q(k)$

$$\varepsilon(k) = x^{(0)}(k) - \hat{x}^{(0)}(k) \tag{7.9.13}$$

$$q(k) = \frac{\varepsilon(k)}{x^{(0)}(k)} \tag{7.9.14}$$

(2) 计算原始数据 $x^{(0)}$ 的均值和方差 s_1，以及残差 $\varepsilon(k)$ 的均值和方差 s_2，然后计算方差比 $C = \frac{s_1}{s_2}$。

(3) 计算小误差概率 $P = P\left\{\left|\varepsilon(k)\right| < 0.6745 s_1\right\}$。

在实际应用过程中，可以利用表 7.16 结合预测数据与实际数据之间的测试结果进行模型检验，从而认定模型是否合理。

表 7.16　灰色模型精度检验对照表

等级	相对误差 q	方差比 C	小误差概率 P
一级	<0.01	<0.35	>0.95
二级	<0.05	<0.50	<0.80
三级	<0.10	<0.65	<0.70
四级	>0.20	>0.80	<0.60

7.9.3　灰色预测的 MATLAB 程序

MATLAB 是 matrix 和 laboratory 两个词的组合，意为矩阵实验室，软件主要面对科学计算、可视化以及交互式程序设计的高科技计算环境。它将数值分析、矩阵计算、科学数据可视化以及非线性动态系统的建模和仿真等诸多强大功能集成在一个易于使用的视窗环境中，为科学研究、工程设计以及必须进行有效数值计算的众多科学领域提供了一种全面的解决方案，并在很大程度上摆脱了传统非交互式程序设计语言的编辑模式。

灰色预测中有许多关于矩阵的运算，所以优先选择 MATLAB 实现灰色预测过程。用 MATLAB 编写灰色预测程序时，可以按照预测模型的求解步骤编写。首先对原始数据进行累加，构造累加矩阵 $\boldsymbol{B}$ 和常向量 $\boldsymbol{Y}$，然后求解灰参数 u 的估计值 $\hat{u}$，最后将参数代入预测模型进行数据预测。

灰色预测应用实例：已知某上市公司 2013~2022 年的利润为：[99677,109215,119655,130333,145823,169878,192321,219407,256619,310670]（单位：元/年），预测该公司未来 10 年的利润情况。

编写 MATLAB 程序如下:

```
clc
clear
x0=[89677, 99215, 109655, 120333, 135823, 159878, 182321, 209407,
        246619, 300670];
x1=cumsum(x0);%原数据序列累加
n=length(x0);
for i=1:n-1
B1(i)=(x1(i)+x1(i+1))/2;%生成累加矩阵
end
B=[-B1;ones(1,n-1)]
Y=x0;Y(1)=[];Y=Y';
u=inv(B*B')*B*Y;u=u';%计算灰参数
a=u(1);b=u(2);
D=[];D(1)=x0(1);
for i=2:n+10
D(i)=(x0(1)-b/a)/exp(a*(i-1))+b/a;%求解微分方程的解
end
x00=[];x00(1)=x0(1);
for i=2:n+10
x00(i)=D(i)-D(i-1);%得到预测未来10年的数据
end
t1=2013:2022; t2=2013:2032;
plot(t1,x0,'o',t2,x00)
x01=x00(:,[1:n]);E=x0-x01;q1=E./x0;
q=sum(q1)/10;%相对误差
q
m1=mean(x0);s1=var(x0);m2=mean(E);s2=var(E);
C=s2/s1;%方差比
C
E1=abs(E-m2);E2=0.6745*s1;
cout = 0;
for i = 1:length(E1)
    if E1(i)<E2
        cout=cout+1;
    else
        cout=cout;
    end
```

```
end
P=cout/n;  %求小误差概率
P
```

运行该程序，得到的预测数据如下：

```
x00 =
  1.0e+006 *
  Columns 1 through 16
0.0897    0.0893    0.1034    0.1196    0.1385    0.1602    0.1854
      0.2146    0.2483    0.2873    0.3325    0.3847    0.4452
      0.5152    0.5962    0.6899
  Columns 17 through 20
0.7984    0.9239    1.0691    1.2371
q =
    0.0137
C =
    0.0077
P =
     1
```

该程序还显示了原始数据和预测数据的比较图，如图 7.9 所示。

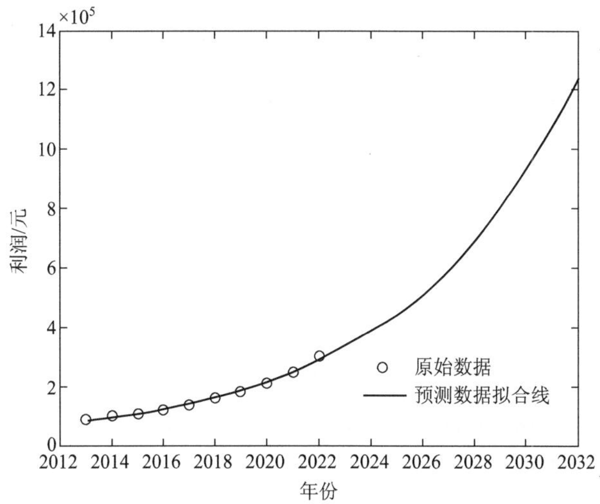

图 7.9　某公司利润原始数据与预测数据的比较图

从该程序的运行结果可以看出，相对误差 q=0.0137，方差比 C=0.0077，小误差概率 P=1。根据表 7.16 对比可以看出，相对误差对应的是二级，方差比对应的是一级，小误差概率对应的是一级。根据结果可以认定模型是合理的。

习题 7

1. 有 4 个工人，要指派他们分别完成 4 项工作，每人做各项工作所消耗的时间见习题表 7.1。问指派哪个人去完成哪项工作，可使总的消耗时间为最少？试对此问题用动态规划方法求解。

习题表 7.1

工人	A	B	C	D
甲	15	18	21	24
乙	19	23	22	18
丙	26	17	16	19
丁	19	21	23	17

2. 为保证某一设备的正常运转，需备有三种不同的零件 E_1,E_2,E_3。若增加备用零件的数量，可提高设备正常运转的可靠性，但增加了费用，而投资额仅为 8000 元。已知备用零件数与它的可靠性和费用的关系如习题表 7.2 所示。现要求在既不超出投资额的限制，又能尽量提高设备运转的可靠性的条件下，问各种零件的备件数量应是多少为好？

习题表 7.2

备件数	增加的可靠性			设备的费用/万元		
	E_1	E_2	E_3	E_1	E_2	E_3
1	0.3	0.2	0.1	0.1	0.3	0.2
2	0.4	0.5	0.2	0.2	0.5	0.3
3	0.5	0.9	0.7	0.3	0.6	0.4

3. 某工厂购进 100 台机器，准备生产Ⅰ、Ⅱ两种产品，若生产产品Ⅰ，每台机器每年可收入 45 万元，损坏率为 65%；若生产产品Ⅱ，每台机器每年收入为 35 万元，损坏率为 35%，估计三年后将有新型机器出现，旧的机器将全部淘汰。试问每年应如何安排生产，使在三年内收入最多？

4. 3 名商人各带 1 名随从乘船渡河，一只小船只能容纳 2 人，由他们自己划行。随从们密约，在河的任一岸，一旦随从人数比商人多，就杀商人。此密约被商人知道，如何使乘船渡河的大权掌握在商人们手中，商人们怎样安排每次乘船方案，才能安全渡河呢？

5. 若发现一成对比较判断矩阵 $\boldsymbol{A}$ 的非一致性较为严重，应如何寻找引起非一致性的元素？例如，设已构建了成对比较判断矩阵：

$$\boldsymbol{A}=\begin{pmatrix}1 & 1/5 & 3\\ 5 & 1 & 6\\ 1/3 & 1/6 & 1\end{pmatrix}$$

(1) 对 $\boldsymbol{A}$ 作一致性检验。

(2) 如 $\boldsymbol{A}$ 的非一致性较严重，应如何作修正。

6. 你已经去过几家主要的摩托车商店，基本确定将从三种车型中选购一种，你选择的标准主要有：价格、耗油量、舒适程度和外观美观情况。经反复思考比较，构建了它们之间的成对比较判断矩阵：

$$A=\begin{pmatrix} 1 & 3 & 7 & 8 \\ 1/3 & 1 & 5 & 5 \\ 1/7 & 1/5 & 1 & 3 \\ 1/8 & 1/5 & 1/3 & 1 \end{pmatrix}$$

三种车型(记为 a,b,c)关于价格、耗油量、舒适程度和外观美观情况的成对比较判断矩阵为

(价格)

$$\begin{pmatrix} & a & b & c \\ a & 1 & 2 & 3 \\ b & 1/2 & 1 & 2 \\ c & 1/3 & 1/2 & 1 \end{pmatrix}$$

(耗油量)

$$\begin{pmatrix} & a & b & c \\ a & 1 & 1/5 & 1/2 \\ b & 5 & 1 & 7 \\ c & 2 & 1/7 & 1 \end{pmatrix}$$

(舒适程度)

$$\begin{pmatrix} & a & b & c \\ a & 1 & 3 & 5 \\ b & 1/3 & 1 & 4 \\ c & 1/5 & 1/4 & 1 \end{pmatrix}$$

(外观)

$$\begin{pmatrix} & a & b & c \\ a & 1 & 1/5 & 3 \\ b & 5 & 1 & 7 \\ c & 1/3 & 1/7 & 1 \end{pmatrix}$$

(1)根据上述矩阵可以看出四项标准在你心目中的比重是不同的，请按由重到轻顺序将它们排出。

(2)哪辆车最便宜，哪辆车最省油，哪辆车最舒适，哪辆车最漂亮?

(3)用层次分析法确定你对这三种车型的喜欢程度(用百分比表示)。

7. 用给定的多项式，如 $y=x^3-6x^2+5x-3$ ，产生一组数据 $(x_i,y_i)(i=1,2,\cdots,m)$ ，再在 y_i 上添加随机干扰(可用 rand 产生(0,1)均匀分布随机数，或用 randn 产生 $N(0,1)$ 分布随机数)，然后用 x_i 和添加了随机干扰的 y_i 作 3 次多项式拟合，与原系数比较。如果作 2 次或 4 次多项式拟合，结果如何?

8. 用最小二乘法求一形如 $y=ae^{bx}$ 的经验公式，拟合习题表 7.3 中的数据。

习题表 7.3

x	1	2	3	4	5	6	7	8
y	15.3	20.5	27.4	36.6	49.1	65.6	87.87	117.6

9. (水箱水流量问题)许多供水单位由于没有测量流入或流出水箱流量的设备，而只能测量水箱中的水位。试通过测得的某时刻水箱中水位的数据，估计在任意时刻(包括水泵灌水期间) t 流出水箱的流量 $f(t)$。给出原始数据习题表 7.4，其中长度单位为 E(1E＝30.24cm)。水箱为圆柱体，其直径为 57E。

假设：

(1)影响水箱流量的唯一因素是该区公众对水的需要;

(2)水泵的灌水速度为常数;

(3)从水箱中流出水的最大流速小于水泵的灌水速度;

(4)每天的用水量分布都是相似的;

(5)水箱的流水速度可用光滑曲线来近似;

(6)当水箱的水容量达到 514×10^3g 时，开始泵水；达到 677.6×10^3g 时，便停止泵水。

习题表 7.4　水位数据表

时间/s	水位/10^{-2}E	时间/s	水位/10^{-2}E
0	3175	44 636	3350
3316	3110	49 953	3260
6635	3054	53 936	3167
10 619	2994	57 254	3087
13 937	2947	60 574	3012
17 921	2892	64 554	2927
21 240	2850	68 535	2842
25 223	2795	71 854	2767
28 543	2752	75 021	2697
32 284	2697	79 254	泵水
35 932	泵水	82 649	泵水
39 332	泵水	85 968	3475
39 435	3550	89 953	3397
43 318	3445	93 270	3340

10. 下面列出的是某工厂随机选取的 20 只部件的装配时间(min)：9.8, 10.4, 10.6, 9.6, 9.7, 9.9, 10.9, 11.1, 9.6, 10.2, 10.3, 9.6, 9.9, 11.2, 10.6, 9.8, 10.5, 10.1, 10.5, 9.7。设装配时间的总体服从正态分布，是否可以认为装配时间的均值显著地大于 10(取 $\alpha = 0.05$)？

11. 习题表 7.5 分别给出两个文学家马克·吐温(Mark Twain)的 8 篇小品文及斯诺特格拉斯(Snodgrass)的 10 篇小品文中由 3 个字母组成的词的比例。

习题表 7.5

马克·吐温	0.225	0.262	0.217	0.240	0.230	0.229	0.235	0.217		
斯诺特格拉斯	0.209	0.205	0.196	0.210	0.202	0.207	0.224	0.223	0.220	0.201

设两组数据分别来自正态总体，且两总体方差相等。两样本相互独立，问两个作家所写的小品文中包含由 3 个字母组成的词的比例是否有显著的差异($\alpha = 0.05$)？

参 考 文 献

曹建莉, 肖留超, 程涛. 2022. 数学建模与数学实验. 3 版. 西安: 西安电子科技大学出版社.

陈东彦, 李冬梅, 王树忠. 2007. 数学建模. 北京: 科学出版社.

陈恩水, 王峰. 2008. 数学建模与实验. 北京: 科学出版社.

戴明强, 宋业新. 2015. 数学模型及其应用. 2 版. 北京: 科学出版社.

戴明强, 李卫军, 杨鹏飞. 2007. 数学模型及其应用. 北京: 科学出版社.

高隆昌, 杨元. 2007. 数学建模基础理论. 北京: 科学出版社.

管宇. 2013. 生活中的数学模型. 杭州: 浙江工商大学出版社.

姜启源, 谢金星, 叶俊. 2011. 数学模型. 4 版. 北京: 高等教育出版社.

李大潜. 2008. 中国大学生数学建模竞赛. 3 版. 北京: 高等教育出版社.

马莉. 2010. MATLAB 数学实验与建模. 北京: 清华大学出版社.

单锋. 2012. 数学模型. 北京: 国防工业出版社.

史宁中. 2015. 数学思想概论：自然界中的数学模型(第 5 辑). 长春: 东北师范大学出版社.

司守奎. 2007. 数学建模算法与程序. 北京: 海军航空工程学院.

司守奎, 孙玺菁. 2021. 数学建模算法与应用. 3 版. 北京: 国防工业出版社.

王庚, 王敏生. 2008. 现代数学建模方法. 北京: 科学出版社.

王连堂. 2008. 数学建模. 西安: 陕西师范大学出版社.

王树禾. 2008. 数学模型选讲. 北京: 科学出版社.

王涛, 常思浩. 2015. 数学模型与实验. 北京: 清华大学出版社.

王文波. 2006. 数学建模及其基础知识详解. 武汉: 武汉大学出版社.

谢中华. 2023. MATLAB 数学建模方法与应用. 北京: 清华大学出版社.

徐全智. 2008. 数学建模. 2 版. 北京: 高等教育出版社.

薛南青. 2007. 数学建模基础理论与案例精选. 济南: 山东大学出版社.

叶其孝. 2008. 大学生数学建模竞赛辅导教材(五). 长沙: 湖南教育出版社.

张兴永, 朱开永. 2006. 数学建模. 北京: 煤炭工业出版社.

赵廷刚. 2011. 建模的数学方法与数学模型. 北京: 科学出版社.

朱道元. 2008. 数学建模. 北京: 机械工业出版社.

附　　录

高教社杯全国大学生数学建模竞赛题目

2023 年

A 题　定日镜场的优化设计
B 题　多波束测线问题
C 题　蔬菜类商品的自动定价与补货决策
D 题　圈养湖羊的空间利用率
E 题　黄河水沙监测数据分析

2022 年

A 题　波浪能最大输出功率设计
B 题　无人机遂行编队飞行中的纯方位无源定位
C 题　古代玻璃制品的成分分析与鉴别
D 题　气象报文信息卫星通信传输
E 题　小批量物料的生产安排

2021 年

A 题　“FAST”主动反射面的形状调节
B 题　乙醇偶合制备 C4 烯烃
C 题　生产企业原材料的订购与运输
D 题　连铸切割的在线优化
E 题　中药材的鉴别

2020 年

A 题　炉温曲线
B 题　穿越沙漠
C 题　中小微企业的信贷决策
D 题　接触式轮廓仪的自动标注
E 题　校园供水系统智能管理

2019 年

A 题　高压油管的压力控制

B 题　“同心协力”策略研究
C 题　机场的出租车问题
D 题　空气质量数据的校准
E 题　“薄利多销”分析

五一数学建模竞赛试题

2023 年第二十届

A 题　无人机定点投放问题
B 题　快递需求分析问题
C 题　“双碳”目标下低碳建筑研究

2022 年第十九届

A 题　血管机器人的订购与生物学习
B 题　矿石加工质量控制问题
C 题　火灾报警系统问题

2021 年第十八届

A 题　疫苗生产问题
B 题　消防救援问题
C 题　数据驱动的异常检测与预警问题

2020 年第十七届

A 题　煤炭价格预测问题
B 题　基于系统性风险角度的基金资产配置策略分析
C 题　饲料混合加工问题

2019 年第十六届

A 题　让标枪飞
B 题　木板最优切割方案
C 题　科创板拟上市企业估值